AF363753

J. H. FABRE

LES
INVENTEURS

ET

LEURS INVENTIONS

HISTOIRE ÉLÉMENTAIRE DES PRINCIPALES DÉCOUVERTES

DANS L'ORDRE DES SCIENCES PHYSIQUES

PARIS

LIBRAIRIE CH. DELAGRAVE

15, RUE SOUFFLOT, 15

LES INVENTEURS

ET

LEURS INVENTIONS

DU MÊME AUTEUR

PARIS. — IMPRIMERIE ÉMILE MARTINET, RUE MIGNON, 2.

LES

INVENTEURS

ET

LEURS INVENTIONS

HISTOIRE ÉLÉMENTAIRE DES PRINCIPALES DÉCOUVERTES

DANS L'ORDRE DES SCIENCES PHYSIQUES

PAR

J.-H. FABRE

Docteur ès sciences

PARIS

LIBRAIRIE CH. DELAGRAVE

15, RUE SOUFFLOT, 15

1881

BIBLIOTHÈQUE NATIONALE — R F — IMPRIMÉ

LES INVENTEURS

ET LEURS INVENTIONS

CHAPITRE PREMIER

ARCHIMÈDE

L'eau supporte une poutre et laisse aller au fond une légère aiguille ; elle laisse flotter un navire d'un poids énorme et ne peut soutenir le moindre grain de sable. Rendons-nous compte de cette étrange contradiction.

L'eau dans laquelle plonge un objet étranger fait effort pour reprendre la place que cet objet occupe. Nous pouvons le constater de la manière suivante. Prenons un seau vide et tàchons de l'enfoncer dans l'eau, en le maintenant droit pour qu'il ne s'emplisse pas. A mesure que nous l'enfonçons davantage, nous éprouverons une résistance de plus en plus forte, et s'il est un peu grand, il n'obéira bientôt plus à nos efforts et s'échappera de nos mains, violemment repoussé par le liquide dont il avait pris la place. On peut encore vérifier le même fait avec une carafe vide ; mais ici la victoire nous restera, et nous parviendrons à enfoncer le vase en entier, non sans un léger effort cependant.

Il est donc reconnu que, lorsqu'un corps plonge dans l'eau, celle-ci fait effort pour le repousser au dehors. Toutes les substances fluides, quelles qu'elles soient, se comportent à ce sujet de la même manière. Cette propriété n'est pas due, c'est évident, à une sorte de répulsion qu'auraient les substances fluides pour les corps étrangers ; elle est une simple conséquence de leur fluidité, par laquelle elles tendent à reprendre le niveau que l'objet immergé est venu troubler.

On donne le nom de *poussée* à l'effort que font les liquides pour rejeter hors de leur sein les corps qui s'y trouvent plongés. Il importe de connaître exactement la valeur de cette poussée. Reprenons donc l'expérience du seau, qu'il nous est fort difficile et même impossible de faire plonger en entier quand il est vide ; mais, cette fois-ci, remplissons-le d'eau graduellement. A mesure qu'il se remplit, le seau plonge davantage, et quand il est à peu près plein, il s'enfonce entièrement de lui-même, sans aucun effort de notre part. La poussée de l'eau s'exerce cependant toujours ; alors si, malgré cette poussée, le seau plonge en entier sans effort, ce ne peut être que parce qu'il est devenu assez lourd pour la contre-balancer exactement. Mais le seau, en se remplissant, est devenu plus lourd d'une quantité égale au poids de l'eau qu'il renferme ; ou bien, en négligeant son épaisseur, au poids de l'eau dont il occupe la place. Le poids de l'eau déplacée représente donc la valeur de la poussée.

Ce résultat s'appliquant aux liquides de toute nature, on voit que *la poussée d'un liquide sur un corps qui y est plongé est égale au poids du liquide dont ce corps occupe la place.*

Ainsi, un corps plongé dans un liquide tend, d'une part, à tomber au fond à cause de son poids, et, d'autre part, à remonter à la surface à cause de la poussée du liquide. Le corps descendra au fond si la poussée est moindre que le poids ; il remontera et flottera à la surface si la poussée est, au contraire, plus forte que le poids ; il se maintiendra dans l'intérieur du liquide, sans monter ni descendre, si la poussée et le poids ont exactement même valeur. La poutre et le vaisseau flottent parce qu'ils déplacent un grand volume d'eau, dont la poussée contre-balance leur poids ; l'aiguille et le grain de sable tombent au fond parce qu'ils ne déplacent qu'un très petit volume d'eau, dont la poussée est moindre que leur poids.

Le fer cependant et toutes les matières, si lourdes qu'elles soient, peuvent flotter quand on leur donne une forme convenable. Soit un bloc de fer pesant 500 kilogrammes. Nul ne s'avisera de vouloir le faire flotter tel qu'il est ; ce serait exiger l'impossible, ce serait vouloir faire flotter la lourde enclume d'une forge.

Mais supposons que ce bloc de fer soit réduit en plaques ; puis assemblons ces plaques en forme de caisse bien fermée à laquelle nous donnerons un volume d'un mètre cube. La caisse en fer, pesant toujours 500 kilogrammes, flottera maintenant à merveille ; car, si nous l'enfoncions en entier, elle occuperait la place d'un mètre cube d'eau, et par suite elle éprouverait une poussée égale au poids de ce volume d'eau, c'est-à-dire à 1000 kilogrammes.

Si le poids qui tend à l'entraîner au fond n'est que de 500 kilogrammes, tandis que la poussée qui la soulève est de 1000, il est clair que cette caisse ne peut rester dans l'eau, mais qu'elle doit remonter et flotter, en ne s'enfonçant que d'une quantité telle, que la poussée éprouvée par la partie plongée soit égale au poids total de la masse de fer, à 500 kilogrammes. Alors le poids du fer et la poussée de l'eau se feront équilibre, et la caisse n'aura plus de tendance ni à monter ni à descendre. Beaucoup de navires sont aujourd'hui construits presque entièrement en fer ; et ces énormes masses de métal flottent aussi bien que le bois, pour les mêmes raisons qui font flotter notre caisse de fer.

On donne le nom de principe d'Archimède au principe énoncé plus haut, savoir : *Tout liquide exerce sur les corps qui y sont plongés une poussée de bas en haut égale au poids du liquide dont ces corps occupent la place.* — Qu'était-ce qu'Archimède, et comment découvrit-il son principe?

Il y a plus de deux mille ans régnait à Syracuse, en Sicile, un roi nommé Hiéron, qui comptait au nombre de ses amis un géomètre d'un génie supérieur appelé Archimède. Un jour Hiéron remit à son orfèvre une certaine quantité d'or et d'argent pour en faire une couronne. La couronne faite, le travail en fut trouvé merveilleux ; mais l'orfèvre fut soupçonné d'avoir soustrait une partie de l'or pour y substituer un poids égal d'argent. Pour s'en assurer, il aurait fallu détruire le chef-d'œuvre de l'artiste, et c'eût été grand dommage, car il était d'une rare perfection. La difficulté fut soumise à Archimède.

Longtemps le savant se creusa la tête pour savoir, sans altérer en rien la couronne, le poids de l'or et de l'argent qui pouvaient y entrer. Il cherchait donc, cherchait toujours, combinant et réfléchissant mais la réponse n'arrivait pas. Un jour, comme il était au bain, une lumière soudaine se fit en son esprit : la facilité avec laquelle il soulevait le bras dans l'eau le mit sur la voie de la poussée des liquides, et de cette idée fondamentale il arriva bientôt à la résolution de son problème. Ivre de joie, nous raconte l'histoire, il sortit aussitôt du bain et parcourut tout nu les rues de Syracuse, en s'écriant : *Euréka! Euréka!* Je l'ai trouvé, je l'ai trouvé!

Était-ce folie? Avant de juger Archimède, attendons la fin de son histoire. — Rome n'est pas loin de la Sicile. Les Romains, déjà maîtres d'une grande partie de l'Italie, devaient un jour étendre leur domination tout autour de la Méditerrannée, sur le monde entier alors connu. La Sicile, par sa proximité, ne pouvait manquer de les tenter. Une puissante armée, montée sur une centaine de vaisseaux, vint mettre le siège devant Syracuse. La ville était dans la consternation : comment opposer une résistance sérieuse à l'attaque qui se préparait avec un tel ensemble de forces?

Un vieillard cependant, à l'aide d'une savante industrie, va déconcerter à lui seul les desseins de l'armée romaine. Ce vieillard, c'est Archimède. Il fait construire, d'après ses indications, une foule de machines cachées derrière les remparts. A l'approche de l'armée ennemie, ces machines lancent une grêle de fragments de rochers d'une pesanteur énorme, qui traversent l'air avec des bruissements horribles et renversent, écrasent tout sur leur passage. L'armée de Rome est en complète déroute.

On essaie d'attaquer Syracuse du côté de la mer ; mais il tombe des remparts de grosses poutres chargées à une extrémité d'un poids immense. Chaque vaisseau atteint s'ouvre sous le choc et s'abîme dans la mer. Avec des miroirs ardents concentrant les rayons du soleil, l'incendie est mis aux plus éloignés. D'autres fois, des crampons de fer fixés à l'extrémité d'une forte chaîne sont lancés sur un vaisseau ; une machine retire la chaîne, soulève en l'air le vaisseau accroché, le fait pirouetter quelque temps, puis le laisse retomber de tout son poids sur les rochers aigus du bord de la mer, où il s'écrase avec son équipage. Enfin la frayeur est telle dans l'armée romaine, qu'à l'aspect d'un seul bout de corde ou d'une simple pièce de bois apparaissant sur les murailles, les soldats prennent la fuite, criant qu'Archimède va lancer contre eux quelque effroyable machine.

L'armée ennemie est ainsi tenue longtemps en échec par la seule science d'Archimède, et il est douteux qu'elle se fût jamais

rendue maîtresse de Syracuse, si la vigilance des assiégés n'avait
fait défaut un jour de fête. Les Romains profitèrent de ce manque
de vigilance et pénétrèrent dans la ville. Au milieu des horreurs
de la tuerie et du pillage, Archimède, ignorant l'invasion de l'ennemi, était dans sa maison occupé à tracer sur le sable quelques
figures de géométrie, ayant rapport peut-être à quelque nouvelle
machine destinée à repousser les Romains. Un soldat se présente
et lui ordonne brutalement de le suivre. Archimède le prie d'attendre un moment que son problème soit résolu. Le soldat, impatient et peu soucieux de problèmes, lui casse la tête d'un coup
de son arme. Le général romain, Marcellus, fut vivement affligé
de la perte de cet homme illustre, et lui fit faire de magnifiques
funérailles.

Revenons maintenant à la couronne du roi Hiéron, qui préoccupait tant Archimède. D'après Vitruve, un auteur de l'antiquité
qui nous a laissé quelques détails sur ce problème célèbre, la
couronne pesait 20 livres. Archimède trouva, et c'est là tout le
secret de l'affaire, que pesée dans l'eau, elle perdait une livre 1,4.
D'autre part, l'or pèse 19,64 fois autant que l'eau sous le même
volume et l'argent 10,5 fois autant. Avec ces données il lui
était possible de calculer combien il entrait dans la couronne
de chacun des deux métaux, or et argent. Il trouva ainsi pour
l'or 14,77 livres et pour l'argent 5,22. Vitruve ne nous dit pas
si ces nombres étaient conformes aux quantités d'or et d'argent
dont Hiéron avait approvisionné l'orfèvre [1].

Il n'est pas difficile d'entrevoir comment le savant de Syracuse,

---

1. Pour ceux de nos lecteurs qui seraient désireux de traiter eux-mêmes
le problème, voici la marche à suivre :

Représentons par x le poids de l'or entrant dans la couronne, et par y celui
de l'argent. On aura d'abord :

$$x + y = 20.$$

En second lieu, d'après les recherches d'Archimède, tout corps plongé dans
l'eau éprouve de la part de ce liquide une poussée de bas en haut égale au
poids de l'eau déplacée. Cette poussée contre-balance une partie du poids;
par conséquent tout corps pesé dans l'eau perd une partie de son poids égale
au poids de l'eau ayant même volume que le corps. Si donc un objet pesant
5 fois, 6 fois, etc., autant que l'eau sous le même volume, est pesé, non plus
à l'air libre, mais au sein de l'eau, il doit perdre $\frac{1}{5}$, $\frac{1}{6}$, etc., de son
poids. La quantité d'or x entrant dans la couronne perdait donc à la pesée

étant au bain, parvint, par la seule force de la réflexion, au principe de la poussée du liquide. Une fois son attention portée sur la facilité avec laquelle il soulevait dans l'eau soit un bras, soit une jambe, il dut raisonner à peu près ainsi :

En esprit, je considère, dans la masse liquide, une quantité d'eau ayant même forme, même volume que ma jambe. Si elle était seule, suspendue sans appui aucun, cette eau à l'instant tomberait. Mais elle ne tombe pas, elle ne monte pas davantage ; elle est immobile dans la masse liquide en repos. Il faut donc que le liquide environnant, pour détruire ainsi sa tendance à tomber, lui fasse éprouver de bas en haut, en sens inverse de la pesanteur, une poussée précisément égale à son poids. Maintenant à la place de l'eau considérée, je substitue ma jambe. Celleci, c'est tout clair, va éprouver de la part du liquide qui l'enveloppe exactement la même poussée, c'est-à-dire une poussée égale au poids de l'eau dont ma jambe occupe la place. Ce que je dis d'une partie de ma personne, je pourrais le dire de tout objet quel qu'il soit. Donc...

Et le géomètre, à ce jet de lumière, de se précipiter hors du bain en proférant le fameux *Eurêka !* L'enthousiasme d'Archimède s'explique : une vérité d'une haute importance venait soudainement d'éclore en son esprit. Il est à croire cependant que la légende se mêle ici un peu à l'histoire, et que le grave géomètre ne parcourut pas les rues de Syracuse dans un costume aussi léger qu'on le prétend. Quoi qu'il en soit de ce détail, sans doute légendaire, toujours est-il que nous devons au savant de Syracuse le seul principe de physique que l'antiquité nous ait légué, confirmé par l'expérience des siècles. Au milieu d'un ramasis de vaines opinions, aujourd'hui simple objet de curiosité pour qui

dans l'eau $\dfrac{x}{19,64}$. Pareillement, la quantité y d'argent perdait $\dfrac{y}{10,5}$. Ces deux pertes de poids doivent faire 1 livre $\dfrac{1}{4}$.

On a de la sorte

$$\frac{x}{19,64} + \frac{y}{10,5} = 1\,\frac{1}{4}.$$

De la combinaison des deux équations, on déduit pour le poids de l'or :

$$x = 14,77 ;$$

et pour le poids de l'argent :

$$y = 5,22.$$

s'adonne à l'étude des progrès de l'esprit humain, un seul principe est resté debout, inébranlable : c'est le principe d'Archimède. La vérité qui si vivement enthousiasma le géomètre syracu-
sain, est des plus simples sans doute ; sur les bancs de nos écoles
l'élève la trouve comme frontispice de son livre, frontispice
vénérable qui nous redit ce que la science de la nature avait, il y
a vingt siècles, de mieux solidement démontré ; cette vérité est
des plus élémentaires, mais enfin elle est riche de conséquences,
et à ce mérite elle joint cet autre d'être la première et seule loi
physique nettement formulée dans les anciens âges.

Terminons en disant la méthode employée aujourd'hui pour

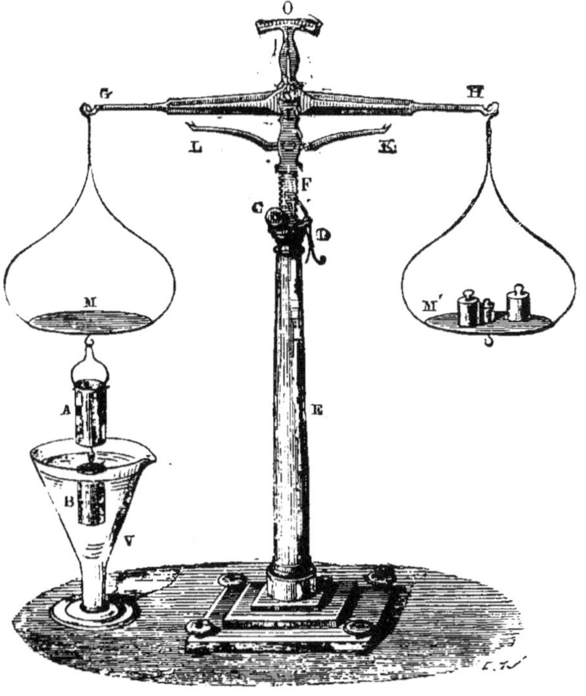

Fig. 1.

démontrer le principe d'Archimède. On se sert de deux cylindres
métalliques, l'un A creux, l'autre B plein (fig. 1). La capacité du

premier est égale au volume du second : en d'autres termes celui-ci remplit l'autre et s'y emboîte exactement. A l'aide d'un crochet on suspend le cylindre plein au-dessous du cylindre creux, et le tout est appendu sous le plateau d'une balance. Dans l'autre plateau, on fait équilibre aux deux cylindres avec de la grenaille de plomb.

Quand l'équilibre est bien établi, on fait plonger le cylindre plein dans un verre d'eau V. Aussitôt la balance trébuche, elle penche du côté du plateau M'. Ce premier fait prouve que le cylindre plein, une fois immergé dans l'eau, ne pèse plus autant qu'auparavant. Par l'effet de l'immersion il perd une partie de son poids, et cette perte est due à la poussée de bas en haut que le liquide exerce sur le cylindre. Reste. à trouver la valeur de cette perte de poids.

On remplit d'eau le cylindre creux A, et quand il est exactement plein, l'équilibre de la balance est rétabli. La perte de poids, provenant de la poussée en sens inverse de la pesanteur, est donc égale au poids de l'eau versée dans le cylindre creux. Mais ce cylindre creux a une capacité égale au volume du cylindre plein. Donc celui-ci, par l'effet de son immersion dans l'eau, prouve une poussée de bas en haut égale au poids de son volume d'eau ; ou bien, en d'autres termes, perd de son poids une quantité égale au poids de l'eau dont il occupe la place.

Résultat semblable se reproduirait avec un liquide quelconque : le corps immergé perdrait de son poids, tantôt plus, tantôt moins suivant le liquide employé. Il faut donc généraliser la proposition et dire : *Tout corps plongé dans un liquide éprouve une poussée de bas en haut, et par conséquent une perte de poids égale au poids du liquide dont il occupe la place* ou, plus brièvement, *qu'il déplace.*

CHAPITRE II

Le principe d'Archimède nous rend compte de l'ascension des ballons et des aérostats. Puisque l'eau n'exerce sa poussée de bas en haut sur les corps qui y sont plongés que par suite de sa fluidité, en vertu de laquelle elle fait effort pour reprendre la place occupée par ces corps, il est évident que l'air, encore plus fluide que l'eau, doit également exercer sur tout ce qui s'y trouve plongé une poussée de bas en haut ; seulement, à cause du faible poids de l'air, cette poussée ne peut avoir la valeur de celle de l'eau.

Ainsi, l'air exerce sur les corps qui y sont plongés une poussée de bas en haut égale au poids de l'air dont ces corps occupent la place. Sur un corps d'un décimètre cube de volume, par exemple, la poussée de l'air est de $1^{gr},3$, puisque l'air pèse $1^{gr},3$ par décimètre cube ou par litre. Si le corps lui-même ne pèse que 1 gramme, il montera dans l'atmosphère, soulevé par l'excédent de la poussée, ou 3 décigrammes ; s'il pèse 2 grammes, il descendra, entraîné par l'excès de son poids, ou 7 décigrammes ; enfin, s'il pèse juste $1^{gr},3$, il restera immobile, suspendu dans l'air. Tout cela se comprend fort bien sans autre explication.

L'ascension d'un ballon ne reconnaît pas d'autre cause : le ballon s'élève parce que son poids total est moindre que le poids de l'air dont il occupe la place ; ou, en d'autres termes, parce que la poussée qui le soulève l'emporte sur le poids qui tend à l'entraîner à terre. Du fond de l'eau un morceau de bois s'élève parce qu'il est plus léger que l'eau ; pareillement, du fond de l'océan aérien, l'atmosphère, un ballon s'élève parce qu'il est plus léger que l'air. Si simple qu'elle soit, cette idée d'envoyer dans les hautes régions aériennes un objet rendu assez léger, ne pouvait venir à l'antiquité, sans notion aucune sur la nature de l'atmosphère et sur la pesanteur de la substance qui la compose. On eût regardé comme le comble de la déraison l'affirmation que l'air, dont le nom seul était le symbole de ce qu'il y a de plus subtil et de plus léger au monde, est cependant une substance grossière, douée de poids comme toute autre matière. Dans le courant du dernier siècle, les inventeurs du premier ballon étaient eux-mêmes fort loin de se rendre compte de l'ascension de leur appareil, quoique en pleine connaissance de toutes les données nécessaires à la solution du problème, savoir, le principe d'Archimède et la pesanteur de l'air. Nous allons voir par quels étranges essais, par quelles interprétations bizarres il a fallu passer avant d'en arriver à la vérité, qui, ce semble, aurait dû tout d'abord frapper l'esprit; mais l'homme est ainsi fait : d'habitude il épuise l'erreur avant de parvenir au vrai, incomparablement plus simple.

Deux fabricants de papier de la petite ville d'Annonay, dans l'Ardèche, les deux frères Montgolfier, conçurent ensemble l'idée première des ballons. L'aîné, riche de vastes connaissances puisées dans les écoles de Paris et doué d'un esprit méthodique et réfléchi, était, pour le caractère, tout l'opposé du plus jeune, chercheur aventureux, hardi, tenant en mépris les voies connues et désireux de s'en ouvrir lui-même de nouvelles. A treize ans celui-ci, lassé de la grammaire, s'échappait du collège de Tournon et, longeant le Rhône, se dirigeait à petites journées vers la Méditerranée, où il devait, c'était son plan, vivre en ermite sous les tamarix de la plage. Quelques fruits dérobés aux vignes le long des chemins, au besoin les mûres et les prunelles des buissons, étaient son unique ressource pour ce long voyage. Pareil régime ne pouvait durer longtemps, et un jour ne tarda pas à venir où, pressé par la faim, il fut obligé de frapper à la porte d'un paysan qui de son mieux hébergea l'affamé. Il fallut, regret mortel, revenir au collège.

Une seconde escapade est résolue, la grammaire lui devenant de plus en plus fastidieuse; et cette fois-ci le jeune indépendant se dirige vers Saint-Étienne, où il se réfugie dans un misérable réduit pour y fabriquer du bleu de Prusse et autres drogues qu'il va vendre dans les villages voisins. La pêche et la chasse le nourrissent; tout est donc profit dans son petit commerce. Il achète des outils pour son travail, il achète même des livres pour s'instruire, mais des livres suivant ses goûts et d'où la grammaire était sévèrement exclue. Enfin il fait des économies et se rend à Paris, où quelque temps il séjourne, fréquentant les sociétés savantes, au très grand avantage de son instruction, si incomplète encore. Enfin son père le rappelle à la maison pour diriger, de concert avec son frère, la papeterie d'Annonay.

C'est alors qu'il donne cours à son génie inventif; mais ses idées sont habituellement si bizarres, que son frère est obligé d'intervenir, avec sa froide raison, pour lui démontrer l'impossibilité pratique de telles rêveries. D'ailleurs l'économie de la maison aurait trop à souffrir en de ruineuses tentatives. Un jour il venait de longtemps contempler les nuages élevant leurs flocons de blanche ouate du fond des vallées jusqu'aux plus hautes cimes du Vivarais : il propose à son frère la fabrication d'un nuage artificiel qui s'élève dans les airs ainsi que le font les vrais nuages. Il donne ses raisons; l'aîné en pèse la valeur et approuve le projet. Un essai en commun est donc résolu.

Le nuage artificiel n'est pas difficile à obtenir : il suffit de faire bouillir de l'eau, la vapeur sera le nuage. Il s'agit maintenant d'enfermer ce nuage dans une enveloppe qui ne le laisse pas se déperdre, et assez légère pour ne pas en amoindrir trop la tendance à monter. Le papier, dont la maison surabonde, est précisément ce qu'il faut. Les deux frères construisent donc un grand ballon en papier et le remplissent avec la vapeur qui se dégage de l'eau bouillante. Le succès d'abord paraît devoir couronner la hardiesse de leur entreprise. La machine de papier, gonflée par la vapeur, quelques instants se balance, comme hésitant à quitter le sol; puis se soulève, monte un peu et aussitôt retombe en s'affaissant sur elle-même. Le nuage artificiel venait de complètement échouer, et le lecteur sans doute en voit très bien la cause : refroidie par l'air du dehors, la vapeur était revenue, en grande partie, à l'état liquide, et par suite avait perdu sa légèreté première. Pour lui conserver sa tendance à monter, il eût fallu la maintenir chaude, ce à quoi ne songèrent nullement les frères Montgolfier.

Inépuisable en ressources d'imagination, le plus jeune proposa alors la fumée. Puisque la fumée monte toute seule, pourquoi ne monterait-elle pas enfermée dans une légère enveloppe de papier? Le ballon se gonfle donc une seconde fois, mais cette fois-ci avec l'épaisse fumée que donne le bois humide. L'insuccès est le même :

le magasin à fumée fait mine de vouloir monter, puis s'affaisse. Le résultat était à prévoir : la fumée n'est que de la vapeur d'eau salie par une poussière impalpable de charbon.

Alors le jeune Montgolfier invente une mixtion extravagante qui selon lui doit infailliblement réussir. Il fera brûler de la paille humide mélangée avec de la laine et de la bourre. De cette combustion résultera une fumée infecte, riche, à son avis, en électricité, en alcalis, en émanations ammoniacales, choses qui toutes, d'après sa théorie, concourent à l'ascension. Si une expérience devait échouer, c'était certes celle-là, entreprise dans des conditions que le bon sens ne saurait approuver; et ce fut précisément cette expérience déraisonnable qui eut le plus de succès. Un ballon de papier ou même de toile s'éleva rapidement, plein de la puante fumée.

Si les Montgolfier cette fois réussirent, ils le devaient non aux alcalis et à l'électricité de la laine brûlée, ainsi qu'ils le pensaient, mais à une cause dont ils étaient fort loin de se préoccuper, à la chaleur, qui, paraît-il, avait été plus forte que dans les précédents essais et avait fortement dilaté le contenu gazeux du ballon. La chaleur produit sur l'air ce qu'elle produit sur toute autre matière : elle en augmente le volume, elle le dilate. Rien n'est plus simple à vérifier.

Prenons une vessie, et, après l'avoir ramollie dans l'eau, insufflons-y de l'air de manière à ne la remplir qu'à moitié, puis nouons l'orifice avec un cordon. En cet état la vessie est flasque et ridée; mais approchons-la du feu, chauffons-la fortement. La voilà qui se déride, se ballonne; en peu de temps elle est toute pleine et rebondie. Que s'est-il passé?— En s'échauffant, l'air s'est dilaté et a fini par acquérir un volume suffisant pour gonfler entièrement la vessie. Maintenant éloignons-la du foyer. En se refroidissant, elle se dégonfle en partie, preuve que l'air reprend son volume primitif. Ainsi, par l'effet de la chaleur, l'air augmente de volume ou se dilate; par l'effet du refroidissement, il diminue de volume ou se contracte.

Il ne faut pas de longues réflexions pour comprendre que, à volume égal, l'air chaud est plus léger que l'air froid. Si, par exemple, un litre d'air froid, qui pèse 1 ^{gr},3, est dilaté par la chaleur jusqu'à occuper deux litres, un litre seul de cet air chaud pèsera juste la moitié de 1 ^{gr},3. On voit également bien que l'air sera d'autant plus léger qu'il sera plus chaud, parce que la dilatation en sera plus grande.

Supposons un ballon sphérique de 10 mètres de diamètre. Bien gonflé, pareil ballon a un volume de 565 mètres cubes. L'air chaud dont il est plein ne pèse, par exemple, que 1 gramme par litre, tandis que l'air froid dont il occupe la place pèse 1 ^{gr},3. Le poids total de l'air chaud est alors de 565 kilogrammes, et celui de l'air froid déplacé est de 734 kilogrammes. L'air chaud tend donc à s'élever par l'effet d'une poussée de bas en haut égale à la différence entre ces deux poids, c'est-à-dire à 169 kilogrammes. Alors si le poids de la toile, des cordages, de la nacelle, de l'aéronaute et de ses instruments n'atteint pas cette valeur de 169 kilogrammes, le ballon s'élèvera, parce que son poids total sera moindre que la poussée de l'air froid. Après l'ascension du ballon arrive sa descente, causée par le refroidissement graduel de l'air qui le gonfle. En se refroidissant, cet air se contracte, laisse pénétrer l'air extérieur; et le ballon, redevenant peu à peu plus lourd, lentement redescend.

Ce qui échappait aux frères Montgolfier, c'était donc la force ascensionnelle exclusivement due à la dilatation de l'air par l'effet de la chaleur. Un savant, de Genève, de Saussure, le premier qui ait gravi la cime du mont Blanc dans un but scientifique, ayant eu connaissance des essais entrepris par les Montgolfier, démontra que l'ascension de leur appareil n'avait nullement pour cause la fumée de la paille mouillée et de la laine, mais tout simplement la dilatation de l'air par la chaleur. Sa démonstration était des plus convaincantes, et conduite avec la plus lucide simplicité. Ayant construit un léger ballon de papier, de Saussure plongea dans l'orifice de l'appareil un barreau de fer chauffé au rouge. De ce fer ne pouvait se dégager rien de ce qu'invoquaient les papetiers d'Annonay pour expliquer l'ascension de leur machine de toile. Pas de gaz, pas de fumée, pas d'émanations ammoniacales; et cependant le petit ballon du savant genevois s'éleva jusqu'au plafond de l'appartement où l'on opérait. Le fer évidemment n'avait agi que par sa seule chaleur : il avait chauffé l'air contenu dans l'appareil, il l'avait dilaté, rendu plus léger, et de là résultait l'ascension.

Cette explication si rationnelle modifia un peu les idées des frères Montgolfier, sans les faire renoncer toutefois à leur première théorie. La combustion de la paille humide et de la laine leur ayant donné un bon résultat, ils continuèrent à faire usage de l'âcre fumée, même dans leur première expérience publique, qui devait décider de l'avenir de l'invention, tant il est difficile d'abandonner le faux, une fois adopté, pour se tourner du côté du vrai. En croyant mieux faire, ils rendaient en réalité l'ascension plus difficile, avec l'épaisse fumée, les vapeurs d'eau et les subtances gazeuses lourdes dont ils emplissaient le ballon.

Un solennel essai fut résolu, fait en public sur la grande place d'Annonay. C'était le 4 juin 1783. Les membres de l'assemblée des États du Vivarais et toute la ville assistaient à la mémorable expérience. Le ballon, construit en toile doublée de papier, avait une douzaine de mètres de diamètre. A son orifice était installé un réchaud en fil de fer, dans lequel on fit brûler dix livres de paille humide mélangée avec de la laine. La machine gonflée fut abandonnée à elle-même. Aussitôt elle s'éleva majestueusement, aux acclamations enthousiastes de la foule, surprise et presque épouvantée du spectacle de cette boule énorme qui d'elle-même quittait la terre et plongeait dans le bleu du ciel. On battait des mains, le regard ébahi et tendu vers l'espace; on célébrait en des vivat sans fin les noms des papetiers inventeurs du ballon; quelques vieilles femmes se signaient, se demandant peut-être si la monstrueuse machine, à ventre plein de feu et de fumée, n'irait pas heurter de front la voûte céleste, la crever, l'incendier. De telles appréhensions bientôt se calmèrent, car, parvenu à une hauteur d'environ cinq cents mètres, le ballon quelques minutes resta stationnaire, puis se mit à redescendre, pour aller tomber non bien loin du point de départ.

A la nouvelle de ce grandiose essai, l'enthousiasme gagna toute la France comme il avait gagné les spectateurs du Vivarais. L'homme, disait-on, vient de prendre possession de l'atmosphère; il pourra désormais voyager à travers l'océan aérien comme il navigue déjà sur l'océan des eaux. Quel avenir immense ouvert aux moyens de communication; quel champ nouveau d'exploration pour la science, qui portera ses recherches jusque dans la région des nuages! L'invention des Montgolfier eut un tel retentissement, que le roi Louis XVI voulut assister, accompagné de toute sa cour, à une ascension de la machine. L'expérience eut lieu à Versailles le 19 septembre 1783. Personne n'osant encore se confier

au nouvel appareil, qu'on appelait montgolfière, du nom de ses
inventeurs, on suspendit au ballon une cage contenant un mou-
ton, un coq et un canard. Ces premiers navigateurs aériens revin-
rent sains et saufs de leur voyage : l'ascension et la descente se
firent sans accident.

Bientôt après, deux hardis jeunes gens, Pilâtre de Rozier et le

Fig. 2. — La Montgolfière.

marquis d'Arlandes, s'aventurèrent dans une nacelle d'osier appendue au ballon. La machine aérienne, retenue à l'aide d'une
longue corde, s'éleva à plusieurs reprises à une centaine de
mètres de hauteur. La réussite de cette entreprise les encouragea
et, le 20 novembre 1783, les deux aventureux voyageurs s'élevèrent
dans une montgolfière libre de tous liens. Le ballon traversa Paris

dans toute sa largeur, acclamé au passage par la foule, et, sans accident, descendit au bout d'un quart d'heure à deux lieues du point de départ.

Un savant américain dont nous aurons plus tard à dire les importants travaux, Benjamin Franklin, assistait à ce premier essai de voyage aérien. Quelqu'un lui demanda à quoi peut servir un ballon : « A quoi peut servir l'enfant qui vient de naître, répondit-il ; laissez grandir l'enfant, laissez mûrir l'idée des ballons, et l'avenir nous dira le reste. »

CHAPITRE III

Tandis que les frères Montgolfier préparaient leur appareil pour
une expérience d'ascension devant Louis XVI, la curiosité était vivement excitée à Paris, dans le monde savant et dans le public,
par ce qu'on entendait raconter sur l'expérience d'Annonay. La lenteur des préparatifs du royal divertissement eut bientôt lassé
l'impatience générale; et sur l'initiative de quelques personnes,
parmi lesquelles se trouvait le jeune physicien Charles, il fut résolu de devancer l'essai que l'on devait faire à Versailles. Charles
ne savait rien des moyens employés par les Montgolfier; les ga-
zettes de l'époque, reproduisant le procès verbal dressé à Annonay,
se bornaient à dire que le ballon était rempli d'un gaz moitié
moins pesant que l'air. Ce gaz le lecteur le connaît maintenant; les
inventeurs y voyaient un produit spécial engendré par la combustion de la paille humide et de la laine hachée, tandis que ce
n'était en réalité que de l'air dilaté par la chaleur, et bien plus
efficace s'il eût été simplement chauffé au moyen d'une flamme
vive et sans fumée. Chercher quel pouvait être ce gaz des
Montgolfier, moitié moins pesant que l'air, aurait entraîné une
perte de temps dont ne pouvait s'accommoder l'impatience publique; Charles n'y arrêta pas son attention.

La chimie, alors naissante, venait de s'enrichir d'une substance
nouvelle, l'hydrogène ou air inflammable, comme on l'appelait
alors. On savait que ce gaz pèse environ quatorze fois moins que
l'air. Si les Montgolfier avaient réussi avec un gaz inconnu moitié
moins pesant que l'air atmosphérique, pourquoi ne réussirait-on
pas, et même mieux, avec une substance beaucoup plus légère?
Partant de cette idée, Charles et son collaborateur Robert con-

struisirent un ballon en taffetas verni, la toile avec doublure de papier ne pouvant servir à cause de l'extrême subtilité de l'hydrogène, qui exige, pour éviter la déperdition, une enveloppe spéciale. Quant à la préparation de l'hydrogène, elle était connue comme on la pratique dans les laboratoires ; mais il y a loin d'une manipulation de cabinet pour quelques litres à l'énorme volume gazeux qu'il s'agissait d'obtenir. La difficulté fut levée, non sans peine : il fallut quatre jours pour gonfler le ballon. On avait employé à la génération du gaz mille livres de ferraille et cinq cents livres d'acide sulfurique. Tout ce travail s'était fait en secret dans les ateliers de Robert, constructeur d'instruments de physique.

Le lendemain, jour fixé pour l'épreuve, il fallut transporter la machine au Champ de Mars, où l'ascension devait avoir lieu. Une heure très matinale fut choisie afin d'éviter la foule curieuse. Le ballon était porté sur un brancard et retenu au moyen de cordages. Protégé par une troupe d'officiers de police, il s'avançait lentement par les rues, à la lueur rouge des torches. Les rares passants rencontrés en route par le cortège se précipitaient, dit-on, à genoux devant la nocturne et fantastique apparition de la monstrueuse machine aux flancs rebondis. Avant de faire éclater en plein jour les acclamations de l'enthousiasme populaire, le ballon inspirait, dans les ténèbres de la nuit, les terreurs du mystérieux. Que pouvait être ce globe énorme, se balançant sur un brancard, éclairé par des torches et précédé par un détachement de la force publique ?

On le sut le 27 août à cinq heures du soir. Un coup de canon annonça le départ de la machine. Délivré de ses attaches, le ballon s'éleva avec une telle rapidité, qu'en cinq minutes il atteignit un millier de mètres de hauteur. L'enthousiasme de la foule tenait du délire ; on s'embrassait, on pleurait de joie, tandis que le globe montait toujours, bientôt semblable à un point perdu dans l'espace. Ce point, vers lequel convergeaient les regards de trois cent mille spectateurs, plongea dans une couche de nuages, y disparut, puis redevint visible par delà les nuées. A cette réapparition, sur tout le Champ de Mars, un tonnerre d'applaudissements s'éleva du sein de l'immense foule. En ce moment un objet parti de terre, un engin œuvre des mains de l'homme, planait dans les hautes solitudes du ciel, bien au delà des nuages, et rien n'indiquait encore où se terminerait l'ascension. Les prévisions de Charles, basant le succès sur le faible poids de l'hydrogène, s'étaient admirablement réalisées : sa machine aérienne avait de beaucoup dépassé en élévation la machine des Montgolfier.

On sut le lendemain ce qu'était devenu le ballon, perdu la veille dans l'éloignement et les nuages. Par une triste dérision du sort, la machine qui venait de soulever les applaudissements frénétiques de trois cent mille spectateurs, la machine qui revenait du ciel, fut attachée à la queue d'un cheval et traînée à travers champs fossés, chemins pierreux, broussailles, jusqu'à ce qu'elle tombât en lambeaux. Des paysans, à cinq lieues de Paris, avaient vu quelque chose descendre du firmament, avec une grosseur toujours croissante. C'était d'abord un point noir, puis un objet de la grosseur de la tête, puis un globe volumineux comme ces bonnes gens n'en avaient jamais vu de pareil.—C'est la lune qui tombe! se dirent-ils; c'en est fait de nous. — Et de fuir, affolés de frayeur. La prétendue lune arriva à terre sans fracas, sans commotion; elle s'affaissa s'aplatit et resta immobile. Le plus hardi osa revenir sur ses pas, et, reconnaissant que la cause de leur terreur était un objet inoffensif, il rappela ses camarades. La chose tombée du ciel fut examinée sans que nul, bien entendu, pût en soupçonner ni l'usage ni l'origine, et pour se venger de l'effroi que leur avait causé une vessie d'étoffe, ils l'attachèrent à la queue d'un cheval.

Le gouvernement dut intervenir pour éviter désormais des actes aussi stupides, et surtout pour rassurer les populations que d'autres chutes de la lune auraient pu alarmer. Un avis émané du ministère fut répandu dans les campagnes et affiché aux portes des églises, avec ce titre : *Avertissement au peuple sur l'enlèvement des ballons ou globes en l'air.* « On a fait, disait l'avis, une découverte dont le gouvernement a jugé convenable de donner connaissance, afin de prévenir les terreurs qu'elle pourrait occasionner parmi le peuple. Un globe de taffetas enduit de gomme élastique, de trente pieds de tour, s'est élevé au Champ de Mars, jusque dans les nues, où on l'a perdu de vue. On se propose de répéter cette expérience avec des globes beaucoup plus gros. Chacun de ceux qui découvriront dans le ciel de pareils globes, qui présentent l'aspect de la lune obscurcie, doit donc être prévenu que loin d'être un phénomène effrayant, ce n'est qu'une machine composée de taffetas ou de toile légère recouverte de papier, qui ne peut causer aucun mal, et dont il est à présumer qu'on fera quelque jour des applications utiles aux besoins de la société. » Le lecteur ne perdra pas de vue que cela se passait en 1783. Il y a donc moins d'un siècle qu'il fallait rassurer les populations contre la chute de la lune. L'un des grands bienfaits de la science, c'est d'avoir, par la diffusion de ses principes les plus élémentaires, dissipé à jamais de si sottes terreurs.

Les ballons à air chaud, encore utilisés de nos jours dans les réjouissances publiques, n'ont jamais été employés par les aéronautes dans un but d'exploration scientifique, car, à moins d'avoir un volume énorme, ils ne peuvent emporter qu'une charge assez faible, le poids de l'air chaud ne différant pas assez du poids de l'air froid. Ils présentent, en outre, le danger d'être incendiés dans les airs par le feu qu'il faut entretenir au-dessous afin de maintenir l'air chaud, quand le voyage aérien doit durer quelque temps. A la toile doublée de papier des montgolfières, Charles substitua du taffetas enduit de vernis de gomme élastique; il remplaça l'air chaud par de l'hydrogène, beaucoup plus léger. Le ballon ainsi construit prit le nom d'aérostat. Les autres innovations heureuses du physicien de Paris sont la nacelle, appendue au ballon par un réseau de cordages qui enveloppe celui-ci et modère son expansion; la soupape, qui placée à la partie supérieure de l'appareil, donne issue au gaz en temps opportun; l'ancre, le lest, le baromètre.

Le baromètre indique à l'aéronaute s'il monte ou s'il descend. Il monte si la colonne barométrique s'abaisse; il descend si la colonne barométrique monte. Le même instrument sert encore à calculer la hauteur à laquelle l'aérostat est parvenu. La soupape située à la partie supérieure du ballon peut s'ouvrir ou se fermer à volonté au moyen d'un cordon qui pend à la portée de l'aéronaute. Lorsqu'il veut descendre, l'aéronaute ouvre la soupape : une partie de l'hydrogène s'échappe pour faire place à de l'air, et le ballon devenu plus lourd descend lentement. C'est alors que le lest peut être d'une grande utilité. Il consiste en petits sacs de sable. Si le ballon, en arrivant dans le voisinage de la terre, se trouve au-dessus d'un lieu dangereux, fleuve, forêt, précipice, toiture d'habitation, l'aéronaute doit remonter pour aller plus loin opérer sa descente en un endroit propice. Il remonte en rejetant hors de la nacelle une partie de sa provision de sable. Le ballon allégé s'élève aussitôt. C'est de la sorte que l'aéronaute, tant qu'il a du lest à sa disposition, peut choisir le lieu de sa descente. L'ancre, fixée à une longue corde, est alors jetée. Elle mord sur le sol, fournit un point d'appui et permet d'amener graduellement la nacelle jusqu'à terre.

L'ascension de Pilâtre de Rozier avait été un coup d'audace. Rien, dans la montgolfière, n'était disposé en vue de la sécurité de l'aéronaute; la nouveauté de l'appareil et l'inconnu du voyage laissaient dans un doute terrible au sujet du sort qui pouvait attendre le téméraire explorateur. Charles, au contraire, pour l'expédition aérienne qu'il avait en projet, étudia d'abord sa machine dans les moindres détails, avec les ressources d'une science consommée. Il lui donna la forme et la structure que l'usage a consacrées, il la munit des appareils de sécurité dont l'expérience a confirmé depuis les avantages, enfin il créa l'aérostation à peu près telle qu'elle est de nos jours.

Son ascension en ballon à hydrogène eut lieu à Paris le 1er dé-

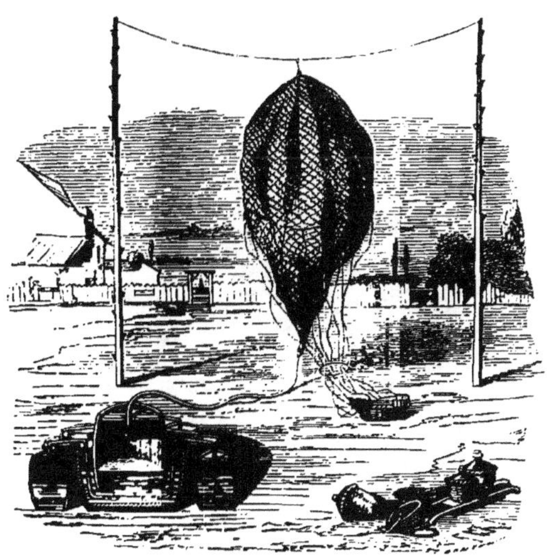

Fig. 3.

cembre 1783, dans la grande allée du château des Tuileries. Vingt-cinq tonneaux rangés en cercle contenaient les matériaux néces-

saires à la génération de l'hydrogène, eau, vieille ferraille et huile
de vitriol. De chacun d'eux partait un tuyau de plomb qui se
rendait dans un tonneau central, plus grand et plein d'eau, où le

Fig. 4.

gaz se lavait et perdait les traces d'acidité qui auraient pu corroder
l'enveloppe de l'aérostat. Un dernier canal de plomb conduisait
l'hydrogène de ce tonneau laveur dans le ballon.

L'heure du départ venue, Charles voit parmi les spectateurs l'un des frères Montgolfier; il s'avance vers lui, retenant captif à l'aide d'un cordon un petit ballon qui devait servir à reconnaître, avant de partir, la direction du vent dans les hautes régions. Ce ballon d'épreuve était en soie d'un vert émeraude, emblème de l'espérance. Charles en présente le cordon à Montgolfier dans ces termes : « C'est à vous, monsieur, qu'il appartient de nous ouvrir la route des cieux. » Et le public d'applaudir à cette délicate déférence de l'aérostat devant sa sœur aînée la montgolfière. Etienne Montgolfier prend le cordon offert, le lâche, et le petit ballon émeraude prend sa volée vers le nord-est.

La direction du vent reconnue, le canon tonne, Charles et son compagnon Robert montent dans la nacelle, les cordes d'attache sont coupées, et l'aérostat majestueusement s'élève. Le roi et sa cour applaudissent; les spectateurs, comprenant la moitié presque de la population de Paris, remplissent les airs de leurs bruyantes acclamations, les tambours battent aux champs, les troupes présentent les armes, le canon domine le tout de sa grande voix. Cependant Charles et Robert saluent, le chapeau en main.

Mais laissons maintenant la parole à Charles lui-même, qui nous a laissé un récit de cette ascension, mémorable entre toutes, car si elle fut la seconde en date, elle fut aussi la première scientifiquement conduite. « Jamais rien n'égalera, dit-il, ce sentiment de bonheur qui s'empara de moi lorsque je sentis que je fuyais la terre. Échappé aux tourments de la persécution et de la calomnie, je répondais à tout en m'élevant au-dessus de tout. A ce sentiment moral succéda bientôt une sensation plus vive encore : l'admiration du majestueux spectacle qui s'offrait à nous. De quelque côté que nous abaissions nos regards, c'était partout comme un champ de têtes humaines tournées vers nous. Au-dessus, un ciel sans nuages; dans le lointain, l'aspect le plus délicieux.

» Oh! mon ami, disais-je à Robert, est-il bonheur semblable au nôtre! J'ignore dans quelle disposition est la terre que nous laissons; mais certainement le ciel est pour nous. Quelle sérénité! quel ravissant spectacle! Que ne puis-je avoir ici le dernier de nos détracteurs, et lui dire : regarde, malheureux, regarde tout ce que l'on perd en voulant arrêter l'essor de la science! »

» Tandis que nous nous élevions rapidement, nous nous mîmes

à agiter dans l'air nos banderoles en signe d'allégresse, afin de rendre la sécurité à ceux qui prenaient intérêt à notre sort. Puis Robert fit l'inventaire de nos richesses. Nos amis avaient lesté la nacelle comme pour un voyage de long cours : vins de champagne, vivres, couvertures et fourrures. Bon, lui dis-je, voilà de quoi jeter ar la fenêtre quand nous voudrons monter ; et Robert commença par lancer une couverture de laine, qui se déploya dans les airs et tomba avec de majestueuses ondulations.

» En deux heures, le ballon parvint à neuf lieues de Paris. Durant tout le cours de ce délicieux voyage, il ne nous est pas venu en pensée la moindre inquiétude sur notre sort et sur celui de notre machine. Le globe n'a souffert d'autre altération que les modifications successives de dilatation et de contraction dont nous profitions pour monter ou descendre à volonté. Au bout d'une heure environ de marche, nous entendîmes le coup de canon qui devait être le signal de notre disparition aux yeux des observateurs de Paris.

» Nous nous réjouîmes de leur avoir échappé. N'étant plus obligés de maintenir strictement notre course horizontale, comme nous l'avions fait jusqu'alors, nous nous abandonnâmes plus entièrement aux spectacles variés que nous présentait l'immensité des campagnes au-dessus desquelles nous planions. Dès ce moment, nous n'avons cessé de converser avec les gens que nous voyions accourir vers nous de toutes parts ; nous entendions leurs cris d'allégresse, leurs vœux, leur sollicitude, leurs alarmes d'admiration. Nous entendions très distinctement : *N'avez-vous pas peur? Dieu, que c'est beau! Que Dieu vous conserve! Adieu, mes amis!* J'étais touché jusqu'aux larmes de cet intérêt tendre et vrai qu'inspirait un spectacle aussi nouveau.

» Pour nous maintenir à la hauteur convenable, nous jetions successivement redingotes, manchons, habits, bouteilles de champagne vides. Il était 9 heures et demie passées ; j'avais le dessein de faire un second voyage et de profiter du peu de jour qui restait pour accomplir une ascension plus élevée. Je proposai à Robert de descendre, il y consentit. Nous prîmes terre dans une vaste prairie bordée d'arbustes et de quelques arbres. Craignant que la nacelle ne vînt s'engager dans le branchage, je jetai deux livres de lest, et le ballon s'éleva par-dessus en bondissant, à peu près comme un coursier qui franchit une haie. Cepen-

dant les paysans couraient après nous sans pouvoir nous atteindre, ainsi que des enfants poursuivent les papillons dans les
prairies. Enfin nous mettons pied à terre. On nous environne.
Rien n'égale la naïveté rustique, l'effusion d'admiration et d'allégresse de tous ces villageois. Arrive au grand galop un groupe
de cavaliers, parmi lesquels le duc de Chartres. Il saute aussitôt
de cheval, court à moi et m'embrasse. « Monsieur Charles, moi
premier » fit-il en me donnant l'accolade de félicitation.

Je lui racontai brièvement quelques circonstances de notre
voyage. « Ce n'est pas tout, monseigneur, ajoutai-je en souriant;
ce n'est pas tout, je m'en vais repartir.

» — Comment, repartir?

» — Vous allez voir. Il y a mieux : quand voulez-vous que je
redescende.

» — Dans une demi-heure.

» — Eh bien, soit, monseigneur; dans une demi-heure je serai
de retour.

» Robert descendit de la nacelle, ainsi que c'était convenu.
Trente paysans serrés autour et appuyés sur mon embarcation aérienne l'empêchaient de s'envoler. Je demandai de la terre pour
renouveler ma provision de l'est. On va chercher une bêche qui
n'arrive point. Je demande des pierres, il n'y en avait pas dans
la prairie. Je voyais le temps s'écouler, le soleil se cacher. Je cal-
culai donc rapidement la hauteur possible où pouvait m'élever
l'amoindrissement en poids que venait d'éprouver la machine par
la descente de Robert, et je dis aux paysans qui retenaient la nacelle : « Mes bons amis, éloignez-vous tous en même temps à
mon signal, et je vais m'envoler. »

» Je frappe des mains, ils se retirent et le ballon s'élance comme
l'oiseau. En dix minutes, j'étais à plus de quinze cent toises; je
n'apercevais plus les objets terrestres, je ne voyais plus que les
grandes masses, et d'une douce température j'étais brusquement
passé à celle de l'hiver. Le froid était vif et sec, mais point insupportable. J'interrogeai alors paisiblement toutes mes sensations,
je m'écoutai vivre, pour ainsi dire, et je puis assurer que, dans
le premier moment, je n'éprouvai rien de désagréable dans ce
changement subit de température.

» A mon départ de la prairie, le soleil était couché pour les
habitants de la plaine; bientôt il se leva pour moi seul et vint

encore une fois dorer de ses rayons le globe et sa nacelle. J'étais
le seul corps éclairé dans l'horizon, et je voyais tout le reste
plongé dans l'ombre. Puis le soleil disparut, et j'eus ainsi la singulière fortune de le voir deux fois se coucher dans le même
jour. Je contemplai quelques instants le vague de l'air et les vapeurs terrestres qui s'élevaient du sein des vallées et des rivières.
Les nuages semblaient sortir de la terre et s'amonceler les uns
sur les autres en conservant leur forme ordinaire. Leur couleur
seulement était grisâtre et monotone, effet naturel du peu de lumière diffusée dans l'atmosphère. La lune seule éclairait.

» Au milieu de mon ravissement et de mon extase contemplative,
je fus rappelé à moi-même par une douleur extraordinaire que je
ressentis dans l'intérieur des oreilles et dans les glandes maxil-
laires. Je l'attribuai à la dilatation de l'air contenu dans l'organisme, autant qu'au froid de l'air environnant. Je me couvris
d'un bonnet de laine, car j'étais tête nue; du reste la douleur se
dissipa à mesure que je me rapprochai de terre.

» Il y avait environ sept à huit minutes que je ne montais plus;
je me rappelai alors la promesse que j'avais faite à monseigneur
le duc de Chartres d'être de retour au bout d'une demi-heure. Je
tirai donc le cordon de la soupape, et le ballon se mit à descendre,
bientôt presque à moitié vide et ne formant plus qu'un hémisphère. J'arrivai dans une belle plaine en friche à plus d'une lieue
du point de départ. Il y avait trente-cinq minutes que j'étais
parti, et telle est la sûreté des combinaisons de notre machine
aérostatique, que je pus consommer, et à volonté, cent trente livres de légèreté spécifique, dont la conservation également volon-
taire eût pu me maintenir en l'air au moins vingt-quatre heures
de plus. »

« Dans une demi-heure je serai de retour, » avait dit en partant
Charles au duc de Chartres, et trente-cinq minutes après sa promesse, il revenait effectivement à terre. Cette précision à de quoi
surprendre et fait le plus grand éloge de l'habileté du physicien,
si l'on songe à l'imprévu d'un voyage qui s'exécutait pour la première fois dans de semblables conditions. Le lendemain, à son arrivée à Paris, Charles s'empressa de se rendre chez le duc de
Chartres pour lui raconter son ascension et surtout la ponctualité
avec laquelle sa promesse avait été remplie. Comme il sortait du
Palais Royal, demeure de son noble ami, le peuple l'acclama, le

prit sur ses épaules et le porta en triomphe jusqu'à sa voiture. Un
peu plus tard, dans la fameuse journée du 10 août, ce même peuple
de Paris, soulevé contre les abus monarchiques, donnait libre explosion à ses colères aigries pendant de longs siècles, et ravageait,
la pique en main, les demeures royales du Louvre et des Tuileries. Charles y avait son cabinet de travail, retraite cédée par ses
nobles protecteurs. Ivre de vengeance, la foule passa devant la
porte du savant. « C'est ici la chambre de l'homme aux ballons,
dit l'un d'entre eux ; passons : respect à la science. » Et les piques
défilèrent silencieuses, rouges encore du sang des Suisses.

CHAPITRE IV

PILATRE DE ROZIER

Les succès obtenus tant à l'étranger qu'en France encouragèrent les aéronautes dans la nouvelle voie ouverte par le physicien Charles, et bientôt l'audace ne reconnut plus de bornes. Un Français, Blanchard, après avoir donné aux Anglais le spectacle d'une ascension aérostatique, conçut le projet de traverser en ballon le détroit qui sépare la France de l'Angleterre et de partir de Douvres pour atteindre Calais : projet insensé qui certainement lui eût coûté la vie sans l'heureux concours d'une circonstance des plus fortuites.

Avec un aérostat à hydrogène, Blanchard partit de Douvres en compagnie du docteur anglais Jefferies. Tout alla très bien d'abord. Les hautes falaises dont la base était blanchie d'écume par les flots, l'immense nappe de la mer ridée par le vent, les vaisseaux qui passaient toutes voiles déployées, les innombrables villages disséminés sur la côte, formaient un spectacle ravissant dont les deux aventureux voyageurs ne pouvaient se rassasier. Mais à peine avaient-ils parcouru le tiers du détroit, poussés par un vent favorable soufflant de Douvres vers Calais, qu'une appréhension terrible vint les arracher aux somptueuses beautés de l'horizon. Le ballon, se dégonflant peu à peu, descendait avec une rapidité croissante et menaçait de tomber à la mer dans un bref délai, loin des côtes, loin de tout secours. Dépourvus d'appareils de sauvetage, les deux aventureux voyageurs allaient périr dans les flots. Du lest fut jeté. La machine allégée remonta un peu, mais pour bientôt redescendre. Nouvelle perte de lest, qui cette fois est épuisé, et nouvel essor du ballon à quelques dizaines de mètres au-dessus des flots. La descente recommence, plus accentuée que jamais. On jette d'abord les outils qui ne sont pas indispensables, ancres et cordages; puis, à mesure que le danger devient plus pressant, les provisions de bouche et les vêtements les plus lourds. Rien n'y fait : le ballon perd son gaz en trop grande abondance pour qu'il soit possible de lui communiquer une nouvelle force ascensionnelle en diminuant convenablement la charge. N'ayant plus rien à lancer hors de la nacelle, ils jettent leurs derniers vêtements; du reste ils seront mieux ainsi pour essayer de se sauver à la nage. Ce dernier sacrifice de lest ne paraît pas améliorer la situation. Alors Jefferies, avec son imperturbable flegme britannique : « Quand vous le jugerez à propos, monsieur, je me jetterai à la mer, pour amoindrir d'autant le poids de la machine. — Sauvons-nous tous les deux ou périssons tous les deux, répond Blanchard; une dernière ressource nous reste. Nous jetterons la nacelle et nous continuerons le trajet suspendus par les mains aux cordages. » Ce terrible moyen recevait déjà un commencement d'exécution quand le souffle du vent se ranima et, prenant le ballon en dessous, le poussa rapidement sur les côtes de la France. Blanchard et Jefferies étaient sauvés. Ils devaient leur salut à une circonstance sur laquelle il était déraisonnable de compter. Pendant les deux à trois heures que dura le trajet, le vent, favorable au moment du départ, n'avait pas varié de direction. Quelle agonie pour les deux téméraires si le vent eût changé, les amenant sur la haute mer!

Le péril qu'ils venaient de courir, loin de refroidir chez les autres le zèle pour les ascension aérostatiques, ne fit que l'enflammer davantage. Au premier rang de ces audacieux se faisant un honneur de chercher le péril, brillait Pilâtre de Rozier, que nous venons de voir emporté le premier dans les airs par la machine des frères Montgolfier. Au sujet des expérimentations scientifiques, nul ne l'égalait en témérité, en folle audace. Un seul trait suffira pour nous renseigner sur ce passionné faiseur d'expériences, qui devait finir lamentable victime de son courage. L'hydrogène, récemment découvert, était alors à la mode. Un gaz invisible, qui brûle et détonne, ne pouvait manquer de captiver vivement l'attention des curieux. Pilâtre imagina une expérience dont l'effet était des plus saisissants. Il aspirait le gaz, s'en remplissait les poumons, puis le rejetait en un jet qui prenait feu à l'approche d'une mèche de papier allumée. On le voyait donc, avec une admiration mêlée d'effroi, cracher feu et flamme comme un diable échappé d'enfer. Un jour, de l'air atmosphérique étant resté dans les voies respiratoires, l'hydrogène aspiré fit avec cet air le mélange explosif des chimistes, c'est-à-dire un mélange gazeux qui fait explosion quand on l'enflamme et détonne avec une violence extrême. Mal en prit cette fois au téméraire de lancer de la bouche une haleine enflammée. Une explosion intérieure se fit qui lui ébranla la poitrine et faillit lui coûter la mâchoire et les joues.

Qui prenait goût à de tels exercices ne pouvait s'effrayer du sort auquel venaient de miraculeusement échapper Jefferies et Blanchard. Pilâtre de Rozier mit donc à exécution un projet depuis quelque temps médité, celui de traverser la Manche en ballon, mais en sens inverse du voyage de ses prédécesseurs, de la France vers l'Angleterre. Sa machine était une association bizarre de l'aérostat à hydrogène et de la montgolfière à air chaud. L'aérostat occupait le dessus, la montgolfière le dessous, et à celle-ci était appendue la nacelle. Vainement on lui fit observer ce qu'avait de périlleux pareille association, où pour maintenir chaud l'air de la montgolfière il fallait faire du feu au voisinage d'un gaz éminemment inflammable. C'était, disait-on, établir un brasier au-dessous d'une poudrière. Pilâtre ne tint compte de ces judicieuses critiques, il attendait le meilleur résultat de sa machine. Au lieu de se charger de lest, que l'on jette en temps opportun pour s'alléger et monter plus haut, au lieu de s'encombrer d'un poids qui peut faire défaut au moment où il serait le plus nécessaire, l'innovateur avait probablement dans l'esprit l'idée de faire servir la montgolfière à cette alternative d'essors et de descentes que les circonstances fréquemment imposent. Fallait-il monter, il suffisait de jeter une brassée de paille dans le réchaud de la montgolfière; fallait-il descendre, il n'y avait qu'à laisser le feu se ralentir. L'aérostat fournissait ainsi la principale puissance ascensionnelle, et la montgolfière donnait la puissance régulatrice.

Pilâtre partit de Boulogne le 15 juin 1785, accompagné de Romain, son associé. La machine était parvenue à 400 mètres environ de hauteur, quand les spectateurs virent l'aérostat brusquement crever, se dégonfler, et retomber sur la montgolfière ainsi qu'une immense calotte. Privé de ce qui lui fournissait la

principale force ascensionnelle, l'appareil descendit, ou plutôt
tomba comme tombe un corps pesant abandonné à lui-même. La
chute fut terrible. On accourut. Les deux infortunés gisaient fra-
cassés sur la plage, au milieu des débris de leur double ballon.
Ainsi périrent les deux premières victimes des expéditions aériennes.

Si Pilâtre et Romain avaient été pourvus de l'appareil qu'il
nous reste à décrire, peut-être auraient-ils évité leur lamentable
sort. Cet appareil est le parachute, introduit par Blanchard dans
l'aérostation. Pour ajouter à l'émotion de la foule qui assistait à
ses ascensions, Blanchard emportait dans sa nacelle divers animaux, chats, chiens et agneaux, qu'il lançait ensuite dans les
airs, d'une grande élévation. On voyait la pauvre bête tomber
avec l'effrayante rapidité d'un plomb, et le cœur se serrait à l'idée

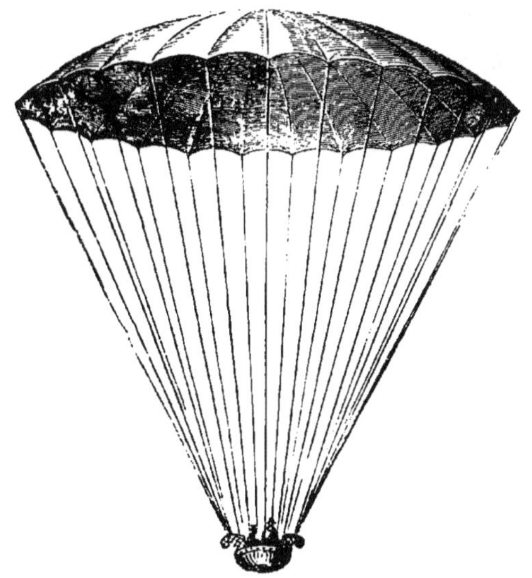

Fig. 5.

que dans quelques secondes la misérable créature allait périr
broyée. Mais voici que derrière l'animal précipité quelque chose
s'ouvrait, semblable à un grand parapluie; la descente se ralen-
tissait, et bientôt ce n'était plus une chute, mais le mol abandon

d'un oiseau qui plane tout en se laissant aller à terre. L'agneau retombait donc parmi les spectateurs, de quelques centaines de mètres d'élévation, bêlant d'effroi, mais sans mal aucun. Il devait la vie au parachute.

On nomme ainsi un appareil pouvant servir à l'aéronaute s'il lui faut abandonner le ballon en un moment de danger. C'est une espèce de grand parapluie, des bords duquel partent des cordons supportant une petite nacelle. Tant qu'il ne sert pas, le parachute est plié contre les flancs de l'aérostat. Quand il veut descendre avec cet appareil, l'aéronaute entre dans la petite nacelle, il coupe le cordon qui fixe le parachute au ballon, et le tout se précipite. Mais bientôt le parapluie se déploie, et l'air qui s'engouffre sous son dôme oppose une telle résistance, que la chute se ralentit au point de devenir sans danger. Cette résistance est même si grande, à cause de la grande surface du parachute, que des oscillations très périlleuses se produiraient si l'on n'avait pris les précautions nécessaires pour laisser écouler l'air engouffré.

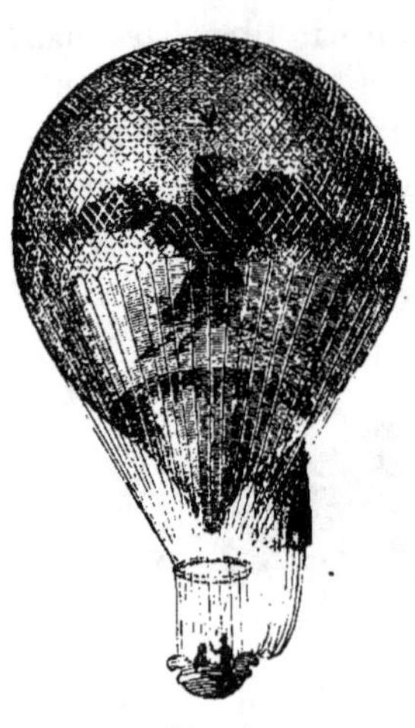

Fig. 6.

A cet effet le parachute est percé au sommet de son dôme d'une large ouverture par laquelle s'échappe l'air.

Il est rare qu'un aéronaute soit dans la nécessité de recourir à pareil moyen de salut. Les descentes en parachute qui se font ont généralement pour but de procurer à la foule la poignante émotion qu'inspire une personne précipitée d'une hauteur formidable. Il y a là, surtout aux premiers moments, quand l'appareil non encore ouvert laisse la chute s'accomplir en liberté, un spectacle à épouvanter.

Blanchard suspendait à un parachute les animaux, qui, précipités, revenaient à terre sains et saufs; mais il n'osa jamais se confier lui-même à ce moyen de descente. Il n'est pas non plus l'inventeur de l'appareil. L'idée première en est due à Lenormand qui, en 1783, se précipita du haut d'une tour, à Montpel-

lier, ayant pour sauvegarde contre les effets de la chute un vaste
et solide parapluie dont il tenait le manche. Jacques Garnerin et
bientôt sa fille Élisa eurent les premiers le courage d'abandonner
l'aérostat pour descendre en parachute. L'audacieuse expérience
eut lieu le 22 octobre 1797. Parvenu à la hauteur d'un millier
de mètres, Garnerin coupa la corde qui retenait le parachute au
ballon. L'aéronaute, debout dans la nacelle de son appareil, descendit d'abord avec l'épouvantable vitesse d'un bloc qui tombe.
Un long cri d'épouvante s'éleva, parti du sein de la foule; quelques personnes se trouvèrent mal, des dames s'évanouirent,
douloureusement frappées de ce terrible spectacle. Puis le parachute se déploya et Garnerin parut planer dans les airs. Il
descendit enfin sans accident dans la plaine de Monceaux, où
il fut, nous dit-il, embrassé, caressé, porté, froissé et presque
étouffé par une multitude immense qui se pressait autour de
lui.

Les ascensions aérostatiques ne sont pas simplement des spectacles émouvants pour la foule : la science les utilise pour pénétrer un peu avant dans l'épaisseur de l'océan atmosphérique et
nous apprendre ce qui s'y passe. Or, des vérités ainsi recueillies,
les plus frappantes sont celles-ci.

La température décroît rapidement à mesure que l'on s'élève,
résultat déjà constaté par l'ascension sur de hautes montagnes.
La loi de cette diminution de température n'est pas encore bien
connue; cependant, tant qu'on ne dépasse pas trois à quatre mille
mètres de hauteur, on peut l'évaluer en moyenne à 1 degré en
moins pour 180 mètres d'élévation en plus. Par delà, le refroidissement, après s'être un peu ralenti, s'accélère encore; et tout
porte à croire que dans les régions les plus élevées de l'atmosphère il règne un froid continuel, comme nos hivers les plus
rigoureux n'en présentent jamais d'exemples.

En 1804 Gay-Lussac, parvenu à une hauteur de 7000 mètres,
constata une température de 10° environ au-dessous de zéro,
pendant qu'à la surface du sol le thermomètre marquait 27° au-
dessus de zéro. C'est une différence de 37°. En 1850 MM. Barral
et Bixio atteignirent à peu près la même hauteur et observè-
rent une température encore plus basse. Le 5 septembre 1862
MM. Glaisher et Coxwell parvinrent à la hauteur d'environ 10 000
mètres. C'est la plus grande élévation que l'homme ait jamais

atteinte. Le baromètre était descendu à 25 centimètres, et le thermomètre indiquait 27° au-dessous de zéro.

En second lieu, l'humidité de l'air décroît avec une grande rapidité. Vers 7000 mètres, terme de l'ascension de Gay-Lussac, la sécheresse est telle que le parchemin se tord, se crispe comme devant le feu. Il n'y a donc que les parties les plus basses de l'atmosphère qui soient accessibles à la vapeur d'eau, et par conséquent aux nuages. Les régions supérieures, c'est-à-dire les trois quarts au moins de son épaisseur, sont dans une éternelle sérénité. Là, jamais ne montent les vapeurs du sol; là, jamais ne gronde le tonnerre et ne se forment la neige, la grêle, la pluie.

Dans ces hautes régions aucun bruit ne monte de la terre: il y règne un morne et perpétuel silence qui porte le découragement dans l'âme. Le sol cesse d'être visible; ou plutôt, plaines, vallées, montagnes, tout se confond en un rideau brumeux où le regard ne saisit aucun détail. Le ciel lui-même change d'aspect: il devient d'un bleu sombre. Un froid pénétrant vous transit; le malaise, le vertige vous gagnent. A 8850 mètres Glaisher perdait connaissance; à 10 000 Coxwell ne pouvait plus se servir de ses mains. La respiration devient haletante et la circulation précipitée. Gay-Lussac constatait à son pouls 120 pulsations à la minute, au lieu de 66 qu'il donnait habituellement. Les lèvres se gercent, les yeux s'injectent de sang, les oreilles bourdonnent; tout enfin annonce que la vie est grandement en péril dans ces hautes solitudes, où l'air est trop raréfié pour suffire aux besoins de la respiration.

CHAPITRE V

La machine à vapeur, dont nous nous proposons ici l'histoire, exige pour être convenablement comprise quelques notions sur la pression de l'air. C'est du reste en cherchant à utiliser cette pression comme puissance mécanique, que l'on fut conduit à l'emploi de la vapeur. La découverte de la poussée atmosphérique, ainsi que la découverte du baromètre, instrument destiné à mesurer cette poussée, feront donc le sujet des chapitres suivants.

L'antiquité n'avait aucun soupçon de la pression de l'air. Trois grands noms, tous les trois de l'époque moderne, apparaissent dans l'historique de cette découverte fondamentale : Galilée, Torricelli, Pascal. Les deux premiers appartiennent à l'Italie ; le troisième à la France.

Galilée naquit à Pise en 1564. Les odieuses tracasseries qu'il subit pour avoir soutenu que la terre tourne, ont rendu son nom populaire. Forcé d'abjurer à genoux ses découvertes astronomiques, en particulier la rotation de la terre, contraire aux textes sacrés, le savant vieillard se releva, frappant du pied le sol : *E pur si muove*, fit-il ; « et cependant elle tourne ! » Hardi témoignage de la vérité, malgré les perspectives du bûcher. Mais laissons, car elles sortiraient de notre cadre, les poursuites d'une ignorance intolérante. Par ses belles découvertes, qui ont ouvert la voie à la science moderne, Galilée est le père de la mécanique et de l'astronomie.

Nous devons à Torricelli l'importante expérience dont nous allons bientôt nous occuper. L'histoire parle avec éloges de sa modestie et de la douceur de son caractère. Il étudiait à Rome les mathématiques, quand une étroite amitié le lia avec Castelli, le disciple chéri de Galilée. Un échange de connaissances scientifiques s'établit entre les deux jeunes gens : Torricelli fournissait son large savoir mathématique, et Castelli les idées qu'il avait puisées auprès de Galilée. C'est ainsi que le jeune savant romain fut mis sur la voie de sa célèbre expérience, point de départ du baromètre.

Blaise Pascal est de Clermont, en Auvergne. Il naquit en 1623. Son effrayant génie se manifesta dès le bas âge. Encore enfant, accroupi sur le parquet de sa chambre, il traçait avec du charbon des ronds et des barres ; et, sur une simple définition par hasard entendue, imaginait la géométrie. Il n'avait pas encore seize ans lorsqu'il écrivit un traité de haute géométrie regardé par les contemporains comme un prodige de sagacité. Trois ans plus tard il faisait connaître sa fameuse machine arithmétique, qui groupe, assemble, combine les nombres et remplace le calculateur. On lui doit des expériences mémorables qui fixèrent désormais l'opinion de la science sur la pression de l'air ; on lui doit d'admirables conceptions mathématiques ; on lui doit la presse hydraulique, qui, avec le seul concours de la poussée du bras d'un homme, réalise telle énorme pression que l'on veut ; on lui doit surtout deux des livres les mieux écrits de notre langue, tant pour la profondeur des pensées que pour la majestueuse noblesse du style. Blaise Pascal est un des plus beaux exemples de la puissance de l'esprit humain.

La découverte du poids de l'air revient à Galilée. Le savant italien n'avait pas à sa disposition les appareils si commodes connus aujourd'hui. La machine pneumatique n'était pas inventée et ne pouvait l'être encore, car pour y arriver il fallait d'abord que le jour se fît dans cette question, pas même soupçonnée, de la pression de l'air. De nos jours on établit que l'air est pesant en équilibrant dans une balance d'abord un ballon plein d'air, puis le même ballon vidé avec la machine pneumatique. Le résultat plus fort de la première pesée démontre que l'air possède un poids, malgré sa subtilité extrême et son invisibilité. Or l'expérience de Galilée est précisément l'inverse de la nôtre. Au lieu de retirer l'air du ballon, ce qu'il ne pouvait faire, il y en accumula davantage en le refoulant de force. Le poids du ballon à air refoulé fut notablement plus fort que celui du ballon à air ordinaire. Ainsi fut établi par l'expérience que l'air est pesant.

Du reste, avant Galilée, en 1630, un médecin du Périgord, Jean Rey, était arrivé au même résultat par des voies chimiques. Rendant compte de l'accroissement de poids que l'étain éprouve lorsqu'il est longtemps maintenu en fusion au contact de l'air, Jean Rey attribue cette augmentation de poids à une absorption d'air, manière de voir d'autant plus hardie que l'on regardait alors l'air comme dépourvu de pesanteur. Rarement affirmation fut plus contraire aux idées reçues. Faire alourdir un métal par une substance regardée d'un commun accord comme non pesante, ce dut être pour les contemporains un insigne contresens.

Cependant, le perspicace médecin est sûr du fait, et il annonce fièrement la nouvelle vérité dans le naïf langage de son époque : *Je responds et soustiens glorieusement que ce surcroît de poids vient de l'air, qui, dans le vase, a esté espessi et rendu adhésif par la véhémente et longuement continuée chaleur du fourneau; lequel air se mesle à l'étain et s'attache à ses plus menues parties.* Bien que Jean Rey s'exprime d'une manière si positive, il fallut près d'un siècle et demi pour familiariser les esprits avec cette idée neuve et féconde, savoir, qu'un métal *calciné*, ou, en notre langage chimique, *oxydé*, gagne en poids par l'absorption de l'air.

Jean Rey ne vit nullement l'immense portée de ses observations sur les métaux calcinés; Galilée ne soupçonna pas davantage de quel intérêt était son expérience avec le vase à air refoulé. Il est si difficile de faire un pas dans la bonne direction quand tout est ténèbres autour de vous! En possession de cette vérité', l'air est pesant, Galilée n'entrevit donc pas que, en vertu de son poids, l'air doit peser sur les objets qui y sont plongés.

Effectivement, un peu plus tard, les fontainiers du duc de Florence vinrent lui soumettre une difficulté qui les arrêtait. Ils avaient établi une pompe pour faire monter l'eau à une grande hauteur dans le palais ducal. Or, arrivée à une dizaine de mètres d'élévation, l'eau brusquement avait cessé de monter, malgré la manœuvre de la pompe. Pourquoi l'eau s'élevait-elle à dix mètres, et arrivée là n'avançait-elle plus?

Pris au dépourvu, Galilée répondit d'une manière probablement satisfaisante pour les fontainiers, mais pas du tout pour lui. En ce temps, pour expliquer l'ascension des liquides dans lesquels on aspire soit avec la bouche, soit autrement, on s'en tenait à une expression dépourvue de sens, il est vrai, mais léguée par l'antiquité et consacrée par l'usage. On disait que « la nature a horreur du vide » et que le liquide se précipite dans le tube d'aspiration pour remplir le vide qu'on y fait. Lorsque, dans une pièce féerique de théâtre, un acteur figurant quelque divinité brusquement s'élève et gagne le ciel semé de nuages de carton, autant vaudrait dire que ses pieds ont horreur des planches de la scène et nier les cordons invisibles qui tirent le personnage en haut. Galilée ne songea pas que l'ascension de l'eau devait avoir aussi ses cordons, c'est-à-dire une cause active, et pour se tirer d'embarras, il aurait, dit-on, répondu aux fontainiers que « la nature n'a horreur du vide que jusqu'à dix mètres de hauteur ».

L'histoire ne dit pas si les fontainiers de Florence se contentèrent de pareille réponse ; mais certainement Galilée n'en fut pas satisfait. Il chercha et crut un moment avoir trouvé la cause de l'arrêt de l'ascension à une hauteur de dix mètres environ. De même, pensait-il, qu'une corde tendue reste en ligne droite tant qu'elle est assez courte, puis se courbe et enfin se rompt sous son propre poids quand elle est devenue trop longue, de même, une colonne liquide parvenue à une hauteur trop considérable cesse de monter et s'affaisse sur sa base trop faible pour la soutenir. Le problème de la pression de l'air lui échappait donc tout à fait.

CHAPITRE VI

C'est à Torricelli que revient l'honneur d'avoir le premier entrevu la pression de l'air. Le raisonnement du savant romain dut être à peu près celui-ci.

Si, comme on le répète sur la foi des anciens, la nature a réellement horreur du vide; si les liquides se précipitent dans les tubes où il n'y a rien en vertu d'une tendance à combler le vide, tous les liquides sans exception, lourds ou légers, doivent monter l'un aussi haut que l'autre pour combler le vide fait. L'horreur du vide ne doit pas faire de différence entre une substance lourde et une autre légère ; que cette substance bouche l'espace inoccupé, et tout sera fini. Le mercure remplit le vide ni mieux ni plus mal que l'eau. Mercure et eau doivent alors rester suspendus à la même hauteur.

Si, au contraire, la suspension des liquides dans les tubes est due à une force qui les refoule, cette suspension doit se faire à une hauteur d'autant moindre que le liquide expérimenté est plus lourd. Le mercure, treize fois plus lourd que l'eau, doit rester suspendu à une hauteur treize fois moindre.

Guidé par des considérations de ce genre, Torricelli imagina la célèbre expérience que nous allons reproduire après lui.

On remplit entièrement de mercure un tube en verre fermé à l'une des extrémités et long de huit à neuf décimètres. Une fois plein, on le bouche avec le doigt et on le renverse pour en plonger l'extrémité ouverte dans une cuvette pleine de mercure. Le doigt est alors retiré. Le mercure descend un peu et s'arrête, dans le tube, à une hauteur de 76 centimètres environ à partir du niveau de la cuvette.

Or cette hauteur, 76 centimètres, est précisément la treizième partie de 10 mètres, hauteur à laquelle l'eau reste suspendue dans les canaux d'aspiration des pompes. Par conséquent les liquides restent suspendus, au-dessus de leur niveau, d'autant plus haut qu'ils sont plus légers, d'autant plus bas qu'ils sont plus lourds. C'est donc une poussée d'une valeur fixe, et non l'horreur du vide, qui les maintient suspendus. Telle dut être la conséquence à laquelle arriva Torricelli à la suite de son expérience ; cependant l'idée de la pression de l'air ne se faisait pas encore jour.

Fig. 7.

A cette époque voyageait en Italie, pour s'instruire des nouveautés scientifiques, un jésuite de grand renom, le père Mersenne, condisciple et ami de Descartes. Ayant eu connaissance à Rome de l'expérience de Torricelli, il en répandit le bruit en France à son retour. La nouvelle parvint aux oreilles de Pascal, qui se trouvait alors à Rouen auprès de son père, intendant des finances de la ville. Pascal s'empressa de répéter l'expérience de Torricelli avec du mercure, puis il la varia de toutes les façons imaginables, avec des tubes plus longs, plus courts, plus gros, plus étroits, droits ou recourbés, et remplis tantôt de mercure, tantôt d'huile, d'eau, de vin. Toujours le liquide resta suspendu à une hauteur verticale en raison inverse de sa densité.

La plus remarquable de ces expériences fut faite à Rouen en 1646. Un tube de verre de 46 pieds de long (15 mètres) fut rempli de vin, d'une densité à peine différente de celle de l'eau, et son orifice fermé d'un solide bouchon. Le tube fut alors redressé verticalement à l'aide de cordes et de poulies. L'extrémité inférieure étant plongée dans un baquet d'eau, on enleva le bouchon. Le vin descendit d'abord dans le tube, puis s'arrêta suspendu à une hauteur de 32 pieds (10^m,4). Sous une forme plus frappante et avec un liquide coloré qui rendait l'observation plus aisée, c'était ce que les fontainiers de Florence avaient appris à Galilée pour en obtenir l'explication.

Après toutes ces expériences, malgré l'incomparable lucidité de son génie, Pascal ne put s'affranchir de l'antique préjugé de l'horreur du vide. Il adopta l'explication puérile de Galilée pris au dépourvu ; il reconnut que la nature a horreur du vide, mais que la puissance de cette horreur a des limites et se balance avec le poids d'une colonne d'eau de 32 pieds de hauteur.

Limiter à 32 pieds l'horreur du vide lorsqu'il était unanimement reconnu qu'elle n'a pas de bornes, c'était une affirmation par trop audacieuse, portant grave atteinte aux saines doctrines. Le dire de Pascal, corroboré de celui de Galilée, suscita une tempête. Il fallait soutenir l'opinion de l'école, la seule vraie assurément ; il fallait au plus vite barrer la voie à ces innovateurs qui allaient tout brouiller ; on devait montrer à ces petits personnages, Galilée, Torricelli et Pascal, ce qu'il en coûte de toucher aux idées consacrées par le temps. La guerre commença, sans perspective de bûcher, fort heureusement, mais acharnée, furieuse, quoique le champ de bataille fût la feuille de papier. Que de tracasseries, hélas ! parfois que de périls la science n'a-t-elle pas affrontés avant de pouvoir en liberté développer ses idées et gratifier le monde des plus puissants moyens de civilisation !

Parmi les adversaires de Pascal était le père Noël, dont la platitude des raisons scientifiques n'a d'égale que la platitude de son adulation envers les puissants du jour. Sa lourde prose, destinée, dit-il, à justifier la nature du vide qu'on lui attribue, est dédiée au prince de Conti. Dans sa dédicace se trouve cet étrange passage : *Et si, pour une plus entière justification, il est nécessaire que la nature paie d'expérience et qu'elle rende témoins pour témoins, elle alléguera l'esprit de votre Altesse, qui remplit toutes ses parties et qui pénètre les choses du monde les plus obscures et les plus cachées. Alors il ne se trouvera personne, Monseigneur, qui ose affirmer qu'au moins à l'égard de votre Altesse, il y ait du vide dans la nature.*

Allez donc raisonner et parler science avec des gens capables de pareilles niaiseries ! Pascal eut ce courage, et le révérend père tomba étourdi sous le coup de massue comme Pascal seul savait en asséner avec sa plume.

Enfin l'idée vint à Torricelli que, puisque l'air est pesant, comme l'avait démontré son maître Galilée, il pourrait bien par sa pression être la cause de la suspension des liquides dans les

tubes. Ce soupçon lui paraissait d'autant plus fondé, qu'il voyait
 a colonne mercurielle de son appareil ne pas conserver indéfiniment la même hauteur, mais se tenir tantôt un peu plus haut,
tantôt un peu plus bas. D'où pouvaient provenir de telles oscilla-
lations, si ce n'est de quelques changements dans la pesée de l'atmosphère? Ainsi germait dans l'esprit de Torricelli l'idée première du baromètre. Le jeune savant voyait dans son tube à
mercure un moyen de mesurer les variations survenues dans la
pesanteur atmosphérique.

CHAPITRE VII

Nous venons de voir que Torricelli, témoin des variations en hauteur qu'éprouvait quotidiennement la colonne mercurielle de son appareil, avait fini par attribuer à la pression de l'air la suspension des liquides dans les tubes. Averti de cette pensée, Pascal la trouva ingénieuse ; et comme c'était une simple conjecture dont rien encore ne prouvait la vérité ou la fausseté, il se proposa de la soumettre au contrôle de l'expérience.

« Si, disait-il, on examine le mercure suspendu dans le tube de Torricelli au bas d'une montagne et au sommet ; et si, comme je le pense, la hauteur de la colonne mercurielle est moindre en haut qu'en bas, il s'ensuivra que la pression de l'air est la cause de cette suspension, puisqu'il y a plus d'air qui pèse sur le pied de la montagne que sur le sommet, tandis qu'on ne saurait dire que la nature a horreur du vide en un lieu plus qu'en un autre. »

Rarement expérience de haute portée a été instituée dans des conditions aussi frappantes et aussi simples. Examiner comment se comporte le tube de Torricelli à la base et à la cime d'une montagne, fut un trait de génie qui devait pour toujours faire abandonner l'antique préjugé de l'horreur du vide et jeter la plus vive lumière sur l'épineux problème de la pression de l'air. Pascal, faute d'une élévation suffisante dans le voisinage de Paris, où il se trouvait alors, chargea son beau-frère Périer de vérifier ses soupçons sur le Puy-de-Dôme, à proximité de Clermont-Ferrand.

On ne lira pas sans un vif intérêt les passages les plus saillants de la lettre par laquelle Pascal priait son beau-frère d'expérimenter sur le Puy-de-Dôme; on y verra avec quelle circonspection et quelle sûreté de jugement le problème est attaqué.

« Vous savez, dit-il, quels sentiments les philosophes ont eu sur le vide. Tous ont tenu pour maxime que la nature abhorre le vide; et presque tous, passant plus avant, ont soutenu qu'elle ne peut l'admettre et qu'elle se détruirait elle-même plutôt que de le souffrir. Ainsi les opinions ont été divisées : les uns se sont contentés de dire qu'elle l'abhorrait seulement; les autres ont maintenu qu'elle ne pouvait le souffrir. J'ai travaillé dans mon *Abrégé du traité du vide*, à détruire cette dernière opinion; et je crois que les expériences que j'y ai apportées suffiront pour faire voir manifestement que la nature peut souffrir et souffre en effet une espace aussi grand qu'on le voudra, vide de toutes les matières qui sont à notre connaissance et tombent sous nos sens.

» Je travaille maintenant à examiner la vérité de la première, savoir, que la nature abhorre le vide, et à chercher des expériences qui fassent voir si les effets que l'on attribue à l'horreur du vide doivent être véritablement attribués à cette horreur, ou s'ils doivent l'être à la pesanteur et à la pression de l'air. Pour vous ouvrir franchement ma pensée, j'ai peine à croire que la nature, qui n'est point animée ni sensible, soit susceptible d'horreur, puisque les passions supposent une âme capable de les ressentir. J'incline bien plus à imputer tous ces effets à la pesanteur et à la pression de l'air.

» J'ai donc imaginé une expérience qui pourra seule suffire pour nous donner la lumière que nous cherchons, si elle peut être exécutée avec justesse. C'est de faire l'expérience de Torricelli plusieurs fois le même jour, dans un même tuyau, avec le même vif argent, tantôt au bas et tantôt au sommet d'une montagne, pour éprouver si la hauteur du vif argent suspendu dans le tuyau se trouvera pareille ou différente dans ces deux situations.

» Vous voyez déjà, sans doute, que cette expérience est décisive sur la question. S'il arrive que la hauteur du vif argent soit moindre au haut qu'au bas de la montagne, comme j'ai beaucoup de raisons pour le croire, quoique tous ceux qui ont médité sur cette matière soient contraires à ce sentiment, il s'ensuivra nécessairement que la pesanteur et la pression de l'air est la seule cause de cette suspension du vif argent, et non pas l'horreur du vide, puisqu'il est bien certain qu'il y a beaucoup plus d'air qui pèse sur le pied de la montagne que non pas sur le sommet; au lieu que l'on ne saurait dire que la nature abhorre le vide au pied de la montagne plus que sur le sommet.

» Mais comme la difficulté se trouve d'ordinaire jointe aux grandes choses, j'en vois beaucoup dans l'exécution de ce dessein, puisqu'il faut pour cela choisir une montagne très haute, proche d'une ville dans laquelle se trouve une personne capable d'apporter à cette épreuve toute l'exactitude nécessaire. Car si la montagne était éloignée, il serait difficile d'y porter des vaisseaux, le vif argent, les tuyaux et beaucoup d'autres choses nécessaires, et d'entreprendre ce voyage pénible autant de fois qu'il le faudrait pour rencontrer, au haut de ces montagnes, le temps serein et commode qui ne s'y voit que peu souvent.

» Et comme c'est aussi rare de trouver des personnes hors de Paris qui aient ces qualités que des lieux qui aient ces conditions, j'ai beaucoup estimé mon bonheur d'avoir en cette occasion rencontré l'un et l'autre, puisque notre ville de Clermont est au pied de la haute montagne du Puy-de-Dôme, et que j'espère de votre bonté que vous m'accorderez la grâce de vouloir y faire vous-même cette expérience.

» Sur cette assurance, je l'ai fait espérer à tous nos curieux de Paris, et entre autres au R. P. Mersenne, qui s'est déjà engagé, par des lettres qu'il en a écrites en Italie, en Pologne, en Suède, en Hollande, d'en faire part aux amis qu'il s'est acquis par son mérite. Je ne touche pas aux moyens de l'exécution, parce que je sais bien que vous n'omettrez aucune des circonstances nécessaires pour le faire avec précaution. »

Le 19 septembre 1648 est la date de cette mémorable expérience. Cinq notables de la ville accompagnaient Périer, tandis qu'une sixième personne devait toute la journée, au couvent des Minimes, surveiller la hauteur du mercure dans un tube pareil à celui qu'on allait emporter sur la montagne. Vers midi l'expédition scientifique avait atteint le sommet du Puy-de-Dôme. Là Périer répéta l'expérience de Torricelli, telle qu'il l'avait faite le matin, avant le départ dans le jardin des Minimes. Le mercure, qui à Clermont se tenait au départ et se tint toute la journée à 712 millimètres, comme le reconnut le patient observateur préposé à la surveillance du tube laissé au couvent, ne donnait plus à la cime de la montagne que 626 millimètres. Il avait suffi de le déplacer suivant la verticale de 974 mètres environ, hauteur du Puy-de-Dôme au-dessus de la première station, pour le faire baisser de 86 millimètres. Périer et ses aides étaient ravis d'admiration et d'étonnement.

Ils redescendirent, encore plus émerveillés des prévisions si justes de Pascal que de la marche de la colonne mercurielle baissant dans le tube à mesure qu'on l'observait plus haut. A mi-côte l'expérience fut reprise, afin de constater si le vif argent montait, maintenant que le tube était placé plus bas. Le résultat fut décisif : la hauteur du mercure était de 675 millimètres, moindre qu'à la base de la montagne, plus grande qu'au sommet. Ainsi la colonne mercurielle croissait avec une altitude moindre et décroissait avec une altitude plus grande.

L'évidence enfin venait, irrésistible, reléguant dans l'oubli cette horreur du vide qui si longtemps avait fourvoyé les esprits ; et la suspension des liquides dans les tubes par l'effet de la pression de l'air était désormais une vérité acquise. Comment douter quand on voit le mercure du tube de Torricelli baisser quand on transporte l'appareil dans une région plus élevée ? La couche d'air qu'on laisse au-dessous de soi est de moins dans la pression exercée sur le liquide de la cuvette, et le mercure, refoulé avec moins de force, reste suspendu à une hauteur moindre.

Ce fut avec une satisfaction bien légitime que Pascal apprit de son beau-frère les résultats de l'expérience sur le Puy-de-Dôme. D'après les nombres qui lui furent donnés, il vit que, pour obtenir un abaissement sensible du mercure, il n'était pas nécessaire de transporter le tube bien haut, ainsi qu'il le croyait d'abord. Il pensa donc qu'il lui serait facile de répéter lui-même l'expérience sur l'un des monuments de Paris. Il choisit à cet effet la tour Saint-Jacques-la-Boucherie, haute de 48 mètres à peu près. Entre les deux observations, l'une à la base de la tour, l'autre au sommet, la différence fut de plus de deux lignes. La statuaire a consacré ce fait. Aujourd'hui, dans la rue Rivoli, à la base de la vieille tour Saint-Jacques, les passants s'arrêtent devant la statue d'un personnage à l'air méditatif, tenant en ses mains un tube dont l'orifice plonge dans une cuvette. Ce personnage, c'est Pascal expérimentant le tube barométrique.

CHAPITRE VIII

La pression qu'un liquide exerce sur une surface située dans ses profondeurs, est égale au poids de la colonne liquide qui s'élève verticalement depuis cette surface jusqu'au niveau supérieur. Pareillement, l'air exerce sur une surface déterminée une pression dont la valeur est égale au poids de la colonne aérienne s'élevant verticalement depuis cette surface jusqu'aux extrêmes imites de l'atmosphère.

Ne connaissant pas la hauteur précise de l'atmosphère, ne connaissant pas davantage comment varie la densité de l'air avec la hauteur, il nous serait à tout jamais impossible de calculer le poids de cette colonne aérienne sans les belles recherches de Torricelli, largement complétées par celles de Pascal. Mais ces recherches nous apprennent que la pression atmosphérique tient suspendue, en moyenne et au niveau des mers, soit une colonne d'eau de $10^m,33$ de hauteur, soit une colonne de mercure de 76 centimètres ; c'est-à-dire que ces colonnes liquides exercent la même pression, et par conséquent possèdent le même poids que la colonne aérienne reposant sur la même base.

Pour faire image en notre esprit, représentons-nous un canal à deux branches verticales communiquant par leur partie inférieure et s'étendant depuis le sol jusqu'à la limite supérieure de l'atmosphère. Si l'une de ces branches était en entier pleine d'air, et que dans l'autre il y eût seulement de l'eau jusqu'à $10^m,33$ de hauteur, il y aurait égalité dans les poussées réciproques de l'air et de l'eau ; en d'autres termes, le poids de la colonne d'air serait égal au poids de la colonne d'eau. Avec la seconde branche contenant du mercure jusqu'à 76 centimètres le même résultat aurait lieu.

Rien n'est plus simple alors que de calculer le poids d'une portion de l'atmosphère s'élevant verticalement sur une surface déterminée : il suffit de calculer le poids d'une colonne d'eau de 10^m, 33 de hauteur et reposant sur la même base ; ou bien, ce qui revient au même, le poids d'une colonne de mercure de 76 centimètres de hauteur. Effectuons ce calcul pour un centimètre carré de surface, en nous servant d'abord de la colonne d'eau.

Coupons, par la pensée, la colonne d'eau qui représente la pression ou le poids atmosphérique, en tranches d'un centimètre d'épaisseur. Nous aurons 1033 de ces tranches, puisque la colonne d'eau est de 10^m, 33. Chacune de ces tranches, ayant un centimètre en longueur et en largeur, à cause du centimètre carré pris pour base, et un centimètre en hauteur, est un centimètre cube. Mais un centimètre cube d'eau pèse 1 gramme ; donc le poids total de la colonne d'eau est de 1033 grammes. C'est-à-dire que sur chaque centimètre carré de surface pèse une colonne d'air de 1 033 grammes ; c'est-à-dire encore, et d'une manière plus simple, que la pression atmosphérique est de 1033 grammes par centimètre carré de surface.

Recommençons le même calcul en nous servant de la colonne de mercure dont la hauteur est de 76 centimètres. Coupée en tranches d'un centimètre d'épaisseur, cette colonne fournirait 76 tranches d'un centimètre cube chacune. Mais le mercure pèse 13 fois et 6 dixièmes autant que l'eau sous le même volume ; en d'autres termes, le poids d'un centimètre cube de mercure est de 13^{gr},6 puisque le poids d'un pareil volume d'eau est de 1 gramme. Le poids total de la colonne mercurielle, et par conséquent de la colonne d'air, est donc 13^{gr},6 $\times$ 76, ou bien 1033 grammes.

Le poids d'une colonne d'air ayant toute la hauteur de l'atmophère et reposant sur une base de 1 centimètre carré est donc de 1033 grammes. Le poids d'une colonne d'air reposant sur un décimètre carré de base est alors de 103 kilogrammes ; et celui d'une colonne d'air reposant sur un mètre carré de base, de 10 336 kilogrammes. Si nous avions en mètres carrés la surface de la terre, mers et continents compris, nous aurions par une simple multiplication le poids total de l'atmosphère. Or cette surface est connue : on la déduit du tour de la terre, qui est de 40 millions de mètres. On peut donc avoir le poids de l'atmosphère comme si la pesée pouvait s'en faire avec une balance.

L'étendue de l'atmosphère est telle, que son poids, malgré la subtilité de l'air qui la compose, dépasse tout ce que l'imagination pourrait d'abord se figurer. S'il était possible de placer tout l'air atmosphérique dans l'un des plateaux d'une immense balance et dans l'autre des poids pour l'équilibrer, les poids les plus forts à notre usage seraient insignifiants; il faudrait en imaginer d'autres proportionnés à la prodigieuse pesée. Figurons-nous donc un cube de cuivre d'un kilomètre de côté; ce dé métallique, d'un quart de lieue en tout sens, sera l'unité de poids. Le cuivre pesant près de 9 kilogrammes par décimètre cube, chacun de ces dés représente environ 9000 millions de kilogrammes.

Eh bien, pour faire équilibre au poids de l'atmosphère, il faudrait dans l'autre bassin de la balance placer 585000 dés pareils. Et cependant l'atmosphère est composée d'une substance des plus légères, d'un gaz subtil, invisible, et sur la terre elle occupe bien peu de place. Comparativement, le duvet d'une pêche en occupe plus sur ce fruit. Ah! que nous sommes matériellement peu de chose, nous qui nous agitons, atomes d'un jour, au fond de la mer atmosphérique; mais que nous sommes grands par la pensée, qui se fait un jeu de peser l'atmosphère et la terre elle-même!

Étendons devant nous la main ouverte. Elle supporte de la part de l'air une pression, un poids d'une centaine de kilogrammes. Ne le perdons pas de vue : l'air pèse indifféremment sur tous les corps, sur nous-mêmes comme sur le premier objet venu. Rien que sur la main ouverte pèsent 100 kilogrammes d'air environ, comme cela a lieu pour un décimètre carré d'une surface quelconque.

Cela nous paraît d'abord impossible ; on se demande comment la main seule peut supporter sans effort un poids aussi considérable, tandis qu'en employant toutes nos forces on aurait bien de la peine à soulever un fardeau de même valeur, et comment encore, sous une telle pression, la main n'éprouve aucune gêne.

Tout s'explique en remarquant que, si l'air placé au-dessus de la main pèse sur elle, l'air placé au-dessous la soutient avec une force égale. Rien de mieux; mais alors la main devrait être écrasée entre ces deux pressions de sens inverse. Pas du tout : dans son épaisseur, la main elle-même est pénétrée d'air comme une éponge mouillée est imbibée d'eau ; elle est, en outre imprégnée de liquides, de sang particulièrement ; et cet air, ces liquides intérieurs, toujours prêts à devenir des gaz, des vapeurs, tiennent en balance la poussée de l'air extérieur, si bien que la main n'a pas à souffrir de la pression, et qu'elle jouit même d'une complète liberté de mouvements.

Une expérience peut démontrer le rôle incessant de ces fluides intérieurs contre-balançant par leur élasticité la pression de l'air extérieur. On place sur le plateau de la machine pneumatique un cylindre ouvert aux deux bouts; on bouche l'orifice supérieur avec la paume de la main et on fait le vide. A mesure que l'air disparaît du cylindre, la main est fortement pressée contre les bords de l'ouverture; la peau se gonfle dans l'intérieur du récipient et devient toute rouge. L'expansion des fluides intérieurs, ne trouvant plus d'obstacle du côté du cylindre, est cause de ce gonflement et de cette rougeur de la peau.

Allons plus loin : on peut évaluer la surface entière du corps,

Fig. 8.

pour une personne de moyenne grandeur, à 1 mètre carré et 3/4. A cette surface correspond une pression atmosphérique de 18088 kilogrammes. Telle est l'énorme pression que, sans en être écrasés, sans en être gênés dans nos mouvements, nous éprouvons en réalité de la part de l'air. Ce qu'il peut y avoir d'étrange dans ce résultat disparaît si l'on considère que la pression atmosphérique se contre-balance elle-même en s'exerçant en tous sens, et que d'autre part les pressions contraires ne peuvent amener l'écrasement, parce que les liquides et l'air dont le corps est tout imprégné résistent à ces pressions.

Nous péririons écrasés par le poids de l'atmosphère, si l'air qui est en nous venait, par impossible, à disparaître; nous péririons également si nous étions déchargés de la pression atmosphérique, car alors l'air intérieur, n'ayant plus rien qui lui résistât, se détendrait comme un ressort comprimé qu'on abandonne à lui-même et déchirerait nos organes en les ballonnant. La main qui se gonfle et devient douloureusement rouge sur le récipient de la machine pneumanique, nous dit assez ce qui nous adviendrait si le corps cessait d'éprouver la pression de l'air.

Qu'en plein air, en l'absence de tout abri, la colonne atmosphérique à laquelle nous servons de base, et comprenant l'épaisseur entière de l'atmosphère, pèse sur nous de tout son poids, cela se comprend sans peine ; mais quand nous sommes dans nos habitations, abrités par des murs, abrités par le toit, portons-nous toujours le même fardeau aérien ?

Oui, absolument le même. Il est visible d'abord que si l'appartement où nous nous trouvons communique au dehors par une fenêtre ou un orifice quelconque, la pression extérieure se transmet par cette ouverture et arrive à nous avec toute sa force. Faisons mieux : supposons l'appartement de partout exactement clos, sans la moindre communication avec le dehors. Eh bien ! dans ce cas, nous éprouverions la même pression qu'à l'air libre.

Et, en effet, l'air est comparable à un ressort tendu ; il y a en lui une incessante propension à se détendre, et il presse sur les objets qu'il enveloppe en raison de sa tension. Or l'air, tel qu'il est à la surface du sol, est comprimé, tendu par le poids de l'épaisseur atmosphérique qu'il supporte ; il est tendu au point de réagir à égalité de force contre ce poids. Si donc nous emprisonnons cet air dans un appartement clos, sans doute il ne pressera pas sur nous en vertu de son poids, chose insignifiante, mais il pressera en vertu de sa tension, de son élasticité, dont la puissance équivaut au poids de la colonne atmosphérique. Nous éprouverons ainsi de sa part la même pression que si nous supportions réellement e poids de toute l'épaisseur de l'atmosphère.

D'une manière générale : de l'air pris quelque part et renfermé dans un vase exactement clos, agit par son élasticité sur les parois du vase, comme agirait, par son poids et au même lieu, la colonne atmosphérique pénétrant en liberté dans le vase.

Pour exprimer la valeur des pressions que les gaz et les vapeurs font éprouver par leur force expansive aux parois des vases qui les renferment, on est convenu de prendre pour unité la pression atmosphérique ou bien le poids d'une colonne mercurielle de 76 centimètres de hauteur. Ainsi, lorsqu'on dit qu'un gaz a une tension, une force élastique de trois atmosphères, par exemple, cela signifie que, sur chaque centimètre carré des parois qui l'enferment, ce gaz presse comme presserait une colonne de mercure haute de trois fois 76 centimètres et élevée sur ce centimètre carré pour base. Cela signifie, en d'autres termes, que le gaz presse les parois qui l'entourent avec trois fois la puissance de l'air ordinaire.

La force de la vapeur, qui fait mouvoir les machines, est exprimée en atmosphères. Proposons-nous la question que voici : — La vapeur fournie par la chaudière est à cinq atmosphères. Le piston sur lequel elle agit a 12 décimètres carrés de surface. Quelle est la pression qui chasse le piston?

Cette pression est égale au poids d'une colonne de mercure de 12 décimètres carrés de base et 5 fois 76 centimètres de hauteur, puisque la vapeur est supposée avoir une force élastique de 5 atmosphères. Calculons le poids de cette colonne mercurielle, et nous aurons en kilogrammes la pression éprouvée par le piston. Cinq fois 76 centimètres font 38 décimètres. Le volume de la colonne de mercure est alors 12×38 ou 456 décimètres cubes. Un décimètre cube de mercure pèse $13^{kg},6$. Le poids de la colonne mercurielle est donc $13^{kg}, 6 \times 456$ ou 6201 kilogrammes. Le piston est donc mis en mouvement par une poussée de 6201 kilogrammes.

CHAPITRE IX

OTTO DE GUÉRICKE

Grande fut l'émotion causée dans le monde savant par les
expériences de Pascal. Une puissance jusqu'alors méconnue venait
de se révéler, capable d'effets énormes, ainsi que l'établissaient
les calculs dont nous venons de donner une idée. Mais comment
passer des vues théoriques aux faits bien autrement frappants de
l'expérimentation? comment mettre en évidence cette poussée de
l'air, dont la valeur est d'une centaine de kilogrammes par décimètre carré de superficie? Puisque les pressions inverses se ba-
lancent mutuellement sur les diverses faces de tout corps plongé
dans l'atmosphère et restent ainsi sans effet sensible, il fallait parvenir à soustraire l'air contenu dans un espace clos, afin que,
n'ayant plus d'antagoniste, l'air extérieur manifestàt sa poussée;
il fallait enfin arriver à faire le vide dans un récipient de telle
forme et de telle capacité que l'on voudrait.

La première machine pneumatique ou machine à faire le vide
fut imaginée en 1650 par Otto de Guéricke, consul de Magdebourg. Elle était d'une extrême simplicité, et se composait d'un
cylindre E (fig. 9) ou *corps de pompe* dans lequel glissait un
piston mu par une tige armée d'une poignée F. Le canal CD du
corps de pompe portait sur le côté une sorte de bouchon *r'* qui,
étant enlevé, mettait le corps de pompe en communication avec
l'air extérieur. Remis en place, il interceptait toute communication du corps de pompe avec le dehors. Un récipient A, dans lequel on se proposait de faire le vide, communiquait par son col
B avec le canal du corps de pompe. Un robinet *r*, tourné tantôt d'une manière, tantôt d'une autre, permettait de faire commu-

niquer le récipient avec le corps de pompe ou d'interrompre cette communication.

Ces dispositions comprises, voyons ce que va produire le mouvement de va-et-vient du piston combiné avec le jeu du robinet r et du bouchon r'. — Le robinet r est ouvert, le récipient communi-

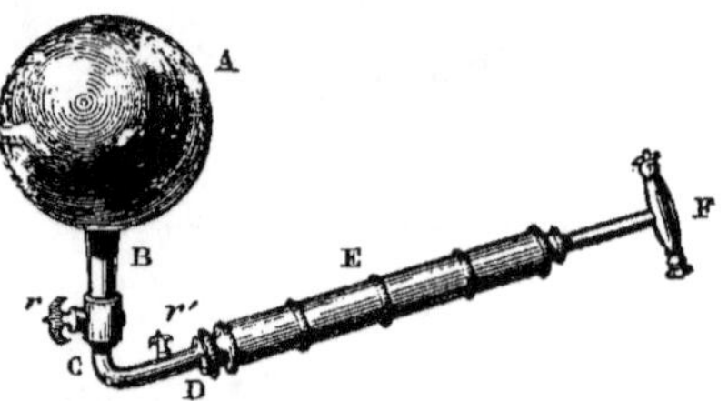

Fig. 9.

que avec le corps de pompe; le bouchon r' est en place, le corps de pompe n'a pas de communication avec le dehors. On tire à soi le piston par le moyen de la poignée F. Le piston laisse derrière lui, dans le corps de pompe, un espace vide. L'air contenu dans le récipient A, en vertu de sa force expansive, qui lui fait occuper un volume plus grand si rien n'y met obstacle, se précipite dans le corps de pompe et le remplit. L'air se partage entre le récipient et le corps de pompe proportionnellement à la capacité de chacun d'eux.

Cela fait, on ferme le robinet r et l'on enlève le bouchon r'. On refoule alors le piston, qui chasse devant lui l'air du corps de pompe et le fait écouler par l'orifice r'. On remet en place r et l'on ouvre de nouveau r. Le piston, retiré une seconde fois, laisse derrière lui un vide que remplit aussitôt l'air resté dans le récipient. Fermons r, ouvrons r', et le piston refoulé expulsera pour la seconde fois l'air introduit dans le corps de pompe.

Il est inutile d'insister davantage. On voit que toutes les fois que le piston est retiré, le robinet r étant ouvert et l'orifice r' fermé, une nouvelle quantité d'air s'introduit du récipient dans le corps de pompe; on voit également que, toutes les fois que le piston est refoulé, le robinet r étant fermé et l'orifice r' ouvert, l'air du corps de pompe est expulsé.

En répétant cette manœuvre un nombre suffisant de fois, l'air
du récipient s'appauvrit de plus en plus, ou, comme on dit, se
raréfie, parce que chaque fois il cède une partie de sa masse au
corps de pompe, qui le chasse dehors. Le récipient est ainsi
amené à ne contenir que de l'air extrêmement raréfié, c'est-à-
dire à peu près rien.

Tel était, dans sa naïve simplicité, l'appareil imaginé il y
a plus de deux siècles par le savant de Magdebourg. Depuis
lors la machine à faire le vide a été considérablement améliorée,

Fig. 10.

tout en restant basée sur les mêmes principes; des soupapes,
s'ouvrant et se fermant en temps opportun sans l'intervention
de l'opérateur, ont remplacé le robinet et le bouchon, d'une
manœuvre fastidieuse; deux corps de pompe ont été associés
pour rendre le jeu de l'appareil plus prompt et plus facile; enfin
l'instrument d'Otto a pris de nos jours la forme que reproduit la
figure 10.

Parmi les expériences inventées par Otto de Guéricke dans le but de démontrer la pression de l'air, l'une des plus célèbres est celle que l'on répète encore aujourd'hui dans les cours de physique avec ce qu'on appelle les *hémisphères de Magdebourg*. Rappelons d'abord en quoi consiste le classique appareil qui, malgré ses faibles dimensions, émerveille toujours l'écolier novice, comme l'appareil colossal d'Otto de Guéricke émerveillait autrefois les spectateurs accourus en foule aux savantes expérimentations du bourgmestre.

On nomme hémisphères de Magdebourg deux calottes en cuivre A et B (fig. 11), ayant chacune la forme d'une moitié de sphère creuse. Un rebord plan C, muni d'une rondelle de cuir graissé, permet d'appliquer exactement les hémisphères l'un contre l'autre. Enfin un canal, muni d'un robinet D, peut être vissé sur le conduit de la machine pneumatique et sert à retirer l'air de la sphère creuse quand les deux calottes sont assemblées. Avant que le vide soit fait, les deux hémisphères se séparent l'un de l'autre sans difficulté aucune; car, remarquons-le bien, ils ne sont que juxtaposés.

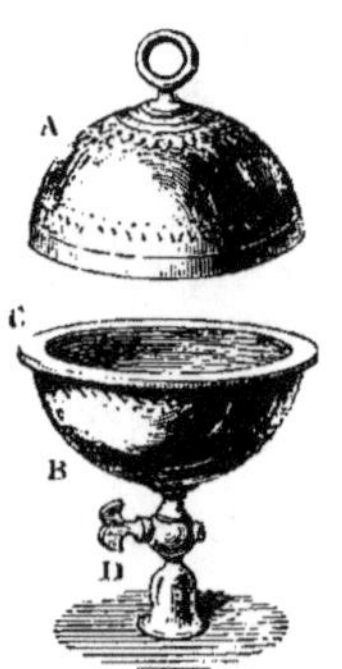

Fig. 11.

Maintenant, enlevons l'air de l'appareil, et, avant de dévisser l'instrument de dessus le conduit de la machine pneumatique, fermons le robinet D pour empêcher l'air de rentrer. Cela fait, les deux hémisphères, qui tantôt se séparaient sans la moindre difficulté, opposent à leur séparation une résistance énorme. Pour peu que leur surface soit égale à celle d'une grosse orange, l'effort des deux mains est impuissant à les séparer. Du reste, leur résistance est d'autant plus grande qu'ils présentent plus de superficie. Ce que nous ne pouvons faire de nos deux mains se fait sans obstacle une fois qu'on laisse rentrer l'air dans la sphère creuse en ouvrant le robinet.

Pourquoi les hémisphères se séparent-ils sans difficulté quand l'appareil est plein d'air? Pourquoi ne peut-on plus les séparer quand l'appareil est vide? Pleine ou vide, la sphère est toujours pressée au dehors par l'air environnant. Pleine et le robinet ouvert, elle éprouve en outre de dedans en dehors une pression pareille, car la poussée de l'air extérieur se communique sans entraves par l'orifice du robinet. Ces deux pressions inverses et égales s'entre-détruisent, et les hémisphères sont sans résistance à la séparation.

Même chose a lieu quand le robinet est fermé et que la sphère est pleine d'air. On ne peut dire alors, il est vrai, que la poussée de l'air extérieur se transmet à l'intérieur de l'instrument, puisque toute communication entre le dedans et le dehors est fermée ; mais l'air contenu agit par son élasticité ; c'est une espèce de ressort tendu qui cherche à se détendre, et il est tendu juste au point qu'il faut pour contrebalancer la pression de l'air extérieur. Aussi les deux hémisphères, poussés également de dedans en dehors par la force expansive de l'air contenu, de dehors en dedans par la pression de l'air extérieur, n'obéissent ni à l'une ni à l'autre de ces pressions et se séparent très aisément. Mais s'il n'y a plus d'air à l'intérieur, la poussée du dehors agit seule et maintient les deux calottes solidement fixées l'une à l'autre.

Les expérimentations d'Otto de Guéricke étaient des plus frappantes, à cause des grandes dimensions données à l'appareil. Les premiers hémisphères que fit construire le bourgmestre de Magdebourg supportaient, avant de se séparer, un poids de 1 300 kilogrammes. L'hémisphère supérieur, muni d'un anneau, était appendu à un poteau solide ; l'hémisphère inférieur, également pourvu d'un anneau, donnait attache aux cordons d'un plateau que l'on chargeait de poids jusqu'à séparation. Treize quintaux métriques étaient nécessaires pour vaincre l'adhérence due à la pression de l'air.

Dans cette voie il n'y avait pas de limites. D'autres hémisphères furent construits, ayant $1^m,2$ de diamètre et formant par leur réunion une sphère dont la surface totale dépassait quatre mètres carrés et demi. Vingt chevaux furent attelés aux énormes calottes, dix tirant dans un sens, les dix autres en sens contraire. Les efforts de ce puissant attelage, malgré le stimulant du fouet, ne purent parvenir à séparer les hémisphères. Ce dut être, reconnaissons-le, un étrange spectacle, de nature à frapper vivement les esprits, que celui de pareille force déployée en vain pour surmonter la résistance de quelque chose d'invisible et d'impalpable. Cette chose invisible, nous échappant par son extrême subtilité, l'air enfin, pesait donc, et il pesait énormément, pour peu que fût étendue la superficie sur laquelle la pression était considérée. Pour la

première fois l'invisible se révélait avec ses indomptables énergies.

Les expérimentations avec les hémisphères ne montraient dans
l'air qu'une puissance statique, capable de résister à d'autres forces
et de maintenir au repos les pièces d'un appareil que l'on s'efforce
de disjoindre; il importait donc de faire voir encore dans l'air une
puissance dynamique, apte à produire du mouvement et à vaincre
des obstacles. A cet effet, le savant de Magdebourg imagina la
disposition que voici :

Dans un cylindre en métal pouvait se mouvoir un piston auquel
se rattachait une corde s'enroulant sur une poulie. Vingt personnes
tenaient le bout libre de la corde, avec la recommandation de
résister autant que possible lorsque le moment en serait venu. Ce
cylindre était plein d'air qui, réagissant par son élasticité contre
la poussée de l'air extérieur, maintenait le piston immobile. Un
canal avec robinet permettait de mettre la capacité du cylindre en
communication avec un grand vase métallique dans lequel le vide
était préalablement fait. Ces dispositions prises, Otto ouvrait le
robinet. A l'instant, l'air du cylindre se précipitait dans le vase
vide, perdant sa puissance en se raréfiant; et l'air extérieur, dont
la pression n'était plus contre-balancée au dedans, chassait brusquement le piston jusqu'au fond du cylindre. La corde suivait, entraînant avec elle les vingt personnes qui, à l'autre bout, résistaient de
toutes leurs forces. Il suffisait donc à l'expérimentateur de tourner
du bout des doigts un robinet pour vaincre les efforts réunis d'une
vingtaine d'hommes et pour soulever ceux-ci de plusieurs pieds
au-dessus du sol, c'est-à-dire d'une hauteur égale à la course du
piston. Quelle meilleure preuve donner de la puissance dynamique
de l'atmosphère, que cette grappe humaine brusquement enlevée
de terre et suspendue en l'air!

Les expériences du physicien de Magdebourg eurent en Europe un
grand retentissement, surtout à cause des immenses avantages que
l'on espérait pouvoir retirer d'une force jusqu'à cette époque non
soupçonnée, et qui venait de dévoiler ses merveilleux effets entre
les mains ingénieuses d'Otto de Guéricke. L'industrie commençant
à prendre de l'essor, les moteurs dont il était fait usage de temps
immémorial, force des vents et des cours d'eau, force musculaire
des hommes et des animaux, étaient déjà insuffisants. Il fallait aux
progrès de la civilisation une puissance mécanique non subordon-

née au temps, aux lieux, partout utilisable et à bon marché. Cette
puissance, on crut l'avoir trouvée dans la pression de l'air; aussi
les esprits se tournèrent-ils avec ardeur vers les moyens de produire le vide économiquement. Les résultats furent loin de répondre aux premières espérances, mais les recherches ne restèrent pas vaines, car pas à pas elles conduisirent à l'emploi de la
vapeur.

CHAPITRE X

LA VAPEUR

De toutes les puissances utilisées par l'activité humaine, la plus importante, à cause de ses nombreuses applications, est celle de la vapeur. Dans l'eau vaporisée se trouve un auxiliaire inépuisable en ressources pour tout genre de travail mécanique, quelle que soit la force ou la dextérité à mettre en jeu. A l'aide de la vapeur s'appointe la plus fine aiguille ou se martelle l'ancre énorme des navires; à l'aide de la vapeur se tissent les gazes les plus légères comme se façonnent les masses les plus lourdes. C'est elle qui lance à toute vitesse sur les rails d'un chemin de fer le faix immense d'un convoi; c'est elle qui met en rotation les délicates bobines filant le coton et la soie. Les doigts de la plus habile ouvrière ne peuvent rivaliser avec elle de dextérité; la tempête et les eaux torrentielles n'ont pas sa force brutale.

Tant qu'elle s'échappe librement du vase où elle se produit, la vapeur n'a rien de remarquable; mais si ce vase est exactement fermé de manière à ne pas laisser la moindre issue, la vapeur, qui tend à occuper un espace plus grand, fait effort pour sortir de l'enceinte trop étroite pour elle. Alors elle pousse, elle presse en tous sens pour écarter les obstacles qui l'arrêtent. Si solide qu'il soit, le vase finit par éclater sous l'indomptable poussée de la vapeur prisonnière.

Soit un petit flacon à demi plein d'eau que nous bouchons solidement et que nous mettons devant le feu. Quand l'eau est suffisamment chaude, une explosion a lieu : le bouchon est violemment lancé en l'air; ou bien, si le bouchon résiste trop, le flacon lui-même est brisé avec fracas. C'est vous dire que cette expérience est dangereuse et ne doit être faite qu'avec une extrême prudence.

A la répéter étourdiment, sans précautions, on court risque de se blesser, de se brûler, de s'aveugler peut-être. J'aurai donc recours à une démonstration plus inoffensive, qu'il vous sera permis d'expérimenter autant que vous le voudrez. Voici la chose :

Parmi les porte-plumes à votre usage, il en est un formé d'un petit étui de laiton au bout duquel s'emmanche la plume quand on veut écrire, et dont le canal reçoit la même plume quand on ne s'en sert plus. La longue branche de cet étui est donc un tube de métal fermé par un bout, ouvert à l'autre.

Après y avoir versé quelques gouttes d'eau, nous faisons passer ce tube, par son extrémité ouverte, à travers une tranche de pomme de terre crue épaisse d'un travers de doigt. Le tube, dont le bord est tranchant, emporte avec lui un tampon de pomme de terre qui bouche parfaitement son orifice et présente une certaine résistance. Voilà l'engin à explosion préparé. Il renferme au fond un peu d'eau ; et son intérieur, bien clos par le tampon de pomme de terre, n'a aucune communication avec le dehors.

On saisit le tube avec des pinces pour ne pas se brûler les doigts, et l'on chauffe le fond sur la flamme d'une lampe jusqu'à faire bouillir l'eau. Bientôt une petite détonation éclate, et le tampon de pomme de terre est lancé au loin, chassé par la vapeur. On recharge l'appareil, comme je viens de vous le dire ; et l'on recommence la canonnade tant que l'on veut, avec quelques gouttes d'eau en guise de poudre. Voilà certes une expérience comme vous les aimez. Qu'on me procure ce qu'il faut, et je joindrai la pratique au précepte.

Les enfants s'empressèrent : porte-plume, pomme de terre, eau, lampe allumée, pinces, tout fut trouvé en un instant. L'oncle chargea la petite machine, et à diverses reprises la fit détonner. Émile ouvrait de grands yeux devant ce singulier canon qui se charge avec de l'eau et lance pour boulets des tampons de pomme de terre. Il lui tardait de répéter lui-même, à loisir, l'amusante expérience ; mais il fallait d'abord écouter jusqu'au bout les explications de l'oncle, qui reprit ainsi :

— « La cause soit de la rupture du flacon à demi plein d'eau, solidement bouché et mis devant le feu, soit du jet du tampon de pomme de terre fermant le porte-plume, n'est autre que la vapeur, qui, n'ayant pas d'issue pour s'échapper, s'accumule, exerçant une poussée de plus en plus forte à mesure que la chaleur s'accroît.

Un moment vient où le tampon ne peut résister davantage et jaillit au dehors, violemment chassé; un moment vient aussi où le flacon, si solide qu'il soit, se brise en éclats sous la poussée de la vapeur emprisonnée, si le bouchon ne cède pas lui-même auparavant.

On appelle *force élastique* la poussée que la vapeur exerce sur les parois qui la retiennent captive. Elle est d'autant plus considérable que la température de la vapeur est plus élevée. On peut lui donner, en chauffant suffisamment, une puissance irrésistible, capable de faire éclater, non seulement un flacon de verre, mais encore les vases les plus solides, les plus épais, en fer, en bronze ou en toute autre matière très résistante. Est-il nécessaire de vous dire que dans ces conditions l'explosion est terrible? Les débris du vase sont lancés avec une violence comparable à celle du boulet qui sort du canon et des fragments d'une bombe qui éclate. Tout est brisé, renversé sur leur passage. La poudre ne produit pas des effets plus redoutables.

— Je ne vois pas trop, dit Jules, comment on peut utiliser la puissance de la vapeur, si brutale, si dangereuse, puisqu'elle est capable de tout briser.

— La difficulté n'était pas petite, en effet, que de maîtriser la vapeur dans sa violence et de lui faire accomplir docilement un travail. L'antiquité ne soupçonna pas même son emploi. Tout au plus les auteurs de ces temps reculés nous ont-ils légué quelques

Fig. 12.

stériles expérimentations de simple curiosité, naïfs débuts sur un sujet dont il était réservé à l'avenir de saisir l'importance. L'un de ces savants, Héron d'Alexandrie, qui vivait cent vingt ans avant notre ère, nous parle de son invention consistant en un vase en métal dans lequel on chauffe de l'eau. Le vase n'a d'autre orifice que celui d'un tube en haut duquel est placée pour bouchon une bille. Quand l'eau bout, la bille est chassée par la vapeur.

Voilà ce que l'antiquité nous enseigne de plus saillant sur la force de l'eau vaporisée. Notre petit canon bouché d'un fragment de pomme de terre, notre fiole qui éclate devant le feu, valent incomparablement mieux. Quel début pour la locomotive, qui traîne, avec une vitesse vertigineuse, sa longue file de

wagons! Qu'il y a loin de la naïve marmite à billes du savant
d'Alexandrie à ces admirables machines qui transforment aujour-
d'hui l'élan brutal de la vapeur en tel travail que nous voulons!

Mais je m'aperçois qu'Émile est tout distrait : il lui tarde d'essayer lui-même le canon à la pomme de terre. Je m'arrête et réserve pour demain la suite de l'histoire de la vapeur.

CHAPITRE XI

DENIS PAPIN

La vapeur d'un pot qui bout soulève le couvercle et s'échappe par l'entre-bâillement. L'appareil du savant d'Alexandrie ne fait que reproduire ce fait vulgaire, si familier à tous. Le vase est la marmite, et la bille est le couvercle. Les siècles suivants ne trouvèrent pas mieux. Loin de soupçonner dans l'eau vaporisée une force utilisable, on ignorait même la nature de la vapeur, que l'on confondait avec l'air. C'est vers la fin du XVIIe siècle que, pour la première fois, la vapeur a été employée comme puissance mécanique. Le monde est redevable de cette merveilleuse invention à l'une des gloires de la France, à l'infortuné Denis Papin, qui, après avoir fourni le point de départ de la machine à vapeur, source de richesses incalculables, languit à l'étranger dans la misère et l'abandon.

Denis Papin naquit à Blois en 1647, d'une famille de protestants. Son père, médecin, lui fit faire ses études à Paris en vue de la médecine; mais le jeune docteur, épris d'un goût très vif pour les sciences dans leurs applications à la mécanique, abandonna bientôt l'art de guérir pour se livrer à des expériences scientifiques. Désireux de voir et d'apprendre, il se rend à Londres, où ses talents lui font des protecteurs et des amis. Son humeur inconstante l'amène alors à Venise, où il passe quelques années pour revenir après en Angleterre. Mais sa longue absence avait refroidi le zèle des amis, les restes de son faible patrimoine avaient été dépensés en voyages, et maintenant ses ressources se réduisaient à une rémunération de soixante-deux francs par mois qu'il recevait de la Société royale de Londres. Avec ce salaire de quarante sous par jour, à peine suffisant pour le pain quotidien, Papin ne pouvait songer à construire la machine dont le plan s'était mûri d'année en année dans son esprit. On lui propose en Allemagne un cours public de mathématiques. Il accepte, et consacrant à ses recherches le peu d'argent et de loisir que lui vaut l'enseignement, il parvient enfin à construire ce qui avait été la grande préoccupation de sa vie.

L'idée fondamentale de l'inventeur, idée féconde qui devait centupler les forces de l'homme, est d'avoir songé à faire agir la vapeur sur un piston se mouvant dans un cylindre. Papin utilisa le va-et-vient du piston soit pour faire mouvoir des pompes destinées à mettre à sec les galeries des mines envahies par l'eau, soit pour faire avancer un bateau avec des palettes tournantes. Ces palettes, choquant l'eau dans leur rotation, sont le point de départ de la navigation à vapeur. Papin les appliqua à un bateau qui marcha sur la Fulda, près de Cassel, en Allemagne, et fut plus tard méchamment détruit par des bateliers, au moment où le malheureux inventeur se disposait à le faire passer en Angleterre pour y continuer ses essais.

Ces bateliers, sans doute, voyaient avec déplaisir une machine qui permettait de se passer de leurs bras pour faire mouvoir les rames; ils craignaient que les palettes mouvantes ne leur enlevassent le travail. Bien des fois du reste, lors des premières applications de la vapeur, les populations ouvrières se sont soulevées contre les machines, et les ont détruites avec une aveugle fureur, redoutant en elles des concurrents qui les priveraient de leur gagne-pain. Ces craintes n'ont jamais été fondées : à mesure que les machines se sont multipliées, l'industrie s'est développée, le travail est devenu plus abondant, et l'ouvrier a trouvé, pour occuper ses bras, mille ressources qui n'existaient pas avant. La vapeur ne supplante pas l'homme, mais lui vient en aide. Elle fournit la force; et l'ouvrier, de la sorte affranchi du plus rude labeur, peut appliquer ses facultés aux travaux plus nobles et plus lucratifs qui réclament le concours de l'intelligence. Les mariniers allemands furent donc fort mal inspirés : ils déclaraient la guerre à ce qui devait être un jour la plus féconde source de travail. Armée de haches et de massues, la foule aveugle se rua sur le bateau à palettes. En vain Papin suppliait; en vain, pour les protéger, il enlaçait de ses bras tantôt la chaudière bouillante et tantôt le cylindre moteur; c'est là que les coups s'abattaient de préférence. Tout fut brisé et noyé dans le fleuve.

Dans la machine dont les eaux gardaient les débris, reposaient toutes les espérances de Papin. Pour lui désormais plus de ressources, plus d'asile. Reprendre en Allemagne les fonctions qu'il avait volontairement abandonnées, n'était pas possible; rentrer dans sa patrie était grave imprudence, car alors sévissaient en France, contre ses coreligionnaires, les protestants, les odieuses persécutions qui déshonorèrent les dernières années du règne de Louis XIV; un seul refuge restait, l'Angleterre, où la fortune quelque temps avait paru sourire aux efforts de ses jeunes années. Accablé par l'âge et la maladie, Papin tristement revient donc à Londres. Pour vivre il est obligé de se mettre à la solde de la Société royale, solde précaire, consistant peut-être en quarante sous par jour comme autrefois. La misère, plus poignante parce qu'il la partage avec une famille, contraint l'inventeur à délaisser ses chères machines, reléguées maintenant, dit-il, dans un coin de sa pauvre cheminée. Les privations abrégèrent cette triste existence : après avoir ruiné la vigueur de l'âme, elles achevèrent de tuer le corps. Le père de la machine à vapeur mourut à peu près de faim.

La navrante histoire de l'inventeur ne doit pas nous faire oublier l'invention. Examinons en quoi consiste l'idée de Papin, idée qui, reprise par d'autres plus heureux et transformée de fond en comble, a donné, de perfectionnement en perfectionnement, l'admirable machine de nos jours.

Un cylindre A (fig. 13) fermé inférieurement, ouvert supérieurement, contenait une faible couche d'eau. Un piston B, armé d'une tige BH, descendait d'abord à proximité du liquide. Du feu

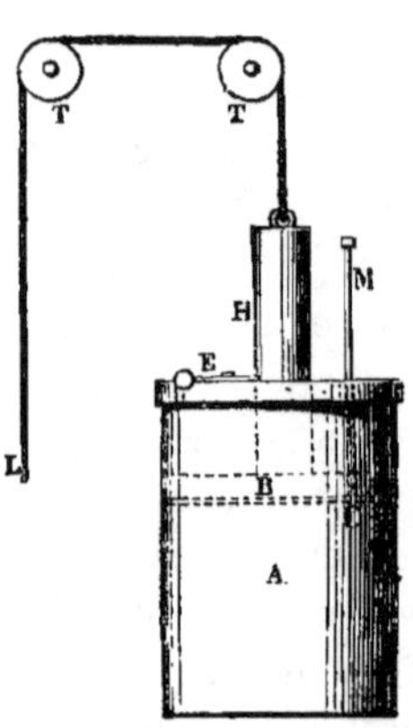

Fig. 13.

était allumé sous le cylindre : des vapeurs se formaient, et par leur force élastique poussaient le piston en haut du cylindre. Au moyen d'une clavette E, s'enfonçant dans une entaille de la tige, le piston était alors arrêté dans la position qu'il venait d'atteindre. On retirait le feu : le cylindre se refroidissait, les

vapeurs diminuaient de force élastique, en revenant en partie à
l'état liquide, et ne pouvaient plus contre-balancer la pression de
l'air s'exerçant sur la face supérieure du piston. Quand on retirait la clavette, le piston descendait donc, poussé par son poids
et celui de l'atmosphère; et dans sa descente il soulevait, par
l'intermédiaire d'une corde s'enroulant sur les poulies TT, une
charge appendue au bout de cette corde. De nouveau remis, le
feu provoquait une seconde ascension du piston; de nouveau
retiré, il provoquait une seconde descente; et, de cette manière,
le piston était animé d'un mouvement de va-et-vient dans le cylindre tour à tour réchauffé et refroidi.

Lorsque le fonctionnement de la machine à vapeur, comme on
la construit aujourd'hui, vous sera connu, vous comprendrez
mieux, mes enfants, tout ce qu'il y a de vicieux dans la méthode
adoptée par Papin; et vous verrez par quelles modifications profondes doit parfois passer la conception première de l'inventeur
avant de se traduire en un appareil réellement apte à servir.
Vous voyez déjà que, dans la machine imaginée par Papin, ce
n'est pas la vapeur qui meut le piston quand celui-ci fait travail
utile en soulevant, dans sa descente, le poids appendu à la
corde. C'est la pression de l'air qui soulève ce poids; et la force
élastique de la vapeur ne sert qu'à faire monter le piston au haut
du cylindre.

Et puis quelle perte de temps et de combustible avec ce foyer
qu'il faut approcher, puis retirer! quelle lenteur de mouvement
avec ce cylindre qu'on doit alternativement échauffer et laisser
refroidir! Si la machine à vapeur en fût restée à ce premier
essai, certes jamais il ne s'en serait fait application sérieuse. Que
revient-il donc à la gloire de Papin?

Il revient à Papin l'idée profondément ingénieuse de faire agir
la vapeur sur un piston glissant dans un cylindre. Le cylindre
avec son piston, voilà vraiment le trait de génie, la découverte
capitale. Cette pièce est en quelque sorte l'âme de l'appareil;
vous la retrouverez dans toute machine à vapeur, car jusqu'ici
nul n'a pu trouver mieux. Aujourd'hui, récompense, hélas! bien
tardive, Papin est coulé en bronze ou sculpté en marbre; et la
statuaire le représente appuyé pensif sur son cylindre à piston.
Aucun autre emblème ne saurait mieux le caractériser au point
de vue de son invention.

CHAPITRE XII

Pour devenir utilisable, la machine de Papin demandait des retouches tellement simples, qu'on est surpris de voir l'inventeur ne pas y songer. Il est vrai qu'une vie errante et misérable se prêtait peu aux études nécessaires pour amener une invention à maturité. Ce fut un artisan anglais, le serrurier Newcomen, qui le premier sut tirer parti, à son grand avantage, de la découverte du malheureux Papin.

Il se dit : Approcher le feu du cylindre pour produire de la vapeur, puis le retirer pour laisser cette vapeur se refroidir et se condenser en eau, est complication lente et coûteuse, qui entraîne perte de temps, de chaleur, de charbon. Le foyer doit être fixe et continuellement en activité. Sa place n'est donc pas sous le cylindre, qu'il faut à tour de rôle chauffer et refroidir. La vapeur ne peut alors se produire dans le cylindre lui-même; elle doit y parvenir toute formée et fournie par une chaudière indépendante. Il y aura ainsi dans la machine deux pièces principales : la chaudière, installée sur un foyer et fournissant la vapeur à mesure qu'il en sera besoin; le cylindre, recevant cette vapeur au-dessous de son piston.

Un canal de communication reliera les deux pièces; et un robinet, tour à tour ouvert ou fermé, permettra ou empêchera l'accès de la vapeur dans le cylindre alternativement. De la sorte la vapeur sera toujours prête, emmagasinée dans la chaudière, où l'on puisera comme dans un réservoir par la simple ouverture d'un robinet. On n'aura pas à faire bouillir chaque fois de l'eau d'abord refroidie, et à recommencer ainsi en entier l'opération.

La perte de temps sera donc moindre, ainsi que la dépense en charbon.

Ce n'est pas encore assez. Papin laisse le refroidissement du cylindre s'effectuer tout seul, ce qui est cause d'une lenteur extrême dans la marche de la machine. Pour descendre sous la poussée de l'air à mesure que la vapeur perd sa force élastique en se refroidissant, le piston met bien près d'une minute. Une marche si paresseuse difficilement trouverait emploi. Il est indispensable que le cylindre se refroidisse vite, afin que l'appareil gagne en rapidité.

Pour obtenir ce prompt refroidissement, on fera ruisseler sur le cylindre une nappe d'eau froide quand le moment viendra de faire descendre le piston; ou, ce qui vaut mieux, on lancera dans l'intérieur du cylindre un filet d'eau froide, qui instantanément provoquera la condensation des vapeurs. Un canal avec robinet permettra cette introduction de l'eau, venue d'un réservoir; et un second canal, également à robinet, laissera écouler cette eau hors du cylindre une fois son effet produit.

Telles sont les améliorations auxquelles Newcomen s'arrêta, après bien des essais qui parfois répondaient et plus souvent encore ne répondaient pas à ses espérances; car ce n'est pas du premier coup, on s'en doute bien, que l'industrieux serrurier parvint à faire marcher convenablement son appareil. En toutes choses, ce que l'on ignore est difficile, ce que l'on cherche est malaisé; ce que nous jugeons facile, en ayant connaissance, a souvent coûté de grands efforts à celui qui l'a retiré des ténèbres de l'inconnu.

Appelons maintenant une figure à notre aide pour mieux nous rendre compte de l'appareil tel que l'imagina Newcomen. (Fig. 14.) — La vapeur s'engendre dans la chaudière A, que chauffe constamment un foyer. Le robinet R permet, lorsque le moment en est venu, de faire pénétrer la vapeur dans le cylindre B, où peut se mouvoir, monter et redescendre le piston P. Une chaîne, ou simplement une corde, relie le piston à l'extrémité d'un balancier qui oscille autour du point O et se termine à chaque bout par un arc de cercle. L'autre extrémité du balancier est pareillement armée d'une corde qui supporte un contre-poids G un peu supérieur au poids du piston, et se relie finalement à la tige K manœuvrant la pompe chargée d'extraire les eaux de quelque galerie de mine.

Si le robinet R est ouvert, la vapeur pénètre dans le cylindre
et fait équilibre, par sa force élastique, à la pression de l'air agissant sur le piston. Celui-ci remonte donc, entraîné par le contre-
poids. Cela fait, le robinet R se ferme, la vapeur cesse d'arriver ;
mais le robinet R' s'ouvre, et du réservoir C arrive un filet d'eau

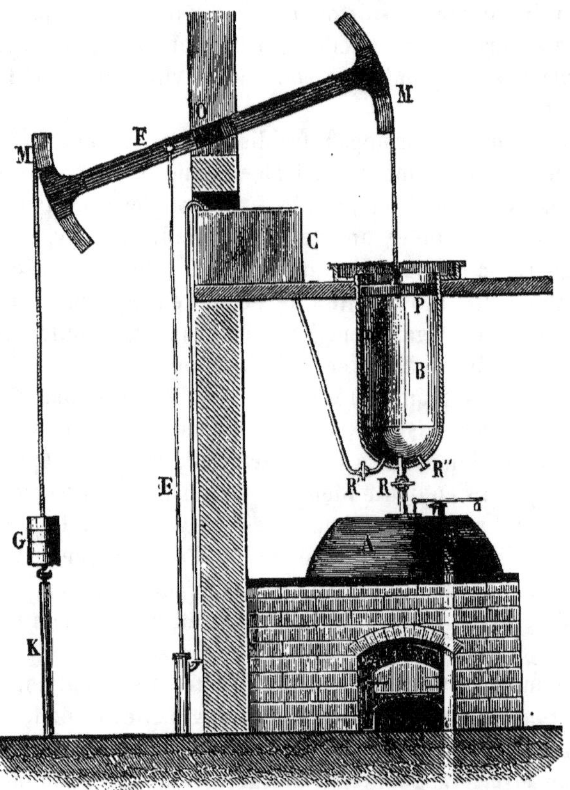

Fig. 14. — Machine de Newcomen.

froide qui pénètre dans le cylindre et condense à l'instant la vapeur. Ce réservoir est lui-même alimenté au moyen d'une pompe
que fait agir le balancier par l'intermédiaire de la tige E. Le robinet R' se ferme alors, et le piston, n'ayant plus de vapeur au-
dessous de lui, descend, refoulé qu'il est par la pression de l'at-

mosphère. C'est en ce moment que se développe, sous la poussée de l'air, la puissance de la machine, à raison d'une centaine de kilogrammes pour chaque décimètre carré de la face supérieure du piston. Il s'agit après de faire remonter le piston; mais d'abord il faut expulser l'eau introduite dans le cylindre, ce que l'on obtient en ouvrant le robinet R″. Une fois l'eau partie, on ferme R″, on ouvre R ; et les mêmes faits recommencent comme ils viennent d'être décrits. On obtient ainsi le mouvement oscillatoire du balancier, et par suite le jeu de la pompe dont la tige est K.

La machine de Newcomen fut bientôt en usage dans les nombreuses mines de houille et de fer de l'Angleterre, pour maintenir à sec les galeries exposées à l'invasion des eaux souterraines ; elle y remplaça, avec grande économie, la multitude de chevaux qui, nuit et jour, épuisaient leurs forces au dur travail des pompes. Quelques pelletées de charbon remplaçaient le coûteux entretien d'une écurie populeuse. S'il eût fallu, à bras d'homme et pour la même dépense, faire le même travail, chaque ouvrier eût à peine reçu cinq centimes pour le salaire d'une journée. Ce chiffre dit assez l'énorme économie que réalisait la machine.

Or pour faire agir l'appareil, remplaçant, sans jamais se fatiguer, des milliers de bras dans un travail des plus pénibles, une seule personne suffisait, et son ouvrage n'exigeait aucun effort. Entretenir la combustion dans le foyer, ouvrir et fermer les robinets, chacun au moment convenable, là se bornait tout le travail. Il est vrai que la surveillance des robinets demandait attention continuelle. Les confondre, ouvrir l'un pour l'autre, y porter la main en moment non opportun, eût troublé la marche et compromis la solidité de la machine. A cet égard, une distraction eût été dangereuse, et néanmoins on confiait parfois le jeu des robinets à la surveillance d'un enfant.

Un jour, le jeune Humphry Potter est chargé de ce travail. De sa main leste, il ouvre et ferme les voies à la vapeur et à l'eau froide. C'est d'abord amusement pour lui. La vapeur siffle, l'eau bruit, et la monstrueuse machine, si puissante, obéit aux faibles doigts de l'enfant. Potter est émerveillé de faire, lui, d'une seule main, à l'aide de son docile serviteur, ce que ne feraient pas, concertant leurs efforts, les plus vigoureux ouvriers de la mine. Mais les heures succèdent aux heures, les journées succèdent aux journées, et c'est toujours la même chose : le foyer ronfle, la vapeur siffle, l'eau ruisselle, la machine travaille, abaissant et relevant son balancier comme un bras de géant. L'ennui vient, et très grand. cependant, en dehors du hangar, aux rayons du soleil, des camarades jouent. Quelle tentation pour le pauvre ennuyé d'aller les rejoindre ! Mais il est esclave de ses robinets : s'il les quitte, la machine s'arrêtera, se détraquera peut-être. Un trait de génie traverse l'esprit de l'enfant, tiraillé entre le devoir et le jeu.

Quand le balancier s'abaisse à droite, se dit Potter, je dois ouvrir ce robinet-ci, fermer ce robinet-là ; quand il s'abaisse à gauche, je ferme ce qui était ouvert, j'ouvre ce qui était fermé. Ne pourrais-je charger le balancier de faire lui-même l'ennuyeux travail au moyen de quelques bouts de ficelle ? Et pourquoi pas ? En montant comme ceci, et tirant, le balancier fermera ; en descendant comme cela, et tirant par l'autre bout avec un second cordon, il ouvrira. Cela doit aller. Essayons.

L'enfant cherche donc, médite, combine, choisit ses points d'attache, fixe ses cordons de longueur inégale. Toutes ses réserves en ficelle pour la toupie y passent, mais un succès parfait couronne son idée. Voilà que le balancier manœuvre lui-même les robinets, les ouvre et les ferme tour à tour au moment voulu, et la machine marche seule. Tout triomphant, Potter accourt rejoindre ses camarades.

L'histoire ne nous apprend plus rien sur ce petit paresseux de génie, qui venait d'apporter, sans se douter de l'importance de son invention, un perfectionnement considérable à la machine à vapeur. Les constructeurs n'eurent qu'à remplacer par des tringles de fer les cordons de l'enfant ; et désormais la machine fonctionna d'elle-même, sans l'intervention d'un surveillant chargé de la fastidieuse manœuvre des robinets. Les tringles à leur tour, dans les appareils modernes, ont été remplacées par des mécanismes plus savants, plus précis ; mais il n'est pas moins vrai que toutes ces admirables combinaisons au moyen desquelles la machine se règle elle-même ont eu pour point de départ les ficelles d'Humphry Potter.

CHAPITRE XIII

La machine de Newcomen, non plus que celle de Papin, n'est en réalité une machine à vapeur. Au moment où le piston s'élève la vapeur intervient, il est vrai ; mais uniquement pour équilibrer la poussée atmosphérique extérieure et permettre au piston de remonter, entraîné par le contre-poids. Il n'y a pas alors d'effet utile produit. C'est au moment de la descente du piston, lorsque la vapeur est refroidie et condensée, que se développe la puissance de la machine, dont la cause est la pression de l'air sur la face supérieure du piston.

L'emploi réel de la vapeur comme source de force motrice est dû à l'Écossais James Watt, dont les admirables travaux, accomplis dans la seconde moitié du dernier siècle, ont amené la rénovation la plus profonde et la plus riche en résultats que la mécanique ait jamais éprouvée.

Le futur mécanicien qui devait changer la face du monde industriel avec ses robinets à vapeur, se fit remarquer, en ses jeunes années, par une imagination extraordinaire qui lui permettait d'inventer à plaisir et de raconter à l'instant, devant un auditoire tenu sous le charme de sa parole, les histoires les plus émouvantes, les contes les plus merveilleux. Un seul fait suffira pour nous donner la mesure du singulier talent du jeune James.

Sa mère l'amène un jour à Glascow et le confie, pour quelque temps, aux soins de l'une de ses amies. Voilà donc James le camarade des fils de la maison. Or que faire entre camarades, le soir, à la veillée, devant le feu de houille, quand la bise gémit dans les arbres et chasse des tourbillons de neige ? Se raconter des histoires est le passe-temps chéri de cet âge. On n'y manque pas, et James brille au premier rang. De récit en récit, l'heure de se coucher vient. On supplie la mère d'accorder encore quelques minutes pour achever d'entendre l'histoire commencée. Un délai en amène un autre; il est temps, plus que temps, de gagner enfin le lit. La paupière appesantie par le sommeil, la mère s'impatiente; mais Watt a gardé pour la fin la plus belle de ses histoires; il la raconte avec une telle verve, il dit des choses si amusantes, si risibles, que la dame y prend elle-même vif intérêt et oublie le sommeil, auquel le reste de l'auditoire ne songe plus depuis longtemps. On s'attarde ainsi fort avant dans la nuit. Et chaque soir, la même scène recommence, car James a un répertoire inépuisable, et il trouve toujours une histoire encore plus intéressante que celle de la veille.

Quelques semaines après, Madame Watt revient voir son fils. D'aussi loin que son amie l'aperçoit : « Hâtez-vous de ramener James, fait-elle; je ne peux supporter davantage l'état d'excitation où il me met; je suis harassée par le manque de sommeil. Chaque soir, quand l'heure du coucher de ma famille approche, votre fils parvient adroitement à soulever quelque discussion dans laquelle il trouve moyen d'introduire un conte, qui au besoin en amène un autre. Ces contes émouvants ou burlesques ont tant de charme, tant d'intérêt, ma famille tout entière les écoute avec une si grande attention, que l'on entendrait une mouche voler. Les heures succèdent ainsi aux heures sans que nous nous en apercevions; mais le lendemain je succombe de fatigue. Ramenez votre fils, chère amie, ramenez-le vite; avec ses histoires, ce diable d'enfant a chassé le sommeil de ma maison. »

James fut ramené. La bonne dame put enfin dormir à ses heures, mais les camarades durent bien regretter celui dont les récits leur valaient de si agréables soirées.

A l'âge de seize ans il est mis en apprentissage à Greenock, sa ville natale, dans un petit atelier où se fabriquaient des cadrans solaires, des compas et quelques appareils de physique. Il passe quelque temps à Londres chez un constructeur d'instruments de navigation, boussoles, lunettes, montres marines; et finalement le jeune ouvrier va s'établir à Glascow, où il monte une modeste boutique pour la réparation et la construction des appareils de physique.

Watt ne tarda pas à se révéler comme un homme supérieur,

à qui rien n'était étranger. Sa pauvre boutique devint le rendez-vous de ce que la ville comptait d'hommes instruits et d'élèves studieux. Tout en travaillant à sa pièce, saisie dans les mâchoires de l'étau, Watt écoutait et résolvait les difficultés qui lui étaient soumises. Une fois provoqué en son esprit, chaque sujet devenait pour lui matière à sérieuses études, suivies de découvertes. Aucune question de ses nombreux visiteurs dans l'embarras n'était abandonnée qu'il ne l'eût examinée à fond pour en faire jaillir quelque vérité et ses résultats. Entre autres difficultés, il lui en est soumis une de mécanique dont la solution paraît devoir se trouver dans certain ouvrage allemand. James Watt ignore l'allemand, mais ce n'est pas un motif pour lui de renoncer à consulter l'ouvrage. Il apprend d'abord la langue inconnue, et consulte après le livre. Pour un motif analogue, une autre fois il apprend tout aussi facilement l'italien. C'était donc un conseiller bien précieux pour la jeunesse studieuse de Glascow, que ce modeste ouvrier dont la puissante intelligence ne reculait devant aucune difficulté. Ses avis, ses conseils étaient d'autant mieux reçus, qu'il les donnait avec une naïve bonhomie, et qu'il voilait son immense supériorité sous la candeur la plus aimable. C'est ainsi qu'il gagna rapidement la bienveillance de tous ceux qui l'approchaient.

CHAPITRE XIV

MACHINE DE WATT

C'est d'une manière fortuite que James Watt fut conduit à s'occuper des machines à vapeur. L'université de Glascow possédait, pour l'enseignement de la mécanique, un petit modèle de la machine de Newcomen, que certains défauts de construction empêchaient de fonctionner. On proposa à Watt de retoucher l'appareil et de le mettre en état de marcher. Le perspicace ouvrier se fit un jeu du problème : il modifia certaines pièces non en proportion les unes avec les autres, il améliora ceci, changea cela, et l'appareil fut apte à parfaitement fonctionner.

Or, tout en se livrant à ce travail, Watt ne manqua pas, suivant son habitude, d'approfondir plus avant la question. Avec un outillage d'une simplicité extrême, quelques fioles de pharmacien, il entreprit des recherches dont la délicatesse semblerait exiger les appareils les plus savants. Il étudia la formation de la vapeur, sa puissance élastique, son volume par rapport au liquide qui l'a fournie. Il reconnut, en particulier, qu'un volume d'eau se transforme en 1700 volumes de vapeur. Les instruments si parfaits employés par la physique moderne ont reconnu à très peu près exact le nombre obtenu avec de pauvres fioles. Il est vrai que Watt suppléait par une incomparable adresse la naïve simplicité de l'outillage employé.

De l'ensemble de pareilles recherches, une vérité se dégagea : la machine de Newcomen est un appareil grossier, rudimentaire, n'utilisant qu'une bien faible partie de la chaleur dépensée. D'abord le piston ne produit pas de travail quand il monte, tandis qu'il devrait en produire aussi bien dans son ascension que dans sa descente, afin que le fonctionnement de l'appareil fût plus régulier et plus économique.

En second lieu, l'eau qu'il faut injecter pour se débarrasser de la vapeur une fois que son action est produite, refroidit chaque fois le cylindre; et celui-ci, avec sa paroi froide, condense après une partie de la vapeur lui arrivant de la chaudière. Il y a donc là cause continuelle de déperdition de vapeur sans résultat utile. Au contraire, si le cylindre se maintenait toujours chaud, la vapeur introduite, conservant sa température, ne reviendrait pas en partie à l'état liquide, et toute sa puissance serait employée. De la sorte on dépenserait beaucoup moins de vapeur, et par conséquent de charbon. La condensation nécessaire ne se fera donc pas dans le cylindre lui-même; elle aura lieu dans un récipient à part, contenant une provision convenable d'eau froide et communiquant avec le cylindre par des canaux à robinet qui permettront à la vapeur, lorsque le moment sera venu, de se précipiter dans le récipient froid et de s'y condenser.

Pour mettre en pratique ces deux idées fondamentales, action de la vapeur sur chaque face du piston, condensation de cette vapeur dans un vase à part, Watt imagina la disposition que voici. — Représentons-nous un gros cylindre de métal, exactement fermé aux deux bouts. C'est là ce qu'on appelle le corps de pompe. Un piston, également en métal et de même calibre que le corps de pompe, peut glisser, aller et revenir, dans la cavité de ce dernier. Par chacune de ses extrémités, le corps de pompe peut tour à tour recevoir de la vapeur de la chaudière où elle s'engendre, ou laisser écouler dans le récipient à eau froide, appelé condenseur, celle qu'il contient déjà. D'autre part, cette entrée et cette sortie de vapeur sont réglées de telle sorte que, lorsque le corps de pompe reçoit de la vapeur de la chaudière par sa partie supérieure, il laisse écouler dans le condenseur celle qu'il renferme de l'autre côté du piston, dans sa partie inférieure; et réciproquement.

Une fois cela compris, le mouvement du piston est chose toute simple. Lorsqu'elle arrive dans le compartiment supérieur, la vapeur, trouvant de ce côté toute issue fermée, pousse le piston et le fait descendre. Rien, en effet, ne s'y oppose en dessous, car, en ce moment, la vapeur contenue dans le compartiment inférieur du corps de pompe s'écoule en liberté dans le condenseur, où elle redevient de l'eau. De la même manière, dans notre expérience du porte-plume, le tampon de pomme de terre, sorte de piston, est chassé en avant par la vapeur qui le pousse.

Voilà le piston parvenu au bas du cylindre. Maintenant, que se passe-t-il? Eh bien, à cet instant même, la vapeur cesse d'arriver en haut, et celle qu'il y a déjà disparaît dans le condenseur; au-dessous, au contraire, il en arrive. Le piston doit donc remonter, chassé par une poussée égale à celle qui l'a fait descendre. Cela fait, la vapeur d'en bas s'écoule dans le condenseur, tandis qu'il en arrive en haut. La poussée change ainsi de sens, et le piston redescend. Puis il remonte encore, par un nouveau renversement dans l'arrivée et le départ de vapeur. Au moyen de cette arrivée et de ce départ alternatifs de la vapeur, tant à la partie supérieure qu'à la partie inférieure du corps de pompe, le piston est donc animé d'un mouvement de va-et-vient qui lui fait parcourir, dans un sens, puis dans l'autre, à tour de rôle toute la longueur du corps de pompe.

Pour utiliser ce mouvement de va-et-vient, il suffit de munir le piston d'une solide tige en fer qui pénètre dans le corps de pompe par un orifice percé au milieu de l'une des extrémités et tout juste suffisant au passage de la tige, sans aucun intervalle vide qui laisserait la vapeur s'échapper. L'extrémité de cette tige, saillante au dehors, est donc animée du même mouvement de va-et-vient que le piston. C'est elle qui se rattache à la machine qu'il faut faire mouvoir, et lui communique sa force et son mouvement, transformé en rotation au moyen d'ingénieux mécanismes dont il sera parlé plus tard.

A partir de ces belles conceptions de Watt, la véritable machine à vapeur est trouvée. Il reste de l'invention de Papin la pièce fondamentale : le cylindre avec son piston mobile; il reste des perfectionnements de Newcomen la production de la vapeur dans une chaudière spéciale, et sa condensation par de l'eau froide après avoir agi. Mais qu'il y a loin des appareils primitifs à celui du constructeur de Glascow! La puissance en jeu n'est pas du tout la même. Avant, c'était la poussée de l'air qui donnait la force utilisée; maintenant, c'est la vapeur, et rien que la vapeur.

CHAPITRE XV

LE TIROIR

Étant compris le principe fondamental de la machine de Watt, c'est-à-dire le mouvement du piston, qui, poussé par la pression seule de la vapeur, d'un côté puis de l'autre à tour de rôle, va et revient alternativement dans le corps de pompe, on se demande comment la vapeur peut arriver d'un côté du piston et s'écouler de l'autre juste à l'instant voulu ; et aussitôt après, toujours au moment propice, se distribuer en sens inverse? Comment s'ouvrent et se ferment les issues nécessaires pour la laisser entrer, puis la laisser sortir? Un ouvrier serait-il chargé de ce soin?

Mais alors quelle pénible attention, quelle main précise ne faudrait-il pas pour régler, tout le jour durant, sans s'oublier, sans se tromper une fois, ces entrées et ces sorties de la vapeur? Il ne saurait y avoir au monde occupation plus absorbante, plus fastidieuse.

Si les choses devaient se passer ainsi, s'il fallait, en effet, un ouvrier pour distribuer la vapeur dans le corps de pompe au moment opportun, ce serait revenir aux robinets qu'un ingénieux enfant, Humphry Potter, en un jour d'ennui, avait si bien remplacés par des ficelles ; et la machine serait impossible, car où trouver quelqu'un doué d'assez de patience et d'imperturbable attention pour bien conduire pareil travail?

La machine elle-même est chargée de ce soin : elle règle l'entrée et la sortie de la vapeur avec une précision que nous n'atteindrions pas, et qui exigerait l'assiduité la plus fatigante. L'homme a mis dans la machine mieux que le travail de ses mains : il y a mis le travail de son intelligence ; et la machine, dont toutes les pièces sont disposées en vue d'un résultat déterminé, fonctionne comme douée d'un reflet de l'intelligence de son constructeur. En particulier, elle distribue la vapeur au moyen d'une pièce nommée *tiroir*, ingénieuse invention de Watt.

Examinons le jeu de cette pièce remarquable. La figure 15 représente l'une des dispositions les plus simples que l'on donne aujourd'hui à la machine à vapeur. — Le corps de pompe est le cylindre A. Il est représenté ouvert pour montrer le piston P qui se meut dans son intérieur. Au-dessous du corps de pompe est un autre cylindre plus petit, qu'occupent deux pistons T et T, reliés entre eux par une tige métallique, qui se prolonge au dehors et se rattache, au moyen de diverses tringles, à l'axe de la grande roue R. Ce cylindre plus petit, avec son double piston, constitue le tiroir. Deux canaux anguleux, comme le représente la figure, le font communiquer avec chaque extrémité du corps de pompe; deux autres canaux F et F le font communiquer librement avec l'air du dehors. Enfin la vapeur arrive de la chaudière dans le tiroir au moyen d'un conduit non représenté dans la figure, mais dont l'orifice se voit en O.

Cela dit, que se passe-t-il quand le double piston du tiroir occupe la position que nous montre la figure? Il est visible que la vapeur, arrivant par l'orifice O, ne peut se porter vers la gauche, car le piston T situé de ce côté lui barre le passage. Mais sur la droite, le second piston T laisse la voie libre à la vapeur pour se rendre du tiroir dans le corps de pompe, à droite du piston P. Ce dernier est donc poussé par la vapeur de la droite vers la gauche.

Mais cela ne suffit pas pour que le mouvement ait lieu : il faut encore que du côté opposé, à gauche, il n'y ait pas de résistance s'opposant à la poussée; il faut enfin que la vapeur contenue dans la partie gauche du corps de pompe s'échappe, soit dans l'atmosphère comme cela se pratique ordinairement aujourd'hui, soit dans le condenseur à eau froide comme le pratiquait Watt, et laisse agir pleinement celle qui presse sur l'autre face. Eh bien, dans le tiroir, le piston de gauche T est précisément dans une position qui permet cette sortie. Suivons du doigt sur la figure et nous trouverons un chemin libre pour la vapeur, qui de la gauche du corps de pompe peut s'écouler dans l'air par le canal F de gauche.

Tandis que cela se passe, la vapeur de la chaudière arrive à

droite du corps de pompe par l'orifice O. Le piston P étant ainsi
pressé par la vapeur à droite et ne l'étant plus à gauche, se meut

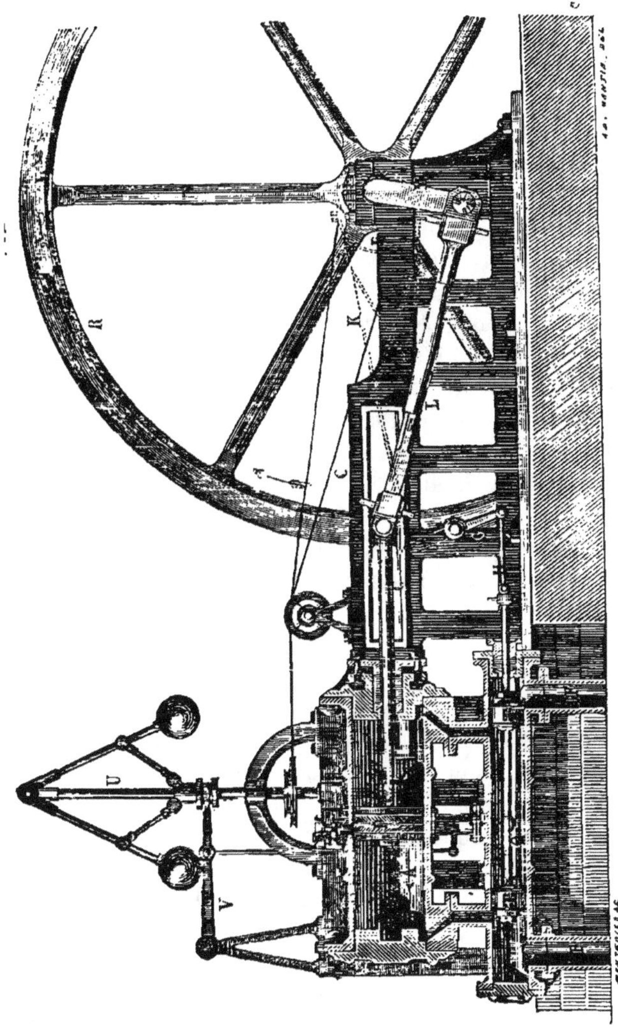

Fig. 15.

de droite à gauche. Or ce mouvement du piston se communique à
la grande roue R au moyen de la tige C et de la pièce L que l'on
nomme *bielle*. Remarquons que la bielle se rattache, ou, comme

on dit, s'articule, au moyen de joints mobiles, d'une part à la tige du piston, d'autre part à la *manivelle* M fixée à l'axe de la roue.

Si le piston P se porte à gauche, il entraîne la tige; celle-ci tire la bielle, et la bielle à son tour agit sur la manivelle, qui fait mouvoir la roue. De cet ensemble de liaisons il résulte qu'en se portant de la droite à la gauche, le piston fait faire un demi-tour à la roue.

Or, pendant que ce demi-tour s'accomplit, l'axe de la roue, au moyen de tringles articulées KGH, agit sur le double piston du tiroir et le pousse dans une position inverse de la précédente. Les deux pistons T et T sont, avons-nous dit, reliés l'un à l'autre par une tige de fer. Ils avancent donc ou reculent tous les deux à la fois et de la même quantité quand la tige commune est poussée dans un sens ou dans l'autre par le jeu même de la machine.

Imaginons alors qu'au moyen des tringles articulées HGK, se rattachant à l'axe de la roue, celui-ci pousse un peu à gauche la tige du tiroir. Chaque piston T franchira vers la gauche le canal anguleux voisin, faisant communiquer le tiroir avec le corps de pompe. Cela fait, la distribution de la vapeur sera renversée. Le canal de droite effectivement ne communiquera plus, à cause du piston interposé, avec l'orifice O, par où ne cesse d'affluer la vapeur venant de la chaudière; il communiquera au contraire avec le dehors par le tuyau F de droite. A gauche, le déplacement du piston T aura un résultat inverse : la communication sera établie entre l'orifice O et la gauche du corps de pompe; elle sera interrompue entre la même partie du corps de pompe et le dehors.

Ainsi, par le fait d'un tout petit déplacement à gauche, le double piston du tiroir intervertit l'ordre des communications. C'est maintenant à gauche du corps de pompe que pénètre la vapeur de la chaudière, tandis que celle de droite s'écoule librement dans l'air. En ces conditions, le piston P marche de gauche à droite, ce qui fait faire un nouveau demi-tour à la roue R. Ce mouvement de la roue ramène le tiroir dans la position que représente la figure; et la distribution de la vapeur se trouvant ainsi changée, le piston revient de la droite vers la gauche. En somme, à chaque demi-tour la machine avance ou recule elle-même le tiroir, de manière à renverser chaque fois l'ordre de distribution de la vapeur dans le corps de pompe; et de la sorte le piston est alternativement poussé dans un sens, puis dans l'autre.

CHAPITRE XVI

Le langage habituel entend par *tiroir* une petite caisse mobile
que l'on *tire* à soi pour l'ouvrir, que l'on repousse pour la fermer,
et emboîtée dans une table, dans une armoire. D'où provient l'application de ce nom à la pièce chargée de distribuer la vapeur
dans le corps de pompe d'une machine? C'est ce que nous expli-
quera la disposition suivante, fréquemment usitée, disposition où
se retrouvent la forme et le mouvement d'un vulgaire tiroir de
table, tant il est vrai que le plus élémentaire appareil peut, entre
des mains ingénieuses, se transformer en savant mécanisme.

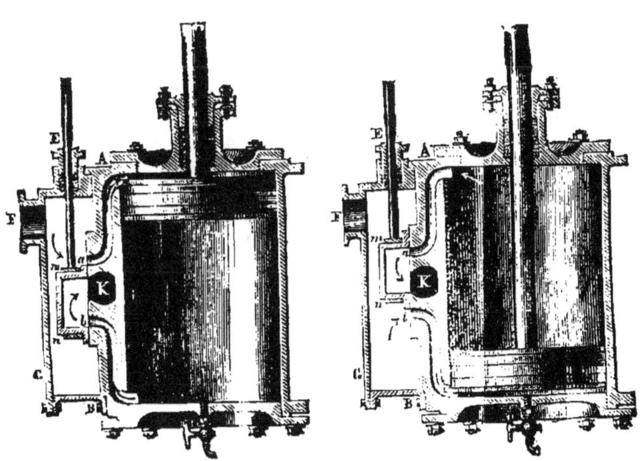

Fig. 16. Fig. 16.

De la chaudière, la vapeur arrive par le canal F dans un compartiment spécial FG (fig. 16) adossé au corps de pompe et nommé

boîte à vapeur. En temps opportun, elle peut se rendre tantôt à l'une, tantôt à l'autre des extrémités du corps de pompe par les canaux, *a*, *b*; ou bien s'écouler dans l'atmosphère ou dans le condenseur par un canal perpendiculaire au plan de la figure et dont la base est en K. Une pièce mobile *mn*, conduite par une tige E, que la machine elle-même met en mouvement, monte et descend à tour de rôle dans l'intérieur de la boîte à vapeur. Elle a la forme d'une petite caisse sans couvercle, enfin la forme d'un tiroir de table, et de là lui vient son nom de tiroir. Son rôle est de faire communiquer tour à tour chaque face du piston avec la chaudière et avec l'atmosphère, de laisser arriver alternativement la vapeur d'un côté du piston, et de la laisser écouler de l'autre dans l'air.

Supposons au tiroir la position qu'il a dans la figure 16. Dans ce cas, le canal *a* est seul en rapport avec la boîte à vapeur, en communication constante avec la chaudière. La vapeur arrive donc librement au-dessus du piston, et, pressant sur celui-ci, le fait descendre. Mais il faut qu'en ce moment la vapeur située au-dessous s'écoule, pour ne pas arrêter le piston en neutralisant la pression exercée au-dessus. C'est ce qui a lieu, car, par le canal *b*, la vapeur inférieure est en rapport avec la cavité du tiroir, et par suite avec l'atmosphère au moyen du canal K. Le piston descend donc, entraîné par l'excès de la poussée de la vapeur sur la poussée de l'air.

Il arrive au bas de sa course (fig. 16'); mais, en même temps, le tiroir remonte un peu, comme le montre la figure, et l'action de la vapeur est renversée. Maintenant, en effet, c'est le canal inférieur *b* qui communique avec la boîte à vapeur, tandis que le canal supérieur *a* communique avec la cavité du tiroir et par conséquent avec l'air. La vapeur arrive donc au-dessous pendant qu'elle s'écoule au-dessus; et le piston remonte, poussé de bas en haut avec la même force qui le poussait tout à l'heure de haut en bas.

A peine est-il arrivé au haut de sa course, que le tiroir s'abaisse un peu, reprend la position de la figure 16 et, par le renversement de la distribution de la vapeur, amène une nouvelle descente. Et ainsi de suite. On voit donc que si la tige du tiroir est reliée à une pièce de la machine qui, en temps convenable, la pousse légèrement dans un sens, puis dans l'autre, cela suffit pour intervertir l'accès de la vapeur sur les deux faces du piston et perpétuer indéfiniment le va-et-vient de celui-ci. La machine est ainsi chargée de régler elle-même l'arrivée de la vapeur et son écoulement.

Il reste à nous rendre compte de quelle manière le mouvement de la machine peut pousser la tige du tiroir à tour de rôle en avant et en arrière, comme dans la figure 15, ou bien à tour de rôle en haut et en bas comme dans la figure 16. Revenons à la machine de la page 81 et suivons la tige du tiroir. Nous la voyons s'articulerouse relier d'une façon mobile d'abord à la tringle H, puis à la tringle G, et enfin à un groupe de tringles assemblées en angle et que désigne la lettre K. Ces dernières se relient à l'axe de la roue de manière à donner naissance au va-et-vient de la tige du tiroir. C'est ce que nous allons étudier plus à fond.

La figure que voici représente le groupe de tringles K, seule-

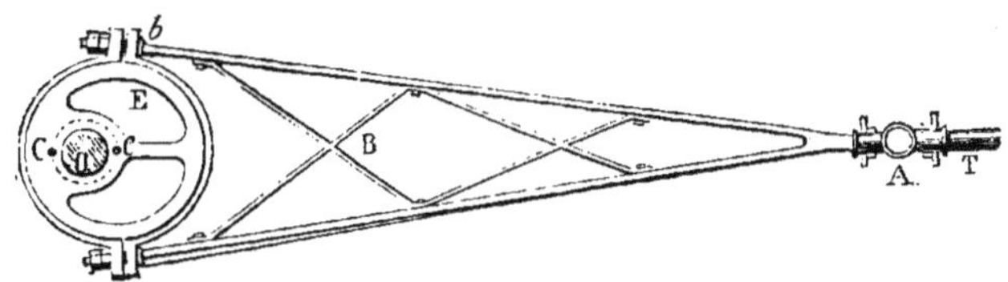

Fig. 17.

ment le dessinateur l'a placée dans une position contraire, comme si la machine dont nous avons le dessin complet à la page 81 était vue du côté opposé. L'axe de la grande roue est le cercle ombré O. On lui donne le nom d'*arbre* de la machine. Au sommet du groupe de tringles s'articulent les autres pièces qui, de proche en proche, transmettent le mouvement à la tige du tiroir. Sur l'arbre de la machine, sur l'axe O, est fixé, faisant corps avec lui, un disque circulaire plein ou en partie évidé et dont le centre ne correspond pas avec celui de l'axe. Cette pièce porte le nom d'*excentrique*, qui se dit en général de deux cercles engagés l'un dans l'autre mais n'ayant pas le même centre.

L'axe tourne, entraînant avec lui le disque, dont le centre parcourt le petit cercle ponctué, et se trouve, en ses positions extrêmes, aux points qu'indique la lettre C. D'autre part, ce disque est entouré d'un anneau ou *collier* dans lequel il peut librement glisser, les deux pièces n'ayant entre elles aucune liaison. Enfin le collier fait corps avec l'assemblage de tringles.

A cause de la non coïncidence des centres, le disque est plus saillant d'un côté par rapport à l'arbre de la machine, moins saillant de l'autre ; et sa partie plus saillante, sa protubérance se porte tantôt en avant et tantôt en arrière par suite de la rotation. Le collier, lié avec les tringles, ne peut suivre le mouvement révolutif; il glisse sur le disque, tantôt porté un peu en avant, tantôt porté un peu en arrière par le déplacement de la partie protubérante. De là résulte, pour l'extrémité A de l'assemblage des tringles, un léger mouvement alternatif d'avance et de recul, qui se transmet, au moyen de pièces articulées, jusqu'à la tige du tiroir. De la sorte, pour chaque demi-tour de l'axe de la machine, le double piston de la figure 15, ou le tiroir de la figure 16, se déplace juste à l'instant voulu, à tour de rôle, dans un sens, puis dans l'autre.

CHAPITRE XVII

Remettons-nous sous les yeux la figure de la page 81. La roue R, fixée sur l'arbre de la machine, s'appelle le *volant*. Elle a pour effet de régulariser la rotation, de modérer tantôt l'élan de la machine et tantôt de l'activer, suivant que le travail accompli présente une résistance moindre ou plus grande. L'arbre meut lui-même tous les autres organes mécaniques, si variés et si nombreux qu'ils soient. Or il est nécessaire que cet arbre conserve une vitesse toujours la même, ainsi que le comporte un travail régulier. Cependant la résistance que la machine doit vaincre peut varier d'un moment à l'autre, suivant le travail exécuté. Si la résistance augmente, la vitesse de l'arbre diminue; si la résistance diminue, la vitesse augmente. Pour éviter ces variations de vitesse et conserver une impulsion constante, malgré des résistances accidentellement plus grandes ou plus faibles, on a recours au *volant*.

C'est une grande et lourde roue en fonte fixée sur l'arbre de la machine. En vertu de son poids, le volant ralentit la rotation quand elle tend à devenir trop rapide; d'autre part, en vertu de l'élan qu'il a une fois acquis, il l'accélère lorsqu'elle tend à se ralentir. La machine dépense ainsi son excès de vitesse à mouvoir la lourde masse du volant; à son tour, celui-ci emmagasine en quelque sorte l'impulsion surabondante et la restitue à la machine en des moments où la force faiblit.

Toutefois le volant, à lui seul, ne pourrait régulariser la marche de la machine si les variations dans la résistance étaient de longue durée. D'instant en instant accéléré ou ralenti, il ne tarderait pas à prendre lui-même une vitesse en rapport avec les résistances vaincues. Il faut donc que la marche de la machine puisse être réglée d'une autre manière, qui ne peut consister que dans l'accès plus ou moins complet de la vapeur dans le corps de pompe.

Ici, une main intelligente paraît indispensable pour ouvrir ou fermer au point voulu le conduit amenant la vapeur ; et cependant c'est encore la machine elle-même qui est chargée du soin délicat d'augmenter ou de diminuer l'arrivée de la vapeur dans le corps de pompe suivant que la vitesse tend à se ralentir ou à s'accélérer.

La figure de la page 81 nous montre deux grosses boules fixées aux deux branches d'un mécanisme dont les diverses pièces peuvent jouer par articulation. Voilà le *régulateur à force centrifuge*, voilà le merveilleux engin imaginé par Watt pour laisser pénétrer dans le corps de pompe tantôt plus et tantôt moins de vapeur, suivant qu'il faut activer ou modérer l'élan de la machine. Nous disions tantôt que le constructeur a laissé comme un reflet de son intelligence dans son œuvre. Nous venons de voir le tiroir distribuer la vapeur avec une précision dont ne pourrait être longtemps capable l'intervention directe de la main de l'homme ; nous venons de voir le volant tantôt garder pour lui l'excès d'impulsion, et tantôt le restituer à la machine pour ranimer son élan ; voici maintenant le régulateur qui sait au juste s'il y a défaut ou excès de force, et règle en conséquence l'arrivée de la vapeur.

Le régulateur est fixé sur l'axe vertical U, qui tourne mis en mouvement au moyen d'un cordon enroulé sur l'arbre de la machine et sur des poulies. La machine va-t-elle plus vite, les boules tournent aussi plus vite, emportées par leur axe commun ; va-t-elle plus lentement, les boules se ralentissent dans leur rotation. Or, à mesure qu'elles tournent plus vite, les deux boules s'écartent davantage l'une de l'autre, et l'angle des deux tringles auxquelles elles sont fixées s'ouvre de plus en plus, grâce à la mobilité des diverses pièces de l'appareil. Un corps tournant autour d'un axe tend à s'éloigner de cet axe, et d'autant plus que la vitesse de rotation est plus grande. On donne le nom de *force centrifuge* à cette force qui naît du mouvement rotatoire et a pour effet d'éloigner les corps de leur axe de rotation. Tel est le motif qui fait donner le nom de *régulateur à force centrifuge* à l'appareil que nous décrivons, appareil que représente isolé et avec plus de détails la figure 18.

En s'écartant davantage par suite d'une rotation plus rapide, les boules font remonter le long de l'axe AB (fig. 18) ou de l'axe U (fig. 15) une sorte de large anneau à rebords DC, susceptible de glisser suivant cet axe. Entre les rebords de cet anneau reposent les deux branches d'une fourche, terminaison de la tringle V (fig. 15). Or à cette tringle en est reliée une autre que l'on voit descendre verticalement derrière la machine et reparaître un peu au-dessous du corps de pompe, pour aboutir enfin à un gros canal que la figure représente juste au-dessous du piston. Ce canal est celui qui amène la vapeur de la chaudière; il aboutit à l'orifice O du tiroir. Dans son intérieur est une *clef* semblable à celle des tuyaux de poêle, c'est-à-dire une rondelle de tôle, qui, tournée dans un sens ou

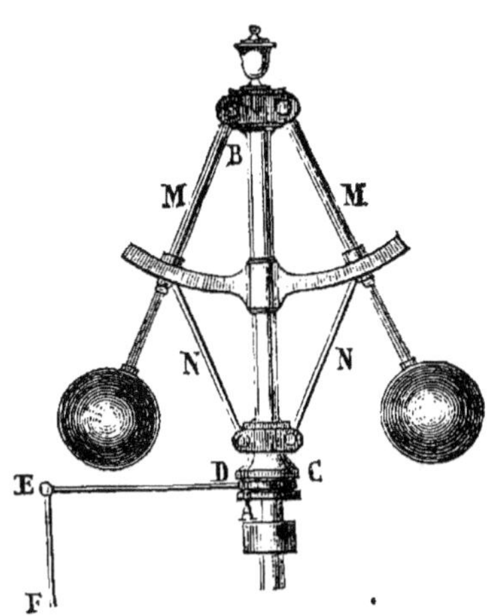

Fig. 18.

dans l'autre, bouche plus ou moins complètement le passage.

Eh bien, quand la machine va trop vite, les boules du régulateur tournent plus rapidement, s'écartent davantage l'une de l'autre, et font remonter le long de l'axe V l'anneau à rebords. Celui-ci entraîne la fourche de la tringle V; et cette dernière, légèrement soulevée, agit, par l'intermédiaire de la tringle verticale, sur la clef du tuyau de manière à fermer en partie le passage à la vapeur. Plus la vitesse s'exagère, plus la clef tourne pour empêcher l'arrivée de la vapeur, parce que les boules en s'écartant davantage font remonter l'anneau à rebords plus haut.

Au contraire, la machine se ralentit-elle, alors les boules se rapprochent par leur propre poids; l'anneau redescend et fait baisser la tringle V, qui elle-même ouvre la clef pour donner plein accès à la vapeur et ranimer ainsi la force défaillante.

CHAPITRE XVIII

PARALLÉLOGRAMME ARTICULÉ. — CONDENSEUR

Pour utiliser le va-et-vient du piston et le transformer en mouvement révolutif, Watt rattachait la tige du piston à un grand balancier GD (fig. 19) pouvant osciller autour d'un axe O, reposant sur

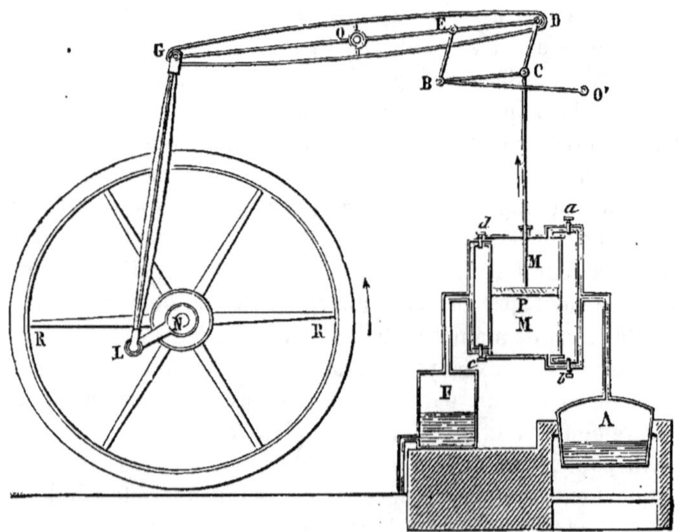

Fig. 19.

un appui inébranlable. L'articulation de la tige avec le balancier
n'est pas immédiate : elle se fait par l'intermédiaire de tringles
articulées entre elles et formant un parallélogramme. Ce système
de tringles articulées porte le nom de *parallélogramme de Watt*.

Trois d'entre elles sont représentées par EB, BC, CD; la quatrième, complétant le parallélogramme, n'est autre qu'une partie ED de la ligne médiane du balancier. Enfin une dernière tringle BO' rattache par articulation le point B à un point fixe O'.

L'utilité de cet appareil est facile à saisir. L'extrémité D du balancier décrit dans ses oscillations un arc de cercle dont le centre est en O; l'extrémité de la tige du piston ne peut, dans son mouvement, s'écarter de la ligne droite, sinon cette tige serait bientôt faussée, rompue par la flexion, ce qui arriverait si la tige venait directement se rattacher à l'extrémité D du balancier. Mais par l'intermédiaire du parallélogramme articulé, qui change de configuration à mesure que le balancier se relève ou s'abaisse, la tige se maintient suivant une droite invariable, malgré le mouvement en arc de cercle du point D.

Supposons, en effet, que le balancier se relève à droite, à partir de sa position horizontale. Par suite de l'arc ascendant que décrit D, le point C, auquel se rattache la tige du piston, tend à se porter un peu vers la gauche de la figure. Mais en même temps, par l'effet de la tringle BC, dont l'extrémité B est liée au point fixe et inébranlable O' au moyen de la tringle BO', le même point C est tiré vers la droite. Ces deux déplacements inverses, l'un vers la gauche produit par l'oscillation ascendante du balancier, l'autre vers la droite occasionné par la tringle BO' et son point fixe O', se compensent à très peu près exactement, et l'extrémité C de la tige du piston ne s'écarte pas d'une manière sensible de la ligne droite prolongement de cette tige.

Pendant la demi-oscillation descendante, les déplacements de C s'effectuent en sens contraire. Le balancier tend à porter ce point C à droite, tandis que la tringle BO' tend à le porter à gauche. Enfin, pendant la demi-oscillation au-dessous de l'horizontale, une autre inversion dans les déplacements contraires se produit; mais il y a toujours compensation entre ces deux déplacements, et le point C ne sort pas de l'invariable ligne droite qu'il doit parcourir. Tel est en somme l'élégant mécanisme imaginé par Watt pour maintenir sur une même direction rectiligne l'extrémité d'une tige qui doit communiquer un mouvement oscillatoire à un balancier.

A l'autre extrémité G du balancier s'articule une longue pièce GL nommée *bielle*, qui conduit une dernière pièce ou *manivelle* LN, fixée à l'arbre ou axe du volant RR. Cet axe se trouve ainsi mis

en rotation par le mouvement oscillatoire du balancier, mû lui-
même par le va-et-vient du piston et de sa tige.

Cet énorme balancier de Watt, avec son parallélogramme arti-

Fig. 20.

culé et sa longue bielle, est un appareil lourd, encombrant, impossible à utiliser dans bien des cas. On le remplace aujourd'hui
avec avantage par un mécanisme beaucoup plus simple. L'axe du
volant V (fig. 20), porte une manivelle M à laquelle se relie par articulation la bielle B. L'autre extrémité de celle-ci est articulée
avec une solide traverse T maintenue entre deux glissières *cb* et
c'b'. Enfin l'extrémité de la tige du piston se relie à cette traverse,
qui, poussée en avant, puis refoulée en arrière par le va-et-vient
du piston et de sa tige, meut la bielle, et par suite la manivelle
et l'arbre du volant. C'est un appareil de ce genre que présente la
machine de la page 81.

Reprenons la description sommaire de la machine telle que
l'avait conçue Watt. La vapeur s'engendre dans une chaudière A,
où l'eau est portée à l'ébullition ordinaire, c'est-à-dire chauffée à
100 degrés environ (fig. 19). Cette vapeur n'exerce donc qu'une
pression d'une atmosphère à peu près. Elle se rend tour à tour au-
dessus et au-dessous du piston P, tandis qu'elle s'écoule du côté
opposé pour perdre sa force élastique et redevenir de l'eau dans le
condenseur F rempli d'eau froide. Son entrée dans le corps de
pompe et sa sortie sont réglées au moyen d'un tiroir théoriquement
remplacé dans la figure par les quatre robinets *a*, *b*, *c*, *d*, qui s'ou-

vrent et se ferment deux à deux suivant une même diagonale. Si a
et c sont ouverts tandis que b et d sont fermés, la vapeur arrive de
la chaudière dans la partie supérieure du corps de pompe au moyen
du robinet a; elle s'écoule de la partie inférieure et se rend dans
le condenseur au moyen du robinet c. En dessus du piston la pression est donc d'une atmosphère; au-dessous elle est nulle, ou plutôt
égale à la force élastique qui convient à la basse température du
condenseur. Poussé par l'excès considérable de la pression exercée
en dessus, le piston descend. Il remonte quand les robinets b et d
sont ouverts, et que a et c sont fermés; car alors la vapeur arrive
en dessous par le robinet b, tandis qu'elle s'écoule du compartiment supérieur et se rend dans le condenseur par le robinet d.
Il est bien entendu que le jeu de ces quatre robinets est remplacé
dans la pratique par un tiroir.

Le condenseur est un large cylindre dans lequel arrive continuellement un jet d'eau froide pour ramener à l'état liquide
ou pour condenser la vapeur qui vient d'agir sur l'une des faces
du piston et qui doit maintenant disparaître pour ne pas neutraliser l'effet de celle qui agit sur la face opposée. Rapidement
cette eau s'échauffe par suite de la chaleur que lui cède la vapeur
condensée; en même temps elle laisse dégager l'air atmosphérique qu'elle tenait en dissolution. Or en s'élevant la température
empêcherait une condensation convenable; d'autre part, l'air dé-
gagé serait une résistance à la marche du piston. Il faut donc que
l'eau chaude du condenseur et l'air mis en liberté soient expul-
sés continuellement. C'est là le travail d'une pompe reliée à l'un
des sommets du parallélogramme articulé et mise ainsi en mouvement par le balancier de la machine. Extraite du condenseur,
l'eau n'est pas rejetée, car cela amènerait une perte inutile de
chaleur et par conséquent un surcroît de dépense en combustible: elle est refoulée dans un réservoir, où la puise une seconde
pompe pour l'amener, toute chaude encore, dans la chaudière
où la vapeur s'engendre.

A mesure qu'il perd son eau chaude, le condenseur en reçoit
de froide au moyen d'une troisième pompe qui puise dans un
réservoir. Enfin celui-ci est alimenté par l'intermédiaire d'une
quatrième pompe qui prend l'eau soit dans un puits, soit dans
une source d'eau courante. Les oscillations du balancier, auque.
s'articulent les tiges, donnent le mouvement aux pistons de ces

diverses pompes. La figure 21 complète la démonstration de la

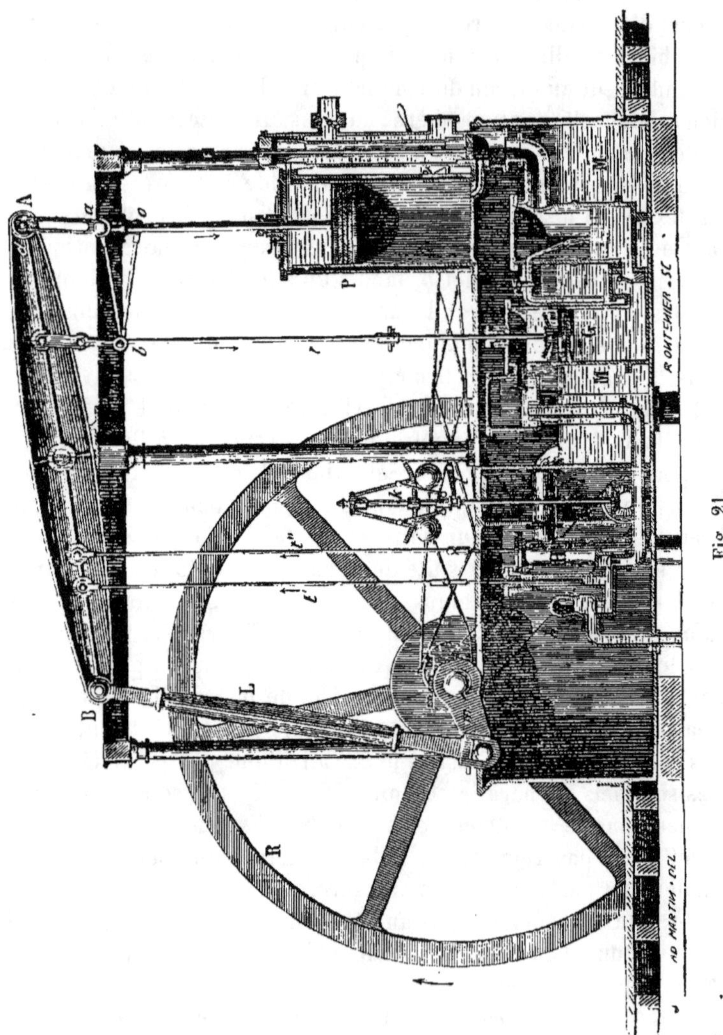

machine de Watt. Tous les principaux organes y sont représentés,
sauf la chaudière.

CHAPITRE XIX

Mettons sur le feu un vase plein d'eau ou de tout autre liquide.
Le vase, en rapport direct avec le foyer, s'échauffe le premier;
il transmet la chaleur à son contenu, et celui-ci, après certains
mouvements d'ascension des parties plus chaudes et plus légères,
et de descente des parties plus froides et plus lourdes, finit par
répartir uniformément dans toute sa masse la chaleur fournie
par le foyer.

Un moment vient où de petites bulles de vapeur apparaissent
sur la paroi la plus chaude du vase, sur le fond. Elles montent
à travers le liquide, gagnent des couches où la température est
moindre et se condensent sans pouvoir atteindre la surface. De
cette disparition soudaine des premières vapeurs dans la masse
du liquide résulte une agitation intime qui se traduit par un
frémissement, une sorte de *chant du liquide*, précurseur de
l'ébullition. Mais la température monte encore un peu, et des
bulles plus nombreuses, plus grosses, plus chaudes, partent du
fond du vase, se renouvellent sans cesse, s'élèvent à travers le
liquide, qu'elles mettent en mouvement tumultueux, et viennent
crever à la surface. Le liquide est alors en *ébullition;* il se
transforme peu à peu en vapeurs, en d'autres termes il se *vaporise.*

Pour chaque liquide l'ébullition se fait à une température
spéciale, très variable d'un liquide à l'autre. Le mercure, par
exemple, exige pour bouillir une température supérieure à celle
du plomb fondu; tandis que, sans autre foyer de chaleur, l'éther
peut bouillir dans le creux de la main, et l'acide sulfureux dans
une cavité pratiquée dans de la glace à zéro. L'eau nous a habi-

tués à regarder comme très chaud un liquide bouillant; mais il ne faut pas perdre de vue que l'association de ces deux idées, ébullition et température brûlante, comporte de singulières restrictions. L'éther qui bout dans le creux de la main nous refroidit; l'acide sulfureux liquide nous glace douloureusement.

Chaque liquide, disons-nous, entre en ébullition à une température spéciale, invariable; néanmoins il faut, pour retrouver toujours la même température, que rien ne soit changé aux conditions ordinaires de l'ébullition. Si ces conditions changent, l'eau, par exemple, peut bouillir aussi bien au-dessous de 100° qu'au-dessus. Or, parmi les conditions qui influent sur la température à laquelle se fait l'ébullition, la plus remarquable est la pression que supporte la surface du liquide. Pour se dégager, en effet, de la masse en ébullition, les bulles de vapeur ont à vaincre la résistance exercée par l'air ambiant; il faut donc que leur force élastique soit égale à la pression de l'atmosphère. Tel est le motif pour lequel tout liquide qui bout émet des vapeurs dont la force élastique est d'une atmosphère.

Il est dès lors évident que si la résistance de l'air ambiant augmente, l'ébullition deviendra plus laborieuse et exigera une température plus élevée. Si cette résistance diminue, l'ébullition sera plus facile, c'est-à-dire nécessitera une température moindre.

Ce dernier cas se constate dans tous les lieux élevés, où la pression de l'air est moindre que dans la plaine. Au sommet du mont Blanc, à 4800 mètres au-dessus du niveau des mers, l'ébullition de l'eau se fait à 84 degrés. Sur les flancs du volcan l'Antisana, dans l'Amérique du sud, se trouve une métairie qui est le point habité le plus élevé de la terre. Son altitude est de 4101 mètres. L'eau y bout à 86 degrés. A l'hospice du Saint-Gothard, élevé de 2075 mètres, elle bout à 92 degrés; aux bains du mont Dore, élevés de 1040 mètres, à 96 degrés. Enfin dans les basses plaines, ou plus exactement au niveau des mers, elle entre en ébullition à 100 degrés.

Une des expériences les plus frappantes et en même temps des plus simples que l'on puisse faire pour démontrer l'influence de la pression sur le point d'ébullition, est celle-ci :

Un ballon de verre à demi plein d'eau est chauffé sur un fourneau jusqu'à complète ébullition. Pendant que l'eau bout, on ferme le goulot avec un bon bouchon enduit de suif. L'appareil est aussitôt retiré de dessus le feu, sinon il pourrait éclater. Le ballon est alors renversé sens dessus dessous, et l'extrémité de

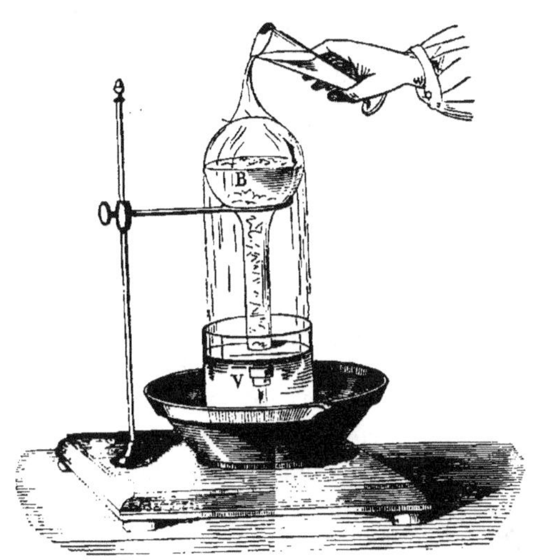

Fig. 22.

son col est plongée dans un vase plein d'eau (fig. 22). Cette immersion a pour effet d'empêcher l'air extérieur de rentrer dans le ballon, ce qui pourrait arriver malgré le bouchon.

Actuellement l'eau du ballon est chaude, fort chaude même; toutefois elle ne bout pas, elle est en parfait repos. Au-dessus de l'eau, le ballon contient une couche de vapeur, qui, par sa force élastique, presse sur le liquide et l'empêche de bouillir. Mais on verse de l'eau froide sur le haut de l'appareil; une partie de la vapeur se condense, se liquéfie par le refroidissement; la pression diminue, et aussitôt le liquide se met à bouillir en tumulte aussi bien que s'il était sur un foyer ardent. Singulière contradiction avec nos idées habituelles : pour faire bouillir de l'eau, nous avons recours ici au refroidissement!

Cependant de nouvelles vapeurs se forment, et le haut du ballon s'emplit d'une atmosphère dont la pression croissante arrête l'ébullition. Le liquide retombe alors au repos. Une seconde

ablution d'eau froide diminue la pression de cette atmosphère
en condensant en partie les vapeurs, et l'ébullition reprend, pour
s'arrêter encore quand les vapeurs formées exercent une pression
suffisante. Si l'eau froide arrive d'une manière continue, de façon
que les vapeurs soient condensées à mesure qu'elles se forment,
le contenu du ballon est dans une ébullition permanente, bien
qu'il se refroidisse de plus en plus. Enfin quand le liquide du
ballon, son atmosphère de vapeurs et l'eau versée ont même
température, l'ébullition cesse parce qu'il n'y a plus de condensation possible.

Avec la machine pneumatique se fait une expérience analogue,
plus concluante même, car l'eau n'est plus
surmontée artificiellement d'une atmosphère
de vapeurs, mais bien d'air que l'on raréfie
pour en affaiblir la pression.

Un large vase A, à demi plein d'acide sulfurique concentré, est placé sur le plateau
de la machine pneumatique (fig. 23). Une
capsule en cuivre, mince et peu profonde,
repose par trois pieds sur les bords de ce
vase. Elle est pleine d'eau. Le tout est recouvert d'une cloche.

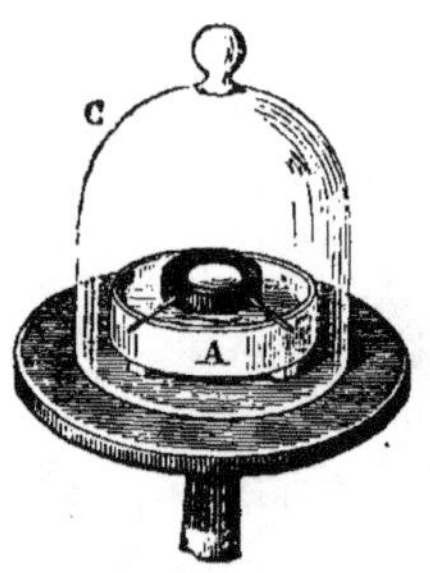

Fig. 23.

L'eau de la capsule possède une certaine
température, la température de la salle où l'on opère. A ce degré
de chaleur, tout faible qu'il est, l'eau peut bouillir; si elle ne le
fait pas, la cause en est dans la pression de l'air environnant,
pression trop forte pour permettre l'ébullition à pareille température. Mais la machine pneumatique fonctionne; l'air de la
cloche se raréfie, diminue de pression, et, après quelques coups
de piston, l'eau se met à bouillir. Un fait se passe, analogue à
celui qui aurait lieu sur la cime d'une montagne comme la terre
n'en possède pas d'aussi hautes.

Au sommet du mont Blanc, à 4800 mètres d'altitude, l'air est
assez raréfié pour permettre l'ébullition de l'eau à 84 degrés. La
température de l'ébullition baisserait encore, elle descendrait à
30 degrés, à 20, à 10, etc., si la montagne avait une altitude
suffisante. Nulle part sur le globe ne se trouvent des cimes où
la raréfaction de l'air puisse amener pareil résultat; mais sous
la cloche de la machine pneumatique, cette raréfaction atteint

tel degré que l'on veut, et l'ébullition se fait sous l'influence seule de la température ambiante.

Le liquide se met donc à se vaporiser. Les vapeurs formées sont immédiatement absorbées par l'acide sulfurique, substance très avide d'eau ; de sorte que sur le liquide, il ne peut même y avoir une atmosphère de vapeur. Le jeu des pistons soustrait l'air, l'acide sulfurique absorbe les vapeurs dégagées ; et la vaporisation, que rien n'entrave, se continue activement. Alors, tout en bouillant, l'eau se prend en glace. Au lieu d'eau, la capsule de cuivre ne contient bientôt qu'un glaçon, aussi dur que si le liquide avait été saisi par le froid de l'hiver. La *chaleur latente* va, dans un instant, nous fournir l'explication de cet étrange fait de l'eau qui se congèle par cela même qu'elle bout.

CHAPITRE XX

Soumettons à l'action d'un foyer un vase plein de glace et muni d'un thermomètre. Une fois la fusion commencée, on reconnaît que le thermomètre se maintient invariablement au même point, à zéro, tant qu'il reste une parcelle de glace à fondre. Vainement on activerait le foyer : on ne ferait que rendre la fusion plus rapide sans parvenir à faire monter le thermomètre.

On recommence l'expérience avec du suif, par exemple. La température monte d'abord jusqu'à 33 degrés; puis, arrivé à ce point, le thermomètre reste stationnaire, quelle que soit la violence du feu. Mais alors la fusion se fait; et tant qú'elle dure, le thermomètre se maintient à 33 degrés.

Une fois la glace en entier fondue, une fois le suif en entier liquéfié, le thermomètre monte, et pas plus tôt. Des faits semblables s'observent avec toute autre substance, avec la cire, le soufre etc. Le thermomètre monte d'abord au point de fusion, très variable d'une substance à l'autre; et ce point atteint, il s'y maintient tant qu'il reste de la matière à fondre. La fusion terminée, il continue son ascension.

Puisque la température ne s'élève pas au-dessus de zéro dans un vase plein de glace en fusion, on se demande naturellement ce que devient la chaleur, car le foyer sur lequel est le vase en fournit sans cesse et abondamment. — Eh bien, cette chaleur sert à résoudre la glace en liquide, à la transformer en eau, qui n'est pas plus chaude que la glace d'où elle provient. Ainsi employée, elle cesse à l'instant d'être chaleur ordinaire, chaleur chaude si l'on peut se servir de cette expression; elle est insensible à nos organes, elle n'influence pas le thermomètre; pour nous et pour le thermomètre, elle est comme si elle n'existait pas.

La chaleur est une force, une puissance; et comme toute force, elle ne peut produire à la fois deux effets dont chacun exige sa valeur entière. Employée à produire une sorte d'effet mécanique, c'est-à-dire à liquéfier un corps, à séparer ses molécules, à les maintenir à la distance nécessaire pour la fluidité, la chaleur ne peut en même temps produire ses effets ordinaires ou effets thermométriques, par la raison toute simple que ce qui fait un travail où toutes ses énergies sont employées, ne peut en même temps en faire une autre.

Un corps lourd placé sur la main, la presse de tout son poids; appendu à un ressort qu'il infléchit, il cesse de presser sur la main, parce que sa puissance, comme corps pesant, est employée à courber le ressort. Pareillement la chaleur employée à produire le travail mécanique de la liquéfaction, ne peut en même temps produire cet autre travail qui se traduit par une élévation de température. La chaleur échauffe les molécules d'un corps ou bien les dissocie, les sépare l'une de l'autre et les maintient à distance par la liquéfaction. Ce sont des effets différents mais de valeur équivalante. Employée à produire l'un, il est d'évidence que la chaleur ne peut en même temps produire l'autre.

Or on nomme *chaleur sensible* celle qui élève la température d'un corps sans en modifier l'état, enfin celle qui impressionne nos organes et fait monter le thermomètre. Quant à la chaleur qui change l'état d'un corps sans en modifier la température, qui fait passer ce corps de l'état solide à l'état liquide, ou de l'état liquide à l'état gazeux, elle est dite *chaleur latente*, qui signifie cachée. Elle est, en effet, en un certain sens, cachée ou dissimulée, car elle n'impressionne pas nos organes et n'a pas d'influence sur le thermomètre. Toutefois, cette chaleur prétendue cachée n'en produit pas moins des effets très évidents puisqu'elle dissocie les molécules et résout un corps solide en une matière liquide. Aussi convient-il mieux de l'appeler *chaleur de fusion*.

Mélangeons un kilogramme d'eau à 50 degrés avec un kilogramme d'eau à 10 degrés. Le mélange fait, le thermomètre indique 30 degrés pour la température commune aux deux kilogrammes, c'est-à-dire exactement la moyenne entre les température 10° et 50°. La chaleur s'est donc répartie uniformément entre les deux kilogrammes d'eau. Le kilogramme le plus chaud s'est refroidi en cédant de la chaleur à l'autre; le kilogramme le plus froid s'est rechauffé en gagnant ce que le premier perdait; le gain pour une moitié du liquide a été égal à la perte pour l'autre moitié; et la température finale, pour la masse commune, s'est trouvée ainsi une moyenne entre les deux températures initiales.

Mais cette égalité de répartition ne s'effectuerait plus si l'eau, au lieu d'être employée sous le même état, l'était sous deux états différents, l'état solide et l'état liquide. Mélangeons, en effet, un kilogramme de glace à zéro et réduite en menus morceaux, avec un kilogramme d'eau chauffée à 79 degrés. Toute la glace se fond; et une fois la fusion terminée, la température commune aux deux kilogrammes d'eau liquide n'est pas, comme tout à l'heure, la moyenne entre les températures initiales, c'est-à-dire 30° 1/2; elle est zéro, zéro pour l'eau provenant de la glace fondue, zéro pour l'eau qui a servi à la fondre.

Qu'est devenue alors la chaleur fournie par l'eau chauffée à 79 degrés? — Elle est devenue chaleur latente, chaleur de fusion. La glace ne s'est pas échauffée, il est vrai; elle était à zéro avant le mélange, elle reste à zéro après le mélange alors qu'elle a changé d'état. Elle ne s'est pas échauffée, mais elle s'est en entier fondue; et du mélange sont résultés deux kilogrammes d'eau dont la température commune est de 0°.

Évidemment, la fusion de la glace s'est opérée aux dépens de la chaleur sensible de l'eau chaude; et puisque celle-ci, pour effectuer la fusion, s'est refroidie jusqu'à zéro, on voit qu'un kilogramme de glace à 0°, pour se réduire en eau également à 0°, exige une quantité de chaleur latente égale à celle de la chaleur sensible qu'il faut pour échauffer de 79 degrés un kilogramme d'eau. La même proportion de chaleur appliquée à la glace ou à l'eau produit la fusion d'un kilogramme de la première sans en élever la température, ou bien élève de 79 degrés un kilogramme de la seconde. On est convenu d'appeler *unité de chaleur* ou *calorie*, la quantité de chaleur nécessaire pour élever d'un degré un kilogramme d'eau. En nous servant de cette expression, nous dirons donc qu'un kilogramme de glace, pour se fondre, exige 79 calories.

Le même fait se répète pour les diverses substances. Toutes, quelles qu'elles soient, nécessitent pour se fondre une certaine quantité de chaleur latente, variable d'une substance à l'autre. Les unes en demandent plus, les autres en demandent moins, mais enfin toutes en exigent. C'est là le motif qui maintient invariable la température d'un corps tant que dure la fusion. La chaleur fournie par le foyer est employée, dès que la fusion commence, à effectuer le changement d'état sans accroître la température.

CHAPITRE XXI

Le passage de l'état liquide à l'état gazeux reproduit, sous le rapport de la chaleur sensible et de la chaleur latente, des faits semblables à ceux de la fusion. Dans un vase plein d'eau, placé sur le feu, le thermomètre monte graduellement; et quand il atteint 100 degrés, l'eau se met à bouillir. En ce moment, si l'on active le plus possible l'ardeur du foyer, on constate que l'eau ne fait que bouillir plus vite sans s'échauffer d'avantage; on reconnaît enfin que le thermomètre marque invariablement 100 degrés,

Avec des liquides différents, avec de l'alcool, avec de l'acide sulfurique concentré, par exemple, on retrouverait des faits analogues. Quand le thermomètre marquerait 79° pour l'alcool, 325° pour l'acide sulfurique, les deux liquides seraient en ébullition ; et la température, quelle que fût l'ardeur du foyer, conserverait un degré constant : 79° pour le premier liquide, 325° pour le second. Ainsi, une fois qu'un liquide bout, il est impossible de le chauffer d'avantage.

Ici se renouvelle la question que nous nous sommes déjà posée au sujet de la fusion de la glace : que devient la chaleur fournie par le foyer, puisque la température de l'eau qui la reçoit n'augmente plus à partir du premier moment de l'ébullition? — Cette chaleur est employée à produire le changement d'état, elle devient latente, et elle est entraînée par les vapeurs, qui lui doivent leur manière d'être sans en recevoir un accroissement de température. Et, en effet, les vapeurs qui s'échappent de l'eau bouillante, malgré toute la chaleur qu'elles contiennent en plus, ne sont pas plus chaudes que l'eau elle-même, et possèdent tout juste 100 degrés de température.

On doit généraliser ces résultats et dire : premièrement, lorsqu'un liquide a atteint son point d'ébullition, il ne peut s'échauffer davantage, et la chaleur qu'il reçoit sans cesse du foyer est dès lors employée, sous forme latente, à constituer ce liquide en vapeurs, sans en élever la température ; secondement, les vapeurs qui se dégagent d'un liquide en ébullition ont précisément la température du liquide lui-même.

Si l'eau, comme tout autre liquide d'ailleurs, pour devenir vapeur et se maintenir en cet état aériforme, exige une certaine quantité de chaleur sans influence sur le thermomètre, réciproquement la vapeur d'eau, en redevenant liquide, doit perdre et dégager beaucoup plus de chaleur que ne semble le comporter sa température, parce que sa chaleur latente, ou *chaleur de volatilisation*, désormais sans rôle dans la constitution moléculaire, redevient chaleur sensible.

L'expérience suivante nous permettra d'évaluer approximativement la quantité de cette chaleur de volatilisation. Prenons deux vases identiques, et dans chacun mettons 1 litre d'eau froide, à 10° par exemple. Dans l'un versons 100 grammes d'eau bouillante. La température du mélange est la moyenne, étant tenu

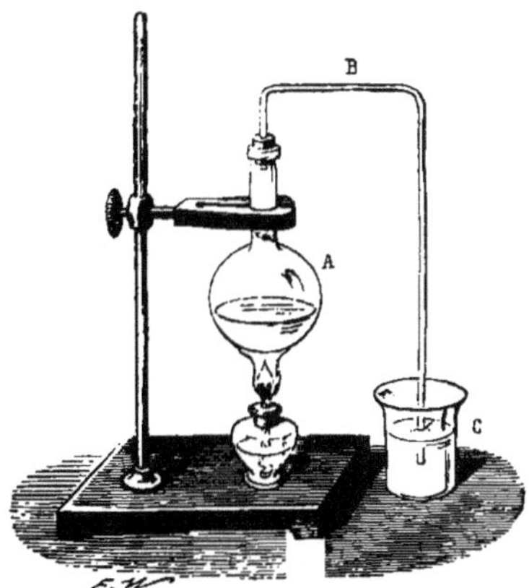

Fig. 24.

compte du poids et de la température des liquides mélangés, c'est-à-dire que le thermomètre indique 18 degrés environ. Dans l'autre vase C (fig. 24) nous faisons condenser la vapeur de

100 grammes d'eau portée à l'ébullition dans le ballon A. Ces 100 grammes de vapeur ont exactement même température que les 100 grammes d'eau bouillante versée dans le premier vase ; et cependant ils élèvent la température bien davantage. Le thermomètre indique, en effet, une température finale d'une soixantaine de degrés.

En faisant usage de méthodes bien autrement précises que celle de notre appareil rudimentaire, la physique établit que l'eau en ébullition, l'eau à 100 degrés, pour passer à l'état de vapeur également à 100 degrés de température, exige, outre sa chaleur sensible, la même dans les deux cas, une quantité de chaleur latente capable de produire 537 fois l'effet d'une calorie, c'est-à-dire capable d'élever de 1 degré 537 kilogrammes d'eau ; ou bien de 10 degrés 50 kg, 7 ; ou bien de 100 degrés 5 kg, 37, car tous ces effets thermométriques sont équivalents.

Ce n'est pas seulement la vapeur dégagée de l'eau bouillante qui exige, pour se constituer à l'état gazeux sans accroissement de température, cette énorme quantité de chaleur latente. La vapeur dégagée par l'eau à toute température, la vapeur formée par simple évaporation en exige aussi, et même plus que la vapeur de l'eau en ébullition.

Ces principes nous rendent compte de la congélation de l'eau qui bout sous la cloche de la machine pneumatique lorsque l'air est convenablement raréfié. Pour se former et se maintenir dans leur état, les vapeurs ont besoin d'une grande quantité de chaleur, qui devient latente ainsi que nous venons de l'expliquer. Cette chaleur est prise à la capsule de cuivre, et surtout à la masse même du liquide. L'eau cède ainsi sa chaleur sensible aux vapeurs, qui la rendent latente ; elle se refroidit donc par cela même quelle se vaporise ; et un moment arrive où elle se congèle.

La théorie de la chaleur latente, théorie si riche en conséquences d'un intérêt majeur, était inconnue à l'époque des débuts de Watt. Un physicien de l'université de Glascow, en Écosse, Joseph Black, mit le premier en lumière ces importantes vérités au moyen d'expériences d'une simplicité frappante. Parmi les auditeurs qui se pressaient à ses cours était un jeune ouvrier mécanicien, qui se dérobait au travail de son modeste atelier pour suivre les leçons du docte professeur. Cet ouvrier si attentif aux théories nouvelles sur la chaleur, n'était autre que Watt, le futur rénovateur de la mécanique industrielle. L'occasion ne tarda pas de mettre en pratique les théories du maître. En se proposant d'améliorer la machine de Newcomen, Watt fut amené à résoudre deux questions fondamentales : quel est le volume de la vapeur fournie par une quantité donnée d'eau portée à l'ébullition ; quelle est la quantité d'eau froide nécessaire à la condensation d'un volume déterminé de vapeur? Pour ces recherches délicates, l'outillage de l'ouvrier mécanicien était des plus modestes ; quelques fioles de pharmacien en fesaient tous les frais. Néanmoins telles étaient la dextérité des mains et la lucidité d'esprit de l'observateur, que les résultats obtenus diffèrent bien peu de ceux que la science a depuis enregistrés en faisant usage de savants appareils. C'est ainsi que Watt fixa à 1600 volumes la vapeur fournie par un volume d'eau bouillante. Les instruments les plus précis et les méthodes les plus rigoureuses de nos jours ont à peine modifié ce nombre.

L'ingénieux ouvrier procédait comme il suit. De l'eau en petite quantité était mise dans une fiole de verre et exposée sur le feu. L'ébullition avait lieu, les vapeurs formées chassaient devant elles l'air de la fiole, remplissaient celle-ci et s'échappaient par le goulot tant qu'il restait du liquide à vaporiser. Au moment où la dernière goutte d'eau disparaissait, et où par conséquent cessait le jet de vapeur, la fiole était bouchée avec soin et pesée. Elle était pesée une seconde fois pleine d'eau froide. De ces deux pesées, Watt déduisit qu'à volume égal la vapeur d'eau à 100 degrés pèse 1600 fois moins que l'eau froide ; et que, par conséquent, 1 volume d'eau froide se résout en 1600 volumes de vapeur. Ce résultat, le premier dans cette voie, est remarquablement rapproché de la vérité. Les mesures récentes, faites avec la plus délicate précision, nous apprennent qu'un litre d'eau froide fournit 1695 litres de vapeur à 100 degrés.

CHAPITRE XXII

Chauffée dans un vase ouvert, l'eau ne peut dépasser la température correspondant à la pression atmosphérique qu'elle supporte, celle de 100 degrés si la pression est de 760 millimètres; car, dès qu'il est en ébullition, un liquide ne gagne plus en température. Mais en chauffant l'eau dans un vase exactement fermé, qui ne laisse aucune issue aux vapeurs, on peut lui faire acquérir telle température que l'on voudra et retarder indéfiniment son point d'ébullition. Dans ce cas, en effet, les vapeurs accumulées dans la partie supérieure du vase, exercent elles-mêmes sur le liquide une pression qui augmente sans cesse avec la température et permet au liquide, en l'empêchant de bouillir, de gagner indéfiniment de la chaleur. Mais il faut que le vase soit d'une solidité à toute épreuve pour résister à la puissance des vapeurs emprisonnées.

La marmite imaginée par Papin remplit ces conditions. C'est un épais vase en bronze A (fig. 25) contenant de l'eau. Il est exactement bouché par un couvercle solide que serre une vis VE, maintenue par un étrier CC'. En *s*, le couvercle est percé d'un orifice, que ferme une soupape, maintenue en place par un levier D, auquel est appendu un poids mobile P, destiné à régler la résistance que la soupape oppose à l'issue de la vapeur.

Dans cet appareil, l'eau peut acquérir la température que l'on veut, 200° par exemple si la soupape et disposée pour 16 atmosphères de pression ; 230°, si elle est disposée pour 27 atmosphères, etc. Au sein de cette eau, aussi chaude qu'on le désire, l'étain et le plomb pourraient à la rigueur entrer en fusion ; seulement il ne faudrait pas perdre de vue qu'à de hautes tempéra-

tures, la vapeur est douée d'une puissance formidable capable de
faire voler en éclats les vases les plus solides.

Pourquoi ce nom culinaire de marmite appliqué à un objet
qui, loin de faire partie des ustensiles de cuisine, est aujourd'hui

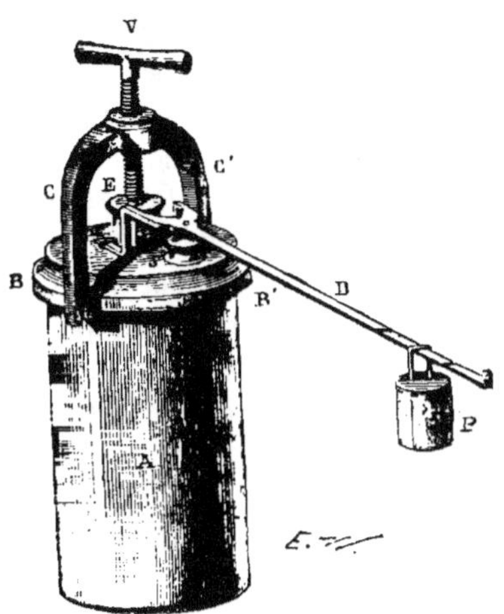

Fig 25.

un appareil de physique propre à démontrer les effets de la vapeur sous haute pression? C'est que Papin, à qui l'on en doit la
première idée, ne voyait dans son invention qu'un vase de cuisine
destiné à la cuisson rapide et économique des viandes. En outre,
sa marmite ramollissait les os et les transformait partiellement
en une gelée qui porte aujourd'hui le nom de gélatine; ainsi
s'ajoutait au bouillon une notable quantité de matière nutritive,
que l'eau ne pourrait extraire par la simple ébullition. Améliorer
le pot au feu, tel était donc le but poursuivi par Papin, sans que
le soupçon lui vînt de quelle immense utilité pouvait être, pour la
mécanique industrielle, la puissance énorme de la vapeur ainsi
obtenue dans un vase clos chauffé à une haute température. La
marmite ne répondit pas entièrement aux espérances de son inventeur; et si de nos jours l'on continue à en faire usage en dehors des laboratoires, c'est pour préparer des substances qui n'entrent pas dans l'alimentation, en particulier pour extraire des os la
gélatine, matière de la colle forte. En effet, dans le vase clos de

Papin, sous l'influence d'une forte pression et d'une haute température, les viandes contractent un goût désagréable et une odeur ammoniacale provenant d'une altération chimique. Jamais la cuisine ne remplacera le pot vulgaire par ce brutal engin.

En cherchant à perfectionner son invention, Papin ne tarda pas à être frappé de certains inconvénients, qui l'amenèrent à une découverte encore plus ingénieuse, celle de la *soupape de sûreté*, dont sont munies maintenant toutes les chaudières des machines à vapeur. Écoutons-le lui-même.

« Ma marmite, dit-il, est sans doute fort simple et peu sujette à se gâter ; mais elle est incommode en ce qu'on ne regarde pas dedans aussi aisément que dans le pot ordinaire ; et comme elle fait plus ou moins d'effet, selon que l'eau qui y est se trouve plus ou moins pressée, et aussi que la chaleur est plus ou moins grande, il pourrait arriver quelquefois que vous tireriez vos viandes avant qu'elles fussent cuites, et d'autres fois que vous les laisseriez brûler. Ainsi il a fallu chercher des moyens pour connaître et la quantité de pression qui est dans la marmite et le degré de chaleur.

Il n'y a qu'à faire un petit tuyau ouvert aux deux bouts ; et l'ayant soudé sur un trou fait au couvercle, il faut appliquer sur l'ouverture d'en haut une petite soupape bien exacte. Cette soupape se ferme au moyen d'une petite tige de fer, qui, mobile par une de ses extrémités autour d'une charnière, porte un poids dont on fait varier la position comme cela se pratique pour le peson des romaines. De sorte que lorsque la soupape laisse échapper quelque chose, j'en conclus que la pression dans la marmite est environ huit fois plus forte que celle de l'air, puisqu'elle peut soulever, non seulement le poids qui résiste à six pressions, mais aussi la tige que j'ai éprouvée et qui résiste à deux. Ainsi en augmentant ou diminuant le poids, ou bien en le changeant de place, je connais toujours à peu près combien la pression est forte dans mon appareil. »

Tout en mettant le cuisinier à l'abri d'une explosion qui pouvait être terrible et en permettant de ne pas dépasser, quelle que fût la violence du feu, une certaine pression que l'on s'imposait pour limite, la soupape de sûreté ne rendit pas meilleur le bouillon, et la marmite fut entièrement abandonnée. La soupape resta, et quinze années après son invention, Papin la proposa pour l'adapter aux chaudières à vapeur dans le but de prévenir les explosions. C'est en 1717 que l'heureuse idée fut mise pour la première fois en pratique.

Ainsi la marmite de Papin, abstraction faite de sa soupape de sûreté, ne contribua pas directement à l'amélioration de la machine à vapeur; tout au plus, en mettant entre leurs mains un engin commode et peu encombrant, commença-t-elle à familiariser les expérimentateurs avec la puissance énorme qu'acquiert la vapeur à des températures plus élevées que celle de l'ébullition ordinaire. Cette puissance, Papin ne songea jamais à l'employer; Watt lui-même, avec tout son génie, n'en tira pas non plus profit, car toutes ses machines fonctionnèrent avec de la vapeur obtenue aux environs de 100 degrés, et par conséquent de la force d'une atmosphère à peu près. C'est ce qui les a fait nommer machines à *basse pression*. Avec elles était nécessaire, indispensable, l'appareil encombrant des condenseurs avec ses pompes, qui sans cesse en retirent l'eau chaude et la remplacent par de l'eau froide. Si l'on considère la volumineuse masse d'eau froide qu'il faut pour condenser la vapeur, à cause de la grande quantité de chaleur latente que celle-ci renferme, aisément on verra que la machine, pour recevoir les innombrables applications qu'elle a aujourd'hui, exigeait un perfectionnement majeur et devait emprunter sa puissance à de la vapeur sous forte pression comme il s'en produit dans la marmite de Papin.

CHAPITRE XXIII

OLIVIER EVANS

Avec un condenseur, qui réclame continuellement l'ingestion de quantités énormes d'eau froide, bien des applications de la machine à vapeur, et des plus importantes, seraient absolument impraticables. La locomotive, par exemple, serait impossible si elle devait remorquer après elle la quantité d'eau froide nécessaire à la condensation des vapeurs; car la force de traction développée serait absorbée et au delà par le poids du liquide. La machine aurait à peine la puissance de traîner le réservoir alimentaire de son condenseur. D'autre part, la force élastique de la vapeur à 100 degrés seulement est trop faible pour fournir dans bien des cas une pression suffisante, à moins que l'on ne donne au piston une superficie considérable, condition peu facile à remplir quand la machine doit occuper un espace restreint. Il importait donc grandement aux progrès de la mécanique industrielle de renoncer au condenseur de Watt et de faire usage de la vapeur à une température supérieure à celle de l'ébullition ordinaire, vapeur capable de produire telle pression que l'on veut.

Supposons de la vapeur à 5 atmosphères de pression, ce qui exige la température d'environ 150 degrés. Quand elle agit sur une des faces du piston, elle presse comme le feraient cinq atmosphères superposées, c'est-à-dire comme le ferait un poids de cinq fois 103 kilogrammes par décimètre carré de superficie. Mais en même temps qu'elle arrive d'un côté du piston, elle s'écoule de l'autre et s'échappe librement dans l'air sans passer sur un condenseur. La seconde face du piston, en rapport avec l'air, est donc soumise à la pression d'une atmosphère; et le piston se meut chassé par la différence entre les poussées exercées par

l'une et l'autre face, soit quatre atmosphères, ou bien 412 kilogrammes par décimètre carré. Si donc le piston a une surface de
5 décimètres carrés, la force disponible sera de 2060 kilogrammes
alternativement d'un côté puis de l'autre. Ainsi se trouve supprimé
l'encombrement du condenseur, puisque la vapeur est rejetée
dans l'air après avoir agi ; ainsi, condition non moins importante,
est développée une puissance telle qu'on peut la désirer, puisqu'il suffit de chauffer à une température convenable pour obtenir la pression que l'on veut. La machine, qui prend alors le nom
de machine à *haute pression*, se simplifie beaucoup ; ses corps
de pompe se réduisent à des cylindres de médiocre volume où
se développe cependant une poussée énorme, que peuvent accroître rapidement quelques degrés thermométriques.

La force élastique de la vapeur d'eau augmente, en effet, bien
plus rapidement que la température. Elle est d'une atmosphère
à 100° ; mais par delà elle s'accroît bien vite, à tel point qu'un
petit nombre de degrés en plus l'augmente d'une atmosphère
comme le constate le tableau suivant :

Température.	Force élastique de la vapeur d'eau.	
100°	1	atmosphère.
121°	2	atmosphères.
134°	3	—
144°	4	—
152°	5	—
160°	6	—
165°	7	—
171°	8	—
176°	9	—
180°	10	—
184°	11	—
188°	12	—
195°	14	—
201°	16	—
Enfin à 230° elle est de	27	—

C'est à l'américain Olivier Evans que revient l'honneur d'avoir
utilisé la puissance de la vapeur à haute pression. Dans la seconde
moitié du dernier siècle, en 1773, quelques enfants s'étaient
donné rendez-vous, dans l'atelier d'un charron de Philadelphie,
pour fêter l'approche de la Noël au moyen d'une artillerie de leur

invention. La pièce consistait en un vieux canon de fusil, dont on bouchait solidement la lumière. Un peu d'eau y était introduite, puis un tampon d'étoupes, et enfin de la terre grasse que l'on refoulait à coups de maillet. Les choses ainsi disposées, la culassse du canon était mise dans le foyer de la forge, dont quelques coups de soufflet activaient le feu. L'eau emprisonnée sous l'épais tampon de chanvre et d'argile, finissait par se vaporiser et par chasser l'obstacle, avec une forte détonation comme la poudre n'en aurait pas produit de plus violente ; et les enfants riaient ; et chacun, lorsque son tour venait de faire partir la pièce, s'efforçait de dépasser le coup de ses camarades en bourrant plus fort le canon. C'étaient là, disaient-ils, les pétards de la Noël. Qu'à ce jeu quelques-uns se soient grièvement blessés pour avoir tapé sur la bourre d'argile avec trop d'enthousiasme, c'est ce que l'histoire ne dit pas, bien que la chose soit très probable, car la vapeur développée dans ces conditions imprudentes pouvait être de force à faire voler en pièces le canon de fusil. Ces pétards de la Noël sont, on le voit, la répétition de ce que nous avons montré ailleurs sous une forme tout à fait inoffensive. Le lecteur se rappelle sans doute le cylindre de laiton emprunté à un porte-plume, cylindre qui reçoit quelques gouttes d'eau et un tampon de pomme de terre. Si l'expérimentation ainsi conduite n'a pas la retentissante détonation qui amusait tant les enfants autour de la forge de l'atelier, elle est du moins sans péril aucun.

Or parmi ces artilleurs de la pièce chargée avec de l'eau en guise de poudre, l'un des plus zélés était un jeune apprenti charron, Olivier Evans, alors âgé de dix-huit ans. Nul ne l'égalait pour bourrer à tour de bras et pour obtenir des explosions à faire trembler l'atelier. Lui-même, tout le premier, était surpris de la puissance de la détonation, et de la force de la vapeur capable de chasser avec fracas un tampon de terre ou de bois refoulé à grands coups de maillet. Nul ne l'égalait non plus sous le rapport de cette tournure méditative de l'esprit qui nous porte à nous rendre compte des choses et à les creuser plus avant. En lui couvait un étonnant génie mécanique, dont l'éclosion ne devait pas tarder.

Les fêtes de la Noël passées, cessèrent, faites en commun, les détonations du redoutable pétard à eau ; mais seul devant sa forge, le jeune Olivier les reprit, de jour en jour plus étonné de la puissance de la vapeur. Peu à peu s'éveilla ainsi dans son esprit l'idée d'utiliser mécaniquement cette puissance, qui semblait n'avoir pas de limites. Quelques ouvrages élémentaires lui tombèrent sous la main; il y apprit qu'on employait déjà la vapeur comme force motrice, ou plutôt comme simple moyen de faire le vide au-dessous d'un piston, comme cela se pratiquait dans la vieille machine de Newcomen. Cette lecture le laissa tout surpris de voir qu'on utilisait si mal une force dont il connaissait par expérience les indomptables effets. Il s'appliqua donc à imaginer quelque combinaison mécanique où la vapeur agirait par sa seule force élastique, portée à tel degré qu'il serait nécessaire; et se dissiperait dans l'air après avoir agi.

La machine à haute pression fut le résultat de ses recherches. En 1782, Evans dota les États-Unis d'admirables moulins à farine mus par la vapeur chauffée au delà de 100 degrés. Vingt ans il lutta laborieusement pour faire adopter son idée si simple et si féconde; enfin il fonda à Philadelphie de grands ateliers pour la construction de machines d'après le principe qu'il avait conçu. Le malheureux Evans ne devait pas être témoin de l'immense extension que ses appareils à haute pression devaient très prochainement recevoir, car un incendie, survenu en 1819, ayant détruit ses ateliers, il mourut de désespoir quatre jours après.

CHAPITRE XXIV

LA CHAUDIÈRE. — LE MANOMÈTRE

La chaudière, où s'engendre la vapeur, est formée d'épaisses plaques de tôle, assemblées avec des clous à river. Ce sont des clous à large tête, que l'on enfonce, tout rouges de feu, dans des trous préalablement préparés. Pendant qu'ils sont encore rouges, on façonne leur extrémité qui dépasse en une tête semblable à la première ; et les deux pièces de tôle sont assemblées par un énergique martelage. Cela fait, les clous se refroidissent, ce qui les raccourcit un peu, et par cela même achève de rapprocher les plaques. Le contact est si intime, que toute fuite est impossible, tant pour la vapeur que pour l'eau.

On donne à la chaudière la forme d'un cylindre allongé, terminé aux deux bouts en calotte sphérique. Cette forme ronde est celle qui résiste le mieux à la poussée de la vapeur. Le corps de la chaudière est fréquemment accompagné de *bouilleurs*. Ce sont deux cylindres de diamètre moindre, disposés côte à côte au-dessous du cylindre principal, et communiquant avec celui-ci par des tubulures. Dans la figure 26, A est la chaudière ; BB est l'un des bouilleurs ; CCC sont les tubulures de communication.

Les bouilleurs ont pour effet de présenter aux ardeurs du foyer une plus grande surface chauffée et d'accélérer ainsi la formation des vapeurs. Le fourneau est divisé en deux étages par une cloison horizontale pratiquée à la hauteur des bouilleurs. La flamme du foyer parcourt d'abord l'étage inférieur d'avant en arrière, et chauffe les bouilleurs ; elle revient alors d'arrière en avant par l'étage supérieur en chauffant la chaudière ; enfin elle retourne d'avant en arrière par des canaux ménagés sur les flancs. Après ces allées et venues, qui ont pour effet d'utiliser la chaleur

autant que possible, les produits de la combustion s'engagent
dans la cheminée, dont on règle le tirage au moyen d'un re-
gistre M.

A cette disposition, on en substitue aujourd'hui une autre qui
utilise mieux la chaleur, augmente considérablement la surface

Fig. 26.

chauffée, et donne, à moins de frais, de la vapeur en abondance.
Le foyer est alors dans l'intérieur même de la chaudière. Figurons-nous une double enveloppe en tôle rivée. Entre les deux est
l'eau qui doit fournir la vapeur; dans la cavité de l'enveloppe
interne brûle le charbon. Telle est, en quelques mots, la chaudière dite à *foyer intérieur*. D'autres fois, la flamme traverse un
nombre plus ou moins considérable de tubes métalliques plongés
dans l'eau qu'il faut vaporiser. Les chaudières de ce genre sont
dites *tubulaires*. Nous y reviendrons au sujet des locomotives.

L'eau est renouvelée, à mesure qu'elle se vaporise, au moyen
d'une pompe, qui en puise dans un réservoir et l'injecte dans la
chaudière. Cette pompe, dite *alimentaire*, est mise en mouvement par la machine elle-même.

Un ouvrier spécial, le *chauffeur*, est exclusivement occupé à
surveiller la marche de la chaudière et du foyer. Il faut qu'il s'in-

forme à chaque instant de ce qui se passe dans la chaudière; il faut qu'il sache si la vaporisation est assez rapide, si la force de la vapeur n'est pas trop considérable, si l'eau de la pompe alimentaire arrive en suffisante quantité. Divers appareils, qu'il a constamment sous les yeux et qui communiquent avec l'intérieur de la chaudière, lui donnent ces renseignements, d'après lesquels i règle l'activité du foyer. Cette surveillance ne doit être jamais interrompue, un léger oubli pouvant provoquer d'épouvantables désastres. Quelques pelletées de charbon jetées mal à propos dans le foyer, amènent parfois l'explosion de la chaudière, dont les débris, lancés avec une force indomptable, ébranlent, renversent les murs les plus solides et écrasent les ouvriers sous les ruines. Ce malheur est du reste très rare; et quand il arrive, c'est presque toujours pour cause de négligence.

Nous venons de voir que la puissance de la vapeur s'accroît très vite à mesure que la température s'élève. Il importe donc de ne pas chauffer au delà de certaines limites, sinon la chaudlère pourrait éclater sous un irrésistible effort, et causer de lamentables accidents avec ses débris lancés et ses torrents de vapeur brûlante. Le chauffeur conduit le foyer, en modère ou en active l'ardeur, d'après les renseignements que lui fournit, sur la force de la vapeur, un instrument nommé *manomètre*.

La pièce principale d'un manomètre consiste en un tube à minces parois métalliques, fermé par un bout, ouvert à l'autre et légèrement roulé en spirale. Dans la figure 27, il est désigné par les lettres AAA. Son extrémité ouverte communique avec le canal GH, par où arrive la vapeur de la chaudière quand le robinet R est ouvert. Son extrémité fermée B est en rapport, au moyen

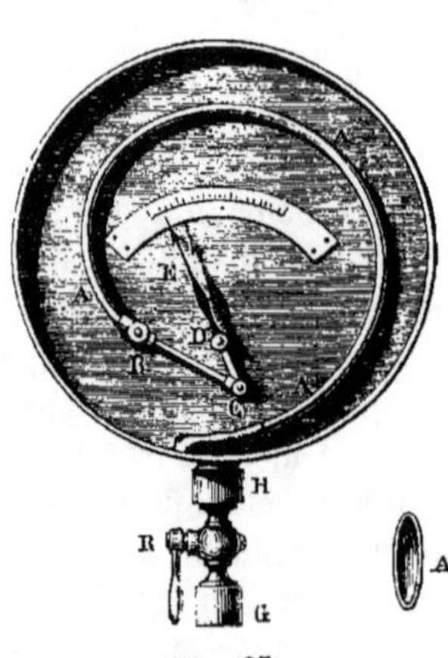

Fig. 27.

d'une tringle à articulations mobiles, avec une aiguille qui peut se mouvoir le long d'un arc où sont tracées des graduations. La section de ce canal métallique est un ovale aplati, représenté à part dans la figure A.

Lorsque la vapeur de la chaudière arrive dans ce tube spiral, celui-ci se gonfle, et en même temps se déroule un peu sous l'effort de la poussée agissant dans son intérieur. Ce déroulement partiel, d'autant plus prononcé que la vapeur possède plus de force, a pour effet de déplacer vers la gauche de la figure l'extrémité fermée B, qui, au moyen de la tringle articulée, entraîne l'aiguille et fait mouvoir sa pointe de gauche à droite sur l'arc gradué. Plus la puissance de la vapeur est grande, plus aussi la spire se déroule en chassant vers la droite la pointe de l'aiguille.

Si la vapeur, au contraire, diminue de force, le tube spiral reprend son enroulement premier, en vertu de l'élasticité due à sa nature métallique, de même qu'un ressort d'acier revient à sa configuration quand cesse l'effort qui l'en avait écarté. Ce retour plus ou moins complet à l'enroulement primitif, porte l'extrémité B vers la droite, et par suite fait mouvoir la pointe de l'aiguille de la droite vers la gauche sur l'arc gradué.

En résumé : la puissance de la vapeur augmente-t-elle, la pointe de l'aiguille s'achemine vers la droite; vient-elle à diminuer, la pointe de l'aiguille s'achemine vers la gauche. Au moyen d'expériences préalables, on peut donc tracer sur l'arc des divisions ou degrés qui indiquent la puissance de la vapeur dans la chaudière, avec laquelle le manomètre est en communication permanente. Le chauffeur n'a qu'à jeter un regard sur l'aiguille pour savoir au juste si la vapeur a la force voulue, si elle en a trop ou trop peu. Il règle alors l'activité du foyer en conséquence sans crainte de ne pas chauffer assez, sans crainte aussi de ne pas dépasser les limites et d'exposer la chaudière à une explosion.

Le manomètre est un appareil de petit volume, élégant de forme, enfermé sous verre comme le cadran d'une pendule. Portons, par exemple, notre attention sur une locomotive. Parmi les objets que le mécanicien a toujours sous les yeux, nous verrons le manomètre, avec son beau cadran d'émail blanc et son aiguille. A qui ne serait pas au courant de la chose, l'objet paraîtrait le cadran d'une élégante petite pendule, tant la ressemblance est grande. Tel est le précieux indicateur qui renseigne à tout instant le mécanicien sur la force brutale captive dans les flancs de la chaudière, et le sauvegarde des terribles accident qu'amènerait un excès de cette force.

CHAPITRE XXV

Le manomètre renseigne continuellement le chauffeur sur le degré de puissance de la vapeur engendrée dans la chaudière, et par ses indications lui permet de régler comme il convient la marche du foyer. Mais faut-il encore que l'homme jette de temps à autre les yeux sur l'instrument et surveille la position de l'aiguille ; s'il s'oublie, s'il s'absente, le danger, vainement indiqué, n'en aura pas moins ses suites fatales. Le manomètre annonce le péril, mais n'y met pas obstacle. Il faut donc un autre appareil, qui ne permette pas à la vapeur de dépasser en force élastique les limites imposées par la prudence, et fonctionne tout seul, sans exiger l'assidue surveillance de l'homme. Cet appareil est la *soupape de sûreté*, ainsi nommée parce qu'elle prévient les accidents qui pourraient résulter d'un excès de pression de la vapeur. Nous avons déjà dit comment Papin fut amené à l'invention de cette ingénieuse soupape en améliorant la marmite close, dans laquelle il se proposait de faire cuire les viandes à une haute température, capable de ramollir les os et d'en extraire la gélatine. Nous revenons sur cet indispensable organe de toute machine à vapeur pour en expliquer avec plus de détails la construction et le fonctionnement.

Sur le haut de la chaudière est percé un orifice que surmonte un court canal, fermé, par simple application, d'une rondelle de métal A (fig. 28). Cette rondelle est maintenue en place par la pression d'une tige de fer mobile autour de la charnière C, et chargée d'un poids B, que l'on peu éloigner ou rapprocher plus ou moins. Plus le poids est éloigné, plus la pression sur la rondelle A est forte ; plus il est rapproché, moins la pression est puissante. En le plaçant à une distance convenable, on peut donc obtenir sur la rondelle bouchant l'orifice telle pression que l'on voudra.

Supposons le poids disposé de manière à donner la pression

Fig. 28.

que l'on ne veut pas laisser dépasser par la vapeur. Que se passera-t-il dans ces conditions? C'est ce que l'on voit déjà sans autre explication. La rondelle A est pressée en dessous par la force élastique de la vapeur; en dessus, par la tige, qui s'appuie sur elle. Tant que l'effort de la vapeur sera moindre que la poussée de la tige, la rondelle se maintiendra en place et fermera l'orifice. Mais si l'effort en dessous va croissant et dépasse la pression de la tige, la vapeur soulève aussitôt la rondelle et s'écoule au dehors en un jet jusqu'à ce que tout excès ait disparu.

Avec la soupape de sûreté, toute surabondance de vapeur, au lieu de s'accumuler jusqu'à devenir dangereuse, se dissipe donc au dehors dès qu'elle se produit. L'excès écoulé, la tige reprend sa supériorité de pression; se remet en place par son propre poids et ferme de nouveau l'orifice. Voilà certes une disposition bien simple et bien utile, qui, toute seule, sans surveillance aucune de la part du chauffeur, laisse la vapeur croître en force jusqu'à telle limite que l'on veut, mais ne lui permet pas de dépasser cette limite, et fait sur le champ écouler tout excès périlleux.

Un autre danger menace la chaudière : c'est le défaut d'eau à une hauteur convenable. Il est de la plus grande importance, en effet, de ne jamais laisser baisser le niveau de l'eau au-dessous de la région que la flamme du foyer peut atteindre; car toute partie qui, exposée à la flamme, se trouverait à sec, serait bientôt portée à la température rouge. Cette partie rouge de feu venant à se trouver plus tard en contact avec de l'eau, il se formerait soudain une masse énorme de vapeur, capable de faire sauter la chaudière avec explosion.

Rappelons-nous ici que, mise sur le feu, une marmite pleine d'eau jamais ne devient rouge, si ardente que soit la flamme ; mais elle rougirait fort bien, même avec un feu moins vif, si elle était à sec. Cela provient de ce que l'eau soutire au métal sa chaleur pour s'échauffer elle-même et se vaporiser, et de la sorte ne lui permet pas de s'accumuler jusqu'à rendre le métal rouge. La marmite acquiert donc la température de l'eau bouillante, sans pouvoir la dépasser, la chaleur du foyer étant dépensée sous forme latente à produire de la vapeur.

Pareille chose se passe dans la chaudière : toute partie atteinte par la flamme rougit si elle est à sec ; et ne rougit pas si, à l'intérieur, elle est en contact avec de l'eau, qui lui prend sa chaleur pour se vaporiser. On voit donc que la région soumise à l'action directe du foyer doit constamment être couverte d'eau, si l'on ne veut s'exposer à une explosion provoquée par les parties rougies, lorsque l'eau viendra à les atteindre. Remettons-nous en l'esprit quels frémissements aigus, quels sifflements éclatent avec un nuage de vapeur, lorsque le forgeron plonge dans l'eau seulement un morceau de fer rouge. Que serait-ce donc si l'eau venait à baigner soudainement une partie considérable de la chaudière chauffée au rouge ! On conçoit alors que, sans un danger terrible, le niveau du liquide ne peut baisser au-dessous d'une certaine limite.

Deux dispositions sont prises pour se sauvegarder de semblable péril. D'abord, sur le devant de la chaudière, est établi un épais tube en verre communiquant par le haut et par le bas avec l'intérieur. Dans ce tube, l'eau se tient au même niveau que dans la chaudière ; et comme il a cet indicateur sous les yeux, le chauffeur sait au juste à tout instant si le liquide est en quantité suffisante, ou s'il doit recourir à la pompe alimentaire pour en renouveler la provision. Ce tube extérieur de verre, où se voit le niveau de l'eau dans la chaudière, se nomme, pour ce motif, *tube de niveau*. On le voit en *t* dans la figure 29.

Ici encore un oubli du chauffeur, inattentif aux indications du tube de niveau, pourrait avoir de dangereuses conséquences ; on a donc imaginé un appareil qui, à l'approche du péril, éveille l'attention de l'homme. C'est le *sifflet d'alarme*, dont le nom expressif dit à lui seul le rôle.

A l'intérieur de la chaudière, une tringle coudée (fig. 29), mo-

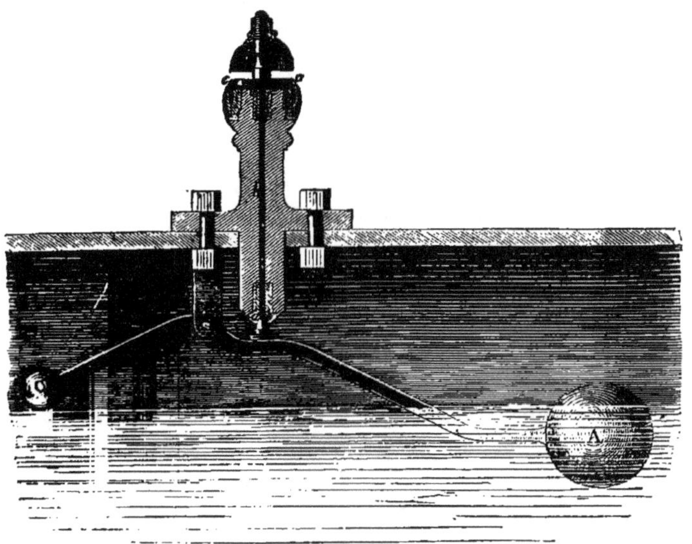

Fig. 29.

bile autour d'un axe B, porte à l'extrémité de sa longue branche une boule A, équilibrée en partie par une boule moins lourde C fixée à l'autre branche. A la faveur de ce contre-poids, la grosse boule flotte sur l'eau. Lorsque le niveau dans la chaudière atteint la hauteur voulue, la longue branche de la tringle, maintenue en place par la boule flottante, engage un bouchon *a* dans un étroit canal traversant la paroi de la chaudière, et tient ce canal fermé. Si le niveau baisse, la boule flottante baisse aussi, parce qu'elle est plus lourde que celle lui faisant en partie contre-poids; le bouchon métallique abandonne l'orifice, et la vapeur s'élançant par le canal et s'épanouissant en un jet circulaire, vient frapper contre la tranche d'un timbre *d*, qui rend alors un sifflement aigu, se prolongeant jusqu'à ce que l'eau remonte au niveau voulu et remette le bouchon en place par le moyen de la boule flottante soulevée.

Si distrait qu'il soit, le chauffeur ne peut être sourd à ce retentissant sifflet qui vous perce les oreilles. Ainsi rappelé à l'attention
par l'annonce du péril, il se hâte de mettre en jeu la pompe alimentaire pour ramener le niveau au point nécessaire.

On se demandera peut-être comment la vapeur peut siffler avec
tant de force en s'élançant contre le bord d'un timbre. Rappelons-
nous à ce sujet le coup de sifflet aigu que l'on obtient en soufflant
d'une certaine façon dans le trou d'une clef forée. Il suffit, on le
sait, de lancer le souffle en rasant le bord du trou pour obtenir un
son perçant. Eh bien, la vapeur agit comme notre souffle lancé
dans la clef forée : elle choque avec violence le bord tranchan
du timbre, et de ce choc résulte le son.

Que de fois n'avons-nous pas entendu siffler la locomotive, qui
annonce de loin son arrivée et avertit le personnel d'une gare de
lui laisser la voie libre pour éviter des accidents. Ses coups de
sifflet, qui s'entendent d'une lieue à la ronde, sont produits par
un pareil timbre, que choque un jet de vapeur. A la portée de la
main du mécanicien est un levier, sur lequel il suffit d'appuyer
pour laisser échapper un jet de vapeur, qui s'élance contre le bord
du timbre placé en dessus, et siffle avec une puissance que n'obtiendrait pas la poitrine d'un géant soufflant dans une grosse clef
forée. Ce même sifflet, qui, manœuvré à volonté par le mécanicien, avertit à distance les gens se trouvant sur la voie, résonne
sans l'intermédiaire de la main de l'homme, et fait connaître au
chauffeur que le niveau de l'eau menace de trop s'abaisser dans la
chaudière.

CHAPITRE XXVI

On a déjà vu comment Papin, en possession de sa mémorable découverte, le piston se mouvant dans un cylindre par l'action combinée de la vapeur et de l'air atmosphérique, fit construire un bateau à palettes tournantes, pour démontrer, disait-il, par quel moyen le feu rend un ou deux hommes capables de plus d'effet que plusieurs centaines de rameurs. En mettant en pièces l'ingénieuse machine qui se passait des forces de l'homme, les mariniers anéantirent les dernières espérances de l'inventeur, à bout de ressources. Après l'essai de Papin, bien des tentatives plus ou moins prospères furent dirigées vers l'emploi de la vapeur dans la navigation ; mais la machine était encore trop grossièrement conçue pour se prêter à ce délicat problème ; aussi, parmi les dispositions imaginées à cette époque, ne reste-t-il presque rien de saillant. Dans les premières années de ce siècle, l'américain Fulton reprit les palettes tournantes de Papin, rejeta dans l'oubli les informes tentatives de ses prédécesseurs, et eut la gloire d'établir définitivement la navigation à vapeur, qui est aujourd'hui une des grandes puissances des nations.

Robert Fulton naquit en Pensylvanie, dans les États-Unis de l'Amérique du Nord. Il trouva dans la maison de son père, pauvre Irlandais émigré, les ressources tout juste nécessaires pour fréquenter l'école du village, où il apprit à lire, à écrire et à compter. A dix-huit ans, plein de zèle, industrieux, mais dans le dénûment le plus complet, il se rendit à Philadelphie et parvint à étudier avec succès la mécanique, le dessin, la peinture, tout en remplissant ses fonctions d'apprenti dans la boutique d'un joaillier.

Bientôt il fut en état de tirer profit de son crayon et de son pinceau. Il allait d'auberge en auberge proposer aux voyageurs de faire leur portrait. Plus d'un se laissait tenter et payait bien, tout fier de se voir si joliment reproduit en couleurs par le jeune artiste. Si ce travail chômait, si les voyageurs restaient sourds aux propositions du peintre, Fulton parcourait les rues, vendant aux passants ses paysages. En quelques années, il acquit ainsi une somme suffisante pour acheter une petite ferme, où il établit sa mère, alors veuve. L'ayant par cette acquisition mise à l'abri du besoin, le jeune homme passa en Europe pour s'y perfectionner dans la peinture.

Mais l'artiste était doublé d'un mécanicien, dont le génie créateur commençait à se révéler par de hardies conceptions; et la machine fit rapidement oublier la palette. A cette époque, l'Angleterre exerçait sur les mers un empire tyrannique, que secondait une formidable marine contre laquelle aucune nation n'aurait pu lutter. Elle s'arrogeait le droit insolent du plus fort, le droit de soumettre à une visite, quel que fût leur pavillon, tous les navires sillonnant les mers. Les États-Unis, en particulier, avaient beaucoup à souffrir de ce honteux asservissement, la France de son côté voyait interceptés par les navires anglais les produits qui lui arrivaient de l'étranger. Les idées de Fulton, qui regardait la liberté des mers comme une condition indispensable an bien-être de son pays et du monde entier, s'arrêtèrent donc de préférence sur la construction d'engins destructeurs ayant pour but d'affranchir les nations du despotisme maritime anglais. L'un de ces engins consistait en une machine infernale sous-marine ou *torpille*. C'était une solide boîte en cuivre contenant près de cent livres de poudre. Une batterie de fusil, manœuvrée au moyen d'une longue corde, mettait feu à la machine infernale une fois qu'on était parvenu à glisser celle-ci sous le vaisseau ennemi qu'il s'agissait de faire sauter. L'autre invention avait pour but d'approcher le vaisseau et de mettre en place la torpille sans être vu. C'était un *bateau plongeur*, c'est-à-dire une embarcation close de partout qui pouvait, à volonté, flotter à la surface, ou s'enfoncer profondément et progresser invisible entre deux eaux.

Fulton vint en France proposer sa torpille et son bateau. Des expériences furent faites à Brest, en 1801. Dans l'une de ces expériences, l'audacieux inventeur s'enfonçait, avec son embarcation, à 80 mètres de profondeur sous l'eau, y séjournait plus d'un quart

d'heure, et allait ressortir plus loin à une assez grande distance.
Dans une autre, il prolongeait pendant quatre heures son immersion au sein de la mer, et revenait à la surface après avoir parcouru cinq lieues sous les flots. Enfin avec sa torpille, il faisait
sauter une vieille chaloupe, dont les débris étaient lancés au milieu d'une énorme colonne d'eau d'une trentaine de mètres de
hauteur.

Un peu plus tard, en 1803, Fulton exécutait sur la Seine, à
Paris, son premier essai de navigation par la vapeur. Un témoin
oculaire rend compte ainsi de cette mémorable expérience :

« Le 21 thermidor, on a fait l'épreuve d'une invention nouvelle,
dont le succès complet et brillant aura les suites les plus utiles
pour le commerce et la navigation intérieure de la France. Depuis
deux ou trois mois, on voyait au pied du quai un bateau d'apparence bizarre, puisqu'il était armé de deux grandes roues posées
sur un essieu, comme pour un chariot; et que derrière ces roues
était une espèce de grand poêle, avec un tuyau, que l'on disait
être une petite pompe à feu [1] destinée à mouvoir les roues et le
bateau. Des malveillants avaient, il y a quelques semaines, fait
couler bas cette construction. L'auteur, ayant réparé le dommage,
vient d'obtenir la plus flatteuse récompense de ses soins et de son
talent.

A 6 heures du soir, aidé seulement de trois personnes, il mit
en mouvement son bateau, qui en remorquait deux autres attachés
derrière; et pendant une heure et demie, il procura aux curieux
le spectacle étrange d'un bateau mû par des roues comme un cha
riot, ces roues, armées de volants ou rames plates, étant mues
elles-mêmes par une pompe à feu.

En le suivant le long du quai, sa vitesse contre le courant de la
Seine nous parut égale à celle d'un piéton pressé, c'est-à-dire de
2400 toises par heure; en descendant, elle fut bien plus considérable. Il monta et redescendit quatre fois, manœuvrant à droite
et à gauche avec facilité, s'établissant à l'ancre, puis repartant.

L'un des bateaux remorqués vint prendre au quai plusieurs savants et commissaires de l'Institut, parmi lesquels étaient les
citoyens Bossut, Carnot, Prony, Volney. Ils feront sans doute un
rapport qui donnera à cette découverte tout l'éclat qu'elle mérite;

---

1. Nom donné d'abord à la machine à vapeur.

car ce mécanisme appliqué à nos rivières de Seine, de Loire et du Rhône, aurait les conséquences les plus avantageuses pour notre navigation intérieure. Les trains de bateaux qui emploient quatre mois à venir de Nantes à Paris, arriveraient exactement en dix à quinze jours. L'auteur de cette brillante invention est M. Fulton, Américain et mécanicien célèbre. »

CHAPITRE XXVII

Ces expériences de navigation sur la Seine avec un bateau mû par la vapeur frappèrent vivement l'esprit des hommes de science mais laissèrent le public fort indifférent. On était alors dans tout l'enivrement de nos bulletins de victoire sur les champs de bataille, et les conquêtes du sabre rejetèrent dans l'ombre les conquêtes du génie mécanique, bien autrement sérieuses. A peine les passants jetaient un regard distrait sur l'étrange embarcation à cheminée et à palettes, qui longtemps resta amarrée au bord de la Seine. Le premier consul lui-même, Bonaparte, qui d'abord avait encouragé Fulton, commençait à lui devenir hostile. Fatigué des fréquentes demandes pécuniaires de l'inventeur et des essais d'attaque sous-marine sans résultats décisifs, circonvenu d'ailleurs par les mesquines jalousies et les ineptes routines de son entourage, il refusa de soumettre à l'examen de l'Académie des sciences le bateau de l'ingénieur américain.

Comme l'on prenait devant lui la défense de Fulton et que l'on exaltait le mérite de sa découverte, « Il y a, répondit-il, dans toutes les capitales de l'Europe, une foule d'aventuriers et d'hommes à projets qui courent le monde, offrant à tous les souverains de prétendues découvertes qui n'existent que dans leur imagination. Ce sont autant de charlatans et d'imposteurs, qui n'ont d'autre but que d'attraper de l'argent. Cet Américain est du nombre. Qu'on ne me parle jamais plus de Fulton. »

La France perdit ce jour-là l'insigne gloire d'inaugurer la première la navigation par la vapeur. Ainsi congédié brutalement, Fulton passa en Angleterre, où l'on parlait déjà beaucoup de ses machines infernales sous-marines, si redoutables pour l'avenir des flottes anglaises. On lui proposa d'acquérir ses inventions à prix d'argent, à la condition qu'il ne les divulgerait pas aux autres puissances, et surtout aux Etats-Unis. Fulton fit cette noble réponse :

« Je ne consentirai jamais à cacher mes inventions lorsque l'Amérique en aura besoin. Vainement vous m'offririez une rente d'un demi-million, je sacrifierai tout à la sûreté et à l'indépendance de ma patrie. »

Après ce patriotique refus, Fulton revint dans son pays et s'établit à New-York. Il y fit construire un bateau à roues, d'une cinquantaine de mètres de longueur, et l'appela le *Clermont*, du nom d'une campagne que possédait son associé Livingston. Son entreprise ne fut pas mieux accueillie à New-York qu'à Paris. Toute la ville prenait en dérision l'insensé projet de vouloir progresser sur l'eau avec des roues; il fallait être un fou, un maniaque pour dépenser son argent et celui des autres en de pareils travaux. Bientôt, dans le public, le bateau de Fulton acquit un sobriquet, on l'appela la *Folie-Fulton*. A lui seul, ce sobriquet peint très bien l'état des esprits à l'égard de l'inventeur et de son invention.

Le 11 août 1807, le *Clermont* fut lancé à l'eau pour un essai en public, et Fulton monta à bord de son bateau au milieu des rires et des huées de la foule. Il marchera, disaient quelques rares spectateurs plus clairvoyants que les autres; il ne marchera pas, il ne bougera pas, hurlait sur tous les tons la multitude stupide. Mais voici que la cheminée lance un panache de fumée; la vapeur gronde, les roues tournent au milieu des blancheurs de l'écume, l'embarcation s'ébranle, elle marche, elle progresse, accélérant de plus en plus sa vitesse, évoluant avec docilité sous la main du pilote qui tient le gouvernail. Jamais étonnement plus profond ne gagna un public incrédule.

Rien ne saurait peindre, raconte Colden, ami et biographe de Fulton, rien ne saurait peindre la surprise et l'admiration de tous ceux qui furent témoins de cette expérience. Les plus incrédules changèrent de façon de penser en peu de minutes, et furent totalement convertis avant que le bateau eût fait un quart de mille. Tel qui, à la vue de cette coûteuse embarcation, avait remercié le ciel d'avoir été assez sage pour ne pas contribuer de son argent à la poursuite d'un projet aussi fou, montrait une physionomie toute différente à mesure que le *Clermont* s'éloignait du quai et accélérait sa course; le sourire d'improbation y était remplacé par l'expression du plus vif étonnement. Quelques hommes dépourvus de toute instruction et de tout sentiment de convenances, qui essayaient de lancer encore de grossières plaisanteries, finirent par tomber dans un abattement stupide; et ce triomphe du génie arracha à la multitude des acclamations et des applaudissements immodérés. »

Cependant Fulton, aussi indifférent aux acclamations triomphales de la foule qu'à ses stupides huées, portait toute son attention sur la marche de son bateau. Il ne tarda pas à reconnaître que les roues à palettes s'enfonçaient trop dans l'eau; et qu'en diminuant leur diamètre, il pouvait obtenir un accroissement de vitesse. Les jours suivants furent employés à cette importante amélioration. Quand tout fut prêt, Fulton et son associé firent annoncer par les journaux que le *Clermont*, destiné à un service régulier sur le fleuve Hudson, partirait le lendemain de New-York pour se rendre à Albany. Ils demandaient des passagers. Pas un seul ne se présenta, personne n'osant encore confier sa vie à l'étrange bateau qui jetait flamme et fumée par une haute cheminée de tôle. Fulton fit donc le voyage seul, avec les quelques hommes nécessaires à la surveillance de la machine et du gouvernail.

Or le *Clermont*, durant tout le voyage, ne cessa de semer partout la terreur sur les rives de l'Hudson. Pour alimenter le foyer, on se servait de branches de pin recueillies sur les rives du fleuve. Ce bois résineux donnait une longue flamme et une épaisse fumée, qui pendant la nuit s'épanouissaient en un effrayant panache au-dessus de la cheminée, et produisaient un effet des plus fantastiques. Les marins des navires rencontrés en route étaient saisis d'épouvante à la vue de cette embarcation qui promenait un incendie sur le fleuve, et marchait sans voiles, contre le vent, les courants, la marée. Le bruit profond des roues choquant les eaux de leurs aubes, leur semblait un grondement surnaturel. Les uns se précipitaient à fond de cale pour se dérober à l'épouvantable apparition; les plus hardis restaient sur le pont, mais prosternés et implorant le ciel contre l'horrible monstre qui s'avançait au milieu de l'écume sur l'onde houleuse.

Pour le retour d'Albany à New-York, le *Clermont* trouva un

passager, un seul. C'était un Français, dont le nom, Andrieux, mérite d'être conservé, car c'était vraiment de la part de cet homme un acte de courage que de s'aventurer sur un bateau dont les flammes et la fumée venaient de terrifier les marins de l'Hudson.

Voulant traiter du prix de son passage, Andrieux pénétra dans la cabine, où il trouva un homme absorbé devant des chiffres, des plans, des écritures.

— Ne devez-vous pas, dit le Français, redescendre d'Albany à New-York?

— Si, répondit l'homme de la cabine; je vais du moins l'essayer.

— Et ne pourriez-vous me donner passage?

— Je ne demande pas mieux, si vous êtes décidé à courir les mêmes chances que moi.

Andrieux n'hésita pas, et six dollars furent comptés pour le prix de la traversée. Cependant l'homme du bateau, tout rêveur, immobile, contemplait en silence l'argent déposé dans le creux de sa main; le Français crut s'être mépris sur la somme demandée.

— N'est-ce pas là, fit-il les six dollars que vous voulez pour mon passage.

Alors l'autre, sortant de sa rêverie et roulant sous la paupière une grosse larme :

— Excusez-moi, répondit-il d'une voix profondément émue; excusez-moi; c'est bien la somme que je vous ai demandée; mais je songeais que ces six dollars sont le premier argent que me valent mes longs travaux sur la navigation à vapeur.

Et lui serrant la main comme il l'aurait fait à son meilleur ami :

— Vous êtes mon premier passager, ajouta-t-il; et je désirerais bien fêter en votre compagnie, par une bouteille de bon vin, votre présence sur le bateau; mais je suis trop pauvre pour vous offrir cette bouteille. J'espère que nous nous reverrons plus tard dans de meilleures conditions.

Cet homme trop pauvre pour offrir une bouteille de vin à son premier passager, cet homme qui pleurait de joie devant les six dollars, c'était Fulton lui-même. Mais la fortune ne tarda pas à lui sourire. Andrieux fut de nouveau rencontré, et Dieu sait si les bouteilles furent épargnées pour célébrer le touchant souvenir du premier passager sur le *Clermont*.

CHAPITRE XXVIII

L'HÉLICE. — SAUVAGE

Le premier bateau à vapeur qui ait fait en Europe un service régulier pour le transport des marchandises et des voyageurs, fut construit en Ecosse et lancé sur les eaux de la Clyde, en 1812, par le constructeur Henry Bell. On l'appela la *Comète*, par allusions à l'astre chevelu qui avait apparu une année avant et excité dans toute l'Europe une si profonde émotion. D'abord les passagers firent presque défaut au bateau de Henry Bell comme ils avaient fait défaut à celui de Fulton; et les rares voyageurs qui osaient s'aventurer sur le bateau à feu ou *pyroscaphe* comme on l'appelait alors, étaient poursuivis par les huées des bateliers. La terreur fut la même pour les riverains de la Clyde que pour ceux de l'Hudson; un navire qui rejetait flamme et fumée, bouleversait les flots de ses puissantes nageoires, marchait sans voiles et défiait les vents contraires, ne pouvait être qu'une diabolique invention aux yeux de ceux qui pour la première fois voyaient cet étrange spectacle. Les temps sont bien changés : les bateaux à vapeur sillonnent aujourd'hui toutes les mers du monde, tous les fleuves; et leur panache de fumée, loin d'être un objet de crainte, est l'étendard de la civilisation. Du reste on ne tarda pas à donner un autre cours aux idées et à reconnaître les immenses avantages qu'offrirait la navigation par la vapeur. Quatre années ne s'étaient pas écoulées, que le bateau de Bell regorgeait de passagers; il s'en présentait jusqu'à 450 par jour.

Le créateur de ce précieux moyen de transport, Fulton, mourut en 1815. Aux États-Unis, le deuil fut public, comme pour une calamité générale, tant avait grandi dans l'estime de ses concitoyens l'homme que nous avons montré au début vendant, pour vivre, aux passants, dans les rues, les dessins qu'il avait crayonnés sous le toit de quelque misérable mansarde. Les journaux qui annoncèrent la fatale nouvelle parurent encadrés de noir ; les sociétés scientifiques de New-York, les corporations ouvrières, prirent le deuil pour un certain temps ; le congrès de l'État, siégeant à Albany, le porta pendant un mois ; toutes les autorités assistèrent au convoi, tandis que tonnaient, sur le passage de l'illustre défunt, les canons des forts et des frégates. Jamais aux États-Unis ne s'est revu pareil témoignage de regrets envers un simple particulier, qui n'avait rempli aucune fonction publique, et ne se recommandait à l'estime de ses concitoyens que par son noble caractère et par les créations de son génie mécanique.

Le propulseur tel que l'employait Fulton dans ses constructions

Fig. 30.

et tel qu'on l'emploie encore aujourd'hui, consiste en deux grandes roues à palettes, mues, l'une à droite, l'autre à gauche, par une machine à vapeur installée dans le bateau. Les palettes, ou comme on dit les *aubes* de ces roues, viennent tour à tour choquer l'eau violemment, et prennent ainsi appui sur le liquide pour pousser le bateau en avant, à la manière d'énormes rames.

Or les roues à aubes présentent en mer de grands inconvénients. Si les flots sont agités, tantôt elles sont presque en entier immergées, et tantôt presque en entier hors de l'eau. Pendant le roulis, l'inclinaison du bateau élève l'une, qui tourne inutilement dans l'air, tandis qu'elle abaisse l'autre et la plonge à une profondeur où la rotation devient très pénible. De là résultent un ralentissement dans la marche, et de brusques ébranlements qui compromettent la solidité de la machine ainsi que du navire.

Ces inconvénients sout plus graves encore dans la marine militaire. Ces immenses roues occupent la place la plus exposée aux boulets de l'ennemi ; si elles sont brisées par une décharge, le vaisseau est en grand péril. Enfin elles tiennent un espace considérable où l'on ne peut installer des canons.

A l'invention de Fulton, un perfectionnement majeur était donc indispensable : il fallait un propulseur de petit volume, et qui fut établi sous l'eau. Ce propulseur, à qui la marine doit des progrès admirables, se nomme *hélice*, et se compose de deux à quatre ailes courbes, rappelant les ailes d'un moulin à vent, ou des portions d'une lame spirale semblable à celle d'un tire-bouchon.

Fig. 31.

L'hélice est complètement immergée dans l'eau. Elle est à l'arrière du bâtiment, et se meut autour d'un axe parallèle à la quille. A cause de la forme spirale de ses ailes, l'hélice, en tournant très rapidement dans l'eau, se comporte à peu près comme le tire-bouchon qui tourne dans le liège. Le tire-bouchon progresse parce que sa lame spirale trouve appui dans la masse traversée ; de même l'hélice progresse et pousse le navire en prenant appui sur l'eau violemment frappée.

L'idée d'employer l'hélice comme propulseur des navires revient au célèbre mathématicien Daniel Bernouilli, idée purement théorique, car à l'époque du savant géomètre, le moteur par excellence d'un semblable appareil, la vapeur, était loin de recevoir de sérieuses applications. Deux constructeurs anglais, Smith et Rennie, utilisèrent les premiers, en 1838, le projet de Bernouilli : ils munirent d'une hélice, pour la grande navigation, un beau navire auquel on donna le nom d'*Archimède*, en l'honneur du savant de l'antiquité à qui nous devons l'invention de l'hélice comme engin mécanique. Vers la même époque, divers constructeurs, notamment Ericson aux États-Unis et Sauvage en France, s'occupaient du même problème.

C'est à un mécanicien français, Frédéric Sauvage, de Boulogne-sur-Mer, que nous sommes redevables des plus importantes recherches sur l'action de l'hélice. De ses travaux est résultée, en effet, cette conséquence fondamentale, savoir que la puissance de l'appareil comme moteur acquiert sa plus grande intensité lorsque l'hélice se réduit à un seul tour de spire. L'inventeur fit ses

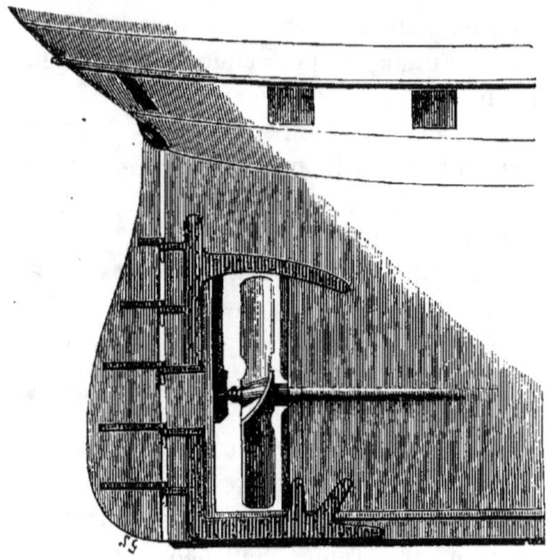

Fig. 32.

premiers essais avec un bateau de quelques pouces de longueur, vrai jouet d'enfant, qu'il avait armé d'une hélice mue par un mécanisme d'horlogerie.

Certes ce dut être, en apparence, un passe-temps bien puéril que l'occupation de cet homme, au front soucieux, aux cheveux déjà gris, qui chaque matin, avec son bateau sous le bras, se rendait à l'un des bassins de Honfleur. Le ressort monté, et la petite embarcation mise à l'eau, Sauvage suivait des heures entières les mouvements de son joujou, avec plus d'ardeur encore et plus de passion que n'en mettrait un enfant à faire flotter, dans une mare, un vieux sabot muni d'un carré de papier pour voile. Les risées des passants accueillaient ces tentatives. Sauvage laissait rire, et chaque jour taillait dans le fer-blanc une nouvelle hélice, variant la courbure des ailes, leur nombre, leur disposition, d'après les résultats des essais de la veille.

La question est enfin résolue dans ses moindres détails. Déjà, en imagination, Sauvage voit les mers sillonnées par des bateaux à hélice, défiant la fureur des flots et dépassant en vitesse les meilleurs bateaux à aubes. Mais qu'il y a loin, hélas ! des beaux rêves de l'invention aux poignantes épreuves de la réalité ! Avant de voir son idée adoptée, il lui fallut quinze ans lutter entre l'indifférence et s'épuiser en sacrifices.

Ruiné par ses essais, dépouillé par d'avides imitateurs, il fut jeté en prison pour dettes. Il était sous les verroux, lorsque, dans le port de Boulogne, des ingénieurs anglais se livraient à des expériences sur l'hélice de ses heureux rivaux Smith et Rennie. De sa fenêtre, dit-on, derrière les barreaux de fer, il assistait aux essais du bateau étranger. Quel poignant spectacle, pour lui, qui n'avait pu obtenir de répéter sous les yeux d'une commission scientifique les résultats de ses longues recherches; quel poignant spectacle que celui du triomphe de son idée, lui-même restant méconnu ! Le malheureux en perdit la raison. Il fut recueilli dans une maison d'aliénés, où il termina ses tristes jours en 1857, partageant ses loisirs entre son cher violon et sa volière de petits oiseaux.

CHAPITRE XXIX

La locomotive est la machine à vapeur qui, sur le chemin de fer, traîne à sa suite la file de wagons composant un convoi. La première de ces machines qui ait rempli les conditions d'un emploi vraiment usuel, fut construite, en 1829, en Angleterre, par George Stephenson et son fils Robert.

C'est une bien noble vie que celle du père de la locomotive, et l'un des plus beaux exemples de ce que peuvent l'amour de l'instruction et la persévérance dans le travail. George Stephenson était fils d'un pauvre mineur des environs de Newcastle. Dans la misérable cabane de sa famille, le pain quotidien n'abondait pas; pour en gagner sa part, il lui fallut se mettre au travail dès sa plus jeune enfance. Au point du jour, à l'heure où ceux de son âge dorment d'un si profond sommeil, il se levait sans se le faire dire, et courait à la mine, où lui était confiée la conduite de quelques chevaux.

Il eut fallu voir de quel air de grave responsabilité, l'enfant à la chevelure blonde, aux joues roses toutes souillées de poussière de charbon, s'acquittait de sa charge et guidait l'attelage avec un fouet dont sa petite main pouvait à peine saisir le manche. Le travail était long et pénible, mais une large paie dédommageait le laborieux bambin. Il gagnait la somme de deux sous par jour. C'était pour lui presque une fortune.

Aussi avec quelle joie ne rentrait-il pas à la cabane paternelle, riche des deux sous de sa journée; et quelle appréhension de perdre d'un moment à l'autre sa place lucrative ! Quand l'inspecteur du personnel passait, l'enfant se cachait derrière quelque tas de charbon, de peur qu'en le voyant si petit, si petit, il ne le trouvât incapable de gagner son salaire et ne le renvoyât. Ce malheur lui fut épargné, et il le méritait bien, car si jamais quelqu'un gaspilla les richesses de la compagnie des charbons par des salaires supérieurs au travail, certes ce ne fut pas l'enfant qui, pour deux sous la journée, donnait vaillamment ses forces, son activité, son intelligence.

Cependant, avec quelques années de plus, la vigueur était venue; et le premier métier fut abandonné pour un autre. Stephenson avait alors treize ans. Pour sortir le charbon des mines, il était et il est encore d'usage d'établir le long des galeries deux barres parallèles de bois ou de fer, c'est-à-dire des *rails*, sur lesquels roulent les chariots. C'est là le point de départ des chemins de fer d'aujourd'hui.

Eh bien, le mineur de treize ans avait pour charge de pousser hors de la mine les chariots pleins de houille et de les y ramener vides. Il remplissait donc, jusqu'à un certain point, le rôle de la locomotive qu'il devait un jour donner au monde.

Comme consolation en sa rude besogne, Stephenson avait alors un ami dévoué, qui prêtait son concours dans les passages difficiles. Cet ami était un gros chien, qu'il attelait aux wagons pour en obtenir aide. Quand l'heure du repas était venue, sur un ordre de son maître, l'animal partait et allait à la cabane chercher le dîner, qu'il rapportait avec une fidélité scrupuleuse. Les deux amis se partageaient la maigre pitance : un pain noir et un hareng sec rôti sur un feu de houille. Un court repos suivait. Tandis que le chien, couché aux pieds de l'enfant, le caressait de son doux regard, Stephenson, livré à ses pensées, sentait déjà peut-être vaguement éclore en lui le projet de remplacer un jour l'homme par la machine, dans le travail de bête de somme qu'il accomplissait en poussant des chariots sur des rails.

Ses rêves trouvèrent un nouvel aliment dans les fonctions qui lui échurent plus tard. Il fut nommé chauffeur et surveillant de la machine employée à mouvoir les pompes qui mettaient à sec les galeries envahies par les eaux. Le jeune chauffeur ne se lassait d'admirer la puissance de l'appareil, dont la structure, l'agencement, le jeu, furent pour lui l'objet d'une étude attentive. Pour comble de bonheur, il obtint la faveur insigne de nettoyer la machine, et par conséquent d'en démonter et d'en remonter toutes les pièces. Pour ce délicat travail, Stephenson déploya toutes les ressources de sa dextérité et de son intelligence. L'opération fut si habilement conduite, que désormais on n'eut recours qu'à lui pour les réparations de l'appareil. Sa renommée d'ouvrier adroit et expert s'étendit bientôt à la ronde, si bien que les usines de la contrée se le disputaient pour réparer leurs machines, et pour remédier à quelques vices de détail.

Cependant quelques livres lui tombèrent sous les yeux, dépareillés, noircis par les doigts des mineurs. Le désir lui vint d'apprendre à lire. Qui veut bien a bientôt fait. George sut lire. Ce succès en amena un autre : l'écriture. A vingt ans, dans les intervalles de repos, il apprenait, de l'un de ses camarades, quelques lambeaux d'arithmétique. Le futur ingénieur, on le voit, avait eu le temps de gagner à ses mains les nobles durillons du travail, avant d'acquérir ces précieuses connaissances élémentaires que nous avons le bonheur de posséder dès le premier âge.

Bientôt après George se maria. Il eut un fils, nommé Robert, sur lequel se portèrent toutes les tendresses de son âme affectueuse. Le père comprenait trop bien les bienfaits de l'instruction pour abandonner le fils à l'ignorance et le laisser acquérir péniblement tout seul, à la dérobée, comme il l'avait fait lui-même, quelques misérables éléments de savoir. Il voulut faire donner à Robert une instruction aussi large que possible. La difficulté n'était pas petite, car avec son salaire de mineur et d'ouvrier réparant les machines, Stephenson pouvait tout juste nourrir sa famille. Quand le pain quotidien réclame tout l'avoir, comment payer les maîtres chargés de l'éducation de Robert; comment encore se priver du concours de deux bras vigoureux, qui pourraient apporter à la cabane paternelle un supplément de gain ? George n'hésita pas. Je travaillerai le double, se dit-il; le jour pour nous tous, et la nuit pour Robert.

Comme occupation nocturne, Stephenson adopta le raccommodage des montres. De jour, il travaillait aux mines de charbon; la nuit venue, à la clarté d'une lampe fumeuse, il rajustait les vieilles montres des mineurs ses camarades. Les mêmes doigts qui dans la journée avaient manié les rudes et pesants outils propres à l'extraction de la houille, maniaient le soir, avec une incomparable adresse, les menus rouages d'une délicate horlogerie. La majeure partie de la nuit se passait à pareil travail; et bien des fois, à la première aube, les mineurs se rendant aux galeries voyaient une lueur briller derrière la petite fenêtre de la cabane. C'était Stephenson qui, pour faire instruire son fils, avait oublié de dormir.

Par son application à l'étude et ses rapides progrès, Robert répondit admirablement aux espérances d'un père aussi dévoué. Plus tard, dans ses travaux sur la locomotive et les chemins de fer, George Stephenson se l'associa, le père apportant sa longue pratique, le fils ses vastes connaissances. Ce concours de l'expérience et du savoir eut les plus heureux résultats.

Nous ne suivrons pas plus longtemps Stephenson dans les progrès de sa carrière; nous le montrerons une dernière fois constructeur de machines. A cette époque, en 1829, des rails en fer, imités de ceux des galeries des mines, étaient placés sur une route reliant Liverpool à Manchester. Cette voie ferrée, qui facilitait le mouvement des roues et permettait des charges plus lourdes, était destinée au service de voitures publiques traînées par des chevaux. Un prix de 12 500 francs fut proposé pour la meilleure machine qui remplacerait l'attelage. Stephenson se souvint de ses rêves, faits jadis en compagnie du chien lorsqu'ils traînaient de concert et péniblement, dans les galeries de la mine, la file de chariots pleins de charbon. Il se mit à l'œuvre, aidé de son fils, et présenta au concours la machine de son invention, la locomotive d'aujourd'hui. Le prix lui fut décerné.

Dès lors le voilà fabricant de locomotives à Newcastle, entrepreneur de chemins de fer, propriétaire de mines et de forges nombreuses. Honneurs, richesse, grand renom, tout lui vint à la fois. Interrogé un jour sur sa carrière, il répondit :

« On m'appelait autrefois George tout court ; maintenant je suis le chevalier George Stephenson, de Taplon-House, près Chesterfield. J'ai partagé le repas avec les plus misérables mineurs et je me suis assis à la table des princes ; j'ai passé par la misère la plus grande ; j'ai dîné bien des fois avec un hareng saur, assis dans un trou ; j'ai vu les hommes dans toutes les positions, et je suis resté convaincu que, si nous avions tous reçu de l'instruction, il n'y aurait pas une grande différence entre les hommes. »

Robert hérita du noble caractère de son père. Devenu le premier des ingénieurs de chemins de fer, et le plus important constructeur de locomotives en Angleterre, comblé d'honneurs et de richesses, membre du Parlement, en possession d'un crédit immense par ses talents et sa fortune, enfin l'une des sommités les plus illustres de son pays, Robert Stephenson ne se glorifiait que d'une chose : c'était d'être le fils du pauvre ouvrier mineur qui, pour lui faire donner de l'instruction, avait passé tant de nuits à réparer des montres après les fatigues de la mine pendant le jour.

CHAPITRE XXX

Ce fut un jour bien mémorable, inaugurant une ère nouvelle,
que celui du concours pour la meilleure machine apte à remorquer un train de voitures sur la voie à rails de Liverpool à Manchester. Il faut avoir connu les lenteurs, les ennuis, les difficultés,
trop souvent les dangers, des anciens modes de transport, pour se
faire une idée juste de l'immense révolution accomplie au grand
avantage de tous. La locomotive a, pour ainsi dire, supprimé la
distance. De nos jours, pour aller d'une extrémité de la France
à l'autre, les vingt-quatre heures largement suffisent ; et le voyage
s'accomplit commodément, à peu de frais. Autrefois c'eût été une
pénible expédition dont il fallait à l'avance se préoccuper, et que
bien peu avaient le courage d'entreprendre. Que sont les antiques
coucous, pataches et diligences qui, des journées durant, des
semaines entières, vous cahotaient sur les pierrailles des chemins
avant de vous déposer, les os brisés, au lieu de votre destination ;
que sont ces primitifs moyens de communication avec la rapide
machine, qui dévore en quelque sorte l'espace et traîne après elle
une longue file de voitures, où se trouvent toutes les aises que l'on
peut raisonnablement exiger en voyage ! Quel parallèle encore
entre la charrette du vieux roulage, qui s'en allait péniblement
d'une étape à l'autre, exténuant ses chevaux avec une médiocre
charge, et la locomotive à marchandises, suivie de wagons lour-
dement chargés et si nombreux, que la série en mesure parfois
un kilomètre de longueur ! Donc ce fut un jour bien digne de mémoire que celui où la locomotive apparut, conçue à très peu près
comme on la construit maintenant.

C'était le 6 octobre 1829. Cinq machines se présentèrent au

concours, parmi lesquelles la *Fusée*, construite par Robert Stephenson. Un plateau horizontal, de trois à quatre mille mètres de longueur, fut choisi comme champ de manœuvre pour ce tournoi d'un genre jusqu'alors inconnu. Les juges unanimemen décernèrent le prix à la *Fusée*, tant à cause de la rapidité de sa marche que du poids du fardeau traîné. La machine de Stephenson remorquait près de treize tonnes à raison de six lieues par heure. Sans charge, elle parcourait dix lieues et plus à l'heure.

Sa supériorité provenait surtout du mode de chauffage, mode dont le célèbre ingénieur anglais n'est nullement l'inventeur, car bien avant lui d'autres s'étaient préoccupés de l'emploi de la machine à vapeur pour traîner des chariots soit sur une route ordinaire, soit sur une voie à rails, dont le modèle existait depuis longtemps dans les mines de charbon. En réalité, Stephenson n'a pas imaginé la locomotive de toutes pièces; il l'a perfectionnée par d'heureux emprunts faits à ses prédécesseurs. Le premier, il a su la disposer pour en tirer un avantageux parti; et la structure adoptée s'est trouvée si logique, que depuis, l'on n'a modifié l'œuvre primitive que par des améliorations de détail.

Une condition fondamentale est imposée à toute locomotive : c'est que la chaudière en soit de moyen volume, afin de ne pas annuler par son propre poids la majeure partie de l'effort de traction. Néanmoins cette chaudière doit fournir avec promptitude de grandes quantités de vapeur pour donner la rapidité nécessaire ainsi que la puissance d'entraînement. Tel que nous l'avons déjà décrit, même avec des bouilleurs plongés dans la flamme du foyer, le vase clos où la vapeur s'engendre serait insuffisant à moins de lui donner des dimensions très considérables, condition sans inconvénient aucun pour une machine fixe, mais incompatible avec une machine destinée à se mouvoir le long d'une voie. Pour lever cette difficulté capitale, Stephenson munit la *Fusée* d'une *chaudière tubulaire*, dont l'inventeur est une des illustrations françaises, Marc Séguin, neveu de Montgolfier, à qui nous devons l'aérostat gonflé d'air chaud.

Pareille chaudière, montée sur six roues, constitue presque en entier la locomotive (fig. 33). Le foyer se trouve en arrière, en A. Il en part de 150 à 180 tubes de cuivre, qui traversent d'un bout à l'autre la chaudière et se terminent à la cheminée. L'eau les enveloppe donc de partout extérieurement tandis qu'ils sont parcourus à l'intérieur par la flamme et la fumée du foyer.

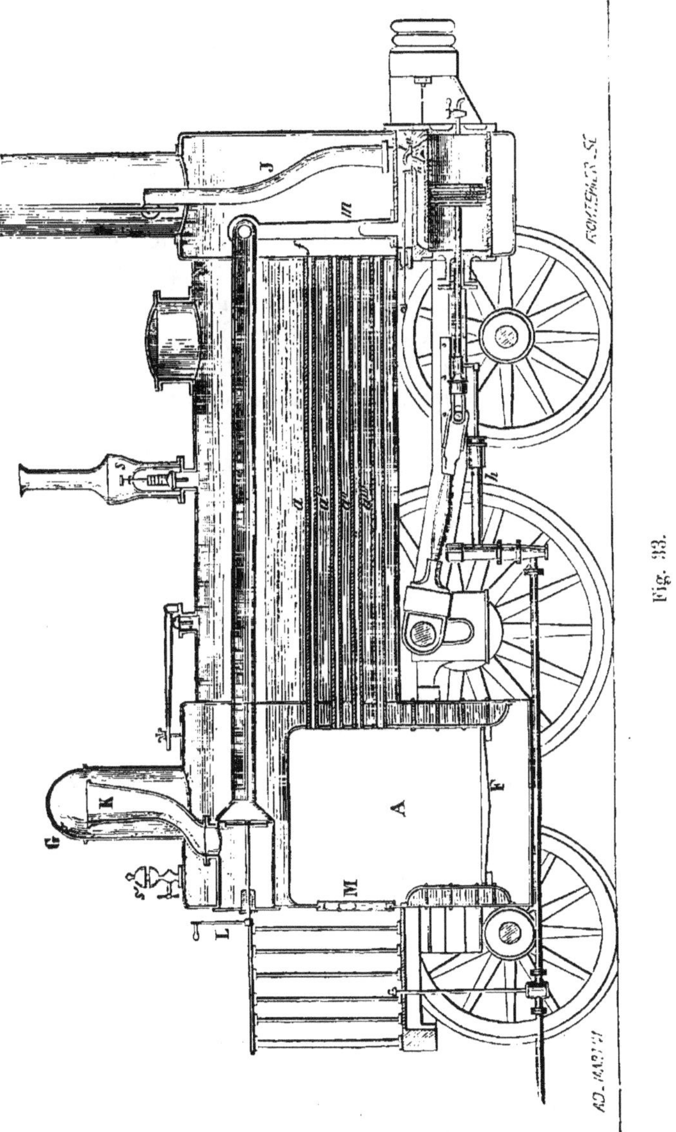

Ainsi s'obtient une grande étendue de surface chauffée, et par

10

conséquent la production rapide et abondante de la vapeur nécessaire au feu de la machine.

On conçoit que la circulation de la flamme dans cette multitude
de canaux étroits serait bien difficile et le tirage du foyer bien
pénible, si quelque disposition particulière ne venait en aide.
Ici encore Stephenson fit une application heureuse d'une idée
déjà connue, mais dont le promoteur est resté ignoré. Au lieu de
laisser la vapeur directement s'écouler dans l'air après avoir agi
sur le piston, il en dirigea le jet dans la cheminée même de la
locomotive. Cette vapeur, possédant encore une force élastique
considérable, chasse devant elle la fumée ainsi que l'air de la
cheminée, et provoque ainsi dans le foyer un tirage énergique,
qui active la combustion sur la grille et par suite la vaporisation
de l'eau au sein de la chaudière. Les deux dispositions fondamentales qui valurent le prix à la *Fusée* se résument donc ainsi :
chaudière tubulaire, pour obtenir une rapide et abondante formation
de vapeur ; injection de la vapeur dans la cheminée, afin d'activer
le tirage et d'engager profondément la flamme dans les nombreux
tubes métalliques qu'elle doit traverser.

En avant, de chaque côté de la chaudière, est un corps de
pompe horizontal, représenté ouvert dans la figure afin de montrer le piston se mouvant dans son intérieur (fig. 33). La tige
du piston s'articule par une bielle à un point de la grande roue
voisine ou *roue* motrice, et met celle-ci en rotation. Les petites
roues, autant celles d'avant que celles d'arrière, ne servent
que de support, et ne reçoivent pas d'impulsion directe de la part
de la vapeur. Elles tournent par cela seul que la machine avance,
mue par les grandes roues.

Pour chaque allée et venue du piston correspondant, les roues
motrices font un demi-tour ; et par conséquent la machine avance
sur les rails d'une longueur égale à la circonférence des roues
motrices, pour deux coups de piston consécutifs, l'un en avant,
l'autre en arrière. On comprend alors que la rapidité de marche
de la locomotive est proportionnée à l'ampleur des grandes roues.
Observons le passage des trains sur une voie : nous verrons les
locomotives à voyageurs avec des roues motrices bien plus hautes
que celles des locomotives à marchandises, et d'autant plus
hautes que le train est destiné à une marche plus rapide. Nous
verrons bientôt comment on a pu donner aux roues motrices un

diamètre en rapport avec une grande vitesse sans compromettre

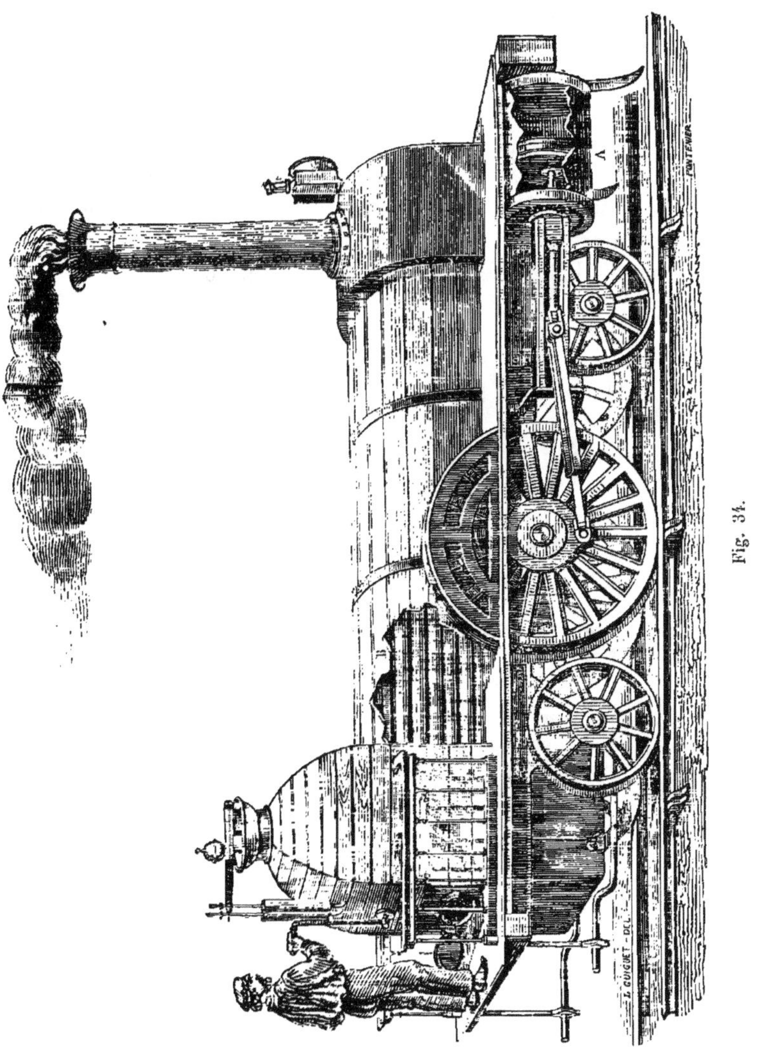

la stabilité en faisant reposer la chaudière sur des essieux trop
élevés.

Après avoir agi sur les pistons, la vapeur s'élance dans la cheminée pour provoquer un actif tirage ainsi qu'il vient d'être dit. Aussi voit-on cette cheminée rejeter par intervalles réguliers des bouffées blanches, qui produisent le bruit de la locomotive en marche. On dirait la respiration d'une monstrueuse bête de somme haletant de fatigue. Il en sort aussi, de temps à autre, une épaisse fumée noire arrivant du foyer par les canaux en cuivre qui traversent tout au long la chaudière, au sein même de l'eau. Elle n'apparaît que de loin en loin, quand on garnit le foyer de combustible; tandis que les bouffées blanches se montrent d'une manière continue lorsque la locomotive marche, puisque chacune d'elles correspond à un coup de piston.

CHAPITRE XX

La locomotive emporte avec elle une provision de charbon pour entretenir le feu, et une provision d'eau pour renouveler le contenu de la chaudière à mesure qu'il se dépense en vapeur. Ces provisions se trouvent sur le *tender*, c'est-à-dire sur la voiture qui vient immédiatement après la locomotive. Une pompe alimentaire, mise en mouvement par la machine, puise l'eau dans les caisses en tole du tender et la fait passer peu à peu dans la chaudière. Aujourd'hui, tant pour la locomotive que pour les autres machines, ce renouvellement de l'eau se fait de préférence au moyen d'un appareil très ingénieux connu sous le nom d'*injecteur Giffard*, dénomination qui rappelle l'inventeur. Au moyen de deux tubes coniques emboîtés l'un dans l'autre et faisant face à un troisième tube également conique, un jet de vapeur emprunté à la chaudière chasse de l'eau devant lui et la refoule dans la chaudière. Il suffit d'ouvrir quelques robinets pour faire fonctionner l'appareil.

Nous venons de voir comment la rapidité de marche dépend du diamètre des roues motrices, comment enfin la locomotive progresse d'une longueur équivalente à la circonférence de ces roues pour deux coups de piston, l'un en avant, l'autre en arrière. Le problème des grandes vitesses paraît donc tout simple, puisqu'il suffirait de donner à la locomotive des roues de telle ampleur qui sera jugée nécessaire. Mais ici une grave difficulté se présente : si les roues sont grandes, leur essieu se trouve trop élevé pour la stabilité de la machine. Sur cet essieu, en effet, repose la chaudière; et celle-ci, à mesure que son poids énorme est située plus haut, est exposée à perdre l'équilibre et à se renverser dans les points où la voie fait un contour. Établir la chau-

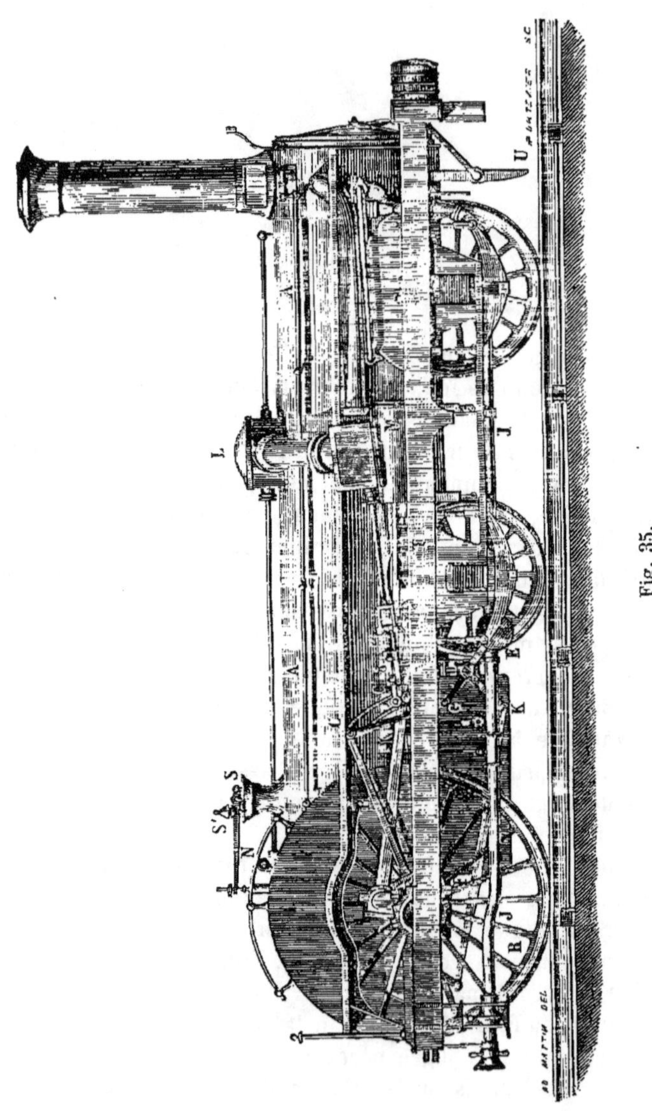

Fig. 35.

dière sur des appuis élevés serait donc une très périlleuse imprudence. Pour éviter tout danger de ce genre sans renoncer aux

grandes vitesses, on a recours aujourd'hui à la disposition suivante. Les roues motrices, auxquelles on donne tel rayon que
l'on juge à propos, sont établies à l'arrière de la machine au lieu
d'être placées au milieu (fig. 35). Leur essieu ne sert pas de
support à la chaudière, qui repose exclusivement sur les essieux
des quatre petites roues de l'avant. Ainsi construite, la locomotive prend le nom de l'ingénieur à qui elle est due, et s'appelle
machine Crampton. Elle est employée uniquement pour le service des trains les plus rapides. Ses grandes roues motrices
donnent la vitesse; ses petites roues, à essieux peu élevés et
supportant seuls la chaudière, donnent la stabilité.

Il semble d'abord que les deux roues motrices de toute locomotive devraient, non avancer, mais tourner simplement sur
place, comme le volant d'une machine fixe; mais à cause du poids
considérable, il s'établit un tel frottement entre les roues et les
rails, que le glissement est impossible et se traduit par un roulement en avant. Une locomotive à voyageurs pèse 22 000 kilogrammes; une locomotive à marchandises en pèse 37 000. On en
construit même qui pèsent 49 000 kilogrammes. C'est à la faveur
de ce poids énorme que le frottement devient assez énergique
pour amener la progression, comme si les roues motrices et les
rails étaient armés de dents s'engrenant les unes dans les autres.

La puissance d'une locomotive n'équivaut pas, il s'en faut de
beaucoup, au poids de la charge entraînée, car il suffit d'un effort
de 4 kilogrammes environ pour remorquer sur une voie ferrée
horizontale un poids de 1 000 kilogrammes ou d'une tonne. Aussi,
avec des pistons d'un diamètre très médiocre, une locomotive à
voyageurs peut-elle remorquer, à raison d'une douzaine de lieues
par heure, un train dont le poids total atteint 150 000 kilogrammes. Une locomotive à marchandises, dont les pistons ont
plus grande superficie, remorque un poids total de 650 000 kilogrammes, avec une vitesse de 7 lieues par heure. Plus de
1 300 chevaux seraient nécessaires pour remplacer la première
locomotive, et plus de 2 000 pour remplacer la seconde, s'ils
étaient employés à transporter de pareils fardeaux avec la même
célérité et aux mêmes distances, à l'aide de chariots roulant sur
les rails. Combien n'en faudrait-il pas sur des routes ordinaires,
dont les inégalités sont cause d'une si grande déperdition de
force! La voie ferrée n'ayant pas les inconvénients des chemins

vulgaires, c'est-à-dire les ornières, les cailloux et autres causes de dépense de force en pure perte, toute la traction de la locomotive est utilisée, et les résultats obtenus tiennent du merveilleux, ainsi que les chiffres cités peuvent nous en convaincre.

Nous n'entrerons pas dans la description de la voie ferrée. Chacun sait qu'elle se compose de fortes barres de fer, appelés *rails*, solidement fixées sur des traverses en bois. Les rails sont assemblés bout à bout en deux rangées parallèles sur lesquelles roulent toutes les roues d'un train. Un léger rebord dont les roues son armées, empêche celles-ci de glisser hors de la ligne qu'elles doivent suivre. Si le mouvement est considérable, la voie est double : l'une, toujours la même, sert pour les trains qui vont ; l'autre, toujours la même aussi, sert pour les trains qui reviennent. Les trains sur une voie marchant ainsi tous dans le même sens, on évite des rencontres dont les effets seraient terribles.

CHAPITRE XXXII

Le succès de la *Fusée* fut tel que, loin d'employer la locomotive
au transport seul des marchandises entre Liverpool et Manchester, ainsi qu'on se le proposait lors du concours, il fut décidé
qu'elle servirait concurremment au transport de voyageurs. Toute
idée nouvelle, si brillant que soit son avenir, soulève des objections dictées par les habitudes acquises. Les puériles critiques ne
manquèrent donc pas au projet de Stephenson. La chaudière, disait-on, ne pouvait manquer de faire explosion un jour ou l'autre,
et de tuer les voyageurs avec ses éclats, ses vapeurs, ses torrents
d'eau bouillante ; la prudence la plus légère imposait de ne pas
s'exposer dans un pareil enfer. Et puis le bruit de lourdes masses
métalliques, roulant avec rapidité sur des barres également en
métal, devait être tellement assourdissant, que le parcours serait
intolérable. N'étaient-ce pas là, en effet, les meilleures conditions
pour obtenir un tonitruant vacarme ? On raconte qu'un impie de l'antiquité, voulant imiter, par dérision, le bruit du tonnerre de Jupiter, faisait rouler un char à roues métalliques sur une voûte en
bronze. Que serait-ce donc lorsque le léger char du païen serait remplacé par l'énorme locomotive ! On reviendrait de son
voyage sourd pour le moins. Ce n'était pas tout : la fumée de la
machine devait faire périr toute végétation au voisinage de la
ligne parcourue ; les broussailles desséchées devaient prendre
feu et communiquer au loin l'incendie. Une raison autrement
puissante, une raison d'argent, dominait toutes les autres : l'entreprise devait être ruineuse pour les bailleurs de fonds, car jamais la locomotive et sa voie ferrée ne pourraient soutenir la

concurrence avec les voitures ordinaires et les bateaux des voies de navigation.

Stephenson laissait dire, fermement convaincu du succès. Le service public fut ouvert en 1830. Les voyageurs ne se présentèrent d'abord qu'en petit nombre, leur confiance en la locomotive n'étant pas des mieux affermies. Le trajet s'étant effectué à diverses reprises sans le moindre encombre, les gens affluèrent, désireux de mettre à profit un moyen de transport si rapide et si commode. L'année ne s'était pas écoulée que le train emportait jusqu'à 1500 voyageurs par jour. De trente voitures ordinaires qui d'abord faisaient le service entre Liverpool et Manchester, une seule restait, trouvant à peine de quoi couvrir ses frais, tant la locomotive avait aisément triomphé d'une concurrence qu'on lui prédisait ruineuse. Bientôt après commença, pour l'Angleterre, l'immense réseau de chemins de fer qui la couvre aujourd'hui, et dont les lignes, unies bout à bout, iraient d'un pôle à l'autre.

Les voies à rails de fer sur lesquels roulaient des chariots traînés par des chevaux, étaient depuis longtemps connues dans les mines de l'Angleterre lorsque pareille voie fut établie pour la première fois en France, entre les mines de Saint-Étienne et Lyon. Notre compatriote, Marc Séguin, inventeur de la chaudière tubulaire dont Stephenson devait, pour sa *Fusée*, tirer un si avantageux parti, se chargea de cette entreprise. L'art débutait, et ce chemin de fer primitif ferait bien sourire aujourd'hui. Les ponts y étaient si bas et les passages souterrains si étroits, qu'on ne pouvait mettre la tête à la fenêtre du wagon sans s'exposer à avoir le crâne broyé contre les parois. Tous les modes de progression y intervenaient tour à tour suivant l'état des lieux. Sur une pente, le train était abandonné à lui-même, et il descendait par son propre poids avec une vitesse croissante ; en plaine, il était remorqué par des chevaux ; s'il fallait gravir une montée, une corde le hissait s'enroulant sur un tambour que faisait tourner une machine fixe. C'était donc une expédition fort périlleuse qu'un voyage de Lyon à Saint-Étienne sur ce doyen de nos chemins de fer. La descente libre sur les pentes, combinant une vitesse accélérée avec l'immense poids du train, pouvait lancer les wagons hors de la voie et réduire le tout en un amoncellement de débris. Aux montées le péril était plus grand encore. La vie des voyageurs dépendait d'une corde, usée par un long service. Si par malheur le lien vieilli venait à se rompre, le convoi, dont rien ne modérait la chute, courait la chance d'être broyé. Les choses se sont bien perfectionnées depuis : le matériel ainsi que le voie ont été modifiés de fond en comble; et de nos jours le chemin de fer de Saint-Étienne à Lyon ne diffère pas des autres.

C'est entre Beaucaire, Alais et les mines de la Grand-Combe que fut décidée, en 1833, la première ligne française où devait fonctionner une locomotive pareille à celle de Stephenson, et roulant sur une voie construite d'après le modèle du chemin de fer de Liverpool à Manchester. Cette ligne, destinée avant tout au transport de la houille, admettait aussi les rares voyageurs qui se présentaient. Qu'on me permette ici un souvenir personnel pour montrer ce qu'était à cette époque un voyage en chemin de fer.

C'était en 1841. Élève de l'école normale primaire d'Avignon, je mis un jour mes vacances scolaires à profit pour aller visiter les fameuses usines métallurgiques d'Alais. Jusqu'à Beaucaire, l'expédition n'eut rien de saillant : une vénérable patache m'y transporta au milieu de flots de poussière. J'eus du temps de reste pour visiter la petite ville dont les foires avaient alors une renommée européenne; je ne devais partir pour Alais que le lendemain, dès l'aube du jour. La nuit se passa dans une insomnie des plus agitées, obsédé que j'étais de l'idée de mon prochain voyage en chemin de fer. Comment est-ce donc construit, me disais-je, en ma naïveté de jeune écolier; en quoi consiste cette locomotive dont le nom seul est à peine connu à l'école? Avec quelle curiosité les condisciples m'entoureront à mon retour lorsque je leur apprendrai que j'ai voyagé sur du fer traîné par un chariot de feu!

Aisément on devine si je fus matinal. Les étoiles brillaient encore au ciel lorsque je frappai à la porte de ce qu'on m'avait dit être le bureau du chemin de fer. Un homme vint m'ouvrir, assez bourru de ton, qui voyant devant lui une sorte de gamin avec une petite malle sur l'épaule, me ferma la porte au nez en me disant d'attendre. J'attendis, battant la semelle, pour dissiper un peu la fraîcheur matinale. Enfin les fameux bureaux furent ouverts au public. Le public c'était moi et une demi-douzaine d'autres personnes.

Que le lecteur ne s'attende pas aux somptuosités d'une gare comme on en trouve partout aujourd'hui, même dans des localités

bien moins importantes que Beaucaire. J'entrai sous une sorte
de hangar moitié en briques, moitié en planches, tout encombré
de tas de houille. C'étaient là les sièges où l'on pouvait s'asseoir
en attendant son tour de passer au guichet et d'échanger son
argent pour une carte. La salle d'attente, on le voit, manquait un
peu de confort; on n'y pouvait toucher à rien sans se noircir de
poussière de houille. N'importe, jamais gare de grande ville, gare
de Paris, de Marseille ou de Lyon, chef-d'œuvre d'architecture
élégante, ne m'a impressionné comme la poudreuse et noire bar-
raque de Beaucaire. Dans un coin du hangar bâillait un petit
trou carré, derrière lequel brûlait une chandelle. Un habitué
m'apprit qu'il fallait aller là pour prendre son billet. J'y fus; et
pour ma pile de gros sous, on me donna un morceau de carte à
jouer coupée en quatre. Le billet portait l'empreinte d'un sceau ;
il portait aussi nombreuses marques de doigts souillés de houille,
car paraît-il les mêmes morceaux de carte servaient indéfiniment.

Enfin une cloche sonna, une barrière s'ouvrit et les voyageurs
purent s'avancer sur la voie. Je suivis, la petite malle toujours
sur l'épaule. Ce que j'aperçus alors, je l'ai encore présent à
l'esprit comme si le spectacle datait d'hier, tant la puissance de l'impression a bravé le cours des années. En avant était une sorte d'hippogriffe trapu, avec courte cheminée, dont la gueule évasée vomis-
sait un tourbillon de fumée noire. Deux hommes, n'ayant de blanc
que les yeux, s'y agitaient devant un brasier, pareils à deux dé-
mons. J'appris plus tard que c'était là la machine de Stephenson,
avec le chauffeur et le mécanicien chargés de la manœuvre. J'eus
le temps à peine de donner un coup d'œil au monstre de fer,
nourri de houille embrasée; l'hippogriffe sifflait d'impatience :
il nous fallait au plus vite grimper en voiture.

J'ai dit grimper et c'est le mot. Les voitures, en effet, n'étaient
que les wagons, qui descendus d'Alais chargés de houille, y revenaient maintenant vides. Un grand rectangle en planches, monté
sur quatre roues, avec un rebord d'un pan ou deux de hauteur,
voilà le chariot à voyageurs. Faute de marche-pied, il fallut s'y
hisser par escalade. Aucun abri d'ailleurs contre le froid du matin,
aucun siège, aucun modeste banc où se reposer. Rester debout ou
s'allonger sur les planches du chariot, noircies par la houille, telle
était la seule alternative pour qui n'avait pas sac de voyage, valise

ou autre objet dont il put se faire un siège. Je m'assis sur ma
malle, qui venait de me valoir bien des ennuis au milieu des nouveautés de ce voyage, et qui maintenant me dédommageait de
mes peines. Je pouvais donc tout à l'aise m'abandonner au charme
de mon expédition.

Les rails s'allongeant à perte de vue en deux lignes parallèles
sur un lit de cailloux concassés; le fracas métallique du train;
le souffle bruyant de la machine, qui lançait pour haleine un nuage
blanc de vapeur; les arbres des bords de la voie, qui semblaient
fuir avec une folle vitesse en sens inverse de celle qui m'emportait
réellement; les coups de sifflet de la locomotive aux approches
d'une station; les gardes sortant de leurs guérites pour faire des
signaux dont la valeur me restait inconnue; un passage souterrain
ouvrant son embouchure noire juste sous le clocher d'un village;
les ténèbres du tunnel rendues plus émouvantes par le tonnerre
du train en marche et les échos qui le repercutaient; tout était
pour moi une succession de merveilles auxquelles ne pouvaient
suffire mes deux yeux. J'étais, le dirai-je? j'étais scandalisé du
calme de mes compagnons de voyage et de leur indifférence
devant pareil spectacle. L'habitude peut-être avait déjà tari chez
eux les sources de l'admiration. Toujours est-il que, bien triviale-
ment, ils cassaient la croûte matinale; ils déjeunaient qui avec
une poignée d'olives, qui avec un morceau de gruyère ou une
ranche de saucisson. J'aurais bien voulu échanger quelques paroles avec eux, leur demander quelques renseignements; mais la
naïveté de mes questions les eût sans doute fait sourire; j'eus le
bon sens de m'abstenir.

Je concentrai donc en moi du mieux possible mon jeune enthousiasme, insensible aux piquantes fraîcheurs du matin. En descendant du chariot à Alais, je m'aperçus enfin que j'étais tout
humide de rosée et que je grelotais de froid. Si l'âme avait été
surchauffée pendant le trajet par les merveilles dont j'étais témoin
pour la première fois, son enveloppe corporelle n'en avait pas
moins subi les atteintes du froid nocturne sur le wagon à découvert. N'importe : au confortable et à la riche élégance d'un coupé-
lit actuel, je préférerais le grossier chariot d'autrefois, s'il m'était
donné d'y monter avec mes dispositions d'esprit et mon juvénile
enthousiasme d'il y a tantôt une quarantaine d'années.

En août 1837 fut inauguré le chemin de fer de Paris à Saint-

Germain, le premier en date parmi ceux qui rayonnent aujourd'hui dans tous les sens autour de notre capitale. A cette époque, jusque chez les hommes les plus marquants dans la politique et dans la science, il existait, contre les chemins de fer, des préventions qu'il est bien difficile de comprendre maintenant. Lorsqu'il fut question de construire la ligne de Paris à Saint-Germain, et bientôt après celle de Paris à Rouen, et de Paris à Versailles, Thiers, alors ministre des travaux public, affirmait, avec toute l'autorité de sa parole, que les voies ferrées n'auraient jamais l'importance dont parlaient les ingénieurs; qu'elles étaient bonnes tout au plus à relier deux villes voisines, et que c'était folie de vouloir en établir entre deux points éloignés. « Moi, disait-il, comme on lui parlait de la ligne de Paris à Rouen, moi, demander à la Chambre de vous concéder le chemin de fer de Rouen ! Je m'en garderai bien ! On me jetterait en bas de la tribune. »

Si l'on en parlait au ministre des finances, il répondait que le fer était à prix trop élevé pour le prodiguer ainsi sur des routes. La Chambre de son côté trouvait le terrain trop accidenté pour une voie qui doit autant que possible garder l'horizontale. Chacun enfin avait sa raison contre les propositions de chemins de fer. Arago, qui par ses vastes connaissances pouvait mieux juger des choses, Arago, lui-même, à la tête de la science, était des plus hostiles aux voies ferrées. Il voyait dans les tunnels ou passages souterrains une cause imminente de maladies pour les voyageurs, fluxions de poitrine, pleurésies, bronchites, rhumes, catarrhes et autres, provoquées par la fraîcheur des souterrains immédiatement après les ardeurs solaires du plein air. Et pour noircir davantage le tableau, il décrivait à la tribune les effroyables périls qui attendaient les voyageurs, si la chaudière venait à faire explosion dans l'étroite galerie et les ténèbres d'un tunnel.

De telles objections, sur les lèvres de tels hommes, sont bien surprenantes; heureusement elles ne prévalurent pas. La force des choses fut plus puissante que les entraves de périls imaginaires. Les trois chemins de fer furent construits, en peu d'années suivis d'une foule d'autres sur tous les points de la France. Thiers et Arago, le premier surtout, ont assez vécu pour voir combien leur opposition était peu fondée, et de quels immenses avantages ils auraient privé la France si les ingénieurs n'avaient obstinément lutté contre leurs avis.

CHAPITRE XXXIII

GILBERT

L'observation des faits, base première de toute connaissance
scientifique, est fille des temps modernes. L'antiquité ne savait
pas observer. Dépensant ses forces en des spéculations abstraites
et trop souvent oiseuses, construisant le monde au gré de théories
préconçues au lieu de reconnaître de quelle manière il est réellement construit, elle dédaignait l'étude directe des choses, étude
qui, patiemment poursuivie, s'est, bien des fois de nos jours, élevée du fait le plus vulgaire à d'admirables conceptions. Quoi de
plus vulgaire qu'un pot en ébullition devant l'âtre? Or dans les
antiques civilisations d'Athènes et de Rome, s'est-il trouvé quelqu'un pour se demander ce qui se passe alors? Nullement : c'eût
été déroger et perdre son temps que de se livrer à pareille recherche, digne au plus d'occuper les loisirs d'un esclave. Plus ré-
fléchie, l'Égypte s'en occupa, mais pour en déduire uniquement,
ainsi que nous l'avons vu, la construction d'un stérile et puéril
joujou. Il fallait un Papin pour rechercher ardemment le secret
de la marmite qui bout; il fallait ses successeurs, les Newcomen,
les Watt, les Fulton, les Stephenson, pour s'élever peu à peu des
bouffées d'un pot bouillant aux merveilleuses machines qui cen-
tuplent aujourd'hui les forces humaines et donnent à la civilisation un irrésistible élan.

L'antiquité ne nous a donc à peu près rien légué de quelque
valeur concernant les sciences physiques; en revanche, elle nous
a transmis une foule d'idées fausses et de préjugés qui n'ont pas
été un des moindres obstacles à l'essor de l'esprit scientifique.
L'immobilité de la Terre, mettant Galilée en péril du bûcher;

l'horreur du vide, suscitant la guerre à coups de plume dès les premiers écrits de Pascal, viennent de nous en donner des exemples. L'électricité à son tour peut nous renseigner sur l'étrange interprétation que la philosophie antique donnait d'un fait connu de temps immémorial; et nous apprendre encore une fois quels efforts d'esprit il n'a pas fallu pour s'affranchir des vieilles croyances.

Sans qu'on puisse dire à qui en est due la première observation, on savait qu'une sorte de résine fossile, l'ambre jaune, possède, une fois frottée, la propriété d'attirer les corps légers, tels que des fétus de paille et des barbes de plume. Les Grecs nommaient l'ambre jaune *électron*, d'où nous avons fait électricité. Un mot, et rien de plus, voilà tout l'héritage sur cette branche importante des connaissances humaines, car il est impossible de prendre au sérieux l'interprétation donnée. Six siècles avant notre ère, le philosophe Thalès, parlant des propriétés de l'ambre, affirme que cette matière merveilleuse est douée d'une *âme*, et attire à elle les corps légers comme par une espèce de *souffle*.

L'âme et le souffle de l'ambre furent désormais acceptés par les rares adeptes de la science; on n'y regardait pas de si près. Six cents ans plus tard, en effet, le Buffon latin, Pline, qui entassait dans son immense ouvrage tout ce qu'il lisait ou entendait dire, et admettait sans discussion aucune, avec une crédulité sans bornes, les idées les plus bizarres et les contes les plus extravagants, Pline, l'écho fidèle de toutes les erreurs de son temps, au lieu d'émettre un simple soupçon au sujet de l'étrange explication de Thalès, renchérit encore sur la parole du maître. L'ambre, dit-il, attire les pailles lorsque le frottement lui a communiqué *la chaleur et la vie*. L'âme nécessairement supposait chaleur et vie; c'est ce que le savant latin s'empressa de libéralement accorder, sans plus ample information.

Et pour de longs siècles, tout fut dit sur cette matière. Si quelqu'un se récriait sur des propriétés si étranges, on lui faisait observer que l'ambre étant une substance très rare, de grand prix et réservée pour l'ornement des autels et des effigies des dieux, ne pouvait manquer de qualités exceptionnelles, introuvables dans les vulgaires substances. Qu'une pierre digne, par son prix, d'être incrustée dans le bouclier d'une Minerve, ou dans les foudres d'un Jupiter, possédât âme, souffle, chaleur et vie, quoi d'étonnant? A pareilles raisons, il n'y avait rien à dire, aussi ne disait-on rien.

Les choses en étaient encore à peu près en cet état, lorsque dans les dernières années du xvie siècle, un médecin d'Angleterre, Guillaume Gilbert, eut l'insigne hardiesse de battre en brèche l'âme de l'ambre, et de démontrer que cette matière, malgré son prix et ses emplois sacrés, loin de posséder seule les qualités qui l'avaient rendue célèbre, les partageait avec beaucoup d'autres substances, même des plus vulgaires, telles que le soufre, le mastic, la résine. Son appareil d'expérimentation était des plus simples, et néanmoins assez sensible pour obéir à de faibles attractions qui seraient restées inaperçues sans un artifice spécial. Une délicate aiguille en métal quelconque était équilibrée sur la pointe d'un petit pivot vertical, et pouvait de la sorte se mouvoir presque sans résistance, son poids étant annulé par l'appui du support. Gilbert en approchait l'un après l'autre, à une faible distance, après les avoir frictionnés sur du drap, les divers corps qu'il voulait essayer. Si l'aiguille se déplaçait se tournant vers l'objet présenté, celui-ci possédait la vertu attractive dont jouissait l'ambre; dans le cas contraire, non.

Gilbert reconnut ainsi qu'une foule de matières avaient, une fois frottées, la propriété d'attirer les corps légers, en d'autres termes pouvaient s'électriser, comme on dit aujourd'hui. Sous l'influence de l'erreur qui avait si longtemps régné, ses premiers essais se portèrent de préférence vers les pierres précieuses, notamment le saphir, le rubis, l'améthyste, l'opale, le diamant, qui tous donnèrent des signes non équivoques d'un état électrique en attirant l'aiguille. Vint le tour des substances communes, du soufre, du verre, de la résine, du mastic, de la cire d'Espagne; et à la grande satisfaction de Gilbert, quelques-unes rivalisaient avec le diamant et l'ambre elle-même sous le rapport de la vertu attractive. Du moment que des matières aussi triviales que le soufre et la résine pouvaient, après frottement, attirer les corps légers, il fallait renoncer aux antiques croyances sur l'ambre; et le premier pas était fait dans la bonne voie, concernant les phénomènes électriques.

Les observations de Gilbert conduisirent rapidement à l'idée de la première machine électrique. Certes ce n'était pas encore l'appareil si puissant qui meuble aujourd'hui nos cabinets de physique ; néanmoins la machine primitive, si élémentaire qu'elle fût, suffisait pour ouvrir aux expérimentateurs tout un monde nouveau de recherches. Otto de Guericke, le même savant dont nous avons raconté les mémorables expériences au sujet de la pression de l'air, fut l'auteur de l'invention. Une grosse boule de soufre, traversée d'un axe que mettait en rotation une manivelle, tel était l'appareil imaginé par le physicien de Magdebourg. La friction s'obtenait au moyen de la main, appliquant une pièce d'étoffe en laine sur la boule de soufre tandis que celle-ci tournait mise en mouvement par l'autre main. De faibles étincelles, visibles seulement dans l'obscurité, de vagues lueurs phosphorescentes, analogues à celles qui se dégagent d'un morceau de sucre brusquement cassé, voilà tout ce que pouvait donner la rudimentaire machine. N'importe, les résultats obtenus étaient bien de nature à captiver l'attention et à provoquer de plus amples recherches : l'électricité, dont on ne connaissait encore que le pouvoir attractif, venait de se révéler sous un aspect des plus inattendus, puisque d'un corps électrisé pouvaient jaillir des éclairs de lumière. Que n'eussent pas dit Thalès et Pline devant ces jets lumineux, pour eux, sans doute, manifestation évidente de ce qu'ils appelaient l'âme et la vie de l'ambre !

Otto, si émerveillé qu'il fût de ce curieux spectacle, poursuivit ses essais, l'esprit libre d'opinions préconçues, condition première dans toute recherche scientifique. Il reconnut en particulier qu'un objet, après avoir touché un corps électrisé, non seulement cesse d'être attiré, mais encore est repoussé avec une force égale à la première ; et ne peut être attiré une seconde fois qu'après avoir touché lui-même un corps non électrisé. Un nouveau pas était donc fait, et des plus grands : l'électricité, qui attire, est apte aussi à repousser.

La machine d'Otto de Guericke ne tarda pas à être abandonnée pour une autre plus puissante. A la boule de soufre, un savant anglais proposa, dans les premières années du XVIII° siècle, de substituer un cylindre de verre. Hauksbée, le promoteur de cette idée, conservait d'ailleurs la primitive disposition de la machine. Tandis qu'il tournait, mis en rotation par une manivelle, le cylindre de verre était frotté soit avec la main nue, soit avec la main armée d'un morceau d'étoffe en laine.

Puis on revint, tout en conservant le verre, à la forme sphérique, trouvée d'un usage plus commode; mais les globes creux bientôt furent cause d'accidents qui pouvaient devenir dangereux. Violemment ébranlé dans son état moléculaire par une énergique friction, parfois le globe de verre éclatait avec fracas et lançait de partout ses débris, au grand péril des spectateurs. C'est ce qui engagea, vers le milieu du dernier siècle, le physicien anglais Ramsden à remplacer le globe creux par un grand disque plat. En outre, l'appareil fut muni d'un conducteur métallique où l'électricité s'amassait; et la paume de la main, chargée de la friction, céda la place à des coussinets fixes, bourrés de crin. Ainsi fut constituée la machine électrique, à peu près avec la forme qu'on lui donne maintenant.

CHAPITRE XXXIV

GREY

Pour ceux de nos lecteurs qui ne possèdent pas encore des notions de physique suffisantes, il ne sera pas hors de propos de rappeler ici sur quels principes repose la machine électrique; du reste, ceux à qui ces principes sont familiers trouveront avantage à se les remettre en mémoire pour mieux juger l'enchaînement des découvertes qui peu à peu ont conduit la science électrique au point où elle en est aujourd'hui.

Le verre, le soufre, la résine, les pierres précieuses, enfin les divers corps reconnus par Gilbert, sont-ils les seules substances qui, par le frottement, puissent acquérir la propriété d'attirer les corps légers? Ou bien, cette faculté appartient-elle à tous les corps indistinctement? Si l'on frictionne sur du drap, à la manière de la résine ou du verre, une baguette de fer, de cuivre, de charbon et d'une foule d'autres matières, jamais ces objets, si bien conduite que soit la friction, n'acquièrent la propriété d'attirer. Il paraîtrait donc, au premier examen, que les corps se divisent en deux catégories sous le rapport électrique. Pour les uns, soufre, résine, verre, papier, etc., le frottement développe les propriétés électriques; pour les autres, charbon, cuivre, fer et tous les métaux, le frottement ne produit rien. Avant de conclure reportons-nous à la propagation de la chaleur dans les corps.

Certains corps, le charbon et le bois, par exemple, fortement chauffés par une extrémité, s'échauffent peu ou point à l'autre. La chaleur s'accumule dans la partie plongée dans le brasier; elle se fixe en ce point sans pouvoir se propager dans le reste du corps; si bien qu'un court charbon, ardent à l'un de ses bouts, peut être sans danger aucun de brûlure, saisi à l'autre avec les doigts. Ces corps sont dits mauvais conducteurs de la chaleur. Pour d'autres, appelés bons conducteurs, spécialement pour les métaux, la chaleur gagne de proche en proche; elle se propage de la partie directement chauffée à la partie hors du foyer, et la main en ressent les effets à une grande distance. Quand elle sort de la forge, le bout simplement rougi, une barre de fer ne serait pas impunément saisie à l'autre bout par la main nue du forgeron.

Eh bien, imaginons une substance douée pour la chaleur d'une conductibilité incomparablement plus grande que celle que possèdent les métaux; supposons que notre propre corps et le sol sur lequel nous reposons possèdent l'un et l'autre une conductibilité pareille. Dans ces conditions, qu'arrivera-t-il?

Il arrivera ce qui a lieu dans un tonneau percé, qui reçoit toujours sans jamais s'emplir. La chaleur du foyer, aussitôt dégagée, se propagera dans la barre de cette substance, sans se fixer nulle part à cause d'une conductibilité excessive; elle se répandra dans notre corps si nous tenons la barre à la main, et ne s'y fixera nulle part encore puisque nous sommes censés avoir la même conductibilité; finalement elle se dissipera dans le sol supposé posséder un pouvoir conducteur parfait.

La barre, notre main, notre corps, constitueront une voie libre où la chaleur circulera du foyer au sol, sans amener une élévation de température à cause de son impossibilité à se fixer, à s'accumuler quelque part. Le sol, disons mieux, la terre entière recevra, sans délai, toute la chaleur émanée du foyer; et comme elle est immensément grande par rapport aux dimensions du foyer, sa température n'en éprouvera aucune modification. La chaleur sera comme perdue dans l'incommensurable réservoir de la terre.

On comprend donc que, si un corps était doué d'une conductibilité parfaite, il serait impossible de l'échauffer tant qu'il serait en communication avec la terre, parce que la chaleur qu'il recevrait du foyer passerait aussitôt dans le sol. Pour l'échauffer, il faudrait intercepter ses communications avec le sol; il faudrait l'*isoler*, c'est-à-dire le soutenir avec des corps mauvais conducteurs, qui arrêteraient la chaleur au passage et la maintiendraient en lui.

Tous les corps s'échauffent sans être isolés, même les métaux;

tous n'ont donc, pour la chaleur, qu'une conductibilité très imparfaite. Il n'en est plus de même pour l'électricité. Les uns la conduisent mal, ils l'entravent dans sa propagation et la gardent aux points frottés. Les autres la laissent se propager avec une facilité sinon parfaite, du moins assez grande pour qu'il soit impossible de la maintenir en eux tant qu'ils sont en rapport avec le sol. Si le frottement les électrise, l'électricité développée se distribue aussitôt dans toute leur étendue, de là dans la main, dans le corps de l'opérateur, et finalement dans le sol, où elle se déperd.

Les premiers sont appelés mauvais conducteurs de l'électricité. Ce sont, en particulier, le verre, la résine, la cire d'Espagne, le soufre, l'ambre, la gomme laque, la soie, l'air sec, le papier. Les seconds sont dits bon conducteurs. Les principaux sont : les métaux, le charbon, l'eau, les végétaux, les animaux, l'air humide. le sol. Tous les mauvais conducteurs s'électrisent directement, parce que l'électricité développée en l'un de leurs points s'y conserve quelque temps sans pouvoir se dissiper. Les autres ne peuvent s'électriser, si l'on ne prend des précautions, parce que l'électricité développée se déperd dans le sol, par l'intermédiaire de l'opérateur, à mesure que la friction la dégage. Si donc l'on se propose d'électriser un corps bon conducteur, il est de toute nécessité de l'*isoler*, c'est-à-dire d'interposer entre lui et le sol, un corps mauvais conducteur, qui empêche la déperdition de l'électricité ; du verre par exemple ; ou de la cire d'Espagne, de la gomme laque, de la soie, de la résine indifféremment.

Les premières notions sur cet important sujet nous sont venues de l'Angleterre. C'était en 1729. La machine électrique consistait alors en un gros tube de verre, que l'on tenait d'une main pendant qu'on le frottait de l'autre avec une pièce de drap. Le physicien Étienne Grey s'occupait avec ardeur d'expériences électriques. Voulant reconnaître si le tube se comporterait de la même manière étant ouvert ou clos, il le ferma à chaque extrémité avec un bouchon de liège. Le résultat dans les deux cas n'offrit aucune différence, mais un heureux hasard vint mettre l'expérimentateur sur une voie de majeur intérêt. De fortune, une barbe de plume se trouvait à proximité du bouchon en liège fermant le tube électrisé. Grande, très grande, fut la surprise de Grey en voyant le flocon de duvet se porter vivement sur le bouchon de liège, puis en être repoussé. L'électricité développée sur le verre par la friction s'était donc propagée du tube à son bouchon de liège, puisque celui-ci possédait maintenant les propriétés caractéristiques de l'électricité, savoir l'attraction des corps légers et puis leur répulsion.

Transporté de joie de sa découverte fortuite, Grey s'empressa de varier l'expérience de toutes les façons que l'imagination put lui suggérer. De légères tiges en bois, des tringles de métal, étaient tour à tour implantées dans le bouchon; puis le tube de verre était frotté avec le morceau de drap. Dans tous les cas, l'objet implanté, sans avoir subi lui-même de friction, donnait des signes incontestables d'un état électrique, en attirant à lui les corps légers, puis en les repoussant. Il devenait donc évident que l'électricité peut se communiquer d'un corps à l'autre, qu'elle peut se propager.

Restait à déterminer jusqu'à quelle distance cette propagation peut se faire. Impatient du résultat, Grey fit emploi des objets qui se trouvaient sous sa main. Il avait à sa disposition de longs roseaux qu'il implanta bout à bout l'un dans l'autre, le premier de la série étant lui-même fixé à l'ouverture du tube électrique. De la fenêtre d'un premier étage, la file de roseaux descendait verticalement dans le cour de l'habitation, et sans contact avec la muraille. Au bas se tenait un aide, pour constater si l'attraction électrique avait lieu; à la fenêtre était Grey, frottant le tube de verre. Le résultat fut on ne peut mieux satisfaisant. L'extrémité du dernier roseau, atteignant presque le sol, attirait les corps légers présentés par l'aide, puis les repoussait, ni plus ni moins que ne l'aurait fait le tube lui-même.

Ce fut pour Grey un de ces moments de douce satisfaction comme en éprouve toujours celui qui, dans ses recherches, se voit tout à coup en face d'une vérité nouvelle. L'heureux expérimentateur se hâte de gagner le second étage, allonge convenablement sa file de roseaux et recommence. Le résultat se maintient le même. Nouvel essai au troisième étage, et nouvelle réussite. Le toit de l'habitation restait pour donner à la série de roseaux une longueur plus grande. Grey s'y installe et laisse pendre jusqu'en bas son rustique appareil. Le succès encore une fois répond aux expériences.

L'expérimentateur était au comble de la joie. Un regard fut

jeté sur la toiture pour voir s'il ne s'y trouvait rien qui permit d'augmenter encore un peu la hauteur. Dans son enthousiasme, Grey n'eut pas hésité à grimper sur le couronnement de quelque cheminée. Rien de convenable ne se présenta. Il fallut redescendre avec le regret de ne pouvoir disposer d'élévation plus grande.

Quelque temps après, l'idée lui vint que, pour remplir son rôle, le conducteur électrique n'avait nullement besoin d'être disposé suivant la verticale ; et qu'alors les dimensions d'un cabinet de travail, si réduites qu'elles fussent, permettaient de donner au conducteur telle longeur que l'on voudrait, en ployant et reployant celui-ci autant de fois qu'il serait nécessaire. Les recherches d'ailleurs seraient bien plus faciles dans la retraite d'un cabinet que sur les bords d'une toiture. Grey choisit donc pour conducteur une corde en chanvre, fixée par une extrémité, comme l'étaient les roseaux, au tube de verre, source première de l'électricité. Des ficelles, également en chanvre, suspendaient au plafond de l'appartement les nombreux plis et replis de la corde. Le physicien frictionna son tube de verre, presque certain du succès. Aussi quel ne fut pas son désappointement ! La corde ne s'électrisait pas ; en aucun de ses points, elle ne donnait signe d'attraction ! En vain les frictions étaient redoublées sur le verre, avec toute l'énergie de la main ; le conducteur se maintenait inerte. Toute tentative échouant, il fallut enfin se rendre à l'évidence : il était impossible d'électriser la corde, tandis que la file de roseaux s'était électrisée sans difficulté aucune.

Le lecteur voit sans doute la cause du succès d'une part et de l'insuccès de l'autre. Les roseaux descendant du toit ou d'une fenêtre n'avaient pas de contact soit avec le sol, soit avec la muraille ; ils étaient isolés. La corde, au contraire, appendue au plafond avec des ficelles de chanvre, c'est-à-dire avec des corps bons conducteurs, cédait à l'instant son électricité aux cordons suspenseurs, au plafond, à la maçonnerie de l'habitation, au sol enfin, et ne conservait rien de ce que lui communiquait le verre électrisé. En un mot, la corde n'était pas isolée.

Cette explication, familière aujourd'hui à tout écolier ayant ouvert un livre de physique, ne pouvait encore venir à Grey, dont les recherches ont eu précisément pour résultat la distinction des corps en bons conducteurs et en mauvais conducteurs de l'électricité ; aussi la perplexité du physicien anglais fut-elle des plus vives. Il en parla à son ami Wehler, occupé comme lui de physique. Les deux collaborateurs recommencèrent l'expérience, mais en laissant pendre la corde du haut d'un toit. Cette fois-ci le succès fut complet, la corde s'électrisa, attirant pailles et flocons de duvet. On la suspendit après au plafond d'un appartement avec des cordons en chanvre. Aucune trace d'électricité n'apparut, au grand embarras des deux amis, qui ne soupçonnaient, ni l'un ni l'autre, le mot de cette étrange énigme. Mille suppositions leur traversaient l'esprit. Peut-être la corde se trouve trop courte ; peut-être n'est-elle pas assez grosse ; peut-être son degré de torsion n'est pas au degré convenable ; peut-être le chanvre en est-il altéré ; et ainsi de suite. Ils se seraient perdus dans ce flux de peut-être si le hasard n'était venu, encore une fois, au secours de la science électrique naissante.

La corde dont on se proposait de faire emploi était grosse et longue. Les deux amis craignirent que des fils de chanvre ne fussent pas assez forts pour la tenir suspendue au plafond, et jugèrent à propos de les remplacer par des cordons de soie, bien plus résistants. Ils étaient loin, on le voit, de songer à la soie comme matière isolante ; ils ne voyaient en elle qu'une matière plus solide que le chanvre et plus apte à soutenir un poids. Ainsi suspendue à des cordons de soie, la corde s'électrisa très bien, si longue qu'elle fût.

Grey et Wehler étaient ravis, mais leur satisfaction fut de courte durée. Un des cordons de soie étant venu à se rompre, ils eurent la malencontreuse idée de le remplacer par un fil métallique qui, pensaient-ils, étant doué de plus de résistance, remplirait mieux son rôle. Il le remplit si mal, qu'à partir de ce moment, la corde ne donna plus signe d'électricité.

Cette alternative de succès et d'insuccès finit par les mettre dans la bonne voie. Le mot de l'énigme fut deviné. Suspendue à des fils de soie, la corde s'électrise parce que la soie ne laisse pas l'électricité se propager et se déperdre ; suspendue à des fils de chanvre ou de métal, elle ne s'électrise pas parce que les métaux et le chanvre aisément livrent passage à l'électricité. Ainsi fut établie la classification des corps en mauvais conducteurs et en bons conducteurs.

CHAPITRE XXXV

Les travaux de Grey et le Wehler avaient eu pour résultat une part de vérité, mais aussi une part d'erreur. Si les deux savants anglais avaient mis hors de doute la distinction des corps en bons conducteurs et en mauvais conducteurs, ils avaient d'autre part affirmé que les mauvais conducteurs sont seuls aptes à s'électriser par le frottement, tandis que les bons conducteurs sont privés de cette propriété. Et les apparences, au premier abord, confirmaient pleinement leur dire : en vain une tige de fer, par exemple, ou d'un métal quelconque, serait frottée sur un morceau d'étoffe en laine, jamais cette tige, directement tenue avec la main, ne donnerait signe électrique. Chacun en voit très bien la cause. Le corps de la personne qui opère, étant lui-même un conducteur excellent, laisse écouler aussitôt l'électricité développée sur le métal, qui, de son côté, ne met pas obstacle à la propagation électrique. On ne s'explique pas comment une chose aussi simple put échapper aux investigations de Grey et de Wehler. Peut-être les deux collaborateurs n'eurent-ils jamais la pensée de s'occuper du corps de l'homme au point de vue de la conductibilité électrique.

Toujours est-il qu'il était réservé à un savant français, à Dufay, de dissiper cette grossière erreur, en démontrant que tous les corps, sans distinction aucune, peuvent s'électriser par la friction. Dufay était le prédécesseur de Buffon dans l'intendance du jardin du Roi, devenu depuis le Jardin des plantes de Paris. Il s'occupait donc surtout d'histoire naturelle, et secondairement de physique. Ses travaux n'en ont pas moins fait faire un grand pas à la science électrique.

Voici comment aujourd'hui se répètent, dans les cours de phy-

sique, les expériences de Dufay, aptes à démontrer que tous les
corps indistinctement peuvent s'électriser. Prenons une tige de
métal A (fig. 36). Si nous la tenions directement à la main, jamais

Fig. 36.

trace d'électricité ne s'y manifesterait. L'électricité développée se
transmettrait sans entraves du métal bon conducteur à notre main,
à notre corps, et aussitôt apparue se dissiperait dans le sol. Isolons
la tige, c'est-à-dire emmanchons-la à une poignée de verre B, par
laquelle l'appareil est saisi. Si maintenant on la frotte avec un morceau de drap, ou mieux avec une peau de chat ou une pièce de
taffetas verni, la tige de métal s'électrise très bien et attire les
corps légers, comme le font, sans cette précaution, le verre, la résine et les autres corps mauvais conducteurs. La matière isolante,
la poignée de verre, s'oppose au passage de l'électricité développée
par la friction ; elle la maintient sur
le métal, et dès lors celui-ci acquiert les propriétés électriques.

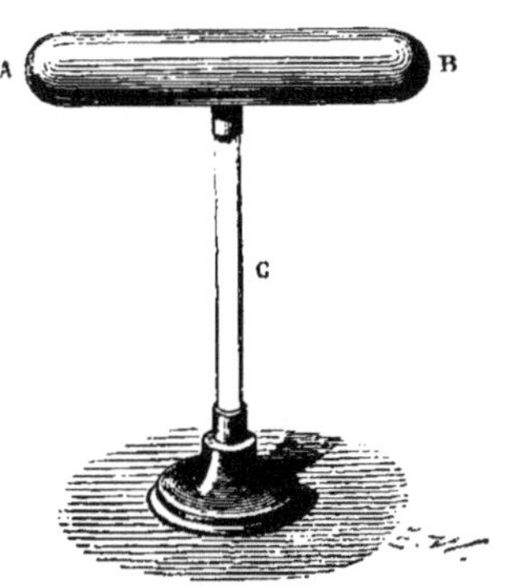

Fig. 37.

Telle était la manière d'opérer de
Dufay ; mais son expérience, d'un
intérêt fondamental, peut se varier
de bien des manières et devenir
plus frappante. Servons-nous, par
exemple, du cylindre AB en laiton,
porté sur un pied en verre C, enduit
pour plus de sûreté, d'un vernis de
gomme-laque (fig. 37). En le frottant, le frappant avec une peau de
chat, nous le chargerons d'électri-
cité, nous lui communiquerons la propriété d'attirer les corps légers, et de donner à l'approche du doigt, une petite étincelle.
Rien de tout cela n'aurait lieu si le cylindre, au lieu d'être supporté par une colonne isolante de verre, communiquait avec le
sol par des corps bons conducteurs.

L'expérience que voici est la plus intéressante de toutes. Une personne monte sur un tabouret dont les pieds sont en verre. Sur un pareil support, elle est électriquement isolée. Une seconde personne frappe la première avec une peau de chat, et bientôt il est possible de tirer de celle-ci des étincelles plus ou moins vives. A la condition d'être isolé, le corps de l'homme peut donc aussi s'électriser par le simple frottement.

Il ne sera pas inutile d'ajouter qu'un temps sec est nécessaire à la réussite de pareilles expérimentations. L'air sec conduit mal l'électricité, mais l'air humide la conduit bien. Dans une atmosphère sèche, il suffit d'arrêter la déperdition par le sol, ce que l'on obtient avec des supports isolants; dans une atmosphère humide, il faudrait encore s'opposer à la déperdition par l'air, ce qui est impossible. Quoi qu'il en soit, en supposant les circonstances favorables, on voit que tous les corps, sans exception, sont susceptibles d'être électrisés par le frottement. Pour les uns, corps mauvais conducteurs, aucune précaution n'est à prendre parce que l'électricité ne se propage pas ou ne se propage que difficilement hors des points frottés; pour les autres, corps bons conducteurs, il est indispensable d'interrompre leur communication avec le sol au moyen d'un corps isolant, sinon l'électricité se dissipe, sans laisser de trace, à mesure qu'elle se développe.

Montrer que tous les corps, n'importe leur nature, peuvent acquérir, par le frottement, les propriétés électriques, était une découverte majeure, bien propre à captiver l'attention du monde savant; mais ce qui excita surtout la curiosité, ce qui rendit le nom de Dufay populaire, c'est que le surintendant du jardin du Roi sut le premier faire jaillir une étincelle électrique du corps de l'homme. Au plafond du cabinet du physicien étaient fixés quatre cordons de soie, supportant une planchette horizontale sur laquelle Dufay se couchait. Avec la machine électrique de cette époque, le gros tube de verre préalablement frotté, on touchait à diverses reprises Dufay. Lorsque la charge électrique était suffisante, quelqu'un des assistants présentait l'articulation du doigt à un point quelconque du physicien électrisé. Aussitôt une étincelle lumineuse jaillissait, accompagnée d'un léger pétillement. Aisément se conçoit l'extrême surprise de Dufay lui-même, lorsque pour la première fois il obtint ce résultat. Le corps de l'homme devenu source de jets lumineux, quelle révolution dans les idées! On accourait en foule au merveilleux spectacle; on se pressait autour du physicien

couché sur la planchette, chacun désireux de provoquer du doigt
l'apparition de l'étincelle. On se perdait dans les conjectures les plus
bizarres. D'où provenait cette lumière? Ne serait-ce pas une manifestation de la puissance invisible qui anime le corps; ne serait-ce
pas une émanation sensible de l'âme? Dufay laissait un libre
cours aux suppositions du cercle de spectateurs, bien convaincu
lui-même qu'il n'y avait rien là de surnaturel, et songeant peut-être
aux moyens qui lui permettraient d'aller plus loin dans cette voie.

Il alla beaucoup plus loin, en effet, non par des expériences
émouvantes, capables de captiver la foule, mais par la découverte
d'un principe qui devait ouvrir à la science des horizons nouveaux
et renouveler de fond en comble le peu que l'on savait déjà. Ce
principe est celui de l'existence de deux sortes d'électricité. Répétons, après Dufay, les faits qui l'établissent.

On nomme pendule électrique une petite bille de sureau A, ap-

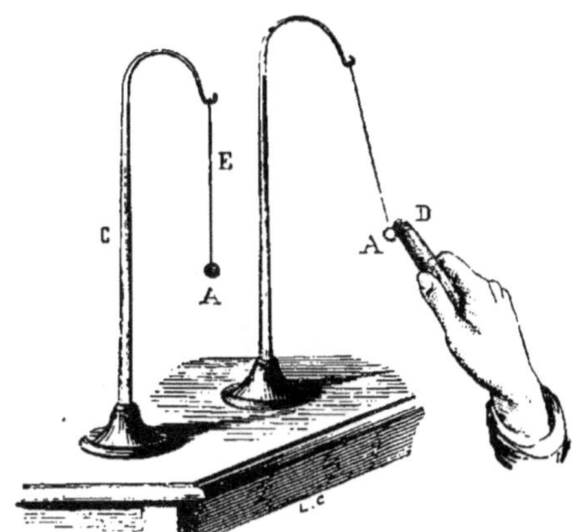

Fig. 38.

pendue à un support C par un fil de soie E (fig. 38). La bille doit
être isolée. Elle l'est par le fil de soie, matière conduisant mal
l'électricité. On frotte sur du drap une baguette de verre, et, une
fois électrisée, on la présente à la bille de moelle de sureau. Celle-
ci est attirée; elle abandonne sa position initiale pour venir se
mettre au contact du verre D. Mais dès que le contact a eu lieu,
elle se détache et fuit devant la baguette de verre, si l'on cherche

à l'atteindre. L'attraction première s'est changée en répulsion. Pendant le contact, la bille s'est électrisée ; la baguette de verre lui a communiqué une partie de sa charge électrique, et l'électricité ainsi obtenue n'a pu s'écouler dans le sol à cause du fil de soie, mauvais conducteur. La bille est donc électrisée. On peut s'en assurer en lui présentant des barbes de plume. Elle les attire.

La bille, disons-nous, est électrisée, et c'est là précisément la cause de sa fuite devant la baguette de verre, électrisée, elle aussi. Si, en effet, on la touche avec la main pour faire écouler son électricité dans le sol, la bille redevient ce qu'elle était avant, elle est attirable par la baguette de verre. C'est donc bien l'électricité, dont elles sont l'une et l'autre chargées, qui est cause de la répulsion actuelle entre la baguette de verre et la bille de sureau. Quand la

Fig. 39.

bille n'était pas électrisée, la baguette l'attirait ; maintenant qu'elle est électrisée, la baguette la repousse (fig. 39).

Frottons un bâton de résine sur du drap, et recommençons l'expérience avec un second pendule. La bille de sureau est d'abord attirée ; puis, après le contact, elle est repoussée. Les mêmes faits absolument se reproduisent comme avec le verre. Mais si à la bille que le verre repousse on présente le bâton de résine, ou bien, si à la bille que le bâton de résine repousse, on présente la baguette de verre, il n'y a plus répulsion, il y a attraction. L'électricité qui se développe sur le verre n'est donc pas la même que celle qui se développe sur la résine, puisque le verre électrisé attire ce que la résine électrisée repousse, et réciproquement.

Ce fait et d'autres analogues amenèrent Dufay à reconnaître deux sortes d'électricité. L'une se développe sur le verre frotté avec du drap, et porte le nom d'*électricité vitrée* ou *positive;* l'autre se développe sur la résine frottée également avec du drap, et s'appelle *électricité résineuse* ou *négative.* De plus, comme la bille en moelle de sureau, chargée d'électricité vitrée après son contact avec le verre, est repoussée par celui-ci possédant la même électricité, tandis qu'elle est attirée par la résine, possédant l'électricité contraire, Dufay conclut que les électricités de même nom se repoussent, et que les électricités de nom contraire s'attirent.

CHAPITRE XXXVI

WILKE. — CANTON

Nous venons de voir par quelle série d'ingénieuses et patientes recherches, les Gilbert, les Grey, les Dufay, ont fondé la science électrique et amassé plus de vérités en un siècle et demi à peine que l'antiquité n'avait entassé d'erreurs en deux mille ans. A partir de Dufay, le terrain largement défriché présente aux investigateurs des difficultés moindres; aussi les progrès sont-ils des plus rapides. Maintenant les noms se pressent, chacun avec sa moisson d'idées. Nous en remarquerons deux, celui de Wilke et celui de Canton, dont les découvertes nous serviront pour interpréter le fonctionnement de la machine électrique moderne.

Dufay avait constaté l'existence de deux sortes d'électricité; Wilke à son tour reconnut que les deux électricités se développent à la fois, de manière que si l'une apparaît, l'autre ne manque jamais d'apparaître aussi. Il reconnut enfin que, deux corps étant frottés l'un contre l'autre, le corps frottant prend une électricité et le corps frotté prend l'autre. Une expérience des plus simples constate le fait.

Un disque de verre est frotté contre un disque en bois, recouvert de drap. Les deux disques sont emmanchés chacun à une tige de verre, qui sert de poignée et empêche l'électricité de se déperdre, du moins celle du drap, corps assez bon conducteur. Après quelques frictions, on les présente à tour de rôle à un pendule électrique préalablement touché avec une baguette de verre frottée contre du drap à la manière ordinaire, et par conséquent chargé d'électricité vitrée. Le disque de verre repousse le pendule; ce qui indique qu'il possède, lui aussi, l'électricité vitrée. Le disque de drap l'attire; et, par conséquent il possède l'électricité contraire. Si le pendule avait été électrisé par le contact avec un bâton de résine frotté, le disque de verre l'attirerait, le disque de drap le repousserait.

Les deux épreuves conduisent au même résultat, savoir : la friction du verre contre du drap développe les deux électricités; le verre prend l'électricité vitrée, le drap prend l'électricité résineuse. Lors donc que l'on frotte, sans précautions spéciales, une baguette de verre contre un morceau de drap, en réalité les deux électricités se développent à la fois; mais l'une, l'électricité vitrée, se conserve sur le verre, mauvais conducteur, tandis que l'autre, l'électricité résineuse, abandonne le drap, corps bon conducteur non isolé, et se dissipe dans le sol. Pour s'opposer à la déperdition de cette électricité résineuse, il faudrait isoler le drap. C'est ce que l'on fait en le disposant à l'extrémité d'une poignée isolante en verre.

L'expérience que voici, toujours fondée sur le principe de Wilke, plaira mieux à nos jeunes lecteurs. — Une personne montée sur un tabouret isolant à pieds de verre, s'électrise, avons-nous déjà vu, quand elle est frappée par une autre avec une peau de chat. Son électricité est vitrée. [L'électricité résineuse doit donc se développer en la personne qui frappe ; mais comme celle-ci communique avec le sol, cette électricité contraire aussitôt se dissipe. Complétons maintenant l'expérience. Les deux personnes montent chacune sur un tabouret isolant. L'une d'elles frappe la seconde avec une peau de chat. Dans ces conditions, les deux électricités apparaissent : la personne frappée a l'électricité vitrée, la personne qui frappe a l'électricité résineuse. Si l'air est bien sec ainsi que la peau de chat, si les tabourets isolent bien, la charge électrique sur chacune des deux personnes est suffisante pour donner des étincelles à l'approche du doigt.

Un disque de verre poli frotté contre un disque recouvert de drap, prend l'électricité vitrée; tandis que le drap prend l'électricité résineuse. Si le disque recouvert de drap est remplacé par un disque recouvert d'un lambeau de peau de chat (fig. 40), la distribution des électricités se fait d'une manière inverse : le verre poli acquiert l'électricité résineuse, la peau de chat acquiert l'électricité vitrée. Le verre poli peut donc, suivant qu'on le frotte avec tel ou tel corps, prendre l'électricité vitrée ou l'électricité résineuse. Pareillement, la résine frottée contre du verre dépoli, se charge d'électricité vitrée, et le verre dépoli d'électricité résineuse.

Il ne faut donc pas prendre à la lettre les expressions d'électricité vitrée et d'électricité résineuse; il ne faut pas entendre par là de l'électricité spéciale au verre et de l'électricité spéciale à la résine, car le verre et la résine peuvent acquérir l'une ou l'autre suivant la nature des corps avec lesquels on les frotte. Pour éviter tout malentendu à ce sujet, on désigne ordinairement l'électricité vitrée par le nom d'*électricité positive*, et l'électricité résineuse par le nom d'*électricité négative*. Ces nouvelles expressions, par cela même qu'elles ne font pas allusion à la nature des corps électrisés, ont sur les premières l'avantage de ne rien préjuger.

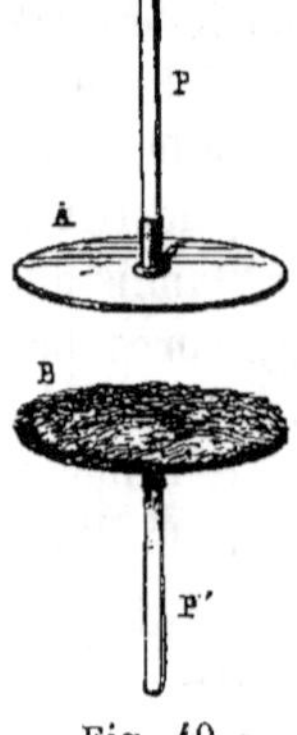

Fig. 40.

On ne sait rien encore de certain sur la nature de l'électricité, on ignore absolument sa cause première. Cependant pour soulager la mémoire, grouper les faits, les lier entre eux et en déduire d'autres, une manière de voir a été adoptée, très simple et rendant admirablement compte de ce que l'observation constate. C'est ce qu'on nomme l'*hypothèse de Symmer*. Il faut se garder d'y attacher une trop grande importance, et de la prendre pour l'exacte expression de la réalité; il ne faut y voir qu'une manière de parler très commode pour faire image dans l'esprit et nous représenter les faits.

Dans cette hypothèse, tous les corps contiennent, en quantité indéfinie, une espèce d'électricité dont rien ne trahit la présence, électricité inactive, latente, qu'on nomme *électricité neutre*. Par le frottement et par d'autres moyens, cette électricité neutre se dédouble en électricité positive et en électricité négative. Le dédoublement opéré, les propriétés électriques apparaissent. Autant l'électricité neutre est inactive, autant les deux électricités résultant de sa décomposition sont actives. Elles se recherchent, s'attirent, tendent à se réunir pour reconstituer de l'électricité neutre; et de cette tendance à la réunion résulte leur activité. Une fois associées à l'état d'électricité neutre, elles retombent dans le repos.

L'hypothèse de Symmer se résume en ees quelques propositions. Il y a partout, en quantité inépuisable, de l'électricité
neutre, dont rien de sensible ne manifeste la présence. Elle résulte de l'association, à proportions égales, de l'électricité positive et de l'électricité négative. Électriser un corps, c'est décomposer son électricité neutre en ses deux électricités élémentaires,
positive et négative. Tel est le motif pour lequel l'une n'apparaît
pas sans l'autre. Une fois séparées, les deux électricités élémentaires reprennent leur activité, latente dans l'électricité neutre.
L'électricité d'une espèce recherche l'électricité d'espèce contraire, pour reconstituer avec elle de l'électricité neutre. Les
électricités de nom contraire s'attirent, les électricités de même
nom se repoussent.

L'interprétation des faits électriques donnée par Symmer reçut
bientôt une confirmation éclatante. En 1753, Canton découvrait
l'électrisation à distance, par la seule influence d'un corps déjà

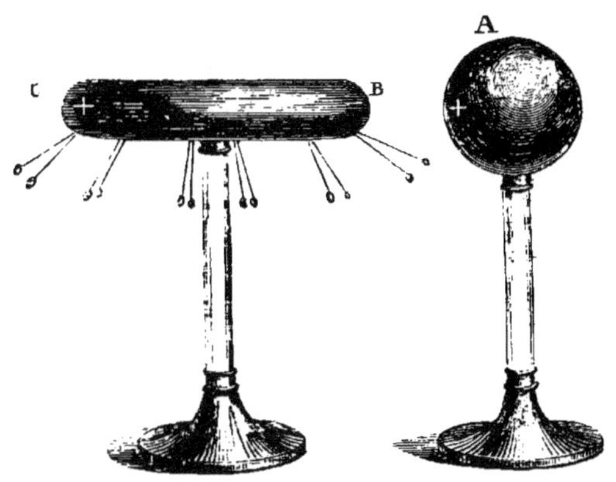

Fig. 41.

électrisé; et cette découverte, si féconde en résultats, s'expliquait d'une façon très simple avec la manière de voir de Symmer,
tandis qu'elle restait absolument inexplicable avec les théories
jusque-là proposées. Voici la marche suivie de nos jours pour
démontrer la découverte de Canton.

Un cylindre en laiton non électrisé CB (fig. 41), porté sur un
pied isolant, est mis à quelque distance d'une machine élec-

trique ou d'une sphère métallique isolée et électrisée positivement, par exemple. C'est ce qu'indique le signe +, par lequel
on désigne l'électricité positive. Le cylindre CB porte, appendus
à sa face inférieure, des couples de petites balles de sureau. Les
fils sont bons conducteurs; ils sont en métal ou en lin. Dès que
la sphère A et le cylindre CB sont suffisamment rapprochés, les
balles de sureau de chaque couple s'écartent l'une de l'autre, et
d'autant plus qu'elles sont situées plus près des extrémités du
cylindre; seules, celles du milieu restent en repos. On voit, en
outre, que les balles de l'extrémité la plus rapprochée de la
sphère se portent vers cette sphère, tandis que les balles de
l'autre extrémité se portent en sens inverse. Les balles de l'extrémité B sont attirées par la sphère; les balles de l'extrémité C
sont repoussées. On peut enfin reconnaître que les balles des
deux moitiés du cylindre sont électrisées, mais d'une manière
contraire. Si l'on approche une baguette de verre frottée contre
du drap, des balles de l'extrémité B, celles-ci sont attirées. Elles
possèdent donc l'électricité contraire à celle du verre, l'électricité résineuse ou négative. Approchée des balles de l'extrémité
C, la même baguette de verre produit une répulsion. Du côté C,
il y a donc de l'électricité de même nom que celle du verre, de
l'électricité vitrée ou positive.

On déduit de là, qu'à distance, par sa seule influence, l'électricité positive de la sphère A a décomposé l'électricité neutre du
cylindre CB, en attirant à elle l'électricité négative et repoussant
l'électricité positive. Le cylindre se trouve de la sorte électrisé
dans ses deux moitiés : négativement dans la moitié tournée vers
la sphère influente, positivement dans la moitié opposée. Le signe
— (moins), symbole de l'électricité négative, et le signe + (plus),
symbole de l'électricité positive, indiquent cette répartition électrique sur le cylindre de la figure.

Les fils bons conducteurs ont propagé dans les billes de sureau
l'une et l'autre des électricités du cylindre, et tel est le motif qui
fait se repousser entre elles les billes d'un même couple. Elles
se repoussent, parce qu'elles possèdent la même électricité, négative pour les billes d'avant, positive pour les billes d'arrière.
Enfin, comme la divergence des billes d'un même couple diminue
à mesure que ce couple est plus près du milieu du cylindre, on
voit que la charge électrique a sa plus grande valeur à chacune

des extrémités du cylindre, et qu'elle est nulle au milieu ou à peu près, puisqu'en ce point les billes restent en repos.

Donc, sous l'influence de la sphère électrisée A, le cylindre bon conducteur CB acquiert simultanément les deux électricités. Sa moitié la plus rapprochée de la sphère prend l'électricité de nom contraire; sa moitié opposée prend l'électricité de même nom; et la charge électrique diminue graduellement de l'une et de l'autre extrémité au milieu du cylindre.

Les deux électricités du cylindre sont maintenues séparées par l'action incessante de la sphère, qui attire l'une et repousse l'autre. Si cette action s'amoindrit par un éloignement convenable de la sphère, on voit les balles de sureau diverger moins entre elles et se rapprocher de la verticale, signe manifeste d'une diminution dans la charge électrique des deux moitiés du cylindre. Enfin, lorsque la sphère est à une distance suffisante, son influence cesse, et le cylindre retombe à l'état neutre par la recombinaison des deux électricités que rien ne maintient plus séparées. Les billes alors ne se repoussent plus; dans chaque couple elles se remettent en contact suivant la verticale. Mais si la sphère se rapproche, les mêmes faits recommencent pour cesser à un nouvel éloignement. Ainsi, par la décomposition de son électricité neutre, le cylindre se trouve électrisé d'une manière différente dans ses deux moitiés, lorsque la sphère influente est assez rapprochée pour exercer son action. Dès que cette influence cesse, soit par l'éloignement, soit par la décharge de la sphère, les deux électricités contraires du cylindre se recombinent, reconstituent de l'électricité neutre, et le cylindre revient à l'état naturel.

Pour conserver au cylindre les propriétés électriques hors de l'influence de la sphère, il faudrait faire écouler en moment opportun l'une des deux électricités; car tant qu'elles seront en présence, elles se recombineront une fois que la sphère n'exercera plus son action, et l'état neutre reparaîtra infailliblement. Pendant que le cylindre est sous l'influence de la sphère, on met son extrémité C en communication avec le sol; ce que l'on fait en touchant du doigt cette extrémité. L'électricité positive du cylindre est repoussée par l'électricité de même nom de la sphère; elle se porte donc aussi loin que possible à l'extrémité opposée du cylindre, et si elle ne va pas plus loin, c'est que l'air sec environnant s'y oppose par sa mauvaise conductibilité. Mais du moment que l'on touche l'extrémité C avec la main, une voie se présente, et l'électricité repoussée s'écoule dans le sol. Quant à l'électricité négative, elle ne peut s'écouler par la voie de la main, retenue qu'elle est par l'attraction de la sphère. Après cette mise en communication avec le sol le cylindre ne possède donc plus que l'électricité négative.

On retire alors d'abord la main, puis on éloigne la sphère influente ; et le cylindre, ne possédant plus qu'une seule électricité, ne peut revenir à l'état neutre. Il reste électrisé : il est chargé d'électricité négative, qui se distribue dans toute sa longueur, mais en plus grande quantité vers les deux extrémités. Les pendules continuent à diverger entre eux, mais ils possèdent tous la même électricité, car une baguette de verre frottée contre du drap les attire tous, et un bâton de résine frotté de la même manière les repousse tous, ceux de l'extrémité B comme ceux de l'extrémité C.

On voit donc que, si l'on met un corps en communication avec le sol pendant qu'il est encore sous l'influence d'une source électrique, on fait écouler l'électricité de même nom que celle de la source, et on laisse l'électricité de nom contraire ; de telle sorte qu'après la disparition du corps influent, le corps influencé reste chargé d'électricité contraire. Les corps électrisés de cette manière fournissent des étincelles à l'approche du doigt, attirent les corps légers, enfin reproduisent les faits des corps électrisés par le frottement. Telles sont les vérités dues aux recherches de Canton ; ce qui nous reste à dire en fera ressortir l'extrême importance.

CHAPITRE XXXVII

L'électricité dont un corps est chargé n'est pas distribuée dans la masse entière de ce corps ; elle se trouve uniquement à la surface. Parmi les expériences invoquées dans les cours de physique pour démontrer cette vérité, nous rappellerons la suivante, remarquable d'originalité.

Un sac conique en mousseline, pareil aux filets à papillons, est supporté par un cercle métallique A, soutenu lui-même par un pied isolant (fig. 42). Un fil de soie OP traverse le sac suivant son axe et est attaché au sommet B. On électrise le cercle A et par suite le sac. Alors, avec un petit disque métallique disposé à l'extrémité d'une baguette de gomme laque, on touche tel ou tel autre point du sac à volonté. Par son contact avec

Fig. 42.

une surface électrisée, le disque métallique prend un peu d'électricité et devient apte à attirer le pendule électrique. Or si l'on applique ce disque en un point quelconque de l'extérieur du sac, il se charge d'électricité, comme en fait foi l'attraction qu'il exerce sur le pendule ; mais si on l'applique à l'intérieur du sac, il ne prend pas d'électricité, car il n'attire pas le pendule. L'électricité est donc en entier à la face extérieure du cône de mousseline.

Cela constaté, on tire le fil de soie par l'extrémité O, de manière que le sac ait sa pointe à gauche et se trouve retourné. Par ce retournement, la face extérieure passe à l'intérieur, et la face intérieure vient à l'extérieur. La distribution électrique change aussitôt, comme on le reconnaît avec le disque d'épreuve. A l'extérieur il y a de l'électricité ; à l'intérieur il n'y en a pas. La face qui possédait de l'électricité quand elle occupait le dehors, n'en a plus dès qu'elle occupe le dedans ; la face qui n'en possédait pas en se trouvant à l'intérieur, en acquiert dès qu'elle vient à l'extérieur.

Si variée qu'on la répéte, avec tel ou tel autre appareil, l'expérience conduit toujours au même résultat, savoir : l'électricité est uniquement répandue à l'extrême superficie extérieure des corps bons conducteurs. Elle y est retenue par l'air environnant, mauvais conducteur. Si cet obstacle n'existait pas, l'électricité se propagerait plus loin, indéfiniment, à cause de la répulsion qu'elle exerce sur elle-même.

On nomme *tension électrique* l'effort que fait l'électricité pour se dégager de la surface d'un corps, vaincre la résistance de l'air et se propager plus loin. La tension en un point est d'autant plus grande que la quantité d'électricité accumulée en ce point est plus grande elle-même. Il est intéressant de rechercher quelle est la valeur de la tension électrique aux divers points de la surface d'un corps électrisé. A cet effet, on peut se servir du disque d'épreuve tel que nous venons de l'employer pour explorer électriquement le sac de mousseline. On l'applique à tour de rôle sur divers points de la surface du corps expérimenté. Le disque évidemment prend une charge électrique proportionnelle à la richesse en électricité du point touché. S'il est alors présenté à un pendule électrique, il provoque une attraction suivie d'une répulsion en rapport avec la quantité de son électricité, et par conséquent en rapport avec la tension électrique du point exploré.

Cela dit, explorons avec le disque d'épreuve les divers points d'une sphère électrisée. Quel que soit le point touché, l'action du disque sur le pendule est la même. L'électricité est donc distribuée d'une manière uniforme sur la surface d'une sphère. Le fait pouvait être prévu. La symétrie parfaite de la forme sphérique ne peut laisser l'électricité s'accumuler en un point plus qu'en un un autre. Là où tout est pareil, l'électricité doit se répartir d'une manière pareille.

Dans un corps ovoïde, la répartition électrique est bien différente. La charge la plus faible est dans la région la moins renflée, la charge la plus forte est dans les régions les plus saillantes, c'est-à-dire aux deux bouts. Si les deux bouts sont inégalement saillants, le plus aigu possède la tension la plus forte.

Sur un cube, la charge électrique est faible au milieu des faces, plus forte sur les arêtes, plus forte encore aux angles.

Enfin sur un corps en forme de pain de sucre, sur un cône, la charge augmente graduellement de la base au sommet; et sur la pointe même elle est si forte, qu'elle surmonte la résistance de l'air et que l'électricité s'écoule.

L'électricité se porte donc en plus grande abondance sur les arêtes, les aspérités, les angles, enfin sur toutes les parties saillantes. Sur une pointe aiguë, la tension devient telle, que l'électricité triomphe de l'obstacle de l'air et s'écoule. Et, en effet, si l'on surmonte un corps électrisé, la machine électrique par exemple, d'une pointe effilée, il est impossible de lui conserver son électricité. La machine se décharge par la pointe à mesure qu'elle se charge par son propre jeu. Dans l'obscurité, on voit ce dégagement d'électricité par une pointe, former une aigrette lumineuse épanouie si l'électricité est positive, un simple point lumineux si l'électricité est négative. On comprend alors combien il importe d'éviter les points saillants, les arêtes vives, dans tous les appareils destinés à développer ou à conserver de l'électricité. Les diverses parties doivent en être arrondies avec soin, de forme sphérique ou cylindrique.

Une pointe peut même décharger à distance un corps électrisé. Si, par exemple, lorsque la machine électrique fonctionne, on présente à l'un de ses conducteurs une pointe tenue à la main, la machine dépense son électricité à mesure qu'elle en acquiert, et il est impossible d'en tirer une étincelle. Le pouvoir des pointes et l'électrisation par influence rendent compte de ce fait, remarquable entre tous, car il explique le mode d'action du paratonnerre, ainsi qu'on le verra plus tard.

L'électricité positive de la machine décompose par influence l'électricité neutre de la pointe qui lui est présentée et de la main qui la lui présente. Elle attire l'électricité négative; elle repousse dans le sol, par le corps de l'expérimentateur, l'électricité positive. L'électricité négative s'accumule donc sur la pointe, se dégage à travers l'air, et se porte sur la machine, qu'elle maintient à l'état neutre par la recombinaison incessante des deux électricités. Dans l'obscurité, ce dégagement d'électricité négative est rendu sensible par un point lumineux qui brille sur la pointe. La science doit à Franklin ce que nous venons d'exposer sur le pouvoir des pointes. Nous reviendrons bientôt sur la biographie de cet homme célèbre, dont les travaux ont si largement contribué aux progrès des connaissances électriques.

Nous voici enfin en mesure d'interpréter le fonctionnement de la machine électrique telle qu'on la construit de nos jours. Les développements préparatoires dans lesquels nous sommes entrés, nous montrent quelle moisson d'idées il a fallu cueillir pour passer du grossier appareil d'Otto de Guericke, le globe de soufre frottant contre la main, à la machine puissante mise en action dans nos cours de physique. La machine électrique moderne n'est pas le résultat des savantes méditations d'un seul; bien des investigateurs ont contribué à sa construction, apportant chacun sa pierre à l'édifice commun. Pour ne rappeler que les principaux, citons Grey, qui distingue les corps bons conducteurs et les corps mauvais conducteurs; Dufay qui, le premier, parvient à électriser les corps bons conducteurs par le frottement; Wilke, dont les recherches établissent le développement simultané des deux sortes d'électricité; Canton, à qui revient la découverte de l'électrisation par influence; Franklin enfin, dont l'apport est le pouvoir des pointes. De la somme de ces principes, mis en pratique par la main des constructeurs d'appareils, est née la machine électrique telle que nous allons la décrire.

Trois pièces principales la composent, savoir : un plateau de verre mis en rotation au moyen d'une manivelle; des coussins qui frottent le plateau et le chargent d'électricité positive; des conducteurs isolés, sur lesquels le plateau développe, par influence, de l'électricité pareille à celle dont il est lui-même chargé. Le plateau de verre CC (fig. 43) est fixé sur un axe métallique D que soutiennent deux montants en bois BB, solide-

ment dressés sur une table. Il est mis en rotation par l'intermédiaire d'une manivelle à poignée de verre E. Il frotte entre
quatre coussins e, a, e', a', disposés par paires en haut et en bas
des montants en bois. Ces coussins sont en cuir, rembourrés de

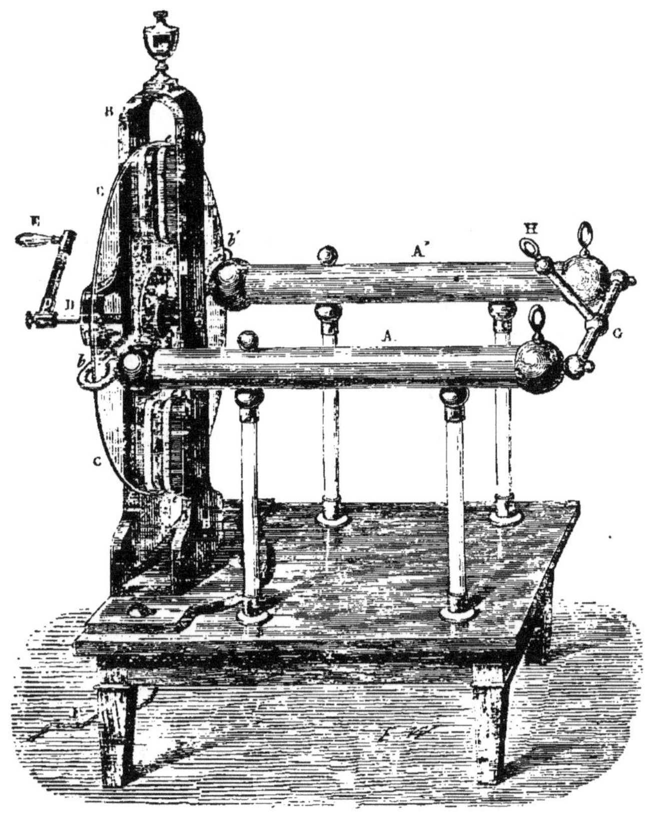

Fig. 143.

crin et frottés d'une composition de soufre et d'étain qu'on
appelle or mussif. Deux conducteurs en laiton, A et A', reposent
sur la table par quatre pieds de verre. L'extrémité de ces conducteurs tournée du côté du plateau est armée d'une tige courbée en
fer à cheval, b, b', appelée *mâchoire*, qui embrasse le bord du
plateau sans le toucher, et porte à l'intérieur quelques pointes

métalliques se terminant à une faible distance de la roue de verre.

Par le frottement entre les coussins, le plateau de verre acquiert l'électricité positive, tandis que les coussins prennent eux-mêmes l'électricité négative. Cette dernière s'écoule dans le sol par les montants en bois, et mieux encore par une chaîne métallique F partant des coussins. Quant à l'électricité positive du plateau de verre, elle décompose par influence l'électricité neutre des conducteurs, elle attire leur électricité négative et repousse leur électricité positive. L'électricité négative arrive aux mâchoires, s'accumule sur leurs pointes et y acquiert la tension nécessaire pour s'écouler et se porter sur la roue. Dans l'obscurité, on voit effectivement chacune de ces pointes surmontée d'un jet lumineux, signe du dégagement de l'électricité. Les conducteurs restent donc chargés d'électricité positive. En même temps, le plateau de verre est ramené à l'état neutre par la combinaison de son électricité positive et de l'électricité négative écoulée par les pointes des mâchoires.

Mais la rotation continuant, de nouvelle électricité positive se développe sans cesse sur le plateau, et, par influence, augmente les charges des conducteurs. Cette charge néanmoins ne peut s'accroître indéfiniment, bien que le plateau de verre continue à tourner. Tôt ou tard un moment arrive où les déperditions des conducteurs par l'air et par les supports, dont le défaut de conductibilité n'est jamais complet, est égale à la quantité d'électricité fournie dans un même temps par le jeu de la machine; la limite de la charge est alors atteinte. On peut reculer cette limite en disposant des fourneaux allumés sur la table de la machine, pour dessécher l'air environnant, et en frottant les conducteurs ainsi que leurs pieds de verre, avec des linges secs et chauds pour en enlever la moindre trace d'humidité. Ces précautions sont surtout nécessaires lorsque le temps est humide. Faute de les prendre, on n'obtiendrait rien.

CHAPITRE XXXVIII

En 1746, un physicien hollandais, Musschenbrock professeur à l'université de Leyde, et son élève Cunéus, servis par, un de ces heureux hasards qui font date dans l'histoire des progrès scientifiques, ouvrirent aux électriciens une voie des plus inattendues. Cunéus se proposait d'électriser de l'eau. A cet effet, il avait rempli un flacon de verre de ce liquide et adapté au goulot une tige métallique plongeant dans le contenu. Il tenait le flacon à la main par la panse, tandis que l'extrémité de la tige était présentée à une machine électrique. Lorsqu'il jugea l'eau suffisamment électrisée, Cunéus voulut retirer la tige d'une main en tenant toujours la bouteille de l'autre. Une violente secousse, qui le fit tressaillir de la tête aux pieds, fut le résultat de cet attouchement.

Musschenbrock répéta l'expérience de son élève. Il fut tellement effrayé par la commotion ressentie, qu'il écrivit à ses amis que, pour tout l'or du monde, il ne recommencerait pas. En particulier, il disait à Réaumur, notre célèbre historien des insectes : « Je vais vous communiquer une expérience nouvelle, mais terrible et que je ne vous conseille pas de tenter sur vous-même. » Et après avoir décrit la manière d'opérer, il ajoute : « Tout à coup ma main droite fut frappée avec tant de violence, que j'eus tout le corps ébranlé comme par un coup de foudre. La bouteille, quoique d'un verre mince, ne se casse point, mais le bras et tout le corps sont affectés d'une manière terrible que je ne puis exprimer. A cette secousse, j'ai cru que c'en était fait de moi. M'offrirait-on la couronne de France, je ne recommencerais pas. »

Le savant hollandais s'exagérait le danger : aujourd'hui l'expérience de Cunéus est un jeu dans les cours de physique; mais faut-il le reconnaître, lorsque pour la première fois l'homme éprouva les effets de cette mystérieuse puissance qui vous secoue brutalement par le simple contact d'un flacon, très inoffensif en apparence, l'appréhension de l'inconnu était bien naturelle.

D'autres essayèrent après Musschenbroeck, non moins terrifiés par la soudaine commotion. L'un d'eux, Allaman, qui avait assisté aux expériences des physiciens de Leyde, osa tenter l'aventure avec un simple verre à bière au lieu de bouteille. « On ressent, dit-il, un coup prodigieux qui frappe le bras et même tout le corps. C'est un véritable coup de foudre. La première fois que j'en fis l'épreuve, j'en fus étourdi au point de perdre la respiration pour quelques instants. » Un autre, Winckler, affirme avoir éprouvé de violentes convulsions dans tout le corps. Il se sentait, dit-il, la tête pesante, comme sous une charge de pierres, et le sang très agité ainsi qu'aux approches de la fièvre. Il se crut obligé d'avoir recours à des remèdes rafraîchissants pour conjurer le péril. La première émotion passée, Winckler eut le courage de renouveler quelques jours après l'épreuve. Cette fois, un copieux saignement de nez suivit la commotion. Sa femme, stimulée par l'aiguillon de la curiosité féminine, voulut à son tour affronter la secousse dont elle entendait faire si effrayante description. Que pouvait-on ressentir en mettant la main sur un flacon inoffensif ou sur un pacifique verre à bière? L'essai fait, elle ne le sut que trop bien. L'ébranlement ressenti lui donna telle frayeur, que pendant une semaine elle eut à peine la force de se mouvoir.

L'exagération de ces récits est évidente. Non, avec l'appareil rudimentaire tel que le hasard l'avait mis entre les mains de Cunéus et de Musschenbroek, il était impossible d'obtenir des effets comme n'en donnerait pas l'appareil perfectionné en usage de nos jours. Où en serait le professeur de physique si, toutes les fois qu'il fait éprouver la commotion électrique à ses élèves, il avait à redouter pour eux des convulsions nerveuses, des hémorragies nasales, des prostrations de force pendant huit jours, et s'il lui fallait recourir à des remèdes rafraîchissants pour ranimer son auditoire! La secousse est forte sans doute, brutale même; néanmoins elle est sans danger, à moins de faire usage d'appareils puissants avec lesquels certes ne pouvaient rivaliser la fiole de Cunéus et le verre à bière d'Allaman. L'exagération s'explique par la surprise extrême des premiers expérimentateurs. Ce petit coup de foudre qui soudain jaillit d'une bouteille et vous secoue rudement les articulations, leur dut frapper l'esprit encore plus que le corps; aussi, l'imagination aidant, les effets de la secousse furent-ils amplifiés et considérés comme redoutables.

La terreur du flacon de Leyde ne fut pas en France de longue durée. A cette époque le collège de Navarre, à Paris, possédait un physicien renommé, l'abbé Nollet, expérimentateur des plus zélés. Lorsque la nouvelle lui parvint des effets extraordinaires obtenus en Hollande, l'abbé s'empressa de les reproduire à son tour. Un obstacle l'arrêtait d'abord. En rendant compte de son expérience, Musschenbroek recommandait, à qui voudrait la répéter, de se servir d'un flacon en verre d'Allemagne, tout autre verre, à son avis, ne remplissant pas les conditions voulues pour réussir. Impatient d'essayer et n'ayant pas sous la main le verre recommandé, Nollet, assez perplexe, prit au hasard un des flacons de son laboratoire. Il le remplit d'eau, l'arma d'une tige en métal plongeant dans le liquide, et procéda à l'électrisation, très incertain du succès à cause de la qualité du verre. Le résultat dépassa les souhaits de l'abbé. « Je ressentis, dit-il, dans la poitrine et jusque dans les entrailles, une commotion qui me fit involontairement plier le corps et ouvrir la bouche ainsi qu'il arrive lorsque la respiration est coupée. J'eus la main et le bras secoués avec tant de force, que sans le vouloir, je lâchais le flacon ».

Rapidement l'abbé se familiarisa avec l'expérience de Leyde, habituant la main à ne pas lâcher prise malgré la secousse; et quand il fut sûr de lui-même, il convia ses amis à des récréations électriques. En quelques jours, les appréhensions se dissipèrent et l'on se fit un jeu de ce qui avait tant effrayé Musschenbroek. La terreur du savant hollandais devint même un sujet de fines moqueries. Bientôt le cabinet de l'abbé devint le rendez-vous des curieux de Paris, chacun désireux d'éprouver la secousse dont il était bruit dans toute la ville. L'affluence devint telle que, ne pouvant suffire individuellement aux désirs de tous les amateurs accourus, Nollet imagina de commotionner à la fois plusieurs personnes. Celles-ci se prenaient par la main, ou formaient comme on dit, la chaîne. La première de la série tenait par la panse le flacon d'eau électrisée, tandis que la dernière venait toucher du doigt la tige de métal. A l'instant, d'unbout à l'autre de la chaîne, toutes les personnes tressaillaient, secouées par la commotion électrique.

La renommée en parvint aux oreilles du roi, qui désira, lui aussi, être témoin de ces merveilles. Une expérience solennelle eut donc lieu à Versailles, devant toute la cour. Trois cents hommes des gardes-françaises se rangèrent en ligne, se tenant l'un l'autre par la main. La bouteille électrique était confiée au dernier de la série; l'abbé, vaillamment placé en tête, devait venir toucher du doigt la tige métallique en ramenant une moitié de la chaîne sur l'autre moitié. Au moment du contact, les trois cents hommes bondirent, qui ployant les jarrets, qui gesticulant de frayeur, qui se laissant choir. Et les nobles assistants de rire. L'abbé était radieux.

Peu de jours après, Nollet renouvela cette expérience dans un couvent de chartreux. Les révérends Pères n'étant pas en nombre suffisant pour donner la longueur de chaîne que se proposait l'abbé, un fil métallique occupait les intervalles d'un homme à l'autre. Le tout formait une longueur de 900 toises. Malgré le décorum dû à leur robe, les chartreux bondirent et culbutèrent ni plus ni moins que les gardes-françaises; froc et costume de soudard étaient égaux par devant l'électricité.

Las d'expérimenter sur les hommes, l'abbé tourna ses épreuves vers les animaux de petite taille, afin de reconnaître les effets de la commotion sur des êtres de faible résistance. Son choix porta sur le bruant et le moineau. Une première commotion les étourdit l'un et l'autre; une seconde laissa le bruant en vie, et tua le moineau. Telle fut la première victime de l'électricité entre les mains de l'homme. Plus tard des hécatombes de grenouilles devaient remplacer l'oiseau surtout dans les recherches relatives à l'électricité voltaïque.

Cependant le public se préoccupait déjà des curieux effets obtenus par l'abbé, et des physiciens ambulants aussitôt s'improvisèrent pour spéculer sur ce nouveau filon lucratif. On allait donc de ville en ville, et de place en place, ressembler un cercle de spectateurs au son des cymbales et de la grosse-caisse. La mystérieuse bouteille était exhibée, ainsi que la machine destinée à l'électriser. Quelques-uns, les plus hardis, recevaient isolément la commotion; les plus craintifs, un peu rassurés en donnant la main à des camarades, se disposaient en chaîne. A ce divertissement chacun trouvait son profit : l'expérimenté, une idée noùvelle, et l'expérimentateur, le pain de la journée. Ainsi se fit, de proche en proche, dans toute l'Europe, la diffusion banale du flacon foudroyant.

Mais il est temps de donner au lecteur, s'il ne la possède déjà, l'explication de la bouteille de Musschenbroek. Il est, vrai qu'à l'époque où les expériences de l'abbé Nollet excitaient si vivement la curiosité, la théorie du flacon de Leyde était bien loin d'être connue; personne ne soupçonnait encore le mode d'action de l'appareil. Comme nous le verrons bientôt, il a fallu le génie d'un Franklin pour dissiper le mystère. Anticipons sur cette date mémorable, et pour faciliter l'intelligence des faits qui précèdent et de ceux qui vont suivre, donnons ici la théorie de la *bouteille de Leyde*, car ainsi s'appelle maintenant le flacon de Muschenbroek.

CHAPITRE XXXIX

Mis en rapport avec une machine électrique, un conducteur métallique se charge d'électricité jusqu'à ce que la tension y soit égale à celle de la machine elle-même; ce point atteint, il est impossible de le dépasser. Dans bien des cas cependant, il serait avantageux d'accumuler sur une surface déterminée une charge électrique plus puissante. On y parvient avec des appareils connus sous le nom de condensateurs électriques. Le plus fréquemment employé est la *bouteille de Leyde,* dont nous venons de raconter la découverte fortuite.

Telle qu'on la construit aujourd'hui, la bouteille de Leyde se compose d'un flacon en verre mince rempli de feuilles d'or ou de clinquant, constituant *l'armature intérieure;* et recouvert au dehors, jusqu'aux trois quarts environ de sa hauteur, d'une feuille d'étain, qui forme *l'armature extérieure.* Une tige métallique, maintenue dans le goulot par un bouchon enduit de gomme laque ou de cire d'Espagne, plonge dans le flacon au milieu des feuilles métalliques formant l'armature intérieure. Elle se courbe en crochet au dehors et se termine par un bouton. Au dedans, elle est terminée en pointe. Enfin la partie supérieure du flacon, non recouverte d'étain, est enduite de cire d'Espagne, ou d'une couche de vernis à la gomme laque, afin d'éviter toute communication entre les deux armatures par l'humidité dont le verre se couvre facilement.

La fig. 44 nous montre une bouteille de Leyde ainsi construite. A est la feuille d'étain, constituant l'armature extérieure; E est la partie du flacon enduite de cire d'Espagne ou d'un vernis à la gomme laque; C est la tige métallique en rapport avec l'arma-

ture intérieure, dont elle fait elle-même partie. La fig. 45 reproduit une coupe du même appareil. BB′, armature extérieure ;

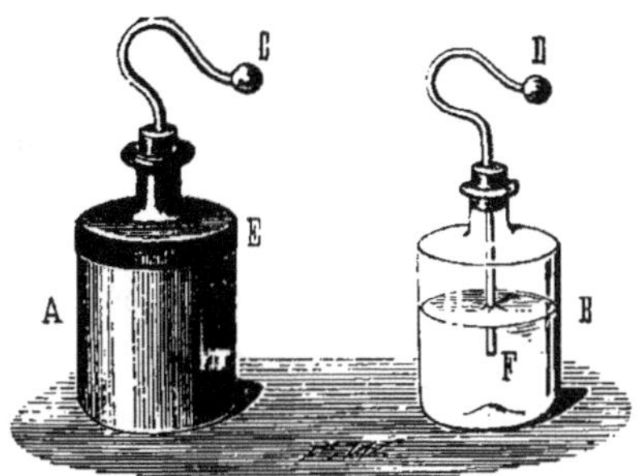

Fig. 44.

AA′, armature intérieure ; CC, épaisseur du flacon ; A, tige plongeant dans le flacon et faisant partie de l'armature intérieure.

Pour charger une bouteille de Leyde, on la prend à la main
par son armature extérieure, et l'on met son armature intérieure
en rapport, par sa tige, avec une machine électrique. Rendons-nous
compte de ce qui se passe dans de telles conditions.

De l'électricité positive arrive de la machine en activité, et se
répand sur l'armature intérieure. Si cette arma-
ture était seule, elle prendrait une charge dont la
tension serait égale à celle de la machine, et tout
se bornerait là. Mais avec la disposition de la
bouteille, les conditions sont bien changées. En
effet, l'électricité positive de l'armature intérieure
agit par influence, à travers la lame de verre, sur
l'électricité neutre de l'armature extérieure ; elle
la décompose, attire l'électricité de nom contraire, et repousse dans le sol, par le corps bon
conducteur de l'opérateur, l'électricité de même

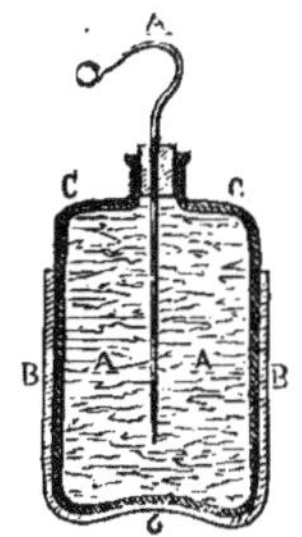

Fig. 45.

nom. L'armature extérieure se trouve ainsi chargée d'électricité
négative tandis que l'armature intérieure est chargée d'électricité
positive.

Ces deux électricités contraires s'attirent, elles tendent à se
rejoindre ; mais elles ne peuvent le faire à cause de la lame de
verre interposée. Toujours est-il qu'elles agissent l'une sur

l'autre, qu'elles se maintiennent captives sur les deux faces opposées du verre, par leur attraction mutuelle, et perdent ainsi
leur tension, leur tendance à l'écoulement. Elles sont, comme on
dit, *dissimulées, latentes;* elles ne font plus effort pour se déperdre; et, sous certains rapports, l'appareil est à peu près dans
le même cas que si elles n'existaient pas. L'armature intérieure
peut donc recevoir une nouvelle quantité d'électricité positive de
la machine, ce qui amène aussitôt une charge correspondante
d'électricité négative sur l'armature extérieure. Les deux électricités contraires se *dissimulent* encore par leur attraction mutuelle à travers la lame de verre, annulent réciproquement leur
tension, et l'appareil est apte à recevoir une autre charge de la
machine. Ainsi de suite jusqu'à une certaine limite.

Les électricités contraires accumulées sur les deux faces opposées
du verre tendent à se rejoindre, et avec d'autant plus d'énergie
que la charge est plus forte. Le verre,
mauvais conducteur, s'oppose à cette
recomposition. Il peut arriver cependant, si la charge est assez puissante,
que les deux électricités se rejoignent en transperçant le verre, surtout s'il est mince. Il semblerait alors
préférable d'employer un flacon à parois épaisses pour empêcher cette
recomposition à travers le verre. Mais
alors survient un grave inconvénient :
la distance entre les deux armatures
étant plus grande, l'attraction mutuelle des électricités contraires est

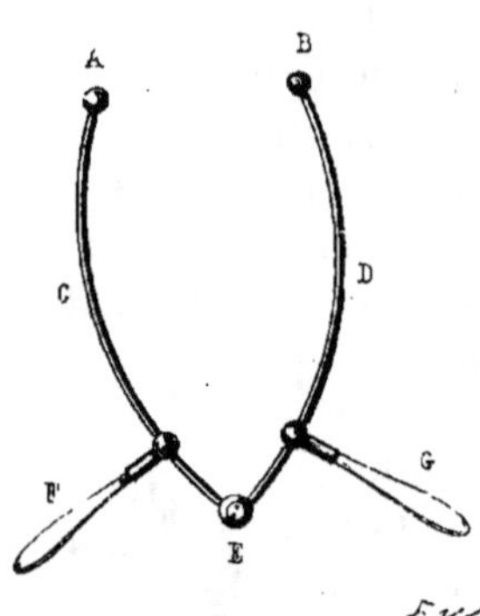

Fig. 46.

moins forte. Il faut donc employer un flacon à minces parois, ce
qui tôt ou tard donne lieu à la recomposition des deux électricités,
qui se rejoignent en perçant le verre d'un trou imperceptible.

D'autres fois encore, l'étincelle jaillit entre la tige de l'armature
intérieure et l'étain de l'armature extérieure ; les deux électricités
s'élancent l'une au devant l'autre en contournant le haut de la
bouteille. Cela arrive surtout, si le haut du flacon n'est pas
rendu très mauvais conducteur par l'application d'un vernis à la
gomme laque ou d'une couche de cire d'Espagne. Ces précautions n'empêchent pas même toujours les électricités contraires

de se rejoindre quand la charge est trop forte. Outre ces causes limitant la charge de la bouteille de Leyde, il en est encore une autre inhérente à l'appareil, et dont l'explication nous entraînerait trop loin. Quoi qu'il en soit, les deux armatures, par leur action réciproque, peuvent acquérir une somme d'électricité incomparablement plus grande que ne le ferait chacune d'elles agissant séparément.

Pour décharger la bouteille de Leyde, il faut mettre en rapport les deux armatures au moyen d'un bon conducteur; il faut, par exemple, tenir la bouteille d'une main par l'armature extérieure, et présenter l'articulation du doigt de l'autre main à l'armature intérieure. Une vive étincelle jaillit aussitôt, accompagnée d'un craquement sec. En même temps l'opérateur éprouve une rude secousse instantanée, qui se fait principalement ressentir aux articulations des poignets, des bras, et jusque dans la poitrine. C'est ce qu'on nomme la commotion électrique. Si on veut l'éviter en déchargeant la bouteille, il faut se servir d'un *excitateur*, qui se compose (fig. 46) de deux branches métalliques, AC, BD, terminées par des boutons et tournant autour d'une charnière. Deux manches en verre F, G, servent à saisir l'appareil sans se mettre en rapport électrique avec le condensateur qu'il faut décharger. On prend donc l'excitateur des deux mains par

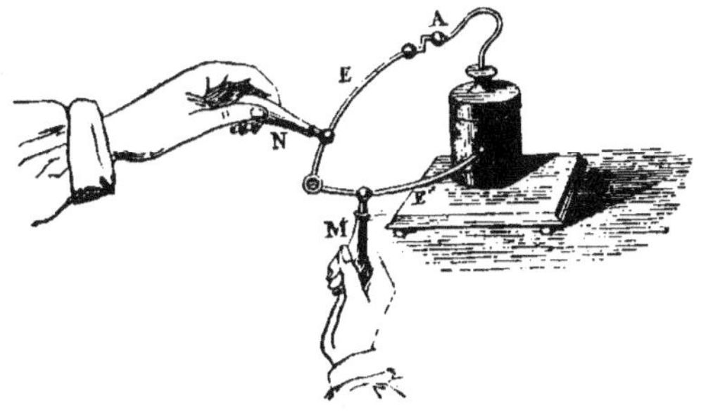

Fig. 46.

ses manches; on applique une branche sur l'armature extérieure de la bouteille, et l'on approche l'autre du bouton de l'armature intérieure. A une certaine distance, qui dépend de la charge, l'étincelle jaillit entre le bouton de l'armature intérieure et le bouton de la branche voisine de l'excitateur.

Plusieurs personnes peuvent être commotionnées à la fois par la même décharge. Ainsi que nous l'apprit l'abbé Nollet, elles se disposent en *chaîne*, c'est-à-dire qu'elles se prennent l'une l'autre par la main. Celle qui est en tête de la chaîne prend la bouteille de Leyde par la panse ou armature extérieure; et celle qui termine la série vient présenter un doigt de sa main libre au bouton de l'armature intérieure. Toutes les personnes de la chaîne éprouvent au même instant la commotion, et avec la même force, seraient-elles au nombre de quelques centaines.

Lorsqu'il éprouva le premier, et par hasard, la commotion électrique, en voulant électriser de l'eau, Cunéus avait en main une véritable bouteille de Leyde, différente de la nôtre quant aux détails, mais en somme disposée d'après les mêmes principes. L'armature intérieure était formée par l'eau qu'il s'agissait d'électriser, et par la tige métallique plongeant dans ce liquide. L'armature extérieure était constituée par la main même de l'opérateur, appliquée sur la panse des flacons. La machine fournit de l'électricité positive au liquide; et cette électricité positive développa, par influence, une charge équivalente d'électricité négative sur la main. En voulant retirer la tige avec l'autre main, le physicien hollandais mit en communication les deux armatures du condensateur, et de la sorte éprouva la commotion qui lui valut tant de surprise et de frayeur.

On voit donc qu'une bouteille de Leyde se prête à une foule de dispositions tout en conservant ses propriétés de condensateur. Il lui suffit, pour fonctionner, d'être formée de deux corps bons conducteurs séparés par une lame de verre, et communiquant l'un avec une source électrique, l'autre avec le sol. L'intérieur de la bouteille peut donc recevoir indifféremment pour armature de minces feuilles métalliques, de l'eau, de la terre humide, du charbon bien calciné, enfin toute matière apte à conduire l'électricité. Enfin l'armature extérieure peut être simplement constituée par la main qui saisit le flacon. Toutefois la disposition usitée est préférable à toute autre : l'appareil est plus léger, et ses armatures métalliques sont plus efficaces.

C'est à Bévis, physicien anglais, que nous devons, à quelques légères modifications près, la bouteille de Leyde telle qu'on la construit aujourd'hui. Il imagina cette structure, non par des considérations théoriques, car alors le flacon de Musschenbrock

était absolument inexplicable, mais par des essais empiriques très
variés. Au milieu des ténèbres épaisses qui enveloppaient la question, Bévis cherchait en tâtonnant, et modifiait chaque jour l'appareil suivant les résultats obtenus la veille. C'est ainsi qu'il reconnut
d'abord que pour obtenir toute sa puissance, la bouteille doit être
en verre mince. D'autres tentatives lui apprirent que le contenu
primitif du flacon, l'eau dont se servait Cunéus, est très avantageusement remplacée par une matière métallique, en particulier
par de la grenaille de plomb. Enfin un trait de lumière des plus
heureux lui montra qu'avec une enveloppe extérieure d'étain ou
d'un autre métal, l'appareil donne des commotions bien plus fortes
que lorsque la main seule est appliquée sur le verre nu. La bouteille de Leyde était désormais constituée dans ses éléments fondamentaux.

Bévis établit enfin expérimentalement que la forme de la bouteille de Leyde n'est pour rien dans les effets obtenus ; et que
deux lames métalliques avec un verre mince interposé, donnent
les mêmes résultats quelle que soit la configuration adoptée. La
puissance de la source électrique ne remplit pas non plus un rôle
de premier ordre dans l'intensité de la charge de l'appareil. Que
la machine électrique soit forte ou faible, la bouteille de Leyde
finira par prendre même charge, parce qu'elle accumule et emmagasine, en quelque sorte, l'électricité. Cette charge dépend, avant
tout, de l'étendue superficielle des deux garnitures métalliques. Et
pour prouver son dire, Bévis imagina le *carreau fulminant,*
sorte de bouteille de Leyde qui perd sa forme de flacon pour
s'étaler en une lame plate.

Sur chaque face d'un carreau de vitre mince, on colle une
feuille d'étain en laissant largement déborder le verre de tout
côté. On a ainsi un condensateur qui se comporte absolument
comme la bouteille de Leyde. On le charge en mettant une de ses
armatures en rapport avec le sol, et l'autre avec le conducteur
d'une machine électrique. On le décharge, en mettant ses deux
armatures en communication au moyen d'un excitateur. Ainsi
disposé, le condensateur électrique n'est autre que le carreau
fulminant de Bévis.

L'une des expériences auxquelles il sert habituellement est la
suivante. Le carreau est placé à terre, en contact par son armature
inférieure avec une chaînette métallique qui déborde. Une seconde

chaînette métallique descend du conducteur de la machine électrique et arrive sur l'armature supérieure, au centre de laquelle on place une pièce de monnaie. Lorsque le carreau est chargé, une personne met son pied sur la chaînette de l'armature inférieure, et se baisse pour saisir la pièce de monnaie. Mais en touchant la pièce, elle établit une communication entre les deux armatures par l'intermédiaire de son corps ; de là, une violente secousse qui ébranle la personne du pied à la main et l'empêche de saisir l'objet. De nouvelles tentatives restent encore sans résultat, parce que la machine électrique, continuant à fonctionner, recharge le carreau à mesure qu'il se décharge par un attouchement.

Puisque la charge électrique est proportionnelle à l'étendue superficielle des armatures métalliques, il suffit d'augmenter cette étendue pour obtenir telle quantité d'électricité que l'on voudra. Conduit par ces considérations, Bévis imagina la *batterie électrique*, tandis que Franklin de son côté parvenait, en Amérique, à semblable résultat. Une batterie électrique est un assemblage de fortes bouteilles de Leyde nommées *jarres*. On appelle ainsi un vase en verre à large ouverture, recouvert au dedans comme au dehors d'une feuille d'étain, et rempli en outre de feuilles métalliques. Pour constituer une batterie électrique, on assemble plusieurs jarres dans une caisse tapissée d'étain, de manière que toutes les armatures extérieures communiquent par ce revêtement d'étain. Les armatures intérieures sont, de leur côté, mises en communication entre elles par des tiges qui vont d'une armature à l'autre (fig. 47). Au moyen de ces communications tant à l'intérieur qu'à l'extérieur, le tout forme une énorme bouteille de Leyde dont les armatures sont les deux sommes des armatures des diverses jarres.

Pour charger l'appareil, on met la tringle des armatures intérieures en rapport avec une machine électrique au moyen d'une chaînette en métal, et l'on fait communiquer les armatures extérieures avec le sol par l'intermédiaire d'une seconde chaînette adaptée à la poignée C, qui, elle-même, communique avec le revêtement d'étain de la caisse. Un petit pendule électrique *a*, suspendu au centre d'un demi-cercle gradué, indique, par la divergence de la balle de sureau, la tension de l'électricité libre de l'armature intérieure. Pour décharger la batterie, on fait communiquer par un excitateur la poignée C avec un point quelconque des tringles reliant les armatures intérieures.

Avec une batterie électrique, la commotion est très violente, et il y aurait grave imprudence à s'y exposer. Si la surface des armatures est considérable, la décharge peut tuer un animal

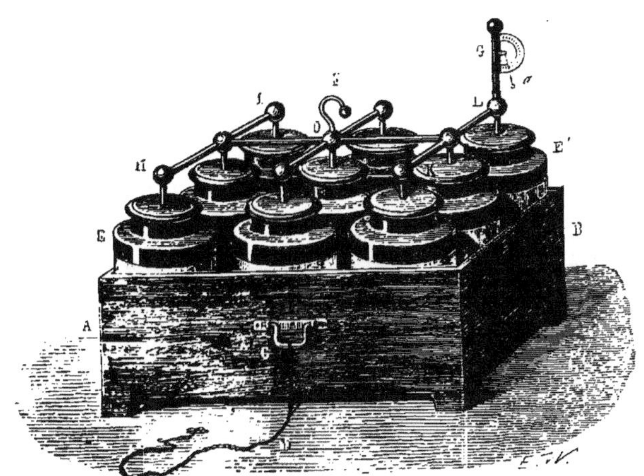

Fig. 47.

même de grande taille. Celui-ci est placé sur un corps bon conducteur communiquant avec l'armature extérieure de la batterie; et l'on fait communiquer un point de son corps avec l'armature intérieure par l'intermédiaire d'un excitateur. A l'instant de l'explosion, l'animal est pris d'un mouvement convulsif, et si la batterie est assez forte, il tombe mort. Les cadavres des animaux tués par la batterie électrique et ceux des animaux atteints par la foudre ont cela de commun qu'ils se putréfient les uns et les autres avec une grande rapidité.

CHAPITRE XL

Benjamin Franklin naquit à Boston, dans l'Amérique du Nord, en 1706. Il était le plus jeune de dix-sept enfants. Aussi trouvat-il dans la maison de son père, pauvre fabricant de chandelles et de savon, tout juste les ressources nécessaires pour apprendre à lire, à écrire et à compter. A dix ans, il est retiré de l'école et occupé à de menus services dans la maison. Il coupe des mèches pour les chandelles, et remplit les moules de suif; il sert les acheteurs à la boutique paternelle et fait les commissions. Son travail lui vaut quelque sous, dont il ne sait pas encore faire un judicieux emploi.

« Un jour, raconte-t-il lui-même, me voyant riche d'une poignée de monnaie de cuivre, je courais acheter des joujoux, quand vint à passer près de moi un petit garçon de mon âge, avec un sifflet dans les mains. Enchanté du son du sifflet, je proposai au camarade d'échanger toute ma monnaie pour son instrument. Bien volontiers il y consentit. Tout heureux de mon marché, que je croyais superbe, je retourne à la maison, où je ne discontinue pas de siffler, à ma très grande joie, mais aussi au très grand déplaisir des oreilles de la famille. Je dis l'échange magnifique que je venais de faire. Mes frères et mes sœurs se moquèrent de moi, disant que, pour l'argent donné, j'aurais eu, chez le marchand, de pareils sifflets par douzaines. Il me vint seulement alors à l'idée quelles belles choses j'aurais achetées avec ma monnaie, et je me mis à pleurer de dépit. Le regret de mon échange me causait maintenant plus de peine que le sifflet d'abord ne m'avait donné de plaisir.

» Ce petit événement me fit une impression qui ne s'est jamais effacée, et m'a servi en plus d'une circonstance. Depuis, lorsque je suis tenté par quelque chose d'inutile, je me dis à moi-même : *Ne donne pas trop pour le sifflet ;* et j'épargne ainsi mon argent. »

Quelques années de plus firent du naïf acheteur de sifflets un acheteur passionné de livres. Tourmenté du besoin de la lecture, le petit Franklin mettait toutes ses économies en livres, qu'il achetait volume par volume, pour les revendre, une fois lus, et avec l'argent s'en procurer d'autres. Après avoir essayé d'en faire un coutelier, son père, qui ne savait trop quel métier lui donner, songea à le mettre en apprentissage dans une imprimerie. L'enfant fut ravi de la proposition : là du moins il trouverait des livres autant qu'il en voudrait. Son frère Jacques, imprimeur à Boston, le prit pour apprenti.

Des livres lui sont prêtés, un à un, chaque soir. Il passe ses nuits à les lire, car le lendemain le travail de l'atelier lui laisse à peine quelques moments de liberté. Ces moments, si courts qu'ils soient, ne sont pas perdus. Pendant que son frère et les ouvriers vont prendre leur repas, il reste à l'imprimerie, dîne à la hâte d'un morceau de pain, de quelques fruits et d'un verre d'eau, et reprend jusqu'à leur retour ses lectures. C'est ainsi qu'il fit son instruction, sans ordre, au hasard, suivant les ouvrages qui lui tombaient entre les mains.

Quand il se crut l'intelligence suffisamment meublée d'idées et d'expressions, l'apprenti typographe s'essaya dans l'art d'écrire. Un matin, veillant bien à ce que personne ne le vît, il glissa une composition de sa plume sous la porte de l'imprimerie. Son frère aperçut le papier, lut l'article et le trouva digne du journal qu'il publiait. Le morceau parut imprimé et valut des éloges à son auteur inconnu. Entendant ces éloges, le jeune Franklin contint sa joie pour ne pas se trahir, et composa en cachette un second article qui eut l'heureux sort du premier. Après quelques essais semblables, il s'avoua comme l'auteur des écrits que, de temps à autre, à l'ouverture matinale de l'atelier, on trouvait sous la porte de l'imprimerie. Enchanté d'un tel collaborateur, son frère se l'associa comme rédacteur du journal. Franklin avait alors seize ans.

Son aptitude aux sciences physiques ne se fit jour qu'assez tard. Il avait atteint la quarantaine, lorsqu'il fut témoin par hasard de quelques unes des expériences électriques dont s'occupaient alors passionnément toutes les sociétés savantes de l'Europe, mais qui étaient encore peu connues dans la jeune Amérique. Répéter ces curieuses expériences, en imaginer d'autres et les montrer à ses amis, ce fut pour Franklin un projet aussitôt mis à exécution. Son instruction scientifique est nulle; n'importe : il apprendra. Il manque d'instruments, et ses ressources pécuniaires sont trop modestes pour lui permettre d'en faire venir d'Europe; ce n'est pas là pour lui une difficulté sérieuse : il en fabriquera. Le voilà donc constructeur d'appareils à son usage, tour à tour verrier, fondeur, ajusteur, menuisier, tourneur en métaux et en bois, et suppléant par l'étonnante dextérité de ses mains l'imperfection de ses outils improvisés. Un bon ouvrier, disait-il, doit au besoin savoir percer avec une scie et scier avec une percerette. Et c'est ce qui lui arrivait bien des fois, le manque de ressources le mettant dans l'obligation d'employer le même outil à des usages divers pour lesquels il n'était pas fait. Aussitôt un appareil construit et une nouvelle expérience imaginée, Franklin s'empressait de réunir quelques amis et de leur faire part de sa petite découverte. Son génie inventif ne tarissait pas en récréations électriques, dont quelques-unes sont restées dans nos classes et charment aujourd'hui les écoliers comme elles amusaient autrefois le cercle d'amis accourus autour de Franklin. Parmi ces divertissements, citons le *Tube-étince-lant*, le *Perce-carte*, le *Perce-verre*, le *Carreau magique*, le *Carillon électrique*, l'*Araignée* et le *Portrait de Franklin*.

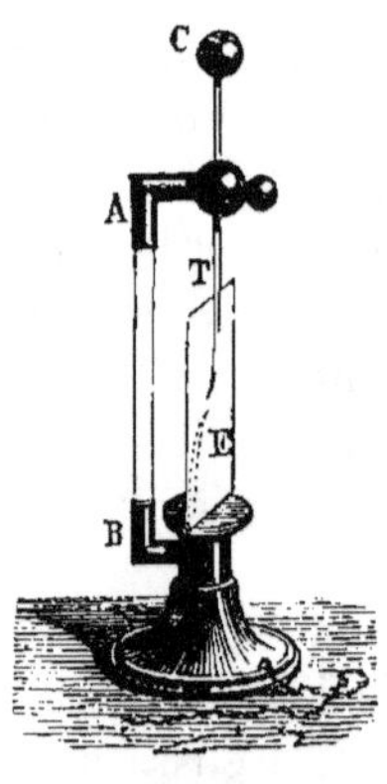

Fig. 48.

Entre deux pointes métalliques T, E (fig. 48) dont la supérieure est isolée par un support de verre A B, on met une carte. On prend une bouteille de Leyde par son armature extérieure, contre laquelle on applique une chaînette métallique communiquant avec le pied de l'appareil et par conséquent avec la pointe inférieure, et l'on présente l'armature intérieure au bouton C. L'étincelle jaillit entre les deux pointes, et la carte se trouve percée d'un petit trou sur le passage de l'électricité. Tel est le perce-carte de Franklin.

La décharge d'une batterie électrique peut transpercer une

mince lame de verre. On dépose cette lame sur un vase en verre B dont le fond porte une pointe métallique b en communication avec une chaînette E (fig. 50). Une seconde pointe a est isolée par deux supports en verre D et D'; les deux pointes sont presque

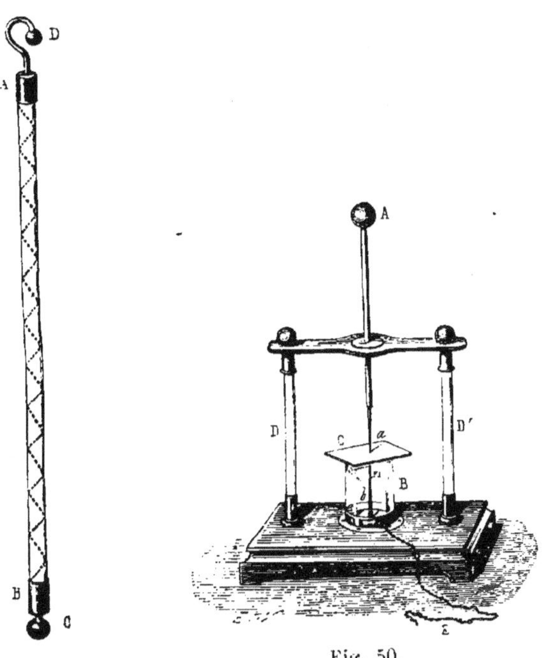

Fig. 49.

Fig. 50.

au contact de la lame de verre. On applique la chaîne E sur l'armature extérieure de la batterie, et l'on met en rapport l'armature intérieure avec le bouton A. Les deux électricités se recombinent à travers la lame de verre et la percent d'un trou rond et net, à contours mats, et quelquefois rempli de verre en poudre.

Le verre oppose une grande résistance au passage de l'électricité, aussi faut-il une puissante batterie pour percer une lame de verre de 1/2 millimètre environ d'épaisseur. Encore faut-il prendre certaines précautions : il faut mettre une goutte d'huile, mauvais conducteur, sur la lame de verre en face de deux pointes, sinon les deux électricités contournent la lame et se recombinent à travers l'air.

Pour multiplier l'étincelle électrique et produire des effets lumineux variés, le physicien de Boston employait des conducteurs interrompus, donnant un éclair à chaque solution de continuité. De ce nombre est le *Tube-étincelant* (fig. 49). C'est un tube de verre sur lequel est collée une série spirale de petits morceaux d'étain ou de clinquant de forme losangique et séparés l'un de l'autre par un léger intervalle. Une pièce métallique B C, A D, termine le tube de part et d'autre. Tenant l'appareil par B C, on présente A B à la machine électrique. L'étincelle jaillit, et l'électricité, se propageant par une suite de décompositions et de recompositions

Fig. 51.   Fig. 52.

le long de la spirale métallique, produit d'un bout à l'autre du tube une succession d'étincelles en chaque point d'interruption, de sorte que la spirale se dessine en un trait lumineux.

Le *Globe-étincelant* (fig. 51) reproduit les mêmes faits sous une autre forme.

Dans le *Carreau-étincelant* (fig. 52), un ruban étroit d'étain est collé sur une lame de verre. Replié de droite à gauche et de gauche à droite, il s'étend de l'extrémité supérieure à l'extrémité inférieure de la lame. Puis, avec une pointe, on trace à travers ce zigzag conducteur, le dessin que l'on se propose de faire apparaître par l'électricité. La pointe déchire le ruban métallique sur son passage et produit des solutions de continuité dont l'ensemble constitue la figure. Si maintenant l'extrémité supérieure du ruban conducteur est mise en communication avec une machine électrique, tandis que son extrémité inférieure communique avec le sol, des étincelles jaillissent simultanément en tous les points d'interruption, et la figure se manifeste en apparition lumineuse. Il est bien entendu que, pour être plus brillantes, ces expériences doivent être faites dans l'obscurité.

Une étincelle électrique, même fort médiocre, développe assez de chaleur pour allumer un corps très inflammable. Dans un petit vase en métal communiquant avec le sol par une petite chaînette métallique et munie d'un bouton au fond de la cavité, on met un liquide très facile à enflammer, par exemple de l'éther, ou tout simplement de l'alcool, en ayant la précaution de le chauffer d'abord un peu. Une personne montée sur le tabouret isolant met une main sur le conductenr d'une machine électrique et présente un doigt de l'autre main au bouton central du vase. Une étincelle jaillit et le liquide prend feu. On peut rendre l'expérience plus frappante encore en présentant au vase, non plus l'articulation d'un doigt, mais un bâton de glace que l'on tient à la main. La glace conduit bien l'électricité. L'étincelle jaillit donc entre la glace et le vase, et enflamme l'alcool.

Si l'étincelle était plus forte, si elle provenait de la décharge d'une batterie elle pourrait mettre feu à des matières moins inflammables que l'éther et l'alcool, à de l'amadou, par exemple, à de l'étoupe saupoudrée de résine. On emploie alors l'appareil de la figure 53 appelé *excitateur universel*. Il comprend deux tiges métalliques C, D, portées par deux pieds isolants A, B, et une tablette en bois E. Les deux tiges, articulées en F et G peuvent prendre la position que l'on désire, et rapprocher plus ou moins leurs extrémités en glissant dans une gaîne qui les maintient. On met sur la tablette le corps à enflammer, entre les extrémités des tiges. Si, par les extrémités opposées, on met ces tiges en rapport avec les deux armatures d'une batterie, l'étincelle jaillit à travers le corps, et celui-ci prend feu.

Un fil métallique *ab* (fig. 53) est tendu entre les deux tiges de l'excitateur universel. S'il est un peu gros, la décharge de la batterie électrique l'échauffe à peine; mais s'il est très fin, il est porté au rouge, ou même fondu, volatilisé. Ce sont du reste les métaux conduisant le moins l'électricité, comme le fer et le platine, qui, pour une même longueur et un même diamètre, éprouvent les effets calorifiques les plus puissants. Le cuivre, l'or, l'argent.

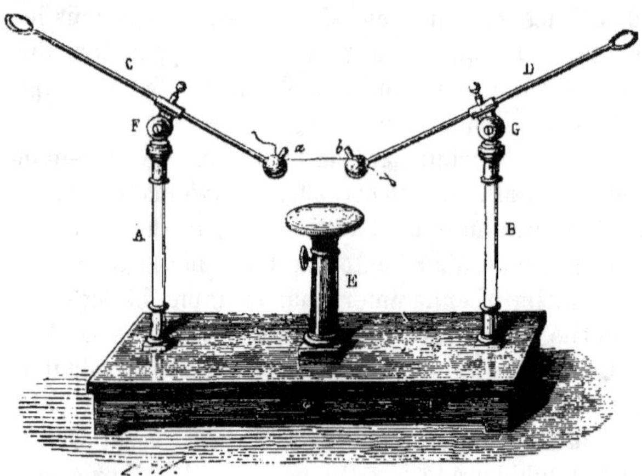

Fig. 53.

meilleurs conducteurs, rougissent, se fondent ou se volatilisent avec moins de facilité. Si le fil métallique *ab* est remplacé par un fil de soie doré, l'enveloppe métallique est volatilisée par la décharge de la batterie, et la soie n'éprouve aucune altération mal-

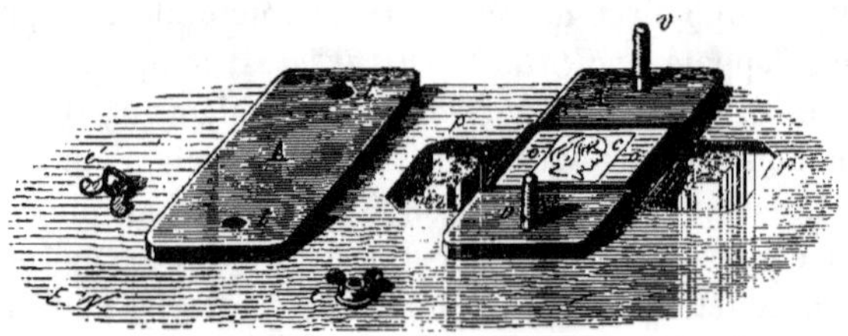

Fig. 54.

gré la chaleur excessive que suppose la réduction de l'or en vapeur.

La volatilisation de l'or en contact avec la soie, qui ne subit pas même un commencement de combustion, se retrouve dans l'expérience dite du portrait de Franklin. On découpe à jour dans une carte une figure, par exemple le portrait classique de Franklin. La carte se prolonge de droite et de gauche par une feuille d'étain p et p'; au-dessous d'elle on place un ruban de satin, et au-dessus une feuille d'or que l'on a soin de bien mettre en rapport avec les deux feuilles d'étain. Enfin le tout est mis en presse entre deux planchettes, que l'on serre à l'aide des vis v *et* v' et des écrous e et e' (fig. 54). On décharge alors une batterie en faisant communiquer ses armatures avec les feuilles d'étain. La feuille d'or se trouve ainsi sur le trajet de l'étincelle ; elle est volatilisée, et ses vapeurs, passant à travers la découpure, laissent sur le ruban de satin l'empreinte du portrait.

CHAPITRE XLI

L'une des expériences les plus originales que Franklin montrait à ses amis, dans ses soirées de physique amusante, est celle du *Tableau magique du roi et des conjurés*. Il est à regretter, pour la récréation des écoliers, que les cabinets de physique actuels ne possèdent rien d'analogue. En quelques mots, voici la chose.

On prenait une gravure représentant le roi d'Angleterre, « que Dieu bénisse », ajoute pour la forme Franklin, lui dont les aspirations démocratiques devaient bientôt prendre une si large part à l'indépendance de son pays. Les colonies américaines devenues depuis les États-Unis appartenaient alors à la couronne d'Angleterre ; c'est ce qui explique la révérencieuse parenthèse du physicien de Boston, ainsi que le titre et la tournure de son expérience. On prenait, disons-nous, un portrait du roi gravé, et l'on découpait grossièrement l'image en deux parties, l'une comprenant la figure, l'autre le restant du rectangle de papier. Sur la face postérieure de la première partie étaient collées avec de l'eau gommée et sans déborder, de minces feuilles métalliques, soit d'or, soit d'étain. Les choses ainsi préparées, on collait la partie comprenant la figure sur la face antérieure d'un carreau de vitre, et le reste de la gravure sur la face postérieure, de manière que les bords de l'entaille fussent bien en regard l'un de l'autre. De cette façon, la gravure paraissait intacte, bien qu'un fragment occupât le devant du carreau de vitre, et l'autre l'arrière. Puis on collait des feuilles d'étain sur toute la face postérieure du tableau, tant sur le verre nu de la partie centrale que sur le papier occupant les bords. Enfin une couronne en feuilles d'or était disposée sur la tête du roi et mise en rapport avec l'étain dont l'arrière de la figure était tapissé. Le tout, on le voit, constituait un carreau fulminant tel que nous l'avons déjà décrit, avec cette différence que les armatures métalliques étaient invisibles et cachées sous le papier de la gravure. Seule était visible la couronne du roi, faisant partie de l'armature supérieure. Une fois chargé, le tableau magique était assimilable à une forte bouteille de Leyde. Pour être commotionné, il suffisait de toucher à la fois les deux armatures.

Franklin, avec son air habituel de bonhomie mêlé d'un sourire, proposait à quelque spectateur naïf de prendre au roi sa couronne. L'invité saisissait sans méfiance le tableau d'une main, et touchait nécessairement du bout des doigts l'armature postérieure. Puis, au moment où, de l'autre main, il voulait prendre la couronne, les deux armatures se trouvaient en communication, et l'audacieux sacrilège se trouvait foudroyé par la majesté royale. D'autres fois des *conjurés* se tenaient par la main, en signe d'étroite alliance et de fidélité. Le premier de la série tenait le tableau d'une main, les doigts en contact avec l'armature de l'arrière; le dernier se rapprochait pour enlever la couronne. A l'instant tous les membres de la conjuration, rudement secoués, fléchissaient sur les jarrets. Enfin la terrible effigie, qui recevait si mal les gens assez audacieux pour toucher à la couronne, était inoffensive pour qui donnait témoignage de fidélité au prince en passant les mains sur le portrait, comme pour une caresse. Dans ce cas, on ne portait pas les doigts sur l'armature supérieure et la décharge du carreau fulminant ne pouvait avoir lieu.

De telles expériences, si habilement imaginées, ne pouvaient manquer d'intéresser le public. Franklin, dont l'esprit se portait si volontiers vers le côté pratique des choses, vit dans ces récréations électriques un moyen d'instruction populaire en même temps que de bénéfice pour celui qui s'en ferait le démonstrateur. Il en parla à son voisin Kinnersley, homme fort ingénieux, qui ne savait comment occuper ses loisirs. Sa proposition agréée, Franklin lui rédigea quelques discours, où les expériences étaient données et expliquées de telle manière que la précédente faisait comprendre celle qui la suivait. Sur ses indications, des appareils élégants furent construits par des ouvriers spéciaux, et remplacèrent le grossier outillage que l'inventeur s'était fabriqué lui-même.

Ainsi muni de prose et d'instruments, Kinnersley s'adressa d'abord
an public de Boston. Les séances furent si bien suivies, et donnèrent telle satisfaction, que bientôt après le démonstrateur parcourut les colonies d'une ville capitale à l'autre. Il revint de ses
tournées électriques riche de quelque
argent, ajoute le positif Franklin.

Du reste Kinnersley ne se bornait pas
à réciter un discours appris, et à répéter pour de l'argent, devant le public,
les expériences qu'on lui avait ensei-
gnées; l'ingénieux voisin, comme Franklin l'appelle, fournissait parfois sa part
d'idées. Il ne fut pas étranger à l'originale invention du tableau magique; et
un petit appareil imaginé par lui, l'*appareil de Kinnersley*, rappelle aujour-
d'hui son nom dans les cabinets de physique.

Deux tubes en verre d'inégal calibre
A et B, communiquent entre eux (fig. 55).
Ils sont remplis au même niveau $x\,x'$
d'un liquide coloré. Deux tiges métalliques s'engagent dans le gros tube et se

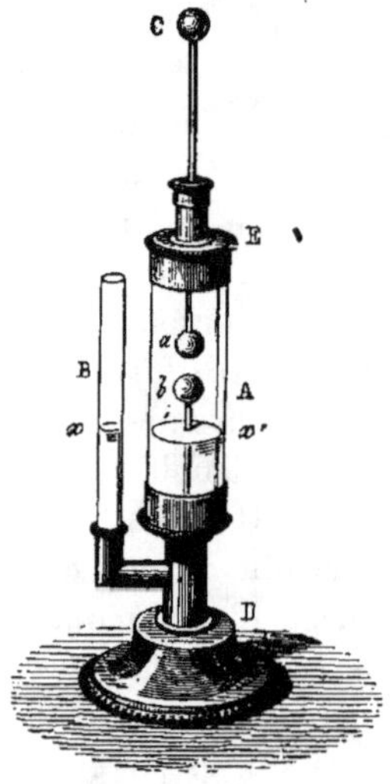

Fig. 55.

terminent par deux boutons a et b, à une petite distance l'un
de l'autre. Si l'on fait jaillir l'étincelle d'une bouteille de Leyde
entre ces deux boutons, l'air au milieu
duquel la décharge a lieu, éprouve une
expansion subite qui refoule le liquide
dans le canal latéral et le fait monter
de x en B par exemple. Immédiatement
après, l'air reprend son volume primitif
et le liquide redescend au niveau x.

Cette expansion de l'air est suffisante
pour lancer un projectile au moyen du
mortier électrique. Un petit mortier en

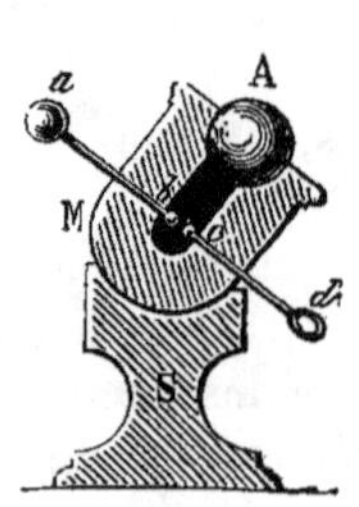

Fig. 56.

ivoire M (fig. 56) reçoit au fond de sa cavité deux tiges métalliques
se terminant par des boutons b et c, à une petite distance l'un de
l'autre. Une boule A est disposée à l'orifice du mortier. Si l'on
met les extrémités des tiges a et d en rapport avec les deux arma-

tures d'une bouteille de Leyde, l'étincelle jaillit dans l'intérieur du mortier, et l'expansion soudaine de l'air chasse la boule A.

Mais reprenons la physique amusante de Franklin. Et d'abord le *carillon électrique*. Une tringle en métal est suspendue à la machine électrique par un crochet également en métal. A cette tringle sont suspendus trois timbres D, B, O, (fig. 57); les deux extrêmes D et O, sont soutenus l'un et l'autre par une chaînette métallique; celui du milieu est soutenu par un fil mauvais conducteur, un fil de soie par exemple, mais il communique avec le sol par une chainette en métal. Enfin dans les intervalles sont des balles métalliques appendues à des fils de soie.

La machine fonctionne; elle fournit de l'électricité positive aux deux timbres extrêmes, en communication avec elle par des conducteurs métalliques. Considérons en particulier le timbre O. Il décompose par influence l'électricité neutre de la balle voisine, attire l'électricité négative dans la moitié qui lui fait face et repousse l'électricité positive dans la moitié opposée. La balle est ainsi soumise à la fois à une attraction et à une répulsion de la part du timbre : attraction sur son hémisphère de droite, électrisé négativement; répulsion sur son hémisphère de gauche, électrisé positivement. Mais l'attraction est plus forte que la répulsion à cause d'une distance moindre, car les attractions et les répulsions électriques diminuent rapidement d'intensité à mesure que la distance augmente.

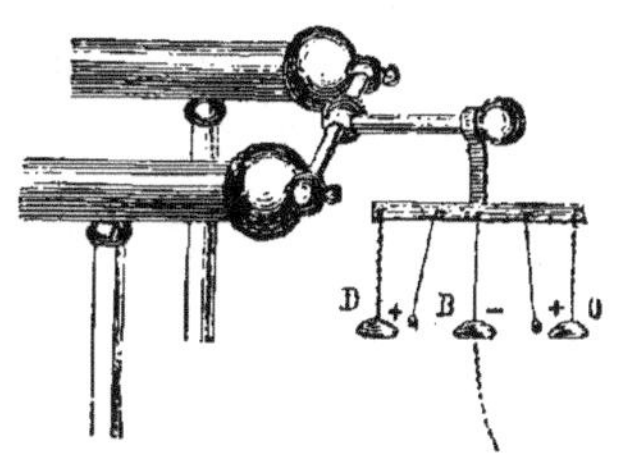

Fig. 57.

L'attraction, disons-nous, l'emporte sur la répulsion par suite d'une moindre distance. La balle se porte donc sur le timbre et le choque. Après le choc, l'électricité négative de la balle se trouve combinée avec une proportion équivalente d'électricité positive fournie par le timbre, et le tout devient électricité neutre. De la sorte la balle n'est plus chargée que d'électricité positive, et par conséquent elle est repoussée par le timbre, constamment maintenu à l'état positif par le jeu de la machine. La balle repoussée va choquer le timbre B. En le touchant, elle entre en communication avec le sol, à cause de la chaînette métallique qui va de ce timbre à terre, et par suite elle se décharge. La balle est ainsi ramenée à l'état neutre. Mais aussitôt le même ordre de faits recommence. Le timbre O décompose de nouveau par influence son électricité neutre. De là résulte une seconde attraction, suivie d'une répulsion ; et ainsi de suite, tant que la machine fournit de l'électricité au timbre. La balle va donc alternativement du timbre O au timbre B, et de celui-ci au premier, en carillonnant dans ces allées et venues. La seconde balle en fait autant entre le timbre D et le timbre B.

Le carillon électrique imaginé par Franklin, quoique basé sur .les principes que nous venons d'exposer, différait du précédent en ce que la source d'électricité était une bouteille de Leyde. Pour en comprendre le jeu, il est nécessaire de revenir encore sur cette bouteille, le principal appareil dont Franklin faisait usage dans ses récréations électriques.

Nous avons déjà dit que la charge de la bouteille de Leyde est limitée par une cause inhérente à l'appareil lui-même ; et cette cause nous l'avons passée sous silence, nous réservant de la développer ici : — L'électricité de l'armature extérieure est en entier dissimulée ; il n'y a en elle aucune tendance à l'écoulement. Et, en effet, puisque cette armature, tenue à la main, communique avec le sol, si elle possédait la moindre quantité d'électricité libre, cette électricité s'écoulerait infailliblement. Pour rendre ainsi latente l'électricité négative, pour la mettre dans un état où elle semble ne plus exister, il y a en jeu l'attraction exercée sur elle par l'électricité positive de l'armature intérieure. Mais celle-ci agit à travers le verre, elle agit à distance, ce qui amoindrit son action ; il faut donc qu'elle soit en plus grande abondance afin de suppléer par cet excédent en quantité à l'affaiblissement de puissance attractive causé par la distance. Précisons mieux encore.

On admet que pour se neutraliser complètement l'une et l'autre, les deux électricités contraires s'associent en quantités égales. Ici l'une des deux électricités, celle de l'armature extérieure, est comme neutralisée par celle de l'armature intérieure. Mais l'attraction de celle-ci est affaiblie par la distance ; malgré cela, la dissimulation totale a lieu. Nécessairement, l'électricité positive est donc plus abondante que l'électricité négative, et se trouve en partie libre. Effectivement, si l'on approche le pendule électrique de l'armature intérieure, la balle de sureau est fortement attirée ;

tandis que l'armature extérieure n'exerce aucune attraction. Or, à mesure que la charge augmente, la proportion d'électricité libre de l'armature intérieure s'accroît, et quand la tension de cette électricité libre est devenue égale à celle de la machine, la bouteille de Leyde a atteint l'extrême limite de la charge.

Déposons la bouteille chargée sur un corps isolant, par exemple sur un disque de résine. Son armature intérieure attire le pendule à cause de l'électricité libre qu'elle contient ; son armature extérieure n'exerce pas, au contraire, d'action sur la balle parce que son électricité est en entier latente. Si donc on touche le bouton de l'armature intérieure soit avec l'articulation d'un doigt,soit avec un corps bon conducteur quelconque, une petite étincelle jaillit, provoquée par l'électricité libre de cette armature.

Mais après l'étincelle, les rôles sont changés : l'armature intérieure ne possède que de l'électricité dissimulée, et par conséquent l'extérieure à son tour en possède de libre, puisqu'elle dissimule en entier à distance la charge de l'autre. Et, en effet, c'est maintenant l'armature extérieure qui attire le pendule, tandis que l'armature intérieure ne l'attire plus. Le doigt approché de l'armature extérieure amène la production d'une étincelle. Après cela, les rôles changent encore, et c'est l'armature intérieure qui, prédominant en électricité, fournit la troisième étincelle.

En portant à tour de rôle l'articulation du doigt d'une armature à l'autre, on décharge ainsi la bouteille par une série de petites étincelles, de plus en plus faibles à mesure que les contacts alternatifs se répètent. Ces contacts, du reste, peuvent être fort nombreux avant que la bouteille de Leyde soit en entier déchargée. Nous venons de dire que, pour effectuer ces décharges successives, il fallait disposer la bouteille sur un corps isolant. Effectivement, si la bouteille reposait directement sur un objet bon conducteur, sur une table par exemple, cet objet, le sol, le corps de l'opérateur et la main, formeraient un conducteur continu, qui mettrait en rapport les deux armatures au moment où l'on toucherait le bouton de la tige ; et les deux électricités se recombineraient par cette voie en commotionnant la personne.

Le carillon électrique de Franklin est mis en action par de pareilles décharges successives. Concevons une bouteille de Leyde dont la tige soit droite et porte un timbre métallique. Elle repose par son armature extérieure sur un corps bon conducteur, une planchette en bois revêtue d'étain. Sur la même planchette sont fixés, de droite et de gauche de la bouteille, deux timbres ayant chacun pour support une tige de métal. Enfin entre le timbre de la bouteille et les timbres voisins sont appendues, avec des fils de soie, deux balles métalliques. Avec cette disposition se répètent les faits dont nous avons parlé quand la source électrique est la machine elle-même.

L'électricité libre du timbre faisant partie de l'armature intérieure de la bouteille, attire les balles voisines, puis les repousse. Ces balles vont donc choquer les timbres latéraux communiquant avec le sol, et par ce contact retombent à l'état neutre. Mais en attirant les balles, l'armature intérieure a perdu son léger excès d'électricité libre; de manière que sa charge se trouve un instant en entier dissimulée. Cet instant est d'une durée inappréciable, car aussitôt l'armature extérieure devient à son tour électriquement prédominante, et comme elle communique directement avec le sol, elle laisse écouler son électricité libre pour ne plus posséder que de l'électricité latente. L'armature intérieure se trouve donc de nouveau posséder de l'électricité libre, ce qui amène une seconde attraction des balles, suivie d'une répulsion. Et les mêmes faits recommencent, pour se répéter un très grand nombre de fois, les balles allant du timbre de la bouteille, aux timbres

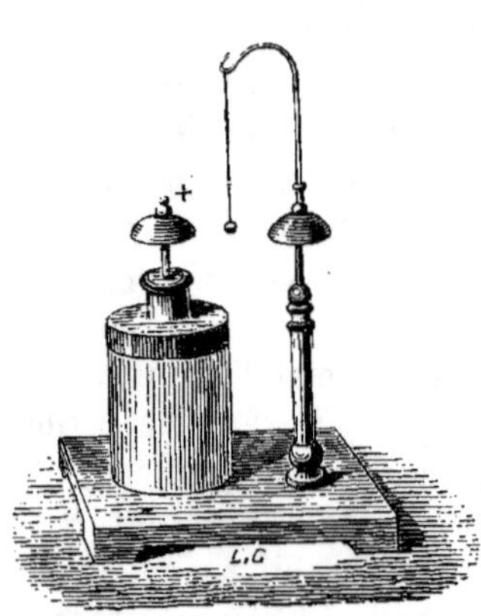

Fig. 58.

latéraux, où elles se déchargent. De là résulte un carillonnement très vif d'abord, mais qui se ralentit à mesure que le moteur, la bouteille, déperd son électricité. En somme, c'est encore ici une décharge successive de la bouteille de Leyde. L'électricité, tour à tour libre sur chacune des armatures, s'écoule d'une part au moyen des balles, d'autre part au moyen du corps bon conducteur sur lequel la bouteille repose. Le second écoulement électrique passe inaperçu; le premier seul est rendu sensible par les rapides allées et venues des balles entre les deux timbres qui limitent les excursions de chacune.

Dans l'appareil qui précède, remplaçons les timbres par de simples boules métalliques ; et les balles par deux petits morceaux de liège configurés en forme d'araignée et légèrement carbonisés à la surface, ce qui rend le liège meilleur conducteur.

L'appareil, que l'on peut simplifier en le réduisant à une seule boule latérale et à un seul morceau de liège, ne sera autre chose que l'*Araignée de Franklin*. La petite figure de liège se transportera sur la boule de la bouteille puis sur la boule voisine, pour revenir de l'une à l'autre alternativement ; et cela avec une certaine lenteur parce que l'électricité se propage sur le liège avec difficulté. On aura ainsi l'image d'une araignée véritable qui, suspendue à son fil de soie, mollement se balance entre deux rameaux voisins.

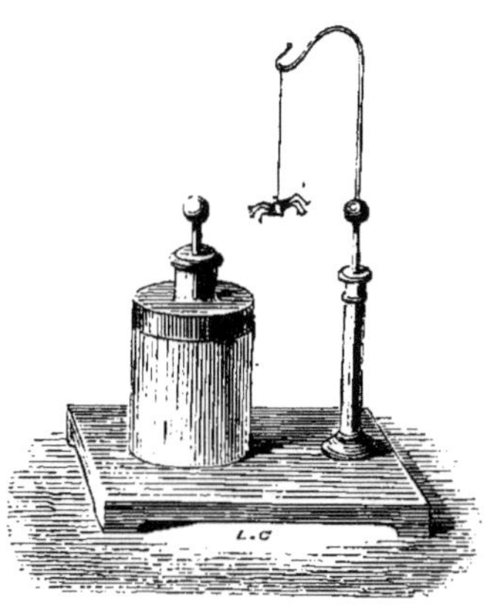

Fig. 59.

Aux boules substituons des fleurs métalliques et à l'araignée un papillon également en liège, mais que nous aurons soin de peindre de vives couleurs, afin que l'illusion soit plus complète. Le papillon électrique se comportera comme celui des champs, qui voltige vers une fleur, s'y repose un instant, la quitte, va vers une autre, revient à la première et l'abandonne encore.

CHAPITRE XLII

Nous venons de décrire quelques-unes des expériences les plus saillantes au moyen desquelles Kinnersley, guidé par Franklin, amusait son public quand il allait de ville en ville donner, pour de l'argent, des séances électriques. On affluait à ces récréations, où le démonstrateur débitait une prose qui n'était pas la sienne et répétait les inventions originales dont il n'était pas l'auteur. La foule eut été bien plus grande si l'inventeur lui-même avait pris la parole et répandu à flots, dans son auditoire, les vives lumières de son lucide esprit ; s'il avait pu surtout convier le public à des expériences dans le genre de celle que nous allons rapporter.

« Nous sommes quelque peu honteux, dit Franklin dans l'un de ses récits, de ce que nos expériences n'ont jusqu'ici rien produit d'utile pour le genre humain. Comme arrive maintenant la saison des grandes chaleurs, fort peu favorable à la réussite des expériences électriques, nous nous proposons de terminer cette année-ci nos essais un peu gaiement, par une partie de plaisir sur les bords de la rivière. On allumera de l'esprit-de-vin en envoyant une étincelle d'un rivage à l'autre à travers la rivière, sans autre conducteur que l'eau. On tuera par le choc électrique un dindon destiné à notre dîner ; on le rôtira à la broche électrique devant un feu allumé électriquement, et l'on boira aux santés de tous les fameux électriciens dans des tasses électrisées, au bruit de détonations de l'électricité. »

Et il fut fait comme l'annonçait l'original programme, où les termes électriques s'entassent à plaisir. Une bouteille de Leyde, transmettant sa décharge d'un bord de la rivière à l'autre par l'intermédiaire d'un fil métallique et de l'eau, alluma de l'esprit

de vin, qui fournit de la flamme pour mettre le feu à des broussailles sèches et enfin au gros bois du foyer préparé en vue du
rôti. De puissantes jarres commotionnèrent le dindon jusqu'à le
tuer; et cette maîtresse pièce du dîner fut mise à une broche
soutenue par des supports isolants et reliée à une machine électrique. Les conviés pouvaient donc, lorsque la fantaisie leur en
venait, tirer des étincelles soit de la pointe de la broche, soit du
dindon lui-même, tandis que celui-ci prenait devant la flamme
une appétissante couleur dorée. Un punch fut allumé électriquement dans un grand bol métallique; et des tasses en verre circulèrent à la ronde, pleines de la chaude boisson électrisée et aptes
à commotionner les buveurs, comme l'avaient fait dans le temps
le flacon plein d'eau et le verre à bière des premiers qui éprou-
vèrent la secousse électrique. Et tandis que les joyeux convives
buvaient électriquement à la santé des électriciens de Hollande,
d'Angleterre, de France et d'Allemagne, l'artilleur de la compagnie accompagnait les toasts de la décharge d'une batterie électrique.

Un point, un seul, était insuffisant dans ce dîner célèbre : c'é-
tait l'artillerie, non en rapport avec l'enthousiasme des convives.
La décharge d'une batterie électrique, si puissante qu'elle soit,
n'est pas une détonation mais bien un claquement sec comme en
produit un vif coup de fouet. Il manquait à Franklin un appareil
inconnu de son temps, le *pistolet de Volta*, dont les détonations
auraient dignement rempli les intermèdes du repas électrique.
Disons en quoi consiste le tonnant engin.

L'étincelle électrique peut produire la combinaison de certains
corps simples mélangés; comme aussi elle peut détruire certaines
combinaisons et ramener le corps composé à ses éléments chimiques. L'eau, en particulier, résulte de l'association de deux
gaz, oxygène et hydrogène, dans la proportion de 1 volume du
premier et 2 volumes du second. Préparons un mélange de ces
deux gaz dans le rapport voulu. Pour associer intimement les
deux gaz mélangés et en faire de l'eau, une simple étincelle électrique suffit. On donne à l'expérience, une tournure plus frappante
avec le pistolet de Volta (fig. 59).

C'est un vase métallique A, muni d'un goulot dans lequel s'engage un solide bouchon de liège B, et d'une tubulure latérale *b*,
dans laquelle plonge une tige métallique *a*. La figure reproduit à

part la disposition de cette tubulure. La tige métallique *a* se termine à une petite distance de la paroi du vase par un bouton *a'*;

Fig. 59.

et pour ne pas avoir de communication avec le vase, elle est engaînée dans un petit tube de verre *cc'*. Le tout, tige et gaîne de verre, est solidement fixé dans la tubulure *b*. On remplit le pistolet du mélange gazeux, on met le bouchon, et tenant l'appareil à la main, on présente la tige *a* au conducteur d'une machine électrique. Une étincelle jaillit entre le conducteur et la tige, suivie immédiatement d'une autre, qui jaillit au sein même du mélange gazeux, entre le bouton *a'* et la paroi A. Le mélange gazeux aussitôt détone avec une violence extrême, et le bouchon est chassé avec fracas. Un peu de vapeur d'eau résulte de l'association chimique des deux gaz.

Pour abréger, d'ordinaire on fait détoner le pistolet de Volta comme il suit. On introduit un peu d'hydrogène dans le pistolet en présentant son orifice à un jet de ce gaz. On a bien soin de ne pas remplir en entier le vase d'hydrogène, et d'y laisser abondamment de l'air, qui contient lui-même de l'oxygène. Le mélange détonant se trouve ainsi tout fait, et l'appareil est prêt à fonctionner. Voilà vraiment l'artillerie qu'il fallait à Franklin pour célébrer le dindon et le punch électriques. Avec des dimensions un peu fortes, l'appareil eut, de ses détonations, éveillé tous les échos d'alentour.

Dans ce divertissement, où la bonne chère se mêle à la science, un trait surtout est à noter : c'est l'inflammation de l'esprit de vin par l'étincelle électrique à travers la masse d'eau d'une rivière. L'idée première de ce transport du feu électrique à travers l'eau n'appartient pas à Franklin, qui répète ici uniquemment des faits déjà connus. Racontons de quelle manière la science a été mise en possession d'une vérité si étrange au premier abord : le feu et l'eau non incompatibles.

Lorsque fut un peu répandue l'expérience de nombreuses personnes se donnant la main et formant la chaîne pour recevoir à la fois la commotion électrique, chacun fut frappé de la simultanéité de la secousse d'un bout à l'autre de la série. Si longue que fût la chaîne, si nombreuses que fussent les personnes disposées à la file l'une de l'autre, toutes tressaillaient au même instant, et il était impossible de saisir le moindre intervalle entre la commotion de la première et celle de la dernière. Il fallait donc que l'électricité se propageât avec une rapidité extrême, avec laquelle rien encore n'avait habitué.

Les premières recherches dans cette voie furent entreprises par un physicien français, par Lemonnier. Un cercle de personnes fut formé, reliées l'une à l'autre par de longues chaînettes métalliques, dont quelques-unes traînaient à terre ou bien plongeaient dans l'eau de baquets disposés de distance en distance, ou bien encore s'enroulaient autour de divers objets. Malgré cette disposition complexe, qui mettait le conducteur en rapport ici avec l'eau et là avec le sol, la commotion d'une bouteille de Leyde se fit ressentir à toutes les personnes et au même instant.

Variant son expérience, Lemonnier fit usage d'un fil de fer d'une lieue environ de longueur. Une partie du conducteur traînait dans un champ nouvellement labouré, une autre traversait une prairie dont les herbages ruisselaient de rosée, une autre encore s'étendait sur des haies ou bien s'enroulait autour de quelques arbres. Ce fil revenait sur lui-même appliqué par un bout à l'armature extérieure d'une bouteille de Leyde, tenu à l'autre bout par Lemonnier. Au moment où l'expérimentateur approchait de l'armature intérieure un doigt de l'autre main, une étincelle jaillissait et la commotion était éprouvée, sans intervalle appréciable entre la lueur électrique et la secousse. Un circuit métallique plus long fut vainement employé, et Lemonnier finit par reconnaître que la rapidité de la propagation électrique échappait à ses investigations. Tout ce qu'il pouvait affirmer c'est que l'électricité se propage au moins trente fois plus vite que le son, progressant lui-même à raison de 340 mètres par seconde. Ce résultat dut singulièrement étonner les contemporains, et néanmoins il est bien au-dessous de la vérité. Avec sa montre à secondes et son conducteur long d'une lieue au plus, Lemonnier ne pouvait absolument pas soupçonner l'inconcevable vitesse de la propagation électrique. Des expériences d'une exquise délicatesse entreprises depuis, ont montré que, pour faire de 11 à 12 fois le tour de la terre dans un conducteur métallique, l'électricité mettrait une seconde. Qu'il y a loin entre cette vitesse, rivalisant avec la rapidité de la lumière, et celle que Lemonnier évaluait trente fois supérieure à celle du son! N'importe : le résultat obtenu par le savant académicien n'en est pas moins remarquable, en considération surtout de la grossière méthode mise en usage.

Lemonnier voulut savoir enfin ce qui adviendrait si une large nappe d'eau faisait elle-même partie du circuit. Les bassins des Tuileries et du Jardin du roi furent choisis pour cette expérience. Une chaîne métallique plongeait par un bout dans l'eau du bassin; elle longeait ensuite le bord, couchée à terre, et parvenait à l'autre extrémité du diamètre, où une tige métallique était en partie immergée dans l'eau, soutenue verticalement par un flotteur de liège. Là, Lemonnier saisissait d'une main le bout de la chaîne, tandis qu'il tenait de l'autre une bouteille de Leyde chargée. Il lui suffisait d'approcher l'armature intérieure du bouton terminant la tige flottante, pour être commotionné comme si le conducteur eût été uniquement formé d'un fil métallique. L'électricité pouvait donc se propager à travers une masse d'eau, et la propagation y était aussi rapide que dans un fil de métal.

Ces expériences eurent du retentissement en Angleterre, où Bevis et Cavendish se proposèrent de les répéter sur une plus grande échelle. La décharge de la bouteille de Leyde devait traverser toute la Tamise. D'un bord à l'autre, un fil métallique fut tendu, soutenu par des bateaux de distance en distance. Par un bout, il plongeait dans l'eau du fleuve; à l'autre bout, il communiquait avec l'armature extérieure d'une bouteille de Leyde déposée sur un corps isolant. A proximité, l'eau du fleuve recevait soit une chaînette métallique soit une tige en métal soutenue par un flotteur. Si une personne pressait d'une main la chaînette partiellement immergée et venait toucher de l'autre l'armature intérieure, le circuit se trouvait complété et la commotion avait lieu, aussi forte que si la largeur du fleuve n'était pas interposée.

Puisque l'étincelle jaillissait malgré l'interposition de la Tamise sur le trajet de l'électricité, il était donc possible d'enflammer de l'esprit de vin avec le feu électrique traversant les eaux du fleuve. La bizarre expérience fut tentée, et elle réussit à la grande surprise de tous les assistants. Plus surpris encore, pour ne pas dire incrédules, furent ceux qui ne connurent le fait que par ouï dire. On n'osait ajouter foi à ce feu issu du sein de l'eau. Passe la commotion, mais le feu! Comment admettre que la Tamise soit traversée par ce qui enflamme l'alcool! Les expérimentateurs certainement avaient été dupes de quelque circonstance inaperçue. Bevis et Cavendish étaient néanmoins sûrs du fait. Ils le répétèrent si souvent et si bien, qu'il fallut, même pour les plus incrédules, se rendre à l'évidence. La science venait de s'enrichir d'une vérité nouvelle, des plus paradoxales au premier aspect. On communiqua à Musschenbroek l'étrange expérience, ainsi que quelques autres faites par les mêmes physiciens anglais sur la rapidité de propagation de l'électricité, soit à travers l'eau soit à travers le sol. Le savant hollandais était dans le ravissement. Que n'eût-il pas dit, lui qui, pour la couronne de France, affirmait-il, ne se serait exposé une seconde fois à la commotion; que n'eût-il pas dit si du flacon qui venait de le terrifier, il avait vu jaillir un incendie se propageant à travers la masse d'eau d'un fleuve!

Pour allumer le feu destiné à rôtir le dindon du repas électrique, Franklin ne faisait donc que répéter, avec une originale mise en scène, l'expérience de Bevis et Cavendish à travers la Tamise. En démontrant ainsi à ses amis soit les résultats obtenus par les autres, soit les inventions de physique amusante dont il était lui-même l'auteur, le physicien de Boston fut peu à peu conduit à l'étude approfondie de la bouteille de Leyde, son principal appareil. Un homme doué d'un esprit si perspicace et d'une réflexion si puissante, ne pouvait être satisfait avec de simples joujoux électriques; il sentait trop bien que ses divertissements seraient puérils si de leur interprétation ne surgissait quelque importante vérité. Son attention se concentra sur le mode d'action de la bouteille de Leyde, encore enveloppé du plus profond mystère. Voilà donc qu'un homme sans instruction première, physicien par hasard et à moments perdus, sans livres, sans ressources, se fabriquant de ses mains de grossiers appareils, s'attaque au problème obscur qui jusqu'ici avait tenu en haleine, sans aucun résultat, les plus célèbres capacités de l'Europe savante; et il s'y attaque si bien, avec tant de sagacité et de patience, que le plein jour se fait.

Citons l'une de ses recherches en ce sujet ardu; nous verrons avec quelle lumineuse simplicité opérait Franklin. Il veut démontrer que l'électricité ne réside pas sur les armatures mais bien sur les faces du verre. Sa bouteille de Leyde est un flacon plein d'eau, qu'il électrise à la manière de Cunéus et Musschenbroeck et qu'il dépose sur un objet isolant. Il en fait passer alors le contenu dans un autre flacon. Si l'électricité réside dans l'armature, elle doit avoir accompagné l'eau transvasée, cette eau ayant fait office d'armature intérieure. Mais il n'en est rien : le flacon où le transvasement s'est opéré, ne donne aucun signe électrique. Où se trouve donc l'électricité première? Elle se trouve à l'intérieur du flacon maintenant vide; elle adhère à la face même du verre. Pour le prouver sans réplique, Franklin remplit de nouveau la bouteille de Leyde, non avec l'eau électrisée au début, mais avec de l'eau puisée dans la première carafe venue et n'ayant en rien subi l'influence de la machine électrique. La bouteille de Leyde se trouve ainsi reconstituée, sans le moindre affaiblissement dans la charge malgré le changement complet de son contenu. A quoi sert donc l'armature puisque l'électricité l'abandonne pour se porter exclusivement sur la face du verre? Elle sert uniquement de bon conducteur tant pour la charge que pour la décharge. Pareille chose doit se dire de l'armature extérieure.

La démonstration de ce fait s'obtient aujourd'hui avec l'appareil connu sous le nom de *bouteille de Leyde à armatures mobiles*. Trois pièces le composent, l'une A (fig. 60) est un vase mé-

Fig. 60

tallique; la seconde BD est un vase en verre enduit supérieurement de cire d'Espagne; la troisième CE est encore en métal et porte une tige pareille à celle de la bouteille de Leyde ordinaire. Si l'on met la pièce métallique CE dans le vase en verre BD, et l'ensemble des deux dans le vase métallique A, on aura une véritable bouteille de Leyde, c'est-à-dire deux corps bons conducteurs séparés par une lame isolante de verre.

On charge l'appareil comme à l'ordinaire; on le dépose sur un

corps isolant, et à l'aide de baguettes de verre on retire l'armature intérieure ainsi que le vase en verre. La bouteille de Leyde
se trouve ainsi démontée en trois pièces, reposant toutes sur le
support isolant. Or, il se trouve que l'armature intérieure ne
donne maintenant qu'une étincelle très médiocre, ou même n'en
donne pas du tout. Il en est de même de l'armature extérieure.
Si ces deux armatures avaient emporté avec elles les électricités
continues dont la bouteille était chargée, elles devraient donner
l'une et l'autre une forte étincelle, puisque leur électricité serait
libre, n'étant plus sous l'influence de l'électricité contraire. Or
c'est ce qui n'a pas lieu.

Mais si l'on rétablit la bouteille de Leyde en remettant les trois
pièces en place, on obtient une vive étincelle quand, avec un excitateur, on fait communiquer les deux armatures. L'électricité
était donc accumulée sur les deux faces de la lame isolante, elle
adhérait au verre, mauvais conducteur.

Franklin reconnut encore que les deux armatures d'une bouteille de Leyde sont chargées d'électricités contraires, qu'il
nomma positive et négative d'après une théorie de son invention,
plus simple que celle de Symmer, mais non adoptée dans l'usage.
Il établit que ces deux électricités contraires se dissimulent par
leur attraction mutuelle, de manière que ne faisant plus effort
pour s'écouler, la charge de la bouteille devient incomparablement plus forte qu'elle ne le deviendrait sur un simple conducteur; enfin il donna de l'appareil de Musschenbroek une explication très lucide que les recherches ultérieures n'ont fait que
confirmer. L'interprétation rationnelle de la bouteille de Leyde,
tel est donc le travail sérieux par lequel Franklin a débuté dans
la carrière électrique, qu'il devait parcourir avec tant de gloire
pour lui et tant d'avantages pour ses semblables.

CHAPITRE XLIII

La foudre, ce redoutable météore si imposant dans ses manifestations, si terrible dans ses effets, a de tout temps vivement impressionné l'esprit de l'homme ; et néanmoins c'est presque de nos jours que la nature en a été dévoilée. Sur la cause de l'éclair et du tonnerre, sur les moyens surtout de conjurer le péril, l'antiquité ne nous a transmis que des contes absurdes, qui nous feraient venir le sourire s'il était permis de prendre en dérision les premiers pas chancelants de l'humanité. Elle nous dit, par exemple, qu'un certain Salmonée, roi d'Epire, imitait le bruit du tonnerre en lançant à toute vitesse son char d'airain sur un pont également en airain. Le bruit tonitruant artificiel s'entendait de toute la Grèce. Les dieux, jaloux de ce vacarme, prérogative de leur ciel, en un jour d'orage, foudroyèrent l'impie imitateur. Jupiter ne pouvait décemment se laisser déposséder de ses foudres par l'homme.

Le second roi de Rome, le sage Numa Pompilius, eut garde de se laisser aller à cet excès d'audace ; il se proposait, non d'imiter le tonnerre, mais d'écarter s'il était possible, d'amoindrir autant que les dieux le permettaient, le danger de la foudre. Vingt-quatre siècles plus tard, les Franklin, les de Romas, devaient poursuivre un but pareil. Il sera curieux pour le lecteur de mettre en parallèle les deux méthodes ; il y verra quel progrès immense les recherches scientifiques ont accompli dans la raison humaine. Aux temps naïfs de Numa, observer les faits et en déduire les conséquences que l'on ferait tourner à son avantage, était chose trop prématurée et qui d'ailleurs n'aurait présenté aucun sens aux esprits d'alors. La foudre venait des dieux, et tout était dit sur son compte. Il fallait donc, par un artifice, dérober le secret à quelque divinité.

Ovide nous raconte tout au long comment s'y prit Numa en cette délicate affaire. Le roi avait pour conseillère la nymphe Egérie, qu'il allait consulter sous les mystérieux ombrages d'un bosquet sacré voisin de Rome. Sur son avis, des coupes furent disposées à terre de distance en distance, pleines d'un vin généreux et parfumé. C'étaient des pièges où devaient se prendre deux divinités du voisinage, Faunus et Martius Picus, dieux protecteurs des bois. Le stratagème eut plein succès. Dans leurs courses à travers les forêts, Faunus et Picus rencontrèrent les coupes, y trempèrent les lèvres et trouvèrent le vin si délicieux, qu'ils achevèrent la perfide boisson, non épargnée par l'insidieux Numa. Ils se grisèrent, ni plus ni moins que de simples mortels, et tombèrent dans un profond sommeil. Picus et Faunus, paraît-il, à l'ambroisie de l'Olympe préféraient le jus de la grappe cultivée par l'homme. Il est vrai qu'ils étaient des divinités rustiques, un peu étrangères aux grandes manières des dieux supérieurs. Pendant leur sommeil, arrive Numa, qui solidement les garrotte. Enfin ils s'éveillent, et se trouvant liés, quelque temps se démènent pour se libérer. Mais leurs efforts sont vains : les liens tiennent bon. On entre donc en pourparlers. Numa leur propose de les mettre en liberté à la condition qu'ils lui révèleront le secret du tonnerre. A cette proposition hardie, Faunus et Picus secouent la tête et font la sourde oreille. Que deviendrait l'Olympe, si le secret de la foudre était livré à l'homme! Comment les accueillerait Jupiter à la première entrevue!

Enfin l'un d'eux, Picus, fatigué de rester étendu sur le dos, pieds et poings liés, divulgue le secret au risque de se brouiller mortellement avec le maître du tonnerre. Il explique les rites à employer, le lieu, le jour et l'heure favorables. Bien instruit de tout, le roi délie les prisonniers, non peut-être sans leur offrir une nouvelle coupe.

Bref, au jour dit et aux lieux indiqués, Numa paraît, la tête voilée de blanc et ceinte des bandelettes sacrées. Ses collèges d'augures et d'aruspices l'accompagnent. Au moment où le soleil se lève, tout radieux dans un ciel sans nuages, les rites et les invocations commencent. Numa parlait encore, les mains levées au ciel, quand soudain trois éclairs brillent, suivis de trois coups de tonnerre. La voûte du ciel se déchire et aux pieds du monarque tombe, avec fracas, un bouclier d'airain. Voilà l'objet qui doit conjurer la foudre, le bouclier sacré qu'il suffira de sortir en grande pompe du temple pour écarter de l'homme et de ses biens les périls du feu du ciel.

Tout alla bien tant que le sage Numa eut la haute direction du bouclier sacré ; la foudre épargna Rome. Il n'en fut pas de même pendant le règne de son successeur, Tullus Hostilius. Celui-ci, dit-on, ne voulut pas rester à l'égard du bouclier tombé des nues, dans une ignorante piété ; il voulut en connaître la manière d'agir en le faisant servir à des usages profanes. Peut-être encore, soit par erreur, soit à dessein, négligea-t-il d'observer religieusement tous les rites. Le malheureux fut victime de son imprudence : il périt foudroyé. C'est du moins ainsi que le racontent les premiers historiens, simples échos des croyances populaires. Il est plus probable que Tullus, avec sa curiosité, embarrassait ceux qui vivaient de la foi au bouclier sacré, et qu'on s'en délivra avec quelques coups de poignard. Ainsi avait déjà péri Romulus, dont les vues ne plaisaient pas aux sénateurs. Pour frapper l'imagination du peuple, après on raconta que Romulus avait été admis parmi les dieux et s'était élevé dans les cieux entr'ouverts pendant le tumulte d'un orage. Faire un autre dieu de Tullus Hostilius, c'eût été se répéter et sans doute éveiller des soupçons. On préféra en faire une victime de la foudre, qu'il aurait provoquée lui-même.

Il est fort difficile de démêler dans ces antiques et bizarres récits la part de vérité. Que pouvaient faire Salmonée avec son char et son pont de bronze, et Tullus Hostilius avec son bouclier venu du ciel ? Peut-être essayaient-ils l'un et l'autre de se rendre un peu compte du tonnerre et de la foudre ; par des moyens puérils il est vrai, peut-être se livraient-ils à un commencement de recherche. Ces premières révoltes de la raison contre la superstition, ne pouvaient manquer d'avoir des conséquences fatales. Au dire de ceux qui vivaient grassement de l'ignorance des autres, les deux audacieux chercheurs périrent foudroyés. Nous verrons bientôt de Romas, presque un de nos contemporains, poursuivi à coups de pierre par les paysans parce que, disait-on, il faisait descendre le feu du ciel par des incantations et des maléfices. Les superstitieuses terreurs, soigneusement entretenues, sont loin encore d'avoir disparu de nos campagnes ; et s'il y avait profit, on trouverait pas mal de crédules au bouclier sacré comme au temps de Numa et de Tullus Hostilius.

Plus tard, au bouclier sacré, tombé en désuétude, succédèrent d'autres moyens de protection non moins extravagants. Pour conjurer le péril de la foudre, l'imagination humaine devait épuiser les conceptions les plus insensées, avant d'en venir à la vraie méthode, observer. Pline, en particulier, compilateur des préjugés de son temps, nous recommande diverses recettes, plus efficaces les unes que les autres. Il préconise notamment le laurier, arbre qui, dit-il, n'est jamais frappé de la foudre. Ayez sur vous un rameau de cet arbre, et vous serez à l'abri du feu du ciel. Le moyen est reconnu si sûr que César, l'*imperator* à la tête chauve, ayant imaginé de dissimuler sa calvitie avec une couronne, choisit pour la tresser des rameaux de laurier, parce qu'il serait en même temps défendu de la foudre, dont il avait grande frayeur. Deux infirmités, la calvitie et la peur du tonnerre, sont le point de départ de la couronne impériale.

On pouvait encore, en temps d'orage, se réfugier dans les profondeurs de quelque retraite souterraine, parce que la foudre ne pénètre jamais dans le sol, à ce que Pline affirme. La sécurité devait être parfaite si l'on était en outre protégé par une épaisse couche d'eau. C'était le moyen de préservation adopté par Tibère, qui, dans son abominable solitude de Caprée, au premier coup de tonnerre courait se cacher, en vrai poltron qu'il était, dans ses appartements secrets construits sous l'eau de la mer.

Mais couronne de laurier, réservée pour l'empereur, et cachette sous-marine, sont des préservatifs princiers à l'usage seulement des têtes augustes. Que reste-t-il à la portée du vulgaire? Pline a des recettes pour toutes les conditions. Il conseille au pauvre de couvrir sa cabane de quelques peaux de phoque. Le moyen est souverain ; l'illustre naturaliste n'a pas là dessus l'ombre d'un doute. Et d'où vient à la peau de phoque cette vertu d'écarter les traits de la foudre? Elle provient, dit-il, de ce que le phoque est, de tous les animaux marins, le seul qui ne soit jamais foudroyé. Ce n'est pas plus malin à expliquer que cela. La retraite sous terre ou sous l'eau, à la rigueur est acceptable; mais que penser du rameau de laurier et de la peau de phoque? Pauvre imbécillité humaine! Quelle reconnaissance ne dois-tu pas à ces infatigables chercheurs, qui te délivrent de tant de sottises et les remplacent par les bienfaisantes lueurs de la vérité!

CHAPITRE XLIV

La forme sinueuse de l'étincelle électrique, sa rapide propagation, son éclat, le craquement qui l'accompagne, l'odeur sulfureuse répandue sur son trajet, son action meurtrière sur les animaux, ses propriétés de fondre et de volatiliser les métaux, de mettre feu aux matières inflammables, de briser, déchirer les corps mauvais conducteurs, enfin de provoquer de violentes commotions, ont avec la manière d'agir de la foudre des analogies trop manifestes pour avoir échappé aux premiers observateurs. Grey lui-même, alors que la science électrique à peine débutait, fut aussitôt frappé de cette étroite ressemblance. La lueur de l'étincelle électrique et son craquement paraissent représenter, dit-il, l'éclair et le tonnerre. L'évidence allait croissant à mesure que les expérimentations se multipliaient, et dans ses leçons de physique expérimentale, l'abbé Nollet ne craint pas d'avancer qu'en prenant l'électricité pour modèle, on pourrait se former, touchant le tonnerre et l'éclair, des idées plus saines et plus vraisemblables que tout ce qu'on a imaginé jusqu'à présent. Les autres physiciens n'étaient pas moins affirmatifs.

Toutefois il était réservé au fils du pauvre fabricant de chandelles de Boston, à l'ouvrier typographe dont toute l'instruction avait été puisée dans quelques livres lus en passant et à la dérobée, il était réservé, disons-nous, à Franklin de convertir les soupçons en certitude et de démontrer la parfaite identité de la foudre et de l'étincelle électrique. Nous l'avons montré dans l'une de ses lettres, tout confus de ce que ses expériences n'étaient que de simples divertissements et ne pouvaient servir au bien-être de l'homme. Mais voici que, d'une récréation électrique à l'autre, peu à peu le jour se fait; et un moment vient où l'amusant électricien se trouve face à face avec le grandiose problème de la foudre. Quelque joujou du début le conduit au paratonnerre.

Il en est fréquemment ainsi dans les recherches scientifiques. Le point de départ est humble, parfois puéril d'apparence, indigne aux yeux du vulgaire d'occuper sérieusement un homme. Laissez faire : de ce qui parait jeu d'enfant désœuvré jaillira peut-être un jour une vérité de portée immense. — Les passants riaient quand ils voyaient chaque matin Sauvage venir aux bassins de Honfleur avec son batelet de deux pans sous le bras. Que faisait cet homme vénérable avec ce jouet d'enfant? Il préparait à la navigation le propulseur par excellence, l'hélice. — Celui-là certes n'eut manqué de sourire qui eut vu Gilbert frotter sur la manche de son habit tantôt un morceau de soufre, tantôt un morceau de verre ou de résine, et les rapprocher après d'un fétu de paille en retenant le souffle crainte de troubler l'expérience. Que faisait-il, penché méditatif sur sa table de travail, ce frotteur de morceaux d'ambre et de soufre? Il ouvrait le premier sillon dans un champ de l'inconnu où devait se cueillir plus tard moisson si importante. — Et Papin, en méditation au coin de l'âtre devant les fumées d'un pot qui bout, aurait-il échappé aux quolibets de quiconque l'eut surpris profondément absorbé par une chose ne méritant pas attention? Dans son esprit néanmoins germait alors l'idée de la machine à vapeur. — Galvani, la chose est sûre, devait s'enfermer à double tour au fond de son cabinet crainte qu'un visiteur ne le plaisantât quand il faisait danser des grenouilles mortes. Si la chose s'était sue, tout le quartier eût fait ses gorges-chaudes de célèbre médecin.

Or avec ses danses de grenouilles écorchées, Galvani nous ouvrait un monde tout nouveau, où devait éclore notamment la télégraphie électrique. — Et cet autre, Spallanzani, qui faisait avaler à des corneilles des boulettes d'éponge et les recueillait soigneusement une fois vomies par l'oiseau, ne se livrait-il pas à un passe-temps ridicule, non avouable de la part d'un homme qui se respecte? N'était-ce pas pire quand il mettait à des grenouilles de petits caleçons de toile cirée? A quoi s'amusait donc le vénérable abbé? Ce n'était pas jeu pour lui, mais occupation des plus sérieuses. Avec ses corneilles et ses grenouilles, Spallanzani cherchait à mettre en lumière quelques-uns des plus obscurs mystères de la vie. Si la physiologie sait aujourd'hui quelque chose de certain sur la fonction de l'estomac et sur la digestion, elle le doit aux corneilles avalant des boulettes d'éponge. — Pareillement Franklin, avec ses jouets de physique amusante, son tableau magique, son tube étincelant, son perce-carte, son araignée, dont il était confus, arrivait à l'explication rationnelle de la foudre et à l'invention du paratonnerre.

Il venait de découvrir le pouvoir des pointes, c'est-à-dire, comme nous l'avons expliqué ailleurs, la propriété que possède une tige métallique pointue de laisser librement écouler sa charge électrique malgré la résistance de l'air mauvais conducteur. En méditant sur cette propriété remarquable entre toutes, il fut conduit à voir dans une longue tige en métal se terminant en pointe, un moyen de s'assurer si les nuages orageux contiennent effectivement de l'électricité. Pour affirmer l'identité de l'étincelle électrique et de la foudre, on n'avait encore que des analogies, très pressantes il est vrai; il importait donc, afin de dissiper tous les doutes, d'obtenir des preuves décisives, tirées de l'expérience directe; il fallait enfin cueillir dans les nuées la cause de la foudre et la mettre à la portée du physicien, qui décidera expérimentalement si la substance fulgurante est oui ou non de l'électricité. Pour cette audacieuse tentative de conduire le feu du ciel au milieu des appareils de l'observateur, et de le mettre pour ainsi dire en bocal afin de l'étudier à l'aise, Franklin proposa la tige de métal pointue. Voici comment il expose la chose dans une de ses lettres.

« Pour décider si les nuages d'où jaillit la foudre sont électrisés ou non, je propose aux physiciens de tenter en lieu convenable et en temps opportun l'expérience suivante. Sur le sommet d'une haute tour ou d'un clocher, établissez une espèce de guérite assez grande pour contenir un homme et un tabouret isolant. Au milieu du tabouret, élevez une tige en fer, qui monte verticalement à une hauteur d'une dizaine de mètres et se termine en une pointe très aiguë. Si des nuages, supposés électrisés, passent un peu bas, la tige s'électrisera et pourra donner des étincelles à l'approche d'un excitateur que lui présentera l'homme. S'il y avait quelque danger à craindre pour celui-ci (quoique je sois convaincu qu'il n'y en a aucun), qu'il présente de de temps en temps à la tige un long fil de fer, tenu par un manche en cire d'Espagne. Les étincelles iront de la tige au fil de fer, et respecteront l'homme. »

Pour comprendre le jeu de cet appareil si simple, qui devait enfin déchirer les voiles du terrible météore et jeter une vive lumière sur la question ardue vainement agitée de siècle en siècle, entrons dans quelques considérations théoriques pareilles à celles qui guidèrent Franklin. Supposons qu'un nuage orageux vienne à passer assez près de terre pour exercer son action sur la tige métallique et les objets environnants. Admettons en outre qu'il soit chargé d'électricité positive, par exemple. Il décomposera par influence l'électricité neutre de la tige, attirera vers lui l'électricité négative, et repoussera l'électricité positive. Celle-ci ne pourra s'écouler dans le sol, vu que la tige est établie sur un tabouret isolant à pieds de verre. Quant à l'électricité négative, elle s'accumulera sur la pointe, d'où elle s'écoulera vers le nuage, lorsque sa tension sera devenue assez forte pour vaincre la résistance de l'air, condition promptement réalisée sur une pointe aiguë. La tige de métal restera donc chargée d'électricité positive, c'est-à-dire d'une électricité pareille à celle du nuage ; et les choses se passeront absolument comme si la barre de fer avait directement puisé au sein de la source orageuse. On aura sous les mains de l'expérimentateur la matière fulgurante, qu'il sera loisible de faire jaillir en étincelles en approchant de la tige un corps bon conducteur, prudemment tenu par un long manche isolant ; enfin on pourra la soumettre à telle épreuve que l'on voudra pour décider de sa nature électrique.

Franklin, l'homme pratique par excellence, ne pouvait se borner à reconnaître la nature de la foudre et à satisfaire la curiosité scientifique, si légitime qu'elle fût. Il importait davantage au bien de l'humanité de savoir se protéger contre le redoutable météore que d'en connaître la cause. La tige aiguë, par lui proposée, remplissait, affirmait-il, l'un et l'autre but. Elle pouvait servir aux recherches de la science, elle pouvait servir à la défense de l'homme et de ses habitations. La barre de fer pointue était un paratonnerre, elle devait dissiper les périls de la foudre. Et, en effet, nous venons de voir la pointe de la tige en fer laisser écouler vers le nuage un flux d'électricité de nom contraire proportionné à la charge électrique du nuage lui-même. Par la recombinaison de deux électricités, celle de la tige et celle du nuage, celui-ci se trouve donc ramené à l'état neutre, et parconséquent rendu inoffensif. De la sorte, le feu du ciel est pour ainsi dire éteint dans son propre foyer; avant qu'il ait pu jaillir, la pointe l'a dissipé.

Sans l'avoir soumise à des expériences préalables, mais fermement convaincu du succès, tant ses déductions étaient menées avec logique et conformes aux faits fournis par les modestes expériences de cabinet, Franklin proposa sa double idée aux hommes de science, dans des lettres qui eurent en Europe un retentissement sans égal. Il soulevait un problème d'intérêt majeur, car s'il était riche en déductions logiques et en expérimentations de cabinet pour prouver que sa pointe de fer serait apte à cueillir la matière de la foudre dans un but de recherches scientifiques, il ne l'était pas moins pour établir que la même pointe préserverait du tonnerre. Après avoir démontré sa vérité nouvelle, celle du pouvoir des pointes, par une série d'épreuves ingénieusement conçues, il ajoute :

« Maintenant je me demande si la connaissance du pouvoir des pointes ne pourrait être utile aux hommes pour préserver des coups de foudre les maisons, les églises, les vaisseaux. Fixons verticalement sur les parties les plus élevées de nos édifices, des tiges de fer terminées en pointe aiguë, et dorée pour empêcher la rouille; du pied de ces tiges faisons partir une corde en fil de fer qui longeant l'extérieur de l'édifice ou les haubans d'un vaisseau, vienne plonger dans la terre ou dans l'eau. Ces tiges de métal très probablement neutraliseront en silence le feu électrique avant que le nuage soit assez près pour frapper. Et par ce moyen, ne pourrions-nous pas être préservés de tant de désastres effroyables et soudains? »

Il serait difficile d'être plus affirmatif quand on n'a pas expérimenté le feu du ciel soi-même. Aussi les lettres de Franklin suscitèrent vive émotion. On les traduisit dans toutes les langues de l'Europe, mais l'accueil qui leur était réservé fut loin d'être le même partout. L'Angleterre particulièrement s'y montra hostile. A ses yeux, rien de bon ne pouvait venir de la sauvage Amérique et de ses grossiers colons. L'idée de Franklin était tournée en dérision. Comment, disaient les sociétés savantes, voilà un homme qui prétend, avec une broche de fer, soutirer leur foudre aux nuages! Le tonnerre descendra pacifiquement à ses pieds pour faire danser ses pantins électriques, sonner ses carillons, balancer au bout d'un fil son araignée! Allons donc! Il faut être de Boston pour avoir de ces idées biscornues.

CHAPITRE XLV

Tandis que l'Angleterre tournait en ridicule les idées de Franklin, un manuscrit des fameuses lettres parvenait en France et tombait par hasard entre les mains de Buffon. Si l'écrit avait eu pour auteur un débutant, un inconnu, peut-être l'illustre naturaliste n'eût pas ajouté grande créance aux idées émises, tant les moyens proposés semblaient en disproportion avec les résultats que Franklin prétendait obtenir. Mais ces lettres provenaient d'un homme rendu célèbre par sa récente explication de la bouteille de Leyde, et elles ne devaient rien avancer qui ne fût digne de la haute réputation de leur auteur. D'ailleurs, l'ampleur des vues et la logique serrée qui reliait l'étincelle électrique à la foudre, durent impressionner le génie lucide et généralisateur de Buffon. L'essai des barres en pointe fut décidé.

Pour mettre à profit le premier orage qui surviendrait, trois tiges furent dressées en des points distants l'un de l'autre. L'une surmontait l'habitation de Buffon, le château de Montbard; sur les indications du naturaliste, la seconde était établie par Dalibard au milieu de son jardin de Marly, au voisinage de Versailles; la troisième était implantée sur le faîte de sa maison à Paris par le physicien Delor, qui possédait un bel assortiment d'appareils et donnait au public, moyennant rétribution, des séances électriques.

La tige de Dalibard fut la première visitée par l'orage. Elle se composait d'une barre de fer d'un pouce de diamètre, de quarante pieds de hauteur et terminée par une pointe en acier trempé et bruni, moins prompt à se rouiller que le fer. Trois forts cordons de soie la soutenaient verticale, tandis qu'elle reposait par la base sur un tabouret isolant dont les pieds consistaient en trois bouteilles à vin. Une haute guérite en planches protégeait de la pluie le bas de l'appareil, le tabouret et la personne chargée de la surveillance. L'excitateur avec lequel on devait sans danger faire jaillir les étincelles, consistait en une verge de fer fixée dans le col d'une bouteille servant de manche.

Le 10 mai 1752 est la date mémorable où pour la première fois l'homme se trouva en présence du feu du ciel provoqué par lui-même. Un orage approchait, et Dalibard était absent, appelé pour affaires à Paris; mais il avait laissé, pour surveiller la barre, un menuisier du voisinage dont l'intelligence et l'intrépidité lui étaient connues. C'était un vieux soldat, non plus craintif du tonnerre que des balles d'autrefois. Il s'appelait Coiffier et avait fait partie d'un régiment de dragons. La manœuvre de l'excitateur à manche de bouteille lui fut enseignée, avec recommandation expresse de ne pas toucher lui-même à la dangereuse tige. Il devait en outre, si des étincelles jaillissaient, appeler comme témoins les notabilités de l'endroit, en particulier le curé. Le vieux dragon bien endoctriné, Dalibard partit, certain que ses ordres seraient fidèlement exécutés.

Vers deux heures de l'après midi, le 10 mai, un violent coup de tonnerre retentit. Coiffier, dont l'atelier n'était pas loin, laisse là planches et rabot et court à la guérite s'informer de ce qui se passe dans la barre de fer. Il s'arme de l'excitateur à bouteille et en approche la tige de la barre, sans grande confiance apparemment dans le succès de l'épreuve. Lorsque pour les savants de profession la longue verge métallique dressée dans les airs n'était encore qu'un objet d'étude fort problématique, et pour quelques-uns même un sujet de dérision, quelles idées pouvait en avoir un homme plus versé dans le maniement du mousquet que dans celui des appareils de physique? C'était pour lui, peut-être, un engin sans conséquence, comme il prend fantaisie d'en imaginer aux gens qui ne savent à quoi dépenser leur temps et leur argent. Néanmoins il fut assez scrupuleux pour se conformer aux avis de Dalibard. Bien lui en prit : une étincelle jaillit, claquant ainsi qu'un coup de fouet. Une seconde suit, bientôt une troisième plus forte que les autres. Les récits contemporains ne font pas mention de l'étonnement de cet homme devant ce feu des nuées répondant si bien aux audacieuses prévisions de la science; mais, tout porte à le croire, il dut être bien vif. Son intrépidité ne fut pas moindre, et l'ancien dragon eût joué longtemps encore avec cette artillerie d'une nouvelle espèce sans la recommandation de Dalibard d'appeler aussitôt des témoins. C'était le moment d'aller chercher le curé, et de lui montrer ce qui se passe.

La nouvelle est si extraordinaire, si en dehors des idées reçues, que le curé d'abord n'ajoute pas foi au témoignage du menuisier. Sur les instances de l'autre et ses affirmations énergiques, il se rend enfin à la guérite, pour voir lui-même, de ses propres yeux voir. Ses ouailles, qui le voient rapidement passer au milieu d'une pluie battante mélangée de grêle, croient à quelque accident. On a vaguement entendu parler des essais entrepris dans le jardin de Dalibard; on sait que le savant voisin s'y occupe du tonnerre. Qui sait? le téméraire a été peut-être foudroyé et le curé lui apporte les saintes huiles de la fin. Les ouailles suivent donc leur pasteur, croyant à un acte religieux. On arrive à la guérite, où ne se trouve ni mort, ni moribond, mais où l'intrépide menuisier reprend l'excitateur pour montrer au curé les étincelles électriques et la manière de les faire jaillir.

Voyant qu'il n'y a pas péril, le curé saisit à son tour la verge de métal emmanchée d'une bouteille et l'approche de la barre. Des étincelles partent, longues d'un pouce et demi, avec une lueur bleuâtre, une odeur sulfureuse prononcée et un bruit sec comme aurait pu le faire un coup de clef donné sur la barre. Les assistants, paysans pour la plupart, étaient tout ébahis. Les plus timorés même regardaient leur curé d'un air soupçonneux, car de la soutane du digne abbé s'échappait une odeur de soufre bien faite pour les scandaliser. Ils étaient venus croyant assister à un acte de piété, et ils avaient devant eux une sorte de scène de sorcellerie, où l'homme de bien était lui-même acteur.

En quelques minutes, le nuage électrisé disparut, la barre devint inactive, et cessèrent les étincelles que le curé faisait jaillir avec une insatiable ardeur. L'abbé rentra chez lui, non sans répandre sur son passage l'odeur de soufre qui avait scandalisé quelques-uns de ses paroissiens. Au presbytère tout s'expliqua. Le curé ressentait au bras, au-dessus du coude, une sourde douleur. Mise à découvert, la partie douloureuse montra un sillon bleuâtre pareil à celui qu'aurait pu produire un coup de fouet. Dans son enthousiasme, ne prenant pas trop garde à la périlleuse barre, l'abbé s'était rapproché de l'appareil plus qu'il ne convenait et une étincelle électrique l'avait atteint au coude. Le courageux curé de Marly venait d'être foudroyé. Qu'en auraient dit les dévotes si le secret eût été divulgué !

Le physicien Delor avait grandement fait les choses : la tige en fer dressé sur le toit de sa maison mesurait près de cent pieds de haut. L'appareil fut visité le second par l'électricité des nuages. Une semaine après l'expérience de Marly, il donnait des étincelles dont les plus fortes jaillissaient à la distance de 9 lignes. Enfin Buffon, le promoteur de ces magnifiques expériences, fut le dernier servi par l'orage. Le lendemain du succès de Delor, il avait la satisfaction de tirer lui-même des étincelles d'une barre de fer implantée sur l'une des tours du château de Montbard.

Lemonnier, dont nous avons raconté les recherches relatives à la propagation de l'électricité, s'empressa, lui aussi, d'étudier de près ce feu du ciel ravi aux nuages par la tige pointue de Franklin. Entre ses mains, l'appareil se perfectionna. De la base de la tige partait un long fil de fer, qui, soutenu par des cordons en soie, se rendait dans un pavillon écarté, où l'observateur trouvait toutes ses aises et tous ses instruments pour expérimenter. La cause de la foudre était de la sorte conduite dans la pacifique retraite d'un cabinet de travail. Elle fut y soumise à toutes les épreuves aptes à caractériser sa nature électrique. Lemonnier reconnut que le fil de fer conducteur, lorsqu'un nuage orageux venait à passer au-dessus de la tige, attirait à lui les fétus de paille, les barbes de plume, les morceaux de papier, comme le font le verre, la résine, le soufre, électrisés par le frottement. Il constata que l'étincelle venue des nuages brille du même éclat que celles dont la source serait une forte machine électrique ou une bouteille de Leyde. Il la vit s'écouler par une pointe sous la forme d'une aigrette lumineuse. Avec elle, il commotionna fortement plusieurs personnes qui faisaient la chaîne en se donnant la main. Autour des appareils en activité régnait une certaine odeur sulfureuse, si bien connue de toute personne qui a de près assisté au fonctionnement d'une machine électrique. Enfin l'étincelle mettait feu à de l'esprit-de-vin et autres liquides inflammables. Si Franklin eut assisté à cette inflammation, il aurait, dans son enthousiasme, retouché le programme de son fameux dîner électrique, et proposé de faire rôtir le dindon et d'allumer les pipes au foyer de la foudre.

L'identité parfaite du trait fulgurant issu des nuages et de l'étincelle électrique émanée de nos machines était désormais vérité fondée sur les plus solides bases. Le génie de Franklin avait vu parfaitement juste en proposant sa tige aiguë, dont l'Angleterre s'était d'abord moquée. Quelle ne dut pas être la douce joie du savant de Boston à la nouvelle des résultats obtenus en France, joie d'autant plus légitime que le succès de la tige pointue pour dérober leur feu électrique aux nuages, faisait prévoir un succès plus important encore, savoir l'efficacité de la même tige comme moyen protecteur contre la foudre. Si la première prévision avait été si bien justifiée par l'expérience, pourquoi pas la seconde, basée sur les mêmes principes?

Cependant de tous côtés, en Europe, se répétait la merveilleuse expérience inaugurée par Dalibard. L'ardeur des recherches était au comble lorsqu'un accident lamentable vint, non refroidir le zèle des observateurs, mais leur inspirer un peu plus de prudence. Les recherches scientifiques sont parfois un champ de bataille, où il faut non moins de fermeté d'âme que devant la bayonnette et le canon. Tel, au fond de son laboratoire, étudiant une substance nouvelle, dont l'industrie et l'art de guérir profiteront un jour, joue sa vie, contre un ennemi inconnu, invisible, insaisissable, contre des émanations meurtrières dont les propriétés redoutables ne sont pas même encore soupçonnées; tel autre, pour nous apprendre ce qui se passe dans l'atmosphère et concourir aux progrès de la météorologie, s'expose sans hésiter au danger de périr de froid et d'asphyxie dans les hautes régions; tel autre encore, expérimentant sur la puissance indomptable des vapeurs et des gaz comprimés, dans le but de donner à la mécanique un agent meilleur, ne craint pas de manier journellement de dangereux appareils, dont l'explosion est probable et tout aussi terrible dans ses effets que celle d'une bombe. Oui, répétons-le : le champ de la science expérimentale est un champ de bataille où l'homme a pour ennemi les brutales forces naturelles, qu'il s'agit de maîtriser et de conquérir pour les faire tourner à notre commun avantage; et dans cette lutte, l'énergie morale à déployer est d'autant plus grande, que le péril ne doit pas troubler un seul instant la tranquillité de l'âme et la lucidité de l'esprit.

Le lecteur doit comprendre sans doute qu'on n'expérimente pas impunément avec la foudre, et que ceux-là firent preuve

d'une audace peu commune qui, les premiers, osèrent faire jaillir
des étincelles d'une tige électrisée par l'influence d'un nuage orageux. Franklin, il est vrai, avait déclaré l'expérience sans danger
pour l'homme; mais en cela l'éminent physicien s'était trop
avancé, surtout n'ayant à proposer encore qu'une simple supposi-
tion. Sa barre aiguë, parfois inoffensive, est parfois aussi un appareil redoutable, qui peut donner la mort en foudroyant. Déjà nous
avons vu le curé de Marly, dans son enthousiaste imprudence, atteint au coude d'une décharge électrique, qui lui cingla la peau
ainsi qu'un coup de fouet. L'année suivante, un physicien de
Saint-Pétersbourg, Richmann, devait périr victime de ses recherches sur la foudre.

La tige en fer, pareille à celle de ses prédécesseurs, s'élevait
au-dessus de son habitation. Elle traversait la toiture et pénétrait
dans le cabinet de travail du savant, où elle reposait sur une
masse résineuse. Le 6 août 1753, Richmann était à l'Académie
de Saint-Pétersbourg, communiquant à ses confrères le résultat
de ses recherches, quand retentit un coup de tonnerre. Le physicien s'empressa de quitter la docte assemblée afin de retourner
chez lui pour expérimenter la barre. L'orage s'annonçait violent
et il convenait d'en profiter. Voilà donc Richmann au pied de sa
tige électrisée, qu'il interroge tantôt avec un appareil tantôt avec
un autre. Les résultats sont des plus satisfaisants car le tonnerre
gronde avec une violence extrême au-dessus de Saint-Pétersbourg. Entre bientôt dans le cabinet le dessinateur Solokow, que
Richmann avait fait appeler pour lui montrer ses expériences.
Distrait peut-être par la conversation, le physicien s'approche un
peu trop de la tige. Soudain un éclair jaillit au milieu d'un
fracas épouvantable, et un globe de feu, bleuâtre et de la grosseur
du poing, atteint au front le savant, qui tombe à la renverse, sans
plus donner signe de vie. Le dessinateur lui aussi est jeté à terre
sans connaissance. Au bruit de la décharge, la femme du physicien accourt. Quel lamentable spectacle! Elle trouve l'infortuné
martyr de la science étendu mort sur une caisse, ayant encore en
main l'appareil qu'il expérimentait. A côté gît le dessinateur,
moins maltraité et qui peu à peu revient à la vie. Mais ni les
pleurs ni les soins ne peuvent faire revenir Richmann. La mort
avait été instantanée.

CHAPITRE XLVI

LE CERF-VOLANT ÉLECTRIQUE

Dès qu'ils furent connus, les admirables résultats donnés par la ..arre de fer aiguë engagèrent les expérimentateurs dans la recherche de méthodes nouvelles plus favorables, s'il était possible, à la manifestation de l'électricité des nuages artificiellement provoquée. Si l'on obtenait de fortes étincelles avec une tige s'élevant au plus d'une centaine de pieds dans les airs, que n'obtiendrait-on avec un conducteur qui irait cueillir la foudre à de grandes élévations, au sein même des nuées? Dresser une verge métallique assez longue était chose impraticable; l'implanter à la cime d'une haute tour ou d'un clocher, était même insuffisant. Un autre moyen devenait nécessaire. Il fut fourni par un jouet bien connu de nous tous, le cerf-volant, divertissement du jeune âge. La puérile machine, joie de l'écolier échappé le jeudi aux ennuis de l'école, devait servir à la plus audacieuse expérimentation que la science ait jamais entreprise. L'idée en vint à peu près à la même époque à un savant français, de Romas, et au célèbre électricien de Boston, Franklin. L'expérience conduite par de Romas est incomparablement au-dessus de celle de l'Américain, tant par la manière savante dont elle était conçue, que par les grandioses résultats qu'elle donna, aussi est-il à regretter que les droits de l'antériorité refusent à la France cette invention mémorable. Pour nous conformer à l'ordre chronologique, racontons d'abord l'expérience de Franklin, faite une année avant l'autre.

C'était pendant l'été de 1752. Franklin habitait alors Philadelphie. Un jour d'orage, il se rendit dans les prairies des environs de la ville, accompagné seulement de son fils, tant il craignait qu'un insuccès devant témoins ne le couvrît de ridicule. Que n'eut-on pas dit, s'il avait échoué, de sa prétention d'aller chercher la foudre dans les nuées avec un jouet d'enfant? Un mouchoir de soie noué par les quatre coins à deux baguettes croisées et armées d'une pointe métallique, telle était la machine. Le cordon de l'appareil était en chanvre. Il se terminait inférieurement par un morceau de fer, une clef, et de plus donnait attache à un cordon de soie tenue à la main. Son cerf-volant lancé, Franklin se mit à l'abri dé la pluie sous un hangar. Rien au début ne vint confirmer les prévisions de l'expérimentateur; la clef appendue au bout de la corde en chanvre ne donnait aucun signe d'électricité. Franklin commençait à désespérer de sa tentative lorsque survint une pluie plus abondante qui, mouillant profondément le cordon de chanvre, le rendit plus apte à conduire l'électricité.

Les premiers signes électriques se manifestèrent par la divergence des filaments de chanvre non tordus, filaments qui se hérissaient sur le cordon par leur répulsion mutuelle comme se hérisse la chevelure d'une personne électrisée. L'espoir revint et avec lui de nouveaux essais. Franklin approcha un doigt de la clef. Une étincelle aussitôt jaillit. Transporté de joie, insoucieux du danger qu'il courait, ou plutôt inconscient du péril puisque nulle précaution n'avait été prise pour l'écarter, à diverses reprises il renouvelle l'essai, toujours avec le même succès. L'étincelle lui sert à enflammer de l'alcool, à charger une bouteille de Leyde, enfin à réaliser avec l'électricité des nuages les diverses expériences qu'on a coutume de faire avec l'électricité développée au moyen des appareils de physique.

La satisfaction éprouvée par le savant fut des plus vives, nous raconte son fils, Guillaume Franklin. De cette expérience dépendait le sort de la théorie. Il savait que le succès le mettrait au nombre de ceux qui ont agrandi le domaine de la science, mais que l'insuccès l'exposerait inévitablement au ridicule, ou ce qui est pire à la pitié qu'on éprouve pour un homme inepte fabricateur de projets. Ce fut donc avec une profonde anxiété qu'il attendit le résultat de son essai. Le désespoir s'était presque emparé de lui, quand enfin, de la corde mouillée, jaillit la première étincelle.

Quelle différence entre l'expérimentation de Franklin et celle de notre compatriote de Romas! Le premier compte si peu sur la réussite que pour ne pas s'exposer au ridicule s'il échoue, il n'ose confier le projet à personne et se fait accompagner seulement de son fils pour aller expérimenter, dans quelque endroit désert, au milieu des prairies de Philadelphie. Son cerf-volant, vicieusement construit, est un dangereux appareil, qui pourrait exposer l'opérateur à de graves périls. Rien, en effet, n'y est disposé en prévision de puissantes décharges, capables de foudroyer. Les étincelles se tirent naïvement à la main, comme celles d'une machine électrique; le conducteur est un simple cordon de chanvre, qui ne donne rien tant que la pluie ne l'a pas profondément pénétré.

De Romas, au contraire, longtemps mûrit son dessein; il combine l'appareil de manière à le rendre aussi efficace que possible; il ne néglige aucune précaution pour se mettre à l'abri des redoutables décharges qu'il prévoit. Pour lui, la réussite est tellement certaine, qu'il ne craint pas d'expérimenter en public et de convier des centaines de personnes au majestueux spectacle de l'homme en lutte avec la foudre. Ce qu'il doit obtenir, ce ne sont pas de modestes étincelles, de force tout au plus à mettre feu à de l'esprit-de-vin ou bien à charger une bouteille de Leyde, mais de véritables traits fulgurants dont le moindre tuerait raide qui s'y exposerait; et cet essai terrible, il doit l'accomplir avec une prudence consommée, une présence d'esprit que rien ne trouble, un courage, une audace ayant quelque chose de surhumain.

De Romas était un magistrat du tribunal de Nérac, petite ville de la Guyenne. Son premier cerf-volant électrique fut lancé le 7 juin 1753. Il ne différait pas de ceux qui nous sont vulgairement connus; seulement la corde en chanvre de l'appareil était garnie d'un fil de cuivre dans toute sa longueur, et le papier tendu sur les baguettes croisées était huilé. De la sorte, la machine, surtout avec son fil métallique, conduisait mieux l'électricité. Le vent s'étant levé, on lança le cerf-volant, qui atteignit une hauteur d'environ deux cents mètres. A l'extrémité inférieure de la corde, on attacha un cordon de soie, et ce cordon fut fixé lui-même sous l'auvent d'une maison, à l'abri de la pluie. Un cylindre de fer blanc était appendu en un point de la corde en chanvre, et mis bien en rapport avec le fil de cuivre qui la parcourait. Enfin de Romas était armé d'un cylindre pareil, emmanché à l'extrémité d'un long tube de verre. C'est avec cet excitateur qu'il devait faire jaillir l'électricité des nuées, conduite par le fil métallique de la corde du cerf-volant jusqu'au cylindre en fer blanc qui le terminait. Telle était la simple disposition imaginée par de Romas pour amener le feu du ciel à la portée de l'observateur.

Bientôt quelques nuées, avant-coureurs de l'orage, passent à proximité du cerf-volant. De Romas approche l'excitateur du cylindre en fer-blanc, et une vive lueur jaillit. C'est une éblouissante étincelle qui s'élance, pétille, jette un éclair et se dissipe à l'instant. Voilà la substance de la foudre, voilà l'électricité atmosphérique dans la corde du cerf-volant. Elle est inoffensive encore, à cause de sa faible quantité; aussi de Romas n'hésite-t-il pas à la faire jaillir avec le doigt. Les spectateurs, enhardis, viennent, à son exemple, provoquer l'explosion électrique. On s'empresse autour du cylindre qui recèle le feu du ciel appelé par le génie de Romas; chacun veut en tirer des éclairs, chacun veut voir étinceler entre ses doigts la substance fulminante descendue des nuages.

On joue ainsi impunément avec le tonnerre, lorsque, tout à coup, une étincelle violente atteint de Romas et le renverse à demi. L'heure du péril est venue. L'orage s'approche; d'épais nuages planent au-dessus du cerf-volant. De Romas rappelle toute sa fermeté; il fait rapidement écarter la foule, et reste seul à côté de son appareil, au centre du cercle de spectateurs que l'épouvante commence à gagner. Alors, à l'aide de l'excitateur, il fait jaillir du cylindre métallique, d'abord de fortes étincelles, puis des lames de feu qui serpentent comme la foudre et éclatent avec fracas. Ces lames mesurent bientôt une longueur de deux à trois mètres. Celui qu'elles atteindraient périrait infailliblement.

De Romas, qui redoute d'un moment à l'autre quelque accident mortel, fait élargir davantage le cercle des curieux et cesse la périlleuse provocation du feu électrique; mais, bravant une mort imminente, il continue de près ses redoutables observations avec le même sang-froid que s'il eût procédé à l'expérience la plus inoffensive. Autour de lui, quelque chose bruit comme le souffle continu d'une forge; une odeur de soufre brûlé règne dans l'air; la corde du cerf-volant se couvre d'une enveloppe lumineuse et figure un ruban de feu joignant le ciel à la terre.

Trois longues pailles, gisant par hasard sur le sol, se dressent debout, sautillent, s'élancent vers la corde, retombent, s'élancent encore, et, pendant quelques minutes, égayent les spectateurs de leurs évolutions, simulant une danse désordonnée. Soudain, tout le monde pâlit d'effroi; une violente explosion, composée de trois craquements successifs se fait entendre, et le tonnerre tombe sur la plus longue des pailles. Enfin le cerf-volant redescend, et ceux qui les premiers portent la main sur la corde pour guider la chute de la machine, éprouvent une commotion violente qui les force à tout lâcher précipitamment.

A diverses reprises, les années suivantes, l'expérience fut renouvelée avec un succès croissant, mais non sans danger pour l'audacieux investigateur. Aussi dans un essai fait en 1756, de Romas, atteint par le choc électrique, fut jeté à terre à demi foudroyé. Les effets obtenus en 1757 furent d'une intensité formidable; pour les affronter, il fallait tout le mâle courage dont le magistrat de Nérac avait déjà donné tant de preuves. La corde du cerf-volant avait une longueur qui dépassait 500 mètres, de sorte que la machine de papier plongeait presque dans les nuages orageux.

« Figurez-vous, écrit de Romas à l'abbé Nollet, figurez-vous des lames de feu de neuf à dix pieds de longueur et d'un pouce de grosseur, qui faisaient autant et plus de bruit que des coups de pistolet. En moins d'une heure, j'eus certainement trente de ces lames sans compter mille autres de sept pieds et au-dessous. Mais ce qui me donna le plus de satisfaction, c'est que les plus grandes lames furent spontanées, et que, malgré l'abondance de l'électricité qui les poussait, elles tombèrent constamment sur le corps le plus voisin. Cette constance me donna tant de sécurité, que je ne craignis pas d'exciter ce feu avec mon excitateur, dans le temps même où l'orage était assez fort. Bien que le manche en verre de mon excitateur n'eut que deux pieds de longs, je conduisais où je voulais, sans ressentir à la main la plus petite commotion, des lames de feu de six à sept pieds de longueur, avec la même facilité que je conduisais des lames n'ayant que sept à huit pouces.»

Avec son appareil, de Romas désarmait donc les nuées orageuses; il leur soutirait peu à peu la foudre, qu'il guidait à sa fantaisie et qu'il faisait tomber sur tel ou tel autre point à son choix. Comme les expériences étaient publiques, une telle prérogative, dont toute la population de Nérac et des environs pouvait avoir été témoin, ne manqua pas de susciter contre lui les superstitieuses terreurs du vulgaire. Quand il passait dans les rues, les gens s'écartaient d'effroi à son approche, et se le montraient du doigt, disant : « Voilà le sorcier qui tient du malin le pouvoir de faire tomber le tonnerre où bon lui semble. » Dans la campagne, les paysans, les enfants, l'assaillaient à coups de pierre, mais à respectueuse distance, crainte d'être foudroyés par le mécréant ayant fait pacte avec le diable.

Un événement fortuit vint encore aggraver la position de l'illustre magistrat, exposé aux brutalités de l'ignorance. De Romas s'était rendu à Bordeaux pour y répéter en public l'expérience du cerf-volant. Sa machine fut provisoirement déposée dans un café, au voisinage du lieu choisi pour la séance électrique. Comme si le hasard eut voulu lui-même augmenter la terreur qu'inspirait de Romas, la foudre tomba sur la maison qui recélait dans ses greniers la machine à tonnerre. Et la populace aussitôt d'accourir, menaçant de tout briser, de tout saccager si l'on ne lui livre le sorcier et l'engin de sa sorcellerie. Pour calmer un peu ces furieux, le maître du café leur lança par les fenêtres l'inoffensif cerf-volant, qui aussitôt fut mis en pièce. Tandis que dans un sauvage triomphe, la foule piétinait les débris de la machine, de Romas se hâta de pourvoir à sa sûreté, redoutant plus les orages populaires que les orages du ciel. L'expérience de Bordeaux ne put avoir lieu.

CHAPITRE XLVII

Riche des vérités que venaient de lui révéler les expériences faites soit avec la longue tige métallique pointue soit avec le cerf-volant, la science fut enfin en mesure de donner une interprétatian rationnelle de la foudre. Il fut reconnu que les nuages orageux sont électrisés tantôt d'une manière et tantôt de l'autre. La cause de leur état électrique paraît être surtout l'évaporation des eaux. Le frottement, en effet, est loin d'être le seul moyen apte à développer de l'électricité. Toute modification survenant dans la nature intime d'un corps en développe aussi. Or, de toutes les modifications sans cesse effectuées dans les diverses substances de notre globe, la plus importante, à cause de son immense étendue, est celle qui consiste dans le passage des eaux de la surface des mers à l'état de vapeurs sous l'influence de la chaleur solaire. L'évaporation occasionne le dédoublement en ses deux principes de l'électricité neutre des eaux ; et de là résultent plus tard des nuages électrisés, tantôt d'une manière et tantôt de l'autre suivant les circonstances qui ont accompagné l'évaporation. La pacifique transformation des eaux en vapeur devient ainsi l'origine première de la foudre ; les feux du tonnerre se préparent à la surface des mers.

Or lorsque deux nuages électrisés différemment viennent à se trouver en présence, les deux électricités contraires accourent pour se recombiner, et jaillissent avec fracas sous forme d'un sillon de feu, qui jette une vive et subite lueur. Cette lueur, c'est l'*éclair* ; ce sillon de feu, c'est la *foudre*. Sur le trajet de l'énorme étincelle, l'air est ébranlé avec une telle violence, qu'il en résulte ce bruit éclatant, ce roulement formidable qu'on appelle le *tonnerre*.

La foudre peut jaillir encore entre un nuage et la terre. En effet, lorsqu'il passe à une faible hauteur, un nuage orageux détermine dans le sol, par influence, l'apparition de l'électricité contraire, comme le fait le conducteur d'une machine électrique dans le doigt qu'on lui présente. Pour se rapprocher du nuage qui l'attire, cette électricité contraire gagne les points les plus saillants du sol, comme la cime d'un arbre, le sommet d'un édifice, et s'y accumule jusqu'à ce que, la tension étant suffisante de part et d'autre, les deux électricités s'élancent mutuellement à leur rencontre et produisent, par leur brusque mélange, un trait de feu qui foudroie l'arbre ou l'édifice. La foudre est donc une immense étincelle électrique éclatant entre deux nuages, ou bien entre un nuage et la terre différemment électrisée; le tonnerre est le bruit de l'explosion des deux électricités se recombinant.

Généralement on ne connait de la foudre que la subite illumination qu'elle produit. Pour voir la foudre elle-même, il faut vaincre une frayeur que rien ne motive, et regarder les nuées, centre de l'orage. D'un moment à l'autre, on voit serpenter un trait éblouissant, simple ou ramifié, et toujours d'une forme sinueuse des plus irrégulières. La fournaise ardente, les métaux chauffés à blanc n'ont pas son éclat; seul, le soleil fournit un terme de comparaison digne des splendeurs de la foudre.

La longueur de ce trait de feu est fort variable; on en voit qui dépassent dix kilomètres. La tension électrique de deux nuages, tout énorme qu'elle doit être, serait insuffisante pour rendre compte de cette longueur. Il faut croire que le trait fulgurant jaillit à la fois entre divers lambeaux de nuages interposés entre les deux nuées principales, de même que l'étincelle jaillit d'une parcelle métallique à l'autre du tube étincelant, et peut former ainsi un ruban lumineux d'une longueur indéfinie.

La durée de cette brillante apparition est tellement courte que, pour ainsi dire, elle ne compte pas dans le temps. La science a cherché à l'évaluer; elle a trouvé qu'un millionième de seconde dépassait en valeur la durée d'un éclair, lançant parfois son jet électrique à deux lieues et plus de distance. La méthode employée pour l'évaluation d'une durée aussi courte, est d'une simplicité frappante.

Si, pendant l'obscurité d'une nuit profonde, on saisit l'instant d'un éclair pour jeter les yeux sur une voiture entraînée d'un mouvement rapide, cette voiture apparaît immobile ; les chevaux lancés à toute vitesse, les roues tournant avec rapidité, sont aperçus comme au repos. L'éclair est donc si prompt que, pendant sa durée, ni ces roues, ni ces chevaux ne peuvent se déplacer d'une quantité sensible.

Supposons un mouvement beaucoup plus rapide que celui d'une voiture et de son attelage ; supposons qu'à l'aide d'un mécanisme convenable on anime une roue d'une vitesse excessive, de manière que ses divers rayons puissent se déplacer d'une quantité appréciable dans l'intervalle d'un millionième de seconde. Eh bien, dans ces conditions, la roue tournant dans l'obscurité apparaît encore immobile quand un éclair vient l'illuminer. La durée d'un éclair est donc moindre qu'un millionième de seconde, puisqu'elle ne permet pas d'apercevoir le moindre déplacement dans la roue.

Quand une étincelle jaillit de l'un de nos appareils électriques, elle fait entendre un pétillement sec, qui représente en petit le tonnerre, comme l'étincelle représente elle-même la foudre et l'éclair. Le tonnerre est le bruit de l'explosion électrique. Pour les personnes voisines du lieu de l'explosion, c'est une détonation de très courte durée, mais si brusque et si puissante, que nul ne l'entend sans tressaillir. Pour les personnes qui en sont éloignées, c'est un roulement qui gronde, s'enfle, éclate, semble s'apaiser, puis reprend, éclate encore à diverses reprises, et meurt enfin dans l'éloignement. La forme du trait fulgurant rend compte de ces redondances du tonnerre.

L'étincelle n'éclate pas en un point seul ; par l'intermédiaire de lambeaux de nuages, qui remplissent en grand l'office des parcelles métalliques de nos tubes étincelants, elle jaillit à la fois sur une longueur sineuse de quelques kilomètres. Soit donc, A, B, C, D, E, F, (fig. 61) le trait en zigzag de la foudre. Sur tous les points de cette ligne, l'explosion a été simultanée. Pour un observateur placé en O, l'éclair est néanmoins

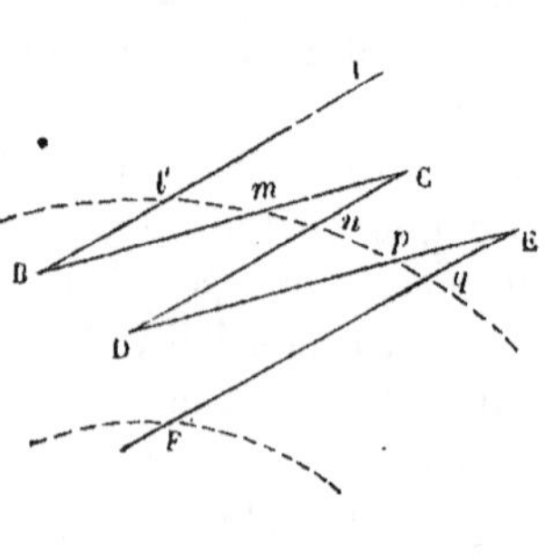

Fig. 61.

unique, car la lumière se propage avec une rapidité si grande, que, pour arriver du point le plus rapproché de la ligne d'explosion et du point le plus éloigné, elle met très sensiblement le même temps, si long que soit l'éclair. Mais il n'en est pas même du son, relativement fort lent dans sa propagation.

L'observateur entend donc d'abord le bruit de l'explosion produite en F; puis, de proche en proche, le bruit des explosions plus éloignées. Quand le son lui arrive de la distance correspondant au second arc de cercle ponctué, il entend simultanément les explosions des points l, m, n, p, q, tous également éloignés. Le son se renfle donc alors dans le rapport de 5 à 1, comparatiment à celui du début, produit par l'explosion unique du point F.

On comprend ainsi que, suivant le nombre de points d'explosion d'où le bruit nous arrive à la fois par suite d'une distance égale, le tonnerre augmente ou diminue d'intensité. Ses roulements successifs peuvent d'ailleurs dépendre encore de l'écho produit par le voisinage des nuées, du sol et surtout des montagnes. Dans les pays montueux, en effet, les éclats du tonnerre, roulant, rebondissant d'une montagne à l'autre, acquièrent un caractère de grandeur qu'ils n'ont jamais dans la plaine.

La foudre renverse, brise, déchire les corps mauvais conducteurs. Elle fait voler les rochers en éclat, et en projette les fragments à de grandes distances; elle enlève les toitures de nos habitations, elle fend le tronc des arbres et en divise le bois en menus filaments; elle renverse les murs ou même les arrache de leur fondations. En pénétrant dans le sol, elle vitrifie le sable sur son trajet et produit des tubes irréguliers à parois vitreuses, nommés *fulgurites*.

Elle rougit, fond ou volatilise les corps bons conducteurs, comme les chaînes métalliques, les fils de fer des sonnettes, les dorures des cadres. C'est du reste sur les objets métalliques, c'est-à-dire sur les meilleurs conducteurs, qu'elle se porte de préférence. On a des exemples de coups de foudre réduisant en fumée, sur des personnes restées sauves, les divers objets métalliques qui se trouvaient sur elles, galons dorés, boutons en métal, pièces de monnaie. Elle enflamme les amas de matières combustibles, comme les tas de paille, les meules de fourrage sec.

La foudre ne laisse d'autres traces de son passage que les dégâts qu'elle produit et une assez forte odeur sufureuse pareille à celle que l'on sent dans le voisinage d'une machine électrique en activité. Cette odeur provient de la partie respirable de l'air, de l'oxygène, électrisé sur le trajet de la foudre. L'oxygène ainsi modifié porte le nom d'*ozone*, qui veut dire odorant. Il possède des propriétés chimiques extrêmement remarquables ; en particulier la propriété de détruire les exhalaisons les plus infectes et les plus malsaines en se combinant avec elles et les brûlant. En produisant de l'ozone, la foudre contribue donc largement à l'assainissement de l'atmosphère.

La foudre commotionne violemment l'homme et les animaux ; elle les renverse, les blesse et les frappe même instantanément de mort. Tantôt la personne foudroyée porte des traces plus ou moins profondes de brûlure, d'excoriation ; tantôt, elle n'a aucune blessure apparente, aucune meurtrissure, même des plus légères. La mort ne provient donc pas généralement des blessures que la foudre peut produire, mais de la commotion soudaine et brutale qu'elle imprime à l'organisation. Parfois la mort n'est qu'apparente : la commotion électrique suspend simplement les fonctions fondamentales de la vie, la circulation du sang et la respiration. On peut combattre cet état, qui deviendrait mortel s'il se prolongeait, en donnant à la personne foudroyée les mêmes soins que l'on donne aux asphyxiés. D'autres fois, enfin la commotion électrique frappe de paralysie quelque partie du corps, ou bien ne produit qu'un désordre passager qui se dissipe de lui-même en peu de temps.

Citons quelques exemples des effets de la foudre sur l'homme. — Un ingénieur exécutait des observations relatives à son art sur le sommet du mont Sentis, en Suisse, à 2500 mètres d'altitude, « quand, dit-il, de gros nuages venant de l'ouest se rapprochèrent et enveloppèrent les montagnes. Bientôt un vent impétueux annonça une tempête ; le tonnerre retentit dans le lointain, et la grêle tomba avec une telle abondance qu'en quelques minutes elle couvrit le Sentis d'une couche glacée. Nous nous réfugiâmes, mon domestique et moi, ajoute l'ingénieur, dans notre tente, dont je fermai toutes les issues pour ne pas donner prise au vent. Quelques instants, l'orage parut se calmer : mais c'était un silence, un repos pendant lequel se préparait une crise terrible. En effet, à huit heures du matin, le tonnerre gronda de nouveau, plus rapproché, plus violent, et presque sans discontinuer pendant des heures entières. Lassé de ma longue réclusion, je sortis pour voir l'état du ciel et mesurer l'épaisseur de la grêle tombée.

A peine avais-je fait quelques pas dehors, que la foudre éclata au-dessus de ma tête, avec tant de fureur que je jugeai prudent de regagner l'abri de la tente, où mon aide me suivit. Pour diminuer le danger d'être atteints par la foudre, nous nous couchâmes tous deux côte à côte sur quelques planches. En ce moment, un nuage épais et noir comme la nuit enveloppa le Sentis. La pluie et la grêle tombèrent par torrents; le vent souffla avec fureur; les éclairs se succédèrent sans intervalle, se croisèrent en tous sens, jetant autour de nous les lueurs d'un incendie.

Les éclats précipités du tonnerre, répercutés par les flancs des montagnes, roulaient d'un écho à l'autre avec tant de force qu'à peine avec mon compagnon pouvions-nous nous entendre parler. C'était tout à la fois un déchirement aigu, un retentissement comme si le ciel eut croulé, un sourd et long mugissement. Enfin la violence de l'orage devint telle que mon compagnon ne put se défendre d'un mouvement d'effroi, et me demanda si nous ne courions pas danger de mort. J'essayai de le rassurer en lui racontant, que pendant leurs observations en Espagne, Biot et Arago avaient été surpris par un orage pareil. La foudre était tombée sur leur tente, mais avait glissé sur la toile sans les toucher eux-mêmes.

A peine avais-je fini mon récit, qu'en un même moment j'entendis ce cri de détresse « Ah! mon Dieu! », je vis un globe de feu courir des pieds à la tête de mon compagnon, et je me sentis moi-même atteint à la jambe gauche d'une commotion violente. Notre tente venait de se déchirer au milieu d'une terrible détonation. Je me tournai vers mon compagnon : le malheureux venait d'être foudroyé. Éclairé par les déchirures de la tente, je vis le côté gauche de son visage sillonné de taches brunes et rouges produites par le coup de foudre. Ses cheveux, ses cils, ses sourcils étaient crispés et brûlés; ses lèvres, ses narines étaient violacées; sa poitrine se soulevait encore par instants, mais bientôt le bruit de la respiration s'éteignit.

Je souffrais horriblement moi-même; mais, oubliant ma souffrance pour chercher à porter quelque secours à celui que je voyais mourir, je l'appelai, je le secouai; il ne répondit pas. Son œil droit, ouvert, brillant, plein d'intelligence, semblait se tourner de mon côté et implorer mon aide ; mais l'œil gauche demeurait fermé, et en soulevant la paupière, je vis qu'il était pâle et terne. Je crus un moment à un reste de vie : trois fois j'essayai de fermer cet œil droit qui me regardait toujours, trois fois il se rouvrit avec les apparences de la vie. Alors je portai la main sur son cœur : il ne battait plus. Je piquai ses membres, ses lèvres avec la pointe de mon compas : tout était immobile ; c'était la mort et je ne pouvais y croire.

La douleur m'arracha enfin à cette navrante contemplation. Ma jambe gauche était paralysée ; j'y sentais un frémissement aigu, un bouillonnement de sang extraordinaire. J'éprouvais dans tout le corps un tremblement convulsif ; une oppression générale me suffoquait ; le cœur me battait d'une manière désordonnée. Allais-je périr comme mon infortuné compagnon ! Avec les plus grandes peines, j'atteignis pourtant le village voisin. Je m'aperçus alors que mes instruments de mathémathiques avaient été foudroyés. Tous les objets en métal qui se trouvaient dans la tente au moment du coup de tonnerre, portaient des traces du passage de la foudre ; les pointes, les arêtes, les parties les plus délicates, en étaient émoussées, fondues ».

Revenons au malheureux Richmann, foudroyé dans son cabinet de travail par la tige de fer qui lui servait à l'étude de l'électricité des nuages. Il avait au front une large brûlure, et sur la poitrine, en des points où la peau semblait grillée, des taches rouges et bleues. L'une des chaussures se trouvait percée d'un ample trou, comme si le trait fulgurant entré par le front de la victime était ressorti par les pieds ; aussi les organes internes, notamment les poumons, présentaient-ils de graves désordres. Le dessinateur, non directement atteint, tomba étourdi par la commotion et quelque temps resta sans connaissance. Il revint à lui exempt de toute blessure, seulement ses habits présentaient de longues lignes rousses et dénudées comme si l'on eût appliqué sur le drap des fils de fer rougis au feu.

Le danger d'être atteint par la foudre pendant un orage est tellement faible, qu'à moins de se trouver en des lieux particulièrement exposés, il est déraisonnable de s'en préoccuper. Il résulte des relevés faits par Arago, qu'on est exposé, en circulant dans les rues de Paris, à un péril plus grand que celui dont nous menace le feu du ciel. On y compte, en effet, plus de personnes écrasées par la chute d'une cheminée ou d'un vase à fleurs tombant des fenêtres que de personnes foudroyées. Quel est celui cependant qui se préoccupe de la chute probable d'une cheminée, quel est celui qui n'ose sortir crainte d'être atteint par un pot à fleurs? On ne songe pas même que ce danger existe, tant sont rares les accidents qu'il amène. Le danger d'être foudroyé étant encore moindre, on ne devrait pas s'en préoccuper davantage ; mais la peur ne se raisonne pas.

Trop de sécurité pourtant pourrait nous être fatale dans certaines circonstances. Il ne faut pas perdre de vue que la foudre frappe de préférence les points les plus saillants du sol, parce que c'est là que l'électricité de nom contraire se porte en plus grande abondance pour se rapprocher le plus possible du nuage orageux qui l'attire. Les édifices élevées, les tours, les clochers sont, dans les villes, les points les plus exposés au feu du ciel.

En rase campagne, il serait très imprudent, pendant un orage, de chercher un refuge contre la pluie sous un arbre, surtout s'il est grand et isolé. Si la foudre doit tomber aux environs, ce sera certainement sur cet arbre, qui forme le point culminant du sol, et qui, mouillé par les eaux pluviales, constitue un conducteur très favorable à l'écoulement de l'électricité. Les tristes exemples de personnes foudroyées qu'on déplore chaque année, se rapportent, en majeure partie, à de malheureux imprudents abrités de la pluie sous des arbres.

On recommande aussi de ne pas sonner les cloches pendant un orage, non que le son de cloches ait une action quelconque sur la foudre, mais parce que le sonneur se met en danger. Le clocher, par son élévation, est plus menacé qu'un autre point, et la masse métallique des cloches est un bon conducteur que la foudre atteindra presque infailliblement si elle tombe. Quant aux autres précautions qu'on est dans l'habitude de recommander, comme de ne pas courir, lorsqu'on est surpris par l'orage, pour ne pas déplacer l'air trop violemment, et de fermer les portes et les fenêtres afin d'empêcher les courants d'air, elles n'ont aucune espèce de valeur : la direction que suit la foudre n'est en rien influencée par les mouvements de l'air.

CHAPITRE XLVIII

LE PARATONNERRE

Un vers latin devenu célèbre,

Eripuit cœlo fulmen, sceptrumque tyrannis,

fut gravé au bas du portrait du physicien de Boston qui

Ravit la foudre aux cieux et le sceptre aux tyrans,

ainsi que le rappelle l'inscription latine. Franklin, en effet, prit une part très active à l'indépendance de son pays en lutte contre l'autorité despotique de l'Angleterre ; il ravit la foudre aux cieux, c'est-à-dire, en langage moins poétique, avec une tige de fer aiguë, il fit descendre, à la portée de l'observation, l'électricité des nuages. Il fit mieux encore : la tige pointue imaginée par son génie devait, sous le nom de paratonnerre, protéger nos édifices contre la foudre. Le raisonnement de l'illustre philosophe était à peu près celui-ci.

La foudre est une immense étincelle électrique formée par la réunion subite des deux électricités contraires, fournies par deux nuages voisins ou par un nuage et le sol. Le trait de feu qui foudroie le sol n'est pas uniquement produit par le nuage orageux ; il est produit à la fois par le sol et par le nuage. Le sol fournit une électricité, développée par influence ; le nuage orageux fournit l'autre. Supposons alors qu'au moment où passe un nuage orageux, un objet terrestre, placé convenablement à sa proximité, puisse lui envoyer l'électricité contraire, mais peu à peu, avec une prudente lenteur, au lieu de la laisser s'écouler brusquement toute à la fois. Ce nuage rentrera sans explosion à l'état neutre

Fig. 62

par la combinaison graduelle des deux électricités, et sera finalement désarmé.

Le pouvoir des pointes fournit le moyen d'étouffer ainsi, en quelque sorte, la foudre à sa naissance, en dirigeaut vers le nuage orageux un flux d'électricité contraire, rendu inoflensif par sa lenteur. De même qu'une pointe métallique tenue à la main et présentée au conducteur d'une machine électrique, empêche celle-ci de se charger en lui fournissant sans cesse de l'électricité contraire, de même une haute tige du fer aiguë désarmera, en neutralisant son électricité, le nuage où couve l afoudre.

Un paratonnerre est une forte tige de fer, bien aiguë à son extrémité supérieure et longue de cinq à dix mètres. On l'implante au sommet de l'édifice que l'on veut protéger. Une tringle en fer, qui prend le nom de conducteur, part du pied de cette tige, longe le toit et les murs, auxquels elle est fixée par des crampons, et va se rendre, à une assez grande profondeur, dans un sol humide ou mieux dans un puits, en s'y ramifiant en plusieurs branches. (fig. 62). Ce conducteur doit présenter, d'un bout à l'autre, une parfaite continuité, et être bien en rapport avec la tige du paratonnerre, sinon l'appareil serait plus dangereux qu'utile.

Soit maintenant un nuage orageux qui passe au-dessus de l'édifice. Sous l'influence de ce nuage, décomposant l'électricité neutre des corps voisins, il se développe dans l'édifice une charge d'électricité contraire qui, si le paratonnerre n'était pas là, ne pourrait se porter librement vers le nuage, et s'accumulerait jusqu'à ce que, assez puissante, elle s'écoulât toute en une fois. Les deux électricités contraires se recombineraient donc brusquement en masse, et l'édifice serait foudroyé.

Avec le paratonnerre, les conditions changent. A mesure qu'elle apparaît dans l'édifice, sous l'influence du nuage orageux, l'électricité contraire s'écoule par la pointe métallique, en produisant une aigrette lumineuse, visible de nuit, et se rend dans le nuage, qu'elle ramène peu à peu à l'état neutre. C'est ainsi qu'à notre insu, sans bruit, le paratonnerre conjure le plus souvent le danger qui nous menace.

Quelquefois, l'écoulement de l'électricité contraire par la pointe n'étant pas assez rapide pour neutraliser à temps celle du

nuage, l'étincelle jaillit et la foudre éclate, mais sur le paratonnerre seulement, parce que cette haute tige métallique est le
point de l'édifice le plus rapproché du nuage, le plus électrisé et
le meilleur conducteur. Enfin comme la
foudre suit toujours les corps qui conduisent le mieux l'électricité, elle descend par le conducteur du paratonnerre
et va se dissiper dans l'eau du puits et
dans le sol, sans amener de dégâts.
Comme à la suite de pareilles décharges,
l'extrémité du paratonnerre, si elle était
en fer, pourrait s'émousser et perdre
ainsi sa propriété, on surmonte la tige
en fer d'une pointe de cuivre, métal bien
moins altérable.

Entrons dans quelques développements plus précis sur cette importante
question. Un paratonnerre (fig. 63) est
formé d'une tige en fer P'R de 5 à 10
mètres de longueur et de 5 à 6 centimètres de diamètre à la base. Cette tige
se termine supérieurement par un cône
de cuivre rouge RP, vissé et soudé au
fer. Elle est fixée à la charpente du bâtiment par une pièce T. Un léger rebord
de la base empêche les eaux pluviales de
s'infiltrer dans la toiture. Un collier métallique CS embrasse le pied du paratonnerre et donne attache au conducteur F, formé d'une tringle en fer carrée,
de deux centimètres environ de côté.
Pour conducteur, on adopte quelquefois
un câble de fils de fer d'une grosseur
équivalente à celle de la tringle, carré

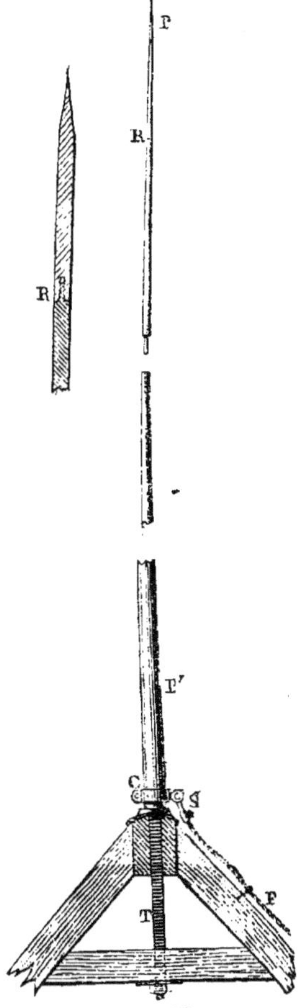

Fig. 63.

et goudronné avec soin pour prévenir la rouille. Fixé de distance
en distance à des crampons, le conducteur longe le toit, les murs
du bâtiment et se rend dans une nappe d'eau un peu vaste,
comme un puits, une source qui ne tarisse jamais. L'électricité
peut alors se déperdre aisément dans le sol humide. Une citerne,

dont les parois sont imperméables à l'eau, ne remplirait pas les conditions voulues. Pour augmenter la surface de contact du conducteur avec l'eau, il convient de rouler en spirale la partie plongée, ou même d'y suspendre des manchons en feuilles de tôle.

La communication facile du conducteur avec le sol étant une condition très importante, il faut que les parties immergées puissent être visitées de loin en loin pour s'assurer que le séjour dans l'eau ne les a pas altérées au point de les rendre inefficaces. S'il entre dans l'édifice des pièces métalliques un peu volumineuses, elles doivent être mises en communication avec le conducteur. Enfin si un édifice est armé de plusieurs paratonnerres, ceux-ci doivent être solidaires l'un de l'autre, ce que l'on obtient en reliant leurs bases par des tiges métalliques. L'expérience a appris qu'un paratonnerre protège l'étendue horizontale embrassée par la circonférence qui serait décrite de son pied comme centre avec un rayon égal à deux fois sa hauteur.

Le premier paratonnerre fut élevé en 1760, par les soins de Franklin, sur la maison d'un marchand de Philadephie. Comme si l'admirable invention avait hâte de faire ses preuves, la tige de fer à peine installée préserva de la foudre. Le tonnerre tomba sur l'habitation du marchand sans produire aucun dégât, seulement la pointe métallique se retrouva fondue.

Franklin lui-même eut à se louer personnellement d'avoir armé sa maison d'un paratonnerre. Il revenait d'Europe où l'avaient appelé les intérêts de son pays, lorsque dit-il « je trouvai en Amérique le nombre des paratonnerres considérablement augmenté, leur efficacité à préserver les édifices de la foudre ayant été démontrée par plusieurs épreuves. Un jour, notamment, ma maison fut atteinte par un violent coup de tonnerre. Aussitôt les voisins accoururent pour porter secours, au cas où le feu aurait pris à l'habitation ; mais il n'y avait aucun dommage, et ils trouvèrent seulement la famille fort effrayée de la violence de l'explosion. Avec le temps, l'invention a donc été de quelque utilité à l'inventeur, et a ajouté cet avantage au plaisir d'être utile aux autres. »

L'Angleterre fut d'abord très hostile à l'invention venue d'un pays qui, soulevé pour son indépendance, lui épuisait alors ses forces et ses revenus. Par un système absurde de contradiction, on y prétendit que la forme pointue, loin de protéger, aggravait le péril ; et que, pour être efficace, un paratonnerre devait se terminer par une boule. On y éleva, en effet, des paratonnerres terminés par un globe de métal, contre-partie de ce qu'avait enseigné Franklin. Il ne fallut pas de longues épreuves pour démontrer l'inanité de ces appareils, fruits des passions politiques et non des méditations de la science.

En France, le paratonnerre trouva pareillement des adversaires, mais guidés par d'autres motifs. On ne pouvait se faire à cette idée qu'une simple tige de fer puisse sauvegarder contre le plus terrible des météores. Il y avait, disait-on, disproportion trop grande entre le moyen employé et le résultat que l'inventeur prétendait obtenir. Cependant en 1783, lorsque déjà depuis vingt-deux ans la barre de Franklin surmontait les édifices en Amérique, un gentilhomme de Saint-Omer osa braver l'opinion publique en faisant dresser un paratonnerre sur sa maison. Pour donner à l'appareil une forme plus artistique, on le composa d'une sphère de métal d'où s'élevait une tige pointue figurant une épée. De là, grande rumeur dans la population de Saint-Omer. Cette épée dressée la pointe en haut, comme pour menacer le ciel, parut un sacrilège. L'émeute devint si vive que, pour la calmer, l'autorité municipale fit abattre le paratonnerre. Les idées se sont bien modifiées depuis, et aujourd'hui il n'est pas d'édifice de quelque importance qui ne soit défendu par la tige de Franklin. L'expérience a surabondamment établi l'efficacité de cet appareil ; on n'a pas d'exemple d'accidents graves causés par la foudre sur des édifices armés de paratonnerre dans de bonnes conditions.

Quant à la disproportion entre le moyen de défense et le résultat obtenu, disproportion que l'on objectait d'abord en défaveur du paratonnerre, nous allons voir qu'elle n'est qu'apparente parce que la tige protectrice agit le plus souvent en silence, d'une manière qui passe inaperçue. Nous empruntons aux notices scientifiques d'Arago le passage que voici :

« De l'action de l'appareil de Franklin peut-il résulter un affaiblissement sensible des orages ? Là où il y aura beaucoup de paratonnerres, les coups de foudre seront-ils moins à redouter ? Quelques expériences de Beccaria m'ont fourni les éléments nécessaires pour éclaircir, je crois, tous ces doutes.

Cet habile physicien avait dressé à Turin, sur deux points du palais de Valentino fort éloignés l'un de l'autre, deux gros fils métalliques rigides, maintenus en place à l'aide de corps isolants. Chacun de ces fils était à une petite distance d'un autre fil métallique; mais celui-ci, au lieu d'être isolé, descendait le long du mur du bâtiment jusqu'au sol, où il s'enfonçait assez profondément. Le premier fil, on le voit, était le paratonnerre; le second était le conducteur; seulement au lieu de communiquer étroitement entre eux, le paratonnerre et le conducteur étaient séparés l'un de l'autre par une faible distance.

Eh bien, en temps d'orage, de vives étincelles, je pourrais dire des éclairs, jaillissaient sans cesse entre le paratonnerre et son conducteur, dans l'intervalle laissé vide. L'œil et l'oreille suffisaient à peine à saisir les intermittences : l'œil n'apercevait aucune interruption dans la lumière, l'oreille entendait un bruit à peu près continu.

Aucun physicien ne me démentira, quand je dirai que chaque étincelle prise isolément eût été douloureuse, que la réunion de dix aurait suffi pour engourdir le bras; que cent eussent peut-être constitué un coup foudroyant. Cent étincelles se manifestaient en moins de dix secondes; ainsi, chaque dix secondes, il passait d'un fil au fil correspondant, une quantité de matière fulminante capable de tuer un homme; en une minute six fois autant; en une heure soixante fois plus qu'en une minute. Par heure, chaque tige métallique du palais de Valentino neutralisait donc dans les nuées, en temps d'orage, une quantité de matière fulminante capable de tuer 360 hommes. Il y avait deux de ces tiges : le chiffre 360 doit donc être doublé; nous voilà déjà au nombre 720.

Mais le Valentino se composait de sept toits pyramidaux, recouverts de feuilles de métal communiquant avec des gouttières également métalliques qui s'enfonçaient dans la terre. Les sommets de ces pyramides étaient pointus; ils s'élevaient plus dans les airs que les extrémités des deux tiges sur lesquelles Beccaria opérait. Tout autorise donc à supposer que chaque pyramide neutralisait dans les nuages autant de matière électrique au moins que les minces tiges en question. Or 7, multiplié par 360, donne 2520; et si l'on ajoute les 720 de deux tiges, on trouve 3240.

En mettant tout au plus bas, en supposant que le Valentino

agissait par ses pointes seules, et que le reste du bâtiment était absolument sans action, nous n'en trouverons pas moins, pour ce seul édifice, que la quantité d'électricité enlevée à l'orage dans le court espace d'une heure eût suffi pour tuer plus de trois mille hommes. »

CHAPITRE XLIX

GALVANI

La pile est l'instrument le plus merveilleux qu'ait vu naître ce siècle, si riche pourtant en découvertes du domaine des sciences physiques; c'est l'appareil qui se prête aux applications les plus délicates et les plus variées. La marine lui demande une lumière incomparable, qu'elle projette du haut des phares sur les plaines des mers pour avertir les navigateurs de l'approche dangereuse des terres. L'architecte l'établit sur un point élevé et la charge d'éclairer, de nuit, à quelques kilomètres à la ronde, dans un travail pressé, toute une armée de travailleurs. Le savant qui veut expérimenter sur les effets les plus puissants de la chaleur, trouve en elle un brasier irrésistible. Le chimiste la fait intervenir pour réduire en leurs éléments les corps composés. Le médecin profite des secousses intimes qu'elle excite dans nos organes pour étudier les mystères les plus obscurs de la vie, et soulager, guérir quelques-unes de nos plus graves infirmités. L'artiste lui demande de reproduire ses médailles, ses statuettes, ses bas-reliefs, et la pile obéit. L'imprimeur exige d'elle des planches gravées pour ses livres, et la pile obéit encore; l'orfèvre lui demande de déposer, pour les rendre inaltérables, une mince couche, un vernis d'or ou d'argent sur les produits de son art en métaux de peu de valeur, et la pile obéit toujours. On lui impose de transmettre la pensée humaine à toute distance, serait-ce d'un bout de la terre à l'autre, avec une rapidité qui équivaut presque à celle de la parole entre interlocuteurs; et la pile accomplit le prodige. Si vous le désirez, elle écrit, elle imprime, elle dessine à cent, à mille lieues plus loin, l'écriture, le texte, le dessin que vous lui soumettez ici.

La pile, c'est l'instrument; mais la force qui l'anime, quelle est-elle? Cette force, ouvrière qui fait tous les métiers, qui tour à tour, à notre volonté, lutte d'éclat avec le soleil, surpasse la chaleur de la forge, semble ranimer la vie dans les cadavres, ébranle de salutaires commotions les membres paralysés, sculpte, grave, moule, dore, argente, télégraphie; cette force, c'est l'électricité, c'est la brutale substance de la foudre, que le génie des recherches a su dompter et mettre à notre service en l'éveillant dans un morceau de zinc rongé par un acide.

La légende s'est complue de tout temps à répandre du merveilleux sur l'origine des inventions qui ont laissé une trace profonde dans l'histoire du progrès ; elle a paré de récits imaginaires la vérité, trop simple. Quoique fille d'un siècle sur lequel les anecdotes légendaires ont peu de prise, la pile, à sa naissance, n'a pas échappé aux embellissements fictifs. On raconte donc qu'en 1780, une dame de Bologne se trouva légèrement enrhumée. Un célèbre médecin de l'endroit, Galvani, lui ordonna une tisane émolliente de grenouilles. Comme c'était l'usage à cette époque, le médecin remplissait en même temps les fonctions d'apothicaire. Le bouillon aux grenouilles fut donc préparé dans l'officine de Galvani. Ces animaux étaient écorchés par la cuisinière de la maison, puis coupés transversalement en deux ; et l'on ne gardait que le train postérieur, ainsi qu'on le fait encore pour une friture de cuisses de grenouilles. Tous ces tronçons, encore palpitants d'un reste de vie, gisaient épars sur une table, lorsqu'on vint par hasard à décharger une machine électrique qui se trouvait dans la même salle. Aussitôt les moitiés de grenouilles de s'agiter comme en voie da résurrection, c'est-à-dire de ployer et de détendre tour à tour les jambes à diverses reprises ainsi que pour la nage. Frappé de surprise, Galvani déchargea de nouveau, mais cette fois à dessein, la machine électrique. Le même fait exactement se reproduisit : à chaque étincelle, les tronçons de grenouille s'agitaient avec les mouvements ordinaires de la nage. L'illustre Bolonais partit de cette observation fortuite pour se livrer à une longue série d'études qui reprises, à un autre point de vue, par son compatriote Volta, eurent pour conséquence l'invention de la pile.

L'antithèse est frappante ici entre les très petites causes et les résultats à immense portée. Par un enchaînement de hasards, insignifiants eux-mêmes, arrive de proche en proche l'invention la plus étonnante dont le génie de l'homme puisse s'honorer. Si une délicate dame de Bologne n'avait pas un peu toussé, à la suite d'un léger rhume pris dans un bal peut-être; si son médecin n'avait pas eu l'idée assez étrange de combattre une toux avec une tisane de grenouilles; si la cuisinière chargée de préparer le dit bouillon n'avait pas dérogé aux bonnes habitudes et déserté la cuisine pour venir dans le cabinet de Galvani écorcher et préparer ces animaux; si une machine électrique chargée ne s'était pas trouvée là par hasard; et si par hasard encore quelque désœuvré n'avait tiré une étincelle de la machine, nous n'aurions pas encore la pile, et nous ne l'aurions peut-être jamais. Les anciens représentaient l'occasion chauve, avec une maigre et unique mèche de cheveux au haut du front. C'est par là qu'il fallait la saisir au passage, sinon elle vous échappait pour toujours. Le bouillon aux grenouilles fut cette mèche qu'il importait de ne pas manquer. Galvani sut la saisir, et le genre humain lui en doit éternelle reconnaissance. Oh! le bienheureux rhume, oh! les précieuses quintes de toux, qui nous ont valu la télégraphie électrique!

Voilà le roman, voici l'histoire, telle qu'on la trouve dans les écrits de Galvani lui-même. Le célèbre médecin s'occupait depuis longtemps de recherches sur les fonctions de système nerveux chez les animaux. Le patient choisi de préférence était la grenouille, facile à se procurer, peu coûteux, de dissection non répugnante, et par-dessus tout d'une sensibilité extrême aux influences électriques. Pour ses observations, Galvani faisait subir à l'animal la préparation que voici. La grenouille était écorchée vivante, ou tuée à l'instant par une projection contre terre; elle était coupée en travers vers le milieu du dos, vidée de ses entrailles de manière à bien laisser à découvert deux gros nerfs qui longent la colonne vertébrale et plongent dans les cuisses. Ces deux nerfs, organes excitateurs du mouvement dans les jambes postérieures, sont ce que les anatomistes appellent les nerfs lombaires. Écoutons maintenant Galvani :

« J'avais préparé une grenouille comme il vient d'être dit, lorsque, préoccupé d'autre chose, je la plaçai sur la table d'une machine électrique. L'animal n'était nullement en contact avec le conducteur de la machine; il en était même distant d'un assez long intervalle. Un de mes aides approcha par hasard la pointe d'un scalpel des nerfs lombaires, et tout aussitôt les membres inférieurs s'agitèrent, comme pris subitement de convulsions violentes. Cependant une personne[1] présente à nos expériences électriques, crut remarquer que les contractions de la grenouille n'avaient lieu que lorsqu'on tirait une étincelle de la machine. Émerveillée de la nouveauté du fait, elle vint aussitôt m'en faire part. J'abandonnai le travail entrepris, désireux de répéter moi-même l'expérience et de mettre en lumière ce qu'elle pouvait présenter d'obscur. J'approchai donc moi-même la pointe du scalpel des nerfs lombaires, tandis que l'une des personnes présentes tirait des étincelles de la machine. Les faits se reproduisirent exactement de la même manière : au moment même où l'étincelle jaillissait, des contractions violentes se manifestaient dans les muscles des jambes, absolument comme si la grenouille avait été prise de tremblement nerveux. »   •

Ce fait, qui surprit tant Galvini, se rattache à ce que les électriciens nomment *choc en retour*. Dans certains cas, à une grande distance du point où tombe la foudre, il arrive que des gens ou des animaux éprouvent une violente secousse, ou même sont frappés de mort, sans être atteints eux-mêmes par aucune étincelle électrique. C'est là le choc en retour. Supposons un grand nuage orageux fortement chargé d'électricité. Par son influence, il décompose l'électricité neutre du sol et de tous les objets indifféremment qui se trouvent dans le rayon de son action; il repousse dans les profondeurs de la terre l'électricité de même nom que la sienne, il attire l'électricité contraire. Si la foudre éclate, si l'étincelle jaillit entre le nuage et un point du sol, ce nuage se trouve instantanément déchargé; son influence cesse, et les électricités séparées se rejoignent brusquement dans les autres points, de manière à faire éprouver une commotion violente, parfois mortelle, aux hommes et aux animaux qui peuvent s'y trouver.

Le choc en retour se manifeste jusque dans le voisinage d'une machine électrique, dont le conducteur chargé représente le nuage orageux. Suspendons à une petite distance de ce conducteur une grenouille récemment morte et écorchée. Aucune dis-

---

1. C'est madame Galvani elle-même, femme remarquable, qui exerça la plus heureuse influence sur les savants travaux de son mari.

position particulière n'est à prendre; il est inutile de diviser l'animal en deux, de mettre à nu ses nerfs lombaires et de toucher ceux-ci avec la pointe d'un scalpel, ainsi que le faisait Galvani. Il suffit que la grenouille soit suspendue à un corps bon conducteur qui la mette en rapport électrique avec le sol, et que de plus elle soit écorchée afin que les muscles, mis à nu, éprouvent mieux l'influence de la machine. Ces précautions prises, tirons une étincelle du conducteur : nous verrons la grenouille convulsivement s'agiter. L'interprétation de ces mouvements est la même que ci-dessus. Influencée par le conducteur de la machine, l'animal se charge d'électricité de nom contraire, tandis que l'électricité de même nom est repoussée dans le sol. Si l'on vient à tirer une étincelle du conducteur, celui-ci, brusquement ramené à l'état neutre, n'exerce plus son action influente, et les deux électricités complémentaires se recombinent dans le corps de la grenouille, en donnant lieu à des convulsions, que rend plus accentuées un organisme éminemment irritable où se conserve encore un reste de vie. Avec un animal à sang chaud, les mouvements convulsifs seraient bien moins sensibles, parce que plus l'organisme est élevé, plus la vie est prompte à s'y éteindre.

Ayant varié de toutes les manières possibles sur la grenouille l'action de l'électricité fournie par la machine, Galvani eut recours à l'électricité des nuages. La barre pointue de Franklin fut implantée sur le faîte de sa maison, continuée par un fil conducteur qui amenait dans le cabinet du savant la substance fulminante du tonnerre. Là, parfois au péril de sa vie, comme ne le prouvait que trop la récente et tragique fin du physicien de Saint-Pétersbourg, de Richman, foudroyé au milieu de ses appareils d'étude par l'étincelle qu'il avait fait descendre des cieux; là, tout à côté de sa dangereuse tige, Galvani épiait, des jours entiers, en temps d'orage, ce qui pouvait survenir dans une grenouille écorchée, appendue par les nerfs lombaires au crochet terminal du fil conducteur. Les résultats répondirent parfaitement à ses prévisions. A chaque éclair un peu fort, l'animal s'agitait, ployant et déployant ses longues jambes. L'éclair, en jaillissant, mettait fin à l'état électrique des nuages, qui par son influence avait électrisé la barre de fer, le fil conducteur, la grenouille appendue. Celle-ci, soudainement rendue à l'état neutre par la récombinaison des deux électricités que le nuage ne maintenait plus séparées, éprouvait les mêmes convulsions qu'au voisinage d'une machine à l'instant de la décharge. Pour un esprit réfléchi, quel spectacle que celui de cet homme au large front chauve en méditation devant un demi-cadavre de grenouille qui tressaille et bondit à chaque coup de foudre! Un éclair éveille dans le misérable reptile un semblant d'animation! Y aurait-il donc quelque rapport mystérieux entre l'électricité et la vie?

On conçoit ce que l'ampleur d'un pareil problème dut inspirer de zèle au physiologiste de Bologne. Un jour, désirant constater les effets de l'électricité atmosphérique par un ciel serein, Galvani suspendit au balcon en fer de son habitation quelques grenouilles préparées comme d'habitude et fixées à un double crochet en cuivre, dont une branche passait entre les nerfs lombaires de l'animal et la colonne vertébrale, tandis que l'autre embrassait la tringle de la balustrade. D'abord rien ne se produisit, digne du moindre intérêt; lassé d'attendre vainement, fatigué de ses continuelles allées et venues du cabinet de travail au balcon, et du balcon au cabinet de travail, l'expérimentateur était sur le point d'abandonner son expérience, quand un fait fortuit vint mettre Galvani sur la voie d'une admirable découverte. Soit par le souffle du vent, soit par l'effet d'un mouvement d'impatience de l'observateur, les muscles de l'une des grenouilles vinrent à toucher le fer du balcon. A ce contact, des convulsions se produisent, pareilles à celles qu'excite le voisinage soit de la machine électrique soit d'un nuage orageux; et cependant, autour des grenouilles, rien n'existe qui puisse exercer une influence électrique. L'atmosphère est sereine, et les instruments les plus délicats ne peuvent y constater de l'électricité. Si les grenouilles cette fois s'agitent, la cause en est dans l'organisation même et non à l'extérieur.

Voilà enfin Galvani en présence de l'*électricité animale*, depuis longtemps soupçonnée par lui et recherchée avec une infatigable ardeur. L'animal est une sorte de bouteille de Leyde qui se charge et se décharge par le seul exercice de la vie. Les muscles en sont les armatures, les nerfs en sont le conducteur électrique. La décharge de ce merveilleux appareil s'obtient artificiellement par la mise en rapport des nerfs et des muscles au moyen d'un corps bon conducteur interposé. Le conducteur en jeu dans les grenouilles appendues au balcon, c'est le crochet de cuivre suivi du barreau de fer que les muscles sont venus toucher. On peut donc simplifier beaucoup l'expérience : il suffit de faire communiquer les muscles avec les nerfs lombaires de la grenouille au moyen d'un conducteur métallique quelconque. C'est ce que Galvani s'empressa de vérifier avec un succès qui le combla de joie. Pour lui désormais, le doute n'est pas possible : l'animal est bien une continuelle source d'électricité, dont la décharge, artificiellement provoquée, est cause des convulsions qui se manifestent dans les grenouilles préparées suivant sa méthode. En variant ses essais, il reconnut enfin que l'expérience réussit mieux si le conducteur interposé entre les nerfs et les muscles est formé de deux métaux différents placés bout à bout, par exemple d'une petite lame de zinc suivie d'une petite lame de cuivre.

Si le lecteur veut répéter cette célèbre expérience de Galvani, point de départ de la pile et de tout ce qui s'y rattache, voici comment il faut s'y prendre, sans aucun outillage spécial et néanmoins avec la certitude de réussir. Une vigoureuse grenouille est tuée à l'instant, jetée contre le sol. On l'écorche et on la vide. Dans le ventre ouvert, on voit deux gros cordons d'un blanc grisâtre, longeant, de chaque côté, la colonne vertébrale. Ces deux cordons sont les nerfs lombaires. On coupe en travers l'animal à la naissance de ces nerfs, c'est-à-dire à leur issue de l'épine du dos; puis on enveloppe étroitement d'un morceau de feuille d'étain et en un seul faisceau les deux bouts des nerfs lombaires tronqués. D'autre part on se munit d'une plaque quelconque de cuivre rouge, métal le plus apte à conduire l'électricité; on la décape, on la nettoie avec soin. Les choses ainsi disposées, on met la grenouille, réduite au train postérieur, sur la lame de cuivre; et l'on prend du bout des doigts, ou mieux avec des pinces, la petite masse d'étain enveloppant les deux bouts des nerfs lombaires. Eh bien, toutes les fois qu'avec cet étain on touchera la lame de cuivre, les pattes feront quelques brusques mouvements pareils à ceux de la nage. Ces convulsions, dernier signe d'une vitalité qui s'éteint, sont au début violentes ; mais peu à peu elles s'affaiblissent, et finalement ne peuvent plus être provoquées.

CHAPITRE L

VOLTA

L'expérience de Galvani fut accueillie avec enthousiasme dans le monde savant ; on crut être enfin sur la voie de cette cause mystérieuse qui anime la matière dans les corps vivants. L'illusion fut vive mais de courte durée. Les travaux du savant de Bologne et de ses successeurs ont laissé aussi obscurs que jamais les mystères de la vie. Nul ne sait encore, nul ne saura sans doute ce qui se passe lorsque nous remuons simplement un doigt. La cause première du moindre mouvement est autre chose que de l'électricité ; c'est la grande inconnue que les siècles futurs, avec les ressources d'une science avancée, vainement s'efforceront de dégager de l'équation si compliquée de la vie. L'homme pèse le soleil à la balance de sa raison ; il en détermine les éléments chimiques comme s'il pouvait mettre dans ses creusets un échantillon minéralogique de l'astre ; il explique avec certitude le sublime mécanisme de l'univers, et ne peut se rendre compte du battement d'ailes d'un moucheron. Son génie n'a pour ainsi dire pas de bornes dans le domaine de la matière brute ; il reste impuissant devant les faits les plus vulgaires de la matière vivante. En sera-t-il toujours ainsi ? Tout porte à le croire, tout nous dit qu'il y a des limites par delà lesquelles il faut se résigner à savoir ignorer.

Si des conflits électriques ne peuvent nullement nous renseigner un peu sur la vie, l'électricité animale, la grande découverte de Galvani, n'en existe pas moins, comme l'ont surabondamment démontré les expérimentateurs qui ont marché sur les traces du médecin de Bologne. Il serait même fort étrange que l'organisation ne fut pas une source électrique permanente. Nous allons dans un instant établir, en effet, que toute action chimique est accompagnée d'un dégagement d'électricité. Or quel laboratoire que celui d'un corps vivant où sans discontinuer, dans la moindre fibre, dans la moindre molécule, des matériaux s'associent en des combinaisons nouvelles, ou se dissocient en résidus de structure plus simple; quel travail chimique que celui de l'organisme, siège d'une perpétuelle destruction et d'une perpétuelle rénovation! Une parcelle de charbon ne saurait brûler dans nos appareils sans donner lieu à un flux électrique. Que ne doit-il pas alors se passer lorsque le sang artériel amène l'oxygène de la respiration jusque dans les profondeurs les plus reculées des organes et oxyde ceux-ci, les brûle atome par atome? Puisque l'exercice de la vie a pour caractère fondamental une combustion continuelle, il est par cela même une continuelle source d'électricité.

Mais ces idées étaient loin d'être mûres à l'époque de Galvani, et la théorie de l'animal comparé à une bouteille de Leyde, la théorie enfin de l'électricité animale, après avoir enthousiasmé l'Europe savante, devint l'objet des plus vives attaques. Parmi les adversaires de Galvani, le plus ardent, le plus habile à imaginer des expériences concluantes, ou qui du moins le paraissaient alors, était un compatriote, Volta, qui après une longue carrière dans l'enseignement de la physique, s'était retiré à Côme, petite ville du Milanais. Les manières de voir des deux savants étaient le contre-pied l'une de l'autre. Pour Galvani, la grenouille était la source électrique; et l'objet métallique interposé entre les muscles et les nerfs lombaires, objet mi-partie cuivre et mi-partie zinc, était le conducteur. Volta y voyait tout le contraire : la lame zinc et cuivre était la source électrique et la grenouille n'avait d'autre rôle que celui de conducteur. Avec une telle opposition dans les idées, il était impossible de tomber jamais d'accord. La lutte fut des plus vives, chacun apportant des raisons, qui paraissaient devoir terminer le débat quand il était répliqué par une nouvelle expérience mettant à néant celle qui la précédait. Il serait sans intérêt aujourd'hui de suivre dans ses détails ce tournois célèbre, où il fut dépensé de part et d'autre tant de génie inventif pour apporter de nouvelles preuves expérimentales en faveur de la thèse défendue.

Finalement, la victoire resta au physicien de Côme, victoire d'autant plus éclatante que Volta la remportait en dotant le monde de ce merveilleux appareil qui a nom la pile. A côté de cet outil nouveau, dont on entrevoyait déjà les précieux usages, à côté de cet instrument qui faisait docile serviteur de l'homme une puissance devant laquelle les siècles s'étaient prosternés terrifiés, les grenouilles écorchées de Galvani avaient mesquine figure; rejetées dans l'ombre par leur glorieuse rivale, elles furent à peu près oubliées; et le mérite de Galvani disparut devant l'invention de Volta.

De nos jours presque, un revirement s'est fait, non au sujet de l'invention de la pile, dont la gloire reste tout entière à Volta, mais au sujet des théories qui ont guidé les deux adversaires. Galvani avait raison, et Volta avait tort. Il avait tort de nier l'électricité animale dont les preuves sont incontestables; il avait tort de regarder comme source électrique deux métaux différents placés l'un contre l'autre et n'agissant que par leur simple contact. Volta, en effet, fonda ses objections contre Galvani sur l'hypothèse que voici : deux métaux de nature différente, et en général, deux substances quelconques hétérogènes, donnent lieu, par le fait seul de leur contact mutuel, à l'apparition des deux électricités contraires, qui se portent chacune sur l'un des deux métaux juxtaposés. D'après lui, par cela seul qu'elles se touchent, une lame de cuivre et une lame de zinc, par exemple, s'électrisent et se chargent, la première d'électricité positive, la seconde d'électricité négative; et tant que dure le contact, la charge électrique se reconstitue à mesure qu'elle est dépensée. Il donna le nom de *force électromotrice* à cette puissance prétendue des corps hétérogènes de s'électriser mutuellement en sens inverse lorsqu'ils sont dans un intime contact.

Qu'y a-t-il de vrai dans cette force électromotrice? Rien, si ce n'est un mot pour désigner une force imaginaire. Sans recourir aux expériences qui démontrent aujourd'hui combien Volta était théoriquement dans l'erreur, il suffit d'invoquer un de ces axiomes qui dominent toute science, un axiome de haut bon sens, pour reconnaître l'aberration du père de la pile. Rien ne se fait avec rien, nous dit le sens commun; *ex nihilo nihil*, nous répète la science, confirmant son dire par l'immense ensemble des faits observés. Or s'il existe réellement une force électromotrice, si deux métaux différents juxtaposés sont cause, par leur simple contact, d'un dégagement électrique, avec rien nous aurons obtenu chaleur, lumière, électricité, mouvement, travail chimique, commotions et autres effets à notre volonté ; car ces deux métaux qui simplement se touchent et doivent se trouver après ce qu'ils étaient avant, n'ayant rien perdu, rien dépensé de leur substance, peuvent, une fois disposés en pile, produire les effets que nous venons d'énoncer. On raille, avec juste raison, les chercheurs du mouvement perpétuel qui prétendent obtenir un travail mécanique indéfini d'une dépense de force faite une fois pour toutes. La puissance électromotrice invoquée par Volta dépasse encore les étrangetés du mouvement perpétuel. Elle ne dépense absolument rien ; et de ce rien, elle fait tout.

Mais examinons les choses de plus près. N'y a-t-il réellement aucune dépense faite lorsque la pile fonctionne? Les deux métaux qui la composent d'habitude sont-ils après l'action exactement ce qu'ils étaient avant, ce qui devrait arriver si, d'après la manière de voir le Volta, leur rôle se bornait à un simple contact? Hélas! non : la pile qui fonctionne est une grande dépensière, qui rend sous une autre forme ce qu'on lui a donné, mais ne le rend qu'en minime partie ; pour nous fournir lumière, chaleur, électricité, mouvement, elle consomme du zinc, qui disparaît rapidement rongé ; et cette dépense métallique est si coûteuse, que des raisons d'économie font limiter l'emploi de l'incomparable appareil. Du zinc est largement consommé, dissous par un acide. Ce qui est en jeu dans la pile, ce n'est donc pas le contact mais bien l'action chimique. Cette vérité, qui saute pour ainsi dire aux yeux, échappa au physicien de Côme ; et longtemps, sans que l'usage en soit bien perdu encore, tant l'habitude est tenace, longtemps les livres de physique furent encombrés de cette puissance occulte, de cette force électromotrice, dont il convient de conserver le souvenir comme l'exemple le plus frappant d'une invention admirable faite par un homme de génie que guide cependant l'erreur.

Pénétrons maintenant en esprit dans le cabinet de Volta, au moment où l'illustre Italien médite sur sa force électromotrice et cherche à utiliser le contact des métaux. Sur sa table sont épars divers appareils de physique, aptes à constater les plus faibles traces d'électricité ; l'un d'eux, le plus sensible de tous, est l'électromètre condensateur, de sa propre invention. Voici d'un côté la grenouille de Galvani, qui s'agite quand le physicien

interpose entre les nerfs et les muscles un arc métallique, moitié
zinc, moitié cuivre; voici de l'autre des métaux de toute sorte,
en lames, en feuilles, en baguettes, en fils. Dans un bocal plein
d'eau additionnée de quelques gouttes d'huile de vitriol, trem-
pent des morceaux de drap de toute couleur, exactement dé-
coupés en ronds. On dirait les préparatifs de quelque tailleur
pour l'habit bariolé d'un arlequin. Sur la table sont éparses de
larges pièces de monnaie, soit en argent, soit en bronze; quelques-unes sont en or. Mais ce qui domine, ce sont des palets les
uns en cuivre, les autres en zinc, et tous du même diamètre.
L'atelier d'un faux monayeur ou d'un fabricant moderne de médailles antiques, doit présenter, peu s'en faut, cet aspect, lorsque
les disques de métal n'ont pas encore reçu l'empreinte. A quel
passe-temps s'amuse donc le grave professeur, au milieu de ces
palets et de ces morceaux de drap taillé en rondelles? Ces préparatifs, qui feraient sourire quiconque sur-
viendrait, sont de portée immense : il doit en
résulter la pile.

Voici qu'en effet, le vieux professeur prend
un palet de zinc, sur lequel il met un palet
de cuivre, suivi lui-même d'une rondelle de
drap mouillé. Sur l'ensemble, la même su-
perposition recommence, zinc, cuivre, drap
mouillé; et ainsi de suite, toujours exactement dans le même ordre, tant qu'il y a sur
la table des palets de cuivre et des palets de
zinc. Le tout forme une haute colonne, maintenue d'aplomb par trois tiges de verre fixées
à deux pièces terminales en bois. Cette succession de disques métalliques différents,
superposés dans un ordre invariable et séparés deux à deux par une rondelle de drap
mouillé prend le nom de *pile*, qui rappelle le mode d'assemblage des disques *empilés*.

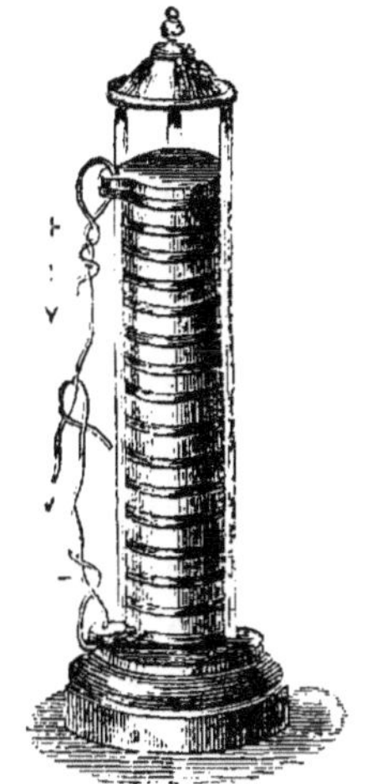

Fig. 64.

Qu'attendre, à première vue, de ce bizarre appareil, si l'on
n'était déjà plus ou moins au courant de l'affaire? Rien, bien certainement. N'est-ce pas là, toutes les apparences le disent, un
édifice sans valeur, caprice d'enfant où de maniaque? Et cependant nous sommes en face d'une invention qui nous a déjà dotés

d'une foule de merveilles et qui en réserve de plus grandes encore aux siècles à venir. C'est ici le lieu ou jamais de répéter que les apparences sont trompeuses. Citons une paire d'exemples de ce que peut faire cet empilement dont l'aspect ne fait rien préjuger de sérieux.

A chaque extrémité de la pile soudons un fil de cuivre, puis rapprochons les bouts libres des deux fils. A une certaine distance, nous verrons une étincelle lumineuse jaillir entre les deux fils, immédiatement suivie d'une autre, puis d'une troisième, d'une quatrième, indéfiniment. L'appareil, lui-même obscur, sera devenu une source intarissable d'éblouissante lumière.

Maintenant, avec les deux mains mouillées, touchons à la fois les deux extrémités de la pile. Aussitôt les bras sont saisis d'un tremblement involontaire, d'une commotion continue, qui dure autant que dure l'attouchement. Les eaux de la Méditerranée nourrissent un étrange poisson, la Torpille, qui engourdit, commotionne, foudroie, les bras de qui la touche. La pile, en apparence entassement inerte, est-elle aussi une torpille, faite de cuivre et de zinc au lieu de chair et d'os. Elle lance dans les bras de qui la touche une commotion, un engourdissement semblable à celui que provoque l'attouchement du poisson redouté des pêcheurs. L'un des effets les plus curieux de la vie, la production et l'emmagasinement de l'électricité dans des organes particuliers pour la défense de certains animaux, se trouve fidèement reproduit par l'invention de Volta, véritable torpille artificielle. La bouteille de Leyde donne des résultats analogues : au moment de la décharge, elle commotionne, elle lance une étincelle brillante ; mais il y a entre les deux appareils une différence des plus profondes : les effets de la bouteille de Leyde ne durent qu'un instant inappréciable ; ceux de la pile durent indéfiniment. Une fois déchargée, la bouteille de Leyde devient inerte jusqu'à nouvelle charge ; la pile, au contraire, se maintient active et développe de l'électricité à mesure qu'elle en dépense ; elle donne la continuité au lieu de l'intermittence.

A l'hypothèse vicieuse de Volta, à la force électromotrice qui de rien engendrerait les effets de la pile, les recherches récentes et plus précises ont substitué l'action chimique, aux puissantes énergies. Avant de continuer, examinons rapidement de quelle manière est aujourd'hui conçue l'interprétation de la pile. Au sujet de l'électricité des nuages, en majeure partie fournie par l'évaporation des eaux océaniques, nous avons déjà vu que toute modification profonde survenant dans la matière est une cause d'électricité. Or la transformation chimique, notamment celle qui se passe lorsqu'un acide dissout un métal pour en faire un oxyde et un sel, est en tête de ce changement de nature que l'électricité toujours accompagne. Deux atomes matériels ne peuvent se grouper suivant un nouvel ordre ou bien se séparer sans qu'intervienne l'activité électrique.

Dans un bocal en verre contenant de l'eau acidulée avec de l'acide sulfurique, plongeons une lame de zinc Z (fig. 65). A l'instant, une vive réaction chimique se déclare; sous l'influence combinée de l'acide et du métal, l'eau est décomposée : son hydrogène se dégage, son oxygène se porte sur le zinc, le convertit en oxyde, et cet oxyde se combine avec l'acide en produisant du sulfate de zinc. Or, pendant que le métal se dissout ainsi, les deux électricités de nom con-

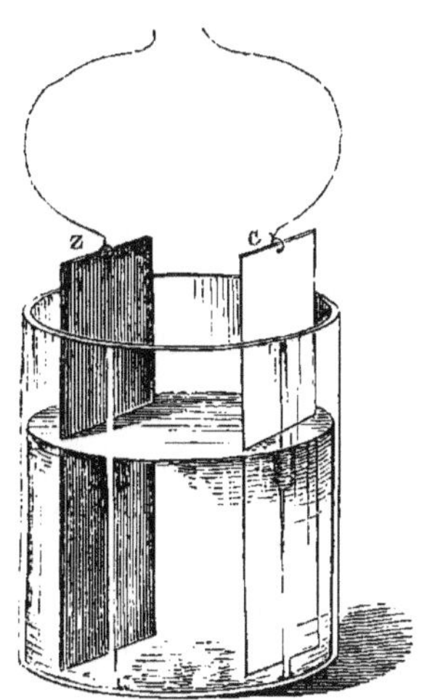

Fig. 65.

traire sont mises en liberté. L'électricité négative se porte sur le métal corrodé; l'électricité positive se répand dans le liquide corrosif.

Soit maintenant une lame de cuivre C, plongée dans le liquide en face de la lame de zinc, sans la toucher en aucun point. Cette lame de cuivre, qui n'est pas attaquée par le liquide acide et qui constitue un excellent conducteur, a pour rôle de recueillir l'électricité positive répandue dans l'eau acidulée et de l'amener à la portée de l'expérimentateur. On a ainsi, dans le même bocal, deux lames de métaux différents, l'une en zinc, attaquée par l'acide, l'autre en cuivre, non attaquée. La première se charge d'électricité négative; la seconde, d'électricité positive dans une proportion équivalente. Pour mettre les deux électricités en évidence, il suffit de leur offrir une voie qui leur permette de se porter à leur rencontre mutuelle et de se recombiner.

A cet effet, un fil métallique est rattaché par une extrémité à chacune des deux lames. Entre les deux extrémités libres de ces deux fils conducteurs, une étincelle jaillit quand elles sont rapprochées l'une de l'autre, à la condition que les lames aient une grande étendue en surface pour offrir un plus vaste champ à l'action chimique. A cette première étincelle en succèdent d'autres indéfiniment, tant que dure la corrosion du zinc. Mais avec des lames de médiocre étendue, l'électricité développée est insuffisante pour vaincre la résistance de la couche d'air interposée entre les extrémités des fils conducteurs, et se décharger en étincelles, à moins qu'on ne dispose en série un nombre plus ou moins grand de bocaux pareils à celui que nous venons de décrire, et dont chacun prend le nom d'*élément voltaïque* ou de *couple voltaïque*, en l'honneur de Volta.

Un élément voltaïque, si variée qu'en soit aujourd'hui la structure, peut toujours se ramener à deux lames, zinc et cuivre par exemple, l'une attaquée et l'autre non par la liqueur acide où elles plongent. Pour disposer un nombre quelconque de ces éléments en une série, qui prend le nom de *pile*, il faut mettre en rapport intime la lame non attaquée de l'un avec la lame attaquée de l'autre, et poursuivre ainsi sans jamais intervertir l'ordre d'ar-

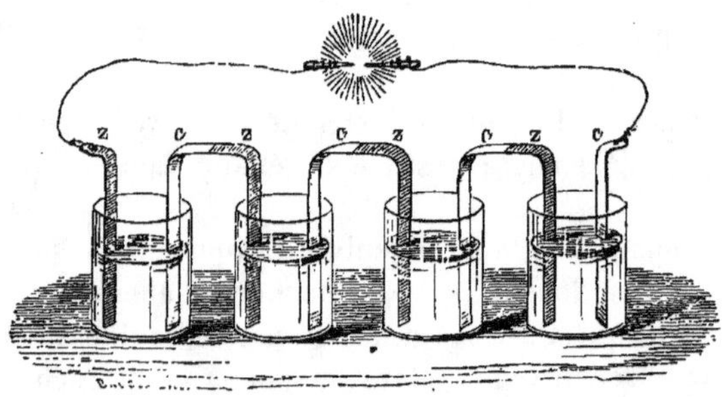

Fig. 66

rangement. Pour simplifier autant que possible, donnons aux éléments voltaïques la disposition que représente la figure 66.

Dans le premier bocal de gauche, contenant de l'eau acidulée avec de l'acide sulfurique, plongent une lame attaquée en zinc Z, et une lame en cuivre non attaquée C. La même disposition se retrouve dans les bocaux suivants. De plus, le cuivre du premier bocal est soudé avec le zinc du second; le cuivre du second est soudé avec le zinc du troisième, et ainsi de suite; de sorte que la pile se termine à gauche par une lame de zinc isolée, et à droite, par une lame de cuivre également isolée; partout ailleurs, les lames de cuivre et de zinc sont reliées deux par deux. La lame extrême en zinc est ce qu'on nomme le *pôle négatif*; là se porte l'électricité négative. La lame extrême en cuivre est le *pôle positif*; là se porte l'électricité positive. Ces deux lames sont munies de fils conducteurs, dont nous ferons abstraction pour le moment.

Dans le premier bocal à gauche, l'action chimique de l'eau acidulée sur le zinc met en liberté, à proportions équivalentes, de l'électricité négative qui se porte sur le zinc et que nous représenterons symboliquement par — a, et de l'électricité positive, qui se porte sur le cuivre et dont le symbole sera $+ a$. Dans le second bocal, pareille chose a lieu, puisque l'action chimique y possède même énergie que dans le premier. Il y a donc producduction de — a électricité négative sur le zinc, et de $+ a$ électricité positive sur le cuivre.

Mais le cuivre du premier bocal est en continuité avec le zinc du second; par conséquent, la charge $+ a$ de ce cuivre se combine sans obstacles avec la charge — a du second zinc, et reconstitue de l'électricité neutre. Pareillement, tous les bocaux étant supposés identiques, la charge $+ a$ du cuivre du second reconstitue de l'électricité neutre avec la charge — a du zinc du troisième; et ainsi de suite, si bien que, dans toute la pile, les électricités séparées par le travail chimique se recombinent, d'un bocal à l'autre, par l'intermédiaire de la lame bon conducteur, mi-partie cuivre et mi-partie zinc, chevauchant d'un bocal au suivant. Seules, les deux lames extrêmes conservent de l'électricité libre, savoir : — a pour la lame extrême en zinc, et $+ a$ pour la lame terminale en cuivre. Ce sont ces deux charges extrêmes qui se recombinant par le moyen d'un bon conducteur interposé, donnent lieu aux effets de la pile.

Il résulte de cette analyse que la pile ne possède de l'électricité libre qu'à ses deux extrémités ou pôles; et que de plus, la charge électrique de ces pôles est la même en quantité que si la pile était réduite à un seul élément voltaïque. Quelle est donc alors l'utilité des éléments multiples?

Remarquons que les électricités libres accumulées aux deux pôles ont deux voies pour se recombiner : 1° la voie du fil métallique ou de tout autre corps bon conducteur disposé entre les deux pôles ; 2° la voie même de la pile, formée de métaux et d'un liquide, tous conduisant bien l'électricité. La première voie est celle que nous utilisons. La seconde est sans utilité pour nous ; elle est même défavorable au but que nous poursuivons, car elle affaiblit la charge des deux pôles en permettant aux deux électricités une recomposition plus ou moins partielle, sans effet utile produit.

Pour que la recomposition s'effectue aussi intégralement que possible à travers le fil interpolaire, ou à travers les corps que nous nous proposons de soumettre à l'action électrique, il faut mettre obstacle à la recomposition par la voie de la pile ; il faut enfin que la résistance éprouvée par les électricités contraires des deux pôles, pour se recombiner à travers la pile, soit plus grande que la résistance opposée par la voie que nous voulons leur faire parcourir. Si le contraire a lieu, si la voie de la pile est plus faible que la voie extérieure, il est évident que les deux électricités suivront la première, et que, dans ce cas, l'effet utile de l'appareil sera annulé ou du moins grandement affaibli.

Augmenter la résistance de la pile à la recomposition, c'est donc augmenter la tendance des deux électricités à suivre la voie extérieure ; c'est exalter leur effort pour s'engager dans le conducteur que nous nous proposons de leur faire suivre ; ou bien, en nous servant de l'expression usitée, c'est accroître leur *tension*.

Par eux-mêmes, le liquide acide et les lames métalliques sont de bons conducteurs ; sous ce rapport, la pile favorise la recomposition intérieure. Mais il y a l'action chimique, qui incessamment sépare les électricités recombinées. Plus souvent sera répétée cette action chimique dans la longueur de la pile, et plus difficilement aussi se recombineront les charges polaires par la voie intérieure, car le travail chimique qui se passe sur chaque zinc est un nouvel obstacle à leur recomposition.

La multiplicité des éléments a donc pour effet d'augmenter la tension des charges polaires, c'est-à-dire leur tendance à s'engager dans le conducteur que nous voulons leur faire parcourir ; mais elle n'augmente pas la quantité d'électricité. Avec un seul élément ou avec un plus ou moins grand nombre, les charges polaires sont les mêmes en quantité ; mais avec un seul élément, la tension est faible, parce que la voie de recomposition par la pile présente peu de difficulté, tandis qu'avec un grand nombre d'éléments la tension est considérable, parce que des obstacles multipliés s'opposent à la recomposition par la pile.

CHAPITRE LI

Dans la pile, telle que la construisit Volta, se retrouve exactement ce que nous venons de décrire : deux métaux différents, le
zinc et le cuivre, y alternent, et chaque couple métallique y est
séparé du suivant par une rondelle de drap imbibée d'eau acidulée, rondelle qui représente le bocal plein de liquide corrosif. Ici
encore, l'action chimique qui s'exerce sur le zinc est cause
du dédoublement électrique : le zinc, oxydé par l'acide et converti en matière saline, prend l'électricité négative; le cuivre,
non attaqué, recueille l'électricité positive, que lui cède la liqueur
acide du drap. Mais si l'appareil est au fond le même quant à la
disposition de ses parties, les idées qui présidèrent à sa structure
n'ont rien de commun avec celles que nous venons de développer. Volta se refusa toujours à voir dans l'activité chimique la
cause des effets de son instrument; il persista jusqu'à la fin à
vouloir tout expliquer par la force électro motrice, qui, d'après
lui, se manifestait au contact de deux métaux hétérogènes. Une
puissance imaginaire, conçue pour les besoins de ses théories, lui
fit perdre de vue la puissance réelle, dont les contemporains af-
firmaient déjà le rôle capital. Il est donc extrêmement remarquable que, guidé par des considérations aussi vicieuses, Volta
soit parvenu à son immortelle invention. L'histoire des progrès
scientifiques nous offrirait difficilement un second exemple d'une
découverte d'intérêt majeur amenée par des déductions basées
sur une idée fausse.

Depuis Volta, la structure de la pile a été beaucoup améliorée,
et la disposition varie suivant l'usage qu'on se propose d en faire.
Toutefois, n'importe les modifications de détail, trois choses fon-

damentales s'y retrouvent toujours : un liquide corrosif, une lame
métallique attaquée par ce liquide, et une lame non attaquée,
qui peut être métallique ou non, mais toujours bon conducteur de
l'électricité. Les piles d'aujourd'hui, plus puissantes et plus commodes que celle de Volta, n'ont rien dans leur arrangement de
conforme à l'étymologie de leur nom; elles ne se composent pas
de métaux empilés, d'où est venu le terme de pile, mot impropre
qu'il conviendrait de rejeter si l'usage ne l'avait consacré : mais
toutes sont basées sur le même principe, savoir : le développement de l'électricité par une action chimique, en particulier par
l'action de l'eau acidulée sur le zinc; toutes, par conséquent,
sous une forme ou sous l'autre, sont la répétition d'une lame
attaquée par un liquide, et d'une lame non attaquée.

En mars 1800, Volta donna connaissance de la pile au monde
savant. Sa lettre est adressée au président de la société royale de
Londres. L'inventeur y décrit la manière de construire son appareil, qu'il édifie en colonne avec des disques de zinc et de cuivre guère plus grands que nos pièces de cinq francs. Il y parle
des expériences qu'il a faites et qu'il propose à la société de répéter d'après ses indications. Son nouvel instrument, dit-il, imite
les effets de la bouteille de Leyde ou des batteries électriques, et
comme celles-ci donne des commotions. Quant à la force et au
bruit de l'explosion, à l'étincelle, à la distance à laquelle la décharge peut s'opérer, son appareil est inférieur aux batteries fortement chargées; mais il les dépasse en ce qu'il n'a pas besoin,
comme elles, d'être chargé au moyen d'une électricité étrangère,
et en ce qu'il est apte à donner la commotion toutes les fois qu'on
le touche, quelque fréquents que soient les attouchements.

Il ajoute que l'instrument de son invention est comparable à
l'organe électrique naturel de la Torpille et du Gymnote bien plus
qu'à la bouteille de Leyde et aux batteries électriques, et qu'il
l'appellerait volontiers *organe électrique artificiel.* A l'exemple
de l'organe foudroyant de la Torpille et du Gymnote, la pile, dit-il,
est active par elle-même, sans aucune charge précédente, sans le
secours d'une électricité quelconque excitée par aucun des
moyens connus jusqu'ici; elle agit sans cesse et sans relâche, capable de donner à tout instant des commotions plus ou moins
fortes, des commotions qui redoublent à chaque attouchement,
et qui, répétées ainsi avec fréquence et continuées pendant un

certain temps, produisent ce même engourdissement des membres que fait éprouver l'attouchement d'une torpille.

D'après ce court extrait de sa lettre mémorable au président de la société royale de Londres, on voit que Volta, exposant les effets de son appareil, est uniquement préoccupé d'une chose, la commotion, qu'il compare, fort judicieusement du reste, à celle que font éprouver l'anguille tremblante et la torpille. Le lecteur nous saura gré d'une digression ayant pour objet de lui faire connaître ces deux curieux poissons; il comprendra mieux ainsi la justesse de la comparaison sur laquelle insiste Volta. Écoutons d'abord un savant italien, Matteuci, qui s'est spécialement occupé de recherches sur l'électricité animale.

La torpille est assez fréquente dans les eaux de la Méditerranée. Elle est aplatie comme la raie, dont elle se rapproche beaucoup, et porte sur le dos cinq grosses taches noires et rondes. C'est un fait connu depuis l'antiquité, que ce poisson donne des commotions lorsqu'on le touche, encore vivant, avec les mains, sur le dos et sur le bas-ventre à la fois. Cette propriété lui a fait donner les noms vulgaires de *tremble, poisson magique.* L'appellation de *Torpille,* en latin *Torpedo* (engourdissement, torpeur), a pour origine la même faculté. Il est enfin reconnu de tous les pêcheurs que la torpille donne la commotion volontairement, soit pour se défendre, soit pour tuer les poissons dont elle se nourrit.

Si l'on prend dans les mains une torpille vivante, on ne tarde pas à ressentir une forte commotion, insupportable quand l'animal a toute sa vigueur. Lorsqu'ils lèvent leurs filets et renversent les poissons dans la barque, les pêcheurs commencent par les laver, en y jetant dessus de grandes masses d'eau. S'il y a une torpille parmi les poissons pris, ils s'en aperçoivent à l'instant par la secousse qu'éprouve le bras qui verse l'eau, la colonne liquide servant de conducteur à la décharge. Si l'on prend alors l'animal pour l'essuyer, les décharges qu'il donne sont tellement fortes et si rapprochées les unes des autres, qu'il faut l'abandonner. Les bras se trouvent pour un certain temps engourdis.

Les premiers observateurs reconnurent bientôt l'identité du phénomène que présente la torpille avec la décharge électrique; ils s'assurèrent que si l'animal est entouré de matières isolantes, et touché avec des baguettes de cire d'Espagne, de verre, ou d'autres corps mauvais conducteurs, la secousse n'a pas lieu;

qu'au contraire, on la ressent immédiatement si l'on emploie des corps bons conducteurs, eau, linges mouillés, tiges métalliques. Ils parvinrent enfin à démontrer expérimentalement que les deux faces opposées du corps de la torpille sont les pôles où se trouvent les électricités contraires au moment de la décharge, de manière que l'on obtient la plus forte décharge possible en réunissant le ventre et le dos du poisson au moyen d'un conducteur dont le corps de l'observateur peut tenir lieu.

La secousse de la torpille est accompagnée de tous les effets propres à la décharge électrique. Les grenouilles préparées à la manière de Galvani, dispersées sur le corps de la torpille, éprouvent des contractions à chaque secousse qu'elle donne quand elle est excitée. Ces mêmes contractions ont lieu alors même que les grenouilles sont placées à quelques mètres de distance de la torpille, pourvu qu'elles reposent, ainsi que le poisson, sur le même linge mouillé.

Quand on met les deux extrémités du fil d'un galvanomètre médiocrement sensible au contact du dos et du ventre de la torpille, et qu'on irrite le poisson à l'effet d'en obtenir la décharge, l'aiguille de l'appareil est brusquement déviée. A l'aide de cet instrument, on a pu constater que le courant est dirigé du dos au ventre du poisson, de sorte que le dos représente le pôle positif d'une pile, et le ventre le pôle négatif.

Si l'on met en contact avec les deux faces du poisson un fil métallique dont une portion soit roulée en spirale et contienne suivant son axe une aiguille d'acier, cette aiguille s'aimante, comme elle le ferait soumise à l'influence d'une pile.

La décharge de la torpille peut produire la décomposition chimique. On place le poisson sur un plan isolant, et l'on dispose sur chacune de ses faces un disque de platine portant une bandelette imbibée d'une dissolution d'iodure de potassium. Si l'on complète le circuit, en mettant en communication les deux bandelettes par un fil métallique, on ne tarde pas à constater qu'après un certain nombre de décharges, il se forme une tache d'une couleur jaune rougeâtre, autour de l'extrémité du fil qui touche le morceau de papier placé du côté du ventre. Cette tache provient de l'iode mis en liberté. La solution qui imprègne le papier est donc décomposée par l'électricité de la torpille.

On peut aussi apercevoir l'étincelle au moment de la décharge.

On place une torpille très vivace sur un large plateau métallique parfaitement isolé, et l'on met au-dessus du poisson un plateau pareil tenu au moyen d'un manche isolant. Sur le bord de chaque plateau se dresse un fil métallique portant à son extrémité une petite feuille d'or. Les deux feuilles d'or sont disposées en face l'une de l'autre à une petite distance. En comprimant le poisson avec le plateau supérieur pour l'irriter, on voit fréquemment passer l'étincelle d'une feuille d'or à l'autre.   .

L'organe électrique de la torpille est double et placé sur chaque flanc à la partie antérieure du corps. Il se compose de quatre à cinq cents masses prismatiques adossées l'une à l'autre et composées chacune de cellules superposées, contenant un liquide albumineux. De cette disposition générale, il résulte que l'organe a l'aspect des rayons d'abeilles. Les prismes électriques sont animés par d'innombrables ramifications de trois grosses branches nerveuses. Chaque cellule forme un organe élémentaire de l'appareil.

Si l'on enlève sur une torpille vivante un morceau de l'un de ces prismes, gros environ comme la tête d'une forte épingle, et qu'on le mette en contact avec le nerf d'une grenouille préparée suivant la méthode de Galvani, on obtient fréquemment des contractions dans les muscles de celle-ci, en piquant le fragment de prisme avec une pointe de verre.

Si l'on réfléchit maintenant, que chacun des prismes qui se comptent par quatre à cinq cents, se compose d'un très grand nombre de cellules ou organes élémentaires, on comprendra que la décharge, devant être proportionnelle au nombre de cellules, est nécessairement très forte. L'organe électrique est donc un véritable appareil multiplicateur.

Voici maintenant ce que nous raconte Humboldt, témoin oculaire, au sujet de la décharge du Gymnote ou anguille tremblante.

Ce n'est pas seulement aux attaques des crocodiles et des jaguars, que les chevaux de l'Amérique méridionale sont exposés; ils ont aussi, parmi les poissons, un ennemi dangereux. Les eaux marécageuses sont remplies d'anguilles électriques qui, de leur corps gélatineux, tacheté de jaune, lancent à volonté une violente secousse. Ce sont les gymnotes, qui ont cinq à six pieds de longueur. Ils sont assez puissants pour tuer les plus grands animaux, lorsque leur appareil donne une décharge simultanée dans une direction convenable.

Il fallut un jour changer la route de la steppe à Uritoucou, parce que les gymnotes s'étaient tellement multipliés dans une petite rivière, que tous les ans, beaucoup de chevaux, étourdis par la commotion électrique, se noyaient dans le trajet. Tous les autres poissons fuient le voisinage de ces redoutables anguilles. Le pêcheur à l'hameçon, placé sur le haut du rivage, en reçoit des secousses par l'intermédiaire de la ligne mouillée, qui fait l'office d'un conducteur. Là donc, le feu électrique se dégage du sein même des eaux.

C'est un étrange spectacle que la pêche des gymnotes. On fait courir des mulets et des chevaux dans une mare que les Indiens ceignent étroitement jusqu'à ce que ce bruit insolite excite à l'attaque les poissons courageux. On les voit alors nager comme des serpents sur l'eau, et se presser astucieusement sous le ventre des chevaux. Beaucoup de ces derniers succombent à la force des coups invisibles ; d'autres haletants, la crinière hérissée, les yeux étincelants d'une féroce angoisse, s'enfuient devant l'orage qui gronde. Mais les Indiens, armés de longs bambous, les repoussent au milieu de la mare.

Insensiblement, l'impétuosité de cette lutte inégale se calme. Les poissons, fatigués, se dispersent comme des nuages déchargés de leur fluide électrique. Ils ont besoin d'un long repos et d'une nourriture abondante pour réparer la dépense de leur force galvanique. Les secousses deviennent de plus en plus faibles. Effrayés du piétinement des chevaux, ils s'approchent timidement du rivage ; là on les saisit avec des harpons, et on les tire sur la steppe au moyen de bois secs, non conducteurs de l'électricité.

CHAPITRE LII

CARLISLE ET NICHOLSON

Ce que Volta voyait avant tout dans son appareil, c'était une
sorte d'organe électrique artificiel imité de celui de la torpille,
et propre à donner des commotions continues que la médecine et
la physiologie pouvaient utiliser dans leurs recherches. Tout le
reste lui échappait; et difficilement on s'explique comment un
homme assez perspicace pour arriver à l'invention de la pile, ne
sut pas reconnaître, dans l'instrument qu'il maniait chaque jour,
des propriétés bien autrement importantes que celle de commotionner. Avec la pile, connue encore de lui seul, il avait à
cueillir une moisson d'idées comme jamais savant n'en avait ré-
colté de semblable en importance; et cette bonne fortune, qui
aurait tant ajouté à la gloire de son nom, il la méconnaît. Il suffisait cependant de la moindre attention, pour reconnaître que,
dans une pile en activité, autre chose se passe qu'un simple dégagement d'électricité propre à donner des secousses. De nombreuses bulles gazeuses apparaissent, signe de la décomposition
graduelle du liquide acide; les fils interpolaires s'échauffent. Ces
faits sont tellement frappants et se reproduisent avec une telle
constance, que les premiers qui s'avisèrent de construire une pile
sur les indications de Volta, immédiatement s'en aperçurent. Il
est à croire que Volta ne les ignorait pas lui-même, mais qu'il
préféra les passer sous silence afin de ne pas compromettre sa
chère théorie de la force électromotrice, et de ne pas lui voir
substituer la théorie chimique, indigne d'examen à son avis. Au
sujet d'un appareil où, d'après lui, le contact de deux métaux
différents était la seule cause des manifestations électriques, pou-
vait-il appeler l'attention sur les bulles d'un gaz écumant à la sur-

face de la pile? Le faire, c'eût été ouvrir une porte pour faciliter l'irruption du camp ennemi. Les nombreuses applications que la pile allait immédiatement recevoir, par d'autres mains que les siennes, échappèrent donc à l'inventeur, subjugué par une vaine théorie.

Nous venons de voir comment Volta, annonçant son invention à la société royale de Londres, insiste sur la ressemblance d'effets entre son appareil et l'organe électrique de la torpille. Il propose uniquement la pile comme un instrument propre aux expériences que Galvani avait mises à la mode, comme une sorte de bouteille de Leyde qui se recharge continuellement d'elle-même, et continuellement est apte à donner des secousses physiologiques. Sur cette annonce, il revenait aux médecins d'essayer les premiers l'invention du savant de Côme.

Désireux d'essayer sur lui-même, pour les appliquer un jour à ses malades, les effets physiologiques de la torpille artificielle décrite dans la lettre de Volta, un chirurgien anglais, Carlisle, construisit à la hâte une pile, où les disques de zinc alternaient avec des pièces de monnaie en argent et des rondelles de drap imprégnées d'eau salée. Il s'était adjoint son ami Nicholson, plus versé que lui dans les connaissances physiques. Celui-ci jugea convenable de constater d'abord la nature de l'électricité amassée à chaque pôle ou extrémité de l'instrument. A quel pôle est l'électricité positive; à quel pôle, l'électricité négative? Est-du côté zinc; est-ce du côté argent? Telle était la question. Pour décider l'affaire, la pièce d'argent terminant la pile par un bout et le disque de zinc la terminant par l'autre, furent mis en rapport avec les deux faces d'un électromètre condensateur, au moyen de fils en cuivre. Au grand étonnement des deux expérimentateurs, pleins de foi dans le dire de Volta, aucun signe électrique n'apparut. Pour expliquer cet insuccès, on aurait pu invoquer la faiblesse d'un appareil si grossièrement construit, et l'inexpérience des observateurs, maniant les premiers, après Volta, la torpille artificielle. Nicholson eut recours à une autre explication : il se demanda, si le contact des fils conducteurs avec les disques terminaux de la pile était suffisamment établi pour donner libre passage au flux électrique. Et pour rendre ce contact, cette communication plus intime, il versa une goutte d'eau aux points où les fils conducteurs se reliaient aux pôles.

Les deux observateurs étaient tout yeux, toute attention, sinon ce qui se passa alors serait resté inaperçu. Voici qu'en effet, du sein de la goutte d'eau versée sur le zinc, montent rapidement, à la file l'une de l'autre, de petites bulles gazeuses. Ce dégagement cesse à l'instant, dès que la communication entre les deux pôles de la pile est interrompue ; il reprend à l'instant aussi, dès que la communication est rétablie. Pour Volta sans doute, qui en avait déjà tant vu de pareilles, ces bulles de gaz, tout juste visibles, n'auraient pas mérité attention ; c'était un simple accident, sans conséquence, et dont la force électromotrice n'avait pas à tenir compte. Heureusement pour la science, à qui ces fines perles gazeuses allaient ouvrir un champ immense de découvertes, Carlisle et Nicholson furent d'un autre avis. Que peut être ce gaz, se dirent-ils, qui apparaît et disparaît à notre volonté, suivant que les deux pôles communiquent entre eux, ou ne communiquent pas ? Il ne peut provenir du zinc, il ne peut provenir de l'argent, l'un et l'autre substances simples. C'est donc l'un des éléments de l'eau, c'est de l'hydrogène. Et remplis de cette idée que la pile est en pouvoir de décomposer l'eau, les deux amis abandonnent leur expérience de physiologie, pour s'adonner à un essai de chimie. Dans leur esprit, la torpille artificielle disparaît pour faire place à un appareil incomparable d'analyse chimique.

Une recherche dans cette voie est résolue en commun. Le 2 mai 1800, les deux amis sont de nouveau au travail pour essayer cette décomposition de l'eau rendue très probable par leur observation fortuite. Un petit tube de verre, fermé aux deux bouts par un bouchon renferme l'eau sur laquelle on doit expérimenter. Une légère acidité, due à une goutte d'acide sulfurique, lui communique une conductibilité plus grande. Deux fils de cuivre, par leur extrémité en pointe, plongent dans le liège des bouchons et s'avancent à travers l'eau du tube à une petite distance l'un de l'autre, tandis que par l'autre extrémité, ils sont mis en intime contact avec les pôles de la pile, l'un en zinc, l'autre en argent ainsi qu'il vient d'être dit.

L'attente du résultat fut des plus anxieuses mais ne fut pas longue ; à l'instant même où tout fut convenablement disposé dans l'appareil, Carlisle et Nicholson restèrent émerveillés tant de la justesse de leur prévision que de l'admirable puissance qu'ils venaient de découvrir dans la pile. Le fil communiquant avec le zinc extrême, en un mot le fil négatif, se couvrit de nombreuses bulles gazeuses, qui s'en dégageaient pour remplir peu à peu le tube; quant au fil positif, communiquant avec l'argent extrême, il ne montrait aucun dégagement gazeux, mais sa surface rouge se ternit rapidement et devint noirâtre. L'expérience ayant suffisamment duré, il fut reconnu que le gaz s'enflammait à l'approche d'une mèche de papier allumée, et brûlait avec une flamme très pâle. C'était donc de l'hydrogène. Restait la matière noire, formée aux dépens du cuivre, sur le fil positif. Elle avait toutes les apparences de l'oxyde de cuivre, et très probablement ce n'était pas autre chose. Cet oxyde provenait de l'oxygène, l'un des éléments de l'eau, combiné avec le métal à mesure que le gaz abandonnait l'hydrogène.

Il importait de ne laisser sur ce point aucune prise au doute. Une dernière expérience fut donc instituée pour reconnaître si l'oxydation du cuivre était réellement la cause de la non apparition de l'oxygène. Au cuivre, métal oxydable, fut substitué un métal qui ne s'oxyde pas, le platine; sinon pour les deux fils, du moins pour le fil positif, le seul exposé à l'oxydation. Cette fois le résultat fut d'une netteté parfaite. Le fil négatif, comme précédemment, donna de nombreuses bulles d'hydrogène; le fil positif, en platine, devint lui aussi le siège d'un dégagement gazeux, dégagement moins rapide et moins copieux que celui du premier fil. Autant qu'il était possible d'en juger sans mesure directe, les deux gaz obtenus se mélangeant aussitôt dans le tube, en un même temps, le fil négatif fournissait un volume gazeux double de l'autre. Le contenu aériforme du tube, résultat de quelques heures d'expérimentation, fut présenté à une bougie allumée. Le mélange gazeux à l'instant s'enflamma avec une forte détonation. Le second gaz était par conséquent de l'oxygène, puisqu'il formait avec l'hydrogène le mélange détonant des chimistes; de plus, son volume était la moitié de celui de l'hydrogène, résultat parfaitement conforme à ce que l'on savait alors sur la composition de l'eau.

Ainsi, par l'action seule de la pile, action calme, pacifique, sollicitant la matière avec douceur, l'eau venait d'être dédoublée en ses deux éléments, l'oxygène et l'hydrogène; résultat admirable qu'auraient laborieusement donné les brutales réactions de la chimie, appelant à son aide l'ardeur des fourneaux, l'incandescence du fer chauffé à blanc, la tumultueuse corrosion du zinc par l'acide sulfurique. Et encore, dans ces puissants conflits provoqués par le chimiste, l'un des éléments, l'oxygène, serait resté dissimulé dans quelque combinaison nouvelle, oxyde ou sel; tandis que la pile les donnait intégralement tous les deux, sans rien voiler sous une autre forme, sans rien faire intervenir que sa propre puissance. C'était l'analyse en son plus haut degré de clarté. Entre les mains de Carlisle et Nicholson, la pile se révélait comme un incomparable instrument de décomposition, qui devait largement enrichir nos connaissances sur la matière.

On ne saurait trop s'arrêter sur la lucide logique avec laquelle est conduite l'expérimentation des deux savants anglais. Ils veulent, à la recommandation de Volta, essayer les secousses que donne l'organe électrique artificiel comme le nomme son inventeur. Une goutte d'eau, interposée pour rendre le circuit plus parfait, vient à écumer avec dégagement de petites bulles gazeuses. Vive surprise des deux amis devant ce fait d'apparence vaine. L'eau serait-elle décomposée? serait-ce de l'hydrogène qui se dégage? Les commotions sont oubliées, et font place à l'expérience du tube plein d'eau. De l'hydrogène se montre, en effet, mais l'autre gaz n'apparaît pas. Où est-il? Apparemment dans la matière noire dont s'est couvert le fil de cuivre positif. Au cuivre est donc substitué un métal non oxydable, le platine, et les deux gaz de l'eau maintenant apparaissent. Quoi de plus simple que cette marche; et néanmoins, avec leur écumeuse goutte d'eau, Carlisle et Nicholson venaient d'accomplir une de ces révolutions qui font faire à la science des pas de géant.

Avec les lumières nouvelles apportées par les recherches ultérieures, reprenons maintenant la décomposition de l'eau par la pile. L'action chimique provoque l'apparition de l'électricité. Inversement l'électricité peut provoquer une action chimique et reproduire la cause d'où elle dérive elle-même. Dans la pile, une décomposition se fait par l'intermédiaire du zinc : celle de l'eau acidulée par exemple. Du conflit chimique entre le métal et les éléments de l'eau acidulée résulte la manifestation des deux électricités, tendant à se recombiner à travers le fil interpolaire, manifestation que nous désignerons par le terme de *courant*. En traversant un corps composé, ce courant peut en amener la décomposition; il peut, en particulier décomposer l'eau acidulée;

de sorte que la cause de l'activité de la pile et l'effet produit par cette activité sont de nature identique et se traduisent par la réduction de l'eau en ses éléments.

Travail chimique et courant s'appellent l'un l'autre. Partout où l'action chimique est en jeu, un courant apparaît ; partout où circule un courant, une action chimique peut se produire. Aussi l'on se demande non sans de graves raisons, si la puissance qui lie et délie les corps simples pour en faire des groupes composés ou détruire ces groupes, si l'affinité enfin n'est pas une manifestation spéciale des forces électriques. Un grand pas sera fait dans la chimie quand elle se sera débarrassée de beaucoup d'expressions parasites sur lesquelles, par une vieille habitude, l'esprit paresseusement se repose, bien qu'au fond, elles ne signifient rien. De ce nombre est le mot d'affinité.

Il serait prématuré encore de rejeter cette locution vide de sens, mais il n'en convient pas moins de ne l'employer qu'avec réserve, de ne pas lui accorder une valeur qu'elle n'a pas, de se garder de la prendre pour le dernier mot de la science chimique, enfin de s'habituer à voir dans le travail de composition et de décomposition des corps, le jeu d'une puissance dont l'électricité est une des manières d'être. La pile, dont l'activité naît d'un travail chimique et provoque un pareil travail, nous dit assez quelle étroite liaison il doit y avoir entre les forces que les termes différents tendraient à nous faire considérer comme indépendantes.

Dans un vase dont le fond donne passage aux fils conducteurs d'une pile (fig. 67), on met de l'eau acidulée avec de l'acide sulfurique ; et l'on couvre l'extrémité de chaque fil d'une petite éprouvette remplie du même liquide. Dès que les fils sont en rapport

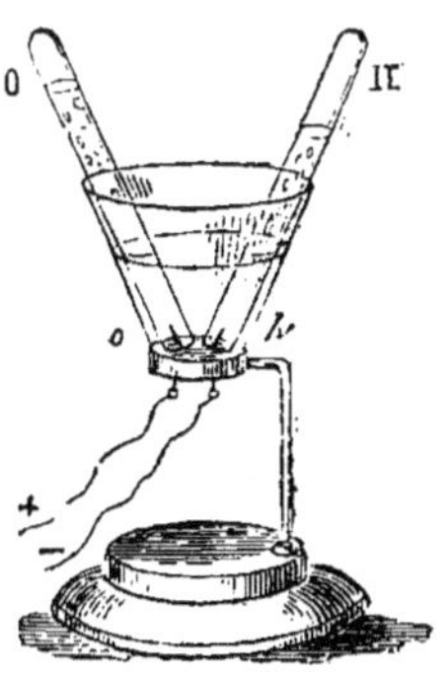

Fig. 67.

avec les pôles d'une pile, de nombreuses bulles gazeuses se dégagent autour de leurs extrémités, et gagnent le haut de l'éprouvette correspondante, plus abondantes dans l'éprouvette H en rapport avec le fil négatif, c'est-à-dire avec le fil qui part du pôle négatif ou pôle zinc de la pile, moins abondantes dans l'éprouvette O où se rend le fil qui part du pôle positif, cuivre, charbon ou toute autre substance non attaquable par le liquide de la pile. Du commencement à la fin de l'expérience, le volume gazeux en H est double du volume gazeux en O.

Tant que le courant persiste, c'est-à-dire tant que le circuit est établi par l'intermédiaire des deux fils métalliques et du liquide bon conducteur du vase, le dégagement gazeux continue ; il cesse à l'instant si l'on interrompt le circuit en détachant l'un des fils conducteurs de son pôle ou du crochet qui le rattache à la pointe métallique traversant le fond du vase ; il reprend dès que le circuit est de nouveau fermé. Enfin ces reprises et ces interruptions du dégagement gazeux, qui ont lieu chaque fois que le circuit est rétabli ou interrompu, se passent aux extrémités des deux fils simultanément. Quand les bulles gazeuses cessent d'apparaître autour d'une d'elles, parce que le circuit est ouvert, elles cessent d'apparaître sur l'autre ; quand elles se dégagent de nouveau autour de la première, parce que le circuit est fermé, elles se dégagent encore autour de la seconde. Rien n'arrive dans une éprouvette, dégagement gazeux ou non dégagement, qui ne soit à l'instant accompagné du même fait dans l'autre éprouvette.

Le contenu des deux éprouvettes ne diffère pas seulement en volume, il diffère encore en nature chimique. A sa propriété de prendre feu à l'approche d'une mèche de papier allumée, et de brûler avec une flamme très pâle, le gaz à volume double de l'éprouvette négative H est reconnu pour de l'hydrogène. A sa propriété de rallumer une bougie récemment éteinte et conservant encore dans sa mèche un point en ignition, à sa propriété enfin d'activer énergiquement la combustion du charbon embrasé qu'on y plonge, le gaz à volume simple de l'éprouvette positive O est reconnu pour de l'oxygène.

Cet oxygène possède les propriétés oxydantes exaltées qui, en chimie, le font désigner par un nom spécial, celui d'ozone. Aussi faut-il que l'extrémité métallique autour de laquelle il se dégage, soit un métal non oxydable, par exemple en platine. En cuivre, cette extrémité s'oxyderait au contact de l'ozone, et pas une bulle gazeuse ne monterait dans l'éprouvette, tout le gaz, contractant combinaison avec le métal, à mesure que le courant électrique le dégage de l'eau. Quant à l'extrémité négative, il est indifférent qu'elle soit en cuivre ou en platine. Mais, pour pouvoir se servir indifféremment des deux fils métalliques fixés au fond de l'appareil, et les mettre en rapport avec tel pôle de la pile que l'on voudra, il est mieux qu'ils soient l'un et l'autre en platine, métal inattaquable par l'ozone.

Le résultat de l'expérience que nous venons de décrire paraît immédiatement être celui-ci. Par l'action du courant, l'eau est décomposée en ses deux éléments, savoir : deux volumes d'hydrogène et un volume d'oxygène. L'hydrogène se dégage autour du fil négatif; l'oxygène, autour du fil positif. Le résultat fourni par la pile est parfaitement conforme à toutes les données de la chimie : dans les deux éprouvettes se rendent, isolés, les deux éléments de l'eau, oxygène et hydrogène; et les deux gaz sont dans les proportions voulues.

Mais est-ce bien ainsi que les choses se passent? Est-ce l'eau seule, l'eau pure qui prend part à la décomposition? L'eau mise dans l'appareil est préalablement additionnée d'acide sulfurique, dont le rôle est de rendre le liquide meilleur conducteur de l'électricité. C'est du moins ainsi que l'on est dans l'usage d'expliquer l'intervention de l'acide sulfurique. Or, si l'on essaye la même expérience simplement avec de l'eau, de l'eau distillée surtout, une pile puissante provoque à peine quelques traces de décomposition; et l'on est en droit de se demander si l'eau parfaitement pure serait en effet décomposée.

Si la pureté de l'eau rend la décomposition par la pile extrêmement difficultueuse, si la présence de l'acide sulfurique la rend au contraire facile, il devient très probable, nous dirions presque certain, que le rôle de l'acide ne se borne pas à augmenter la conductibilité du liquide. Un autre travail chimique est ici en cause, apparemment le même que celui qui donne à la pile son activité. Dans la pile, l'eau acidulée ou sulfate d'hydrogène, est décomposée par le zinc : son hydrogène se porte sur la lame positive, le cuivre; son oxygène et l'acide sulfurique se portent su la lame négative, le zinc.

Une décomposition semblable s'effectue autour des deux pointes métalliques terminant les fils conducteurs de la pile et immergés dans de l'eau acidulée : l'hydrogène se porte sur le fil du pôle négatif; l'oxygène et l'acide sulfurique se portent sur le fil du pôle positif. On voit, en effet, dans d'autres décompositions, l'acide sulfurique et les divers acides se rendre au fil du pôle positif. L'oxygène qui l'accompagne se dégage parce qu'il est gazeux ; quant à l'acide, il reste en dissolution dans le liquide.

Cette manière de voir, que tout démontre fondée, a en outre l'avantage de la généralisation, car elle rattache la décomposition de l'eau à celle des composés salins, ainsi que nous aurons plus tard l'occasion de l'expliquer. Enfin, elle confirme ce que nous disions tout à l'heure, savoir, qu'un même travail chimique peut être ou la cause ou l'effet d'un courant. Dans la pile, du sulfate d'hydrogène est décomposé par le zinc, et de cette action chimique résulte le courant ; hors de la pile, le courant décompose du sulfate d'hydrogène. Dans les deux cas, l'hydrogène se porte d'un côté ; l'oxygène et l'acide sulfurique de l'autre ; mais la marche est inverse. Dans la pile, l'hydrogène se porte sur la lame positive de chaque élément ; l'oxygène et l'acide sulfurique, sur la lame négative. Hors de la pile, l'hydrogène se rend au pôle négatif ; l'oxygène et l'acide se rendent au pôle positif ; de manière que recombinées, les substances qui se rendent à chaque pôle, tant à l'intérieur qu'à l'extérieur de la pile, reconstitueraient l'eau acidulée.

CHAPITRE LIII

En novembre 1800, un déploiement inusité de forces autour du palais de l'Institut annonçait que quelque chose d'extraordinaire se passait sous la coupole de l'édifice consacré à la science. Toutes les avenues en étaient militairement gardées, et le public ne pénétrait dans le sanctuaire scientifique qu'avec une extrême difficulté. A ceux qui eurent le privilège d'assister à la mémorable séance, voici le spectacle qui se présenta.

Debout et tête nue, les membres de l'Institut se pressaient autour d'une table ronde. Un profond silence régnait dans la docte assemblée; l'attention la plus vive était peinte sur tous les visages. Un seul, figure pâle à plate chevelure, faisait exception à l'empressement général. Retiré à l'autre extrémité de la salle, au fond de son fauteuil, il semblait indifférent à la grave question qui allait s'agiter. Entre les mains accoudées sur les bras du fauteuil, il reposait sa tête, comme alourdie par le poids des destinées du monde; on eût dit qu'il sommeillait, mais nul n'aurait eu l'audace de rappeler à la décence le dormeur. Cependant, au centre du groupe, à proximité de la table ronde où sont épars divers appareils encore inconnus de la plupart, un personnage à physionomie expressive, ouvre un rouleau de papiers; et d'une voix vibrante, qu'altère à peine l'émotion, commence une lecture. Ce personnage, sur lequel tous les regards sont fixés, c'est Volta, venu d'Italie pour faire connaître son invention à la France. Il explique la force électromotrice, il dit comment le contact de deux métaux de nature diverse a pour conséquence l'électricité, et chacune de ses explications est accompagnée d'une expérience qui la confirme. La pile est montée pièce à pièce, zinc, cuivre, drap mouillé tour à tour ; enfin l'organe électrique fonctionne et secoue les savants auditeurs, qui viennent un à un en toucher les pôles. Des chuchottements admiratifs traduisent la surprise commune.

D'autres expériences suivent, quelques-unes empruntées aux physiciens qui ont devancé dans les applications l'inventeur de l'appareil. Des étincelles jaillissent, continuellement renouvelées ; des fils métalliques obscurs deviennent soudain lumineux, incandescents, une fois intercalés entre les conducteurs fixés aux pôles. Sous l'influence d'une étincelle lancée par la pile, le mélange détonant d'oxygène et d'hydrogène prend feu dans l'appareil appelé aujourd'hui pistolet de Volta. Au bruit retentissant de l'explosion, l'apparent dormeur se lève en sursaut, laisse ses rêveries et rejoint ses confrères de l'Institut. Sur son passage, chacun s'écarte avec une respectueuse déférence, car le nouveau spectateur n'est autre que le premier consul, Bonaparte. Son esprit n'avait rien perdu de l'exposition du savant italien, tandis que son imagination planait peut-être à mille lieues de là, sur quelque champ de bataille.

Volta continue sa lecture et ses expérimentations. Il répète la décomposition de l'eau, récemment obtenue par Nicholson et Carlisle ; il montre comment une matière saline est dédoublée et laisse à nu son métal. Plus que de toute autre expérience, le premier consul est vivement frappé de celle-ci ; et se tournant vers un éminent chimiste de l'assemblée : « Fourcroy, dit-il, voilà des faits de votre domaine ; c'est de la chimie encore plus que de la physique. » Réflexion très juste, car dès son apparition, la pile vint surtout en aide aux travaux de la chimie ; mais qu'aurait dit le premier consul si, à son époque, on eût pu prévoir, entre autres, la télégraphie électrique ? Il se serait adressé aux physiciens disant : « Voilà qui vous appartient, c'est de la physique encore plus que de la chimie. » La pile, avantage immense, sert avec un égal succès, les deux sciences sœurs, la physique et la chimie, d'importance pareille.

Volta ayant terminé, le premier consul se lève et dit : « Messieurs, en ma qualité de membre de l'Institut, je propose de décerner à Volta une médaille d'or en commémoration de sa découverte et de la séance d'aujourd'hui. » — Un tonnerre d'applaudissements parti de tous les points de la salle, tant du côté de

l'assemblée savante que du côté du public, accueille la proposition, tandis que Volta pâlit d'émoi, accablé sous son triomphe.

La médaille fut, en effet, frappée, avec cette inscription :
A Volta, séance du 11 *frimaire an* IX. Le savant italien reçut
en outre six mille francs pour couvrir les frais de son voyage.
Devenu l'empereur Napoléon, et maître des destinées de l'Europe, le rêveur membre de l'Institut, n'oublia jamais Volta qui
était pour lui le type du génie. Il en fit un comte et un sénateur
du royaume lombard. Si l'Institut italien lui était présenté, le
père de la pile seule attirait son attention, les autres doctes
membres ne lui paraissant que d'humbles satellites autour d'un
astre radieux. Si Volta manquait à la convocation : « Où est
Volta, disait le faiseur et défaiseur de rois ; pourquoi n'est-il pas
venu ? Serait-il malade ? » Lui manquant, aux yeux de l'empereur
tout manquait. Pour l'honneur de la science, Volta dut reprendre ses fonctions de professeur de physique à l'Université de
Pavie. « Je ne saurais consentir, disait Napoléon, à la retraite de
Volta. Si les fonctions du professorat le fatiguent, il faut les réduire. Qu'il n'ait, s'il le veut, qu'une leçon à faire par an ; mais
l'Université de Pavie serait frappée au cœur le jour où je permet-
trais qu'un nom aussi illustre disparût de la liste de ses membres ;
d'ailleurs, un bon général doit mourir au champ d'honneur. »

Enfin la pile avait fait en son esprit une impression si forte et si
vivace, que peu de jours après la bataille de Marengo, il écrivait
de l'Italie à son ministre de l'intérieur, d'instituer un prix de
soixante mille francs en faveur de celui qui, par ses découvertes,
ferait faire à la science électrique un progrès comparable à ceux de
Franklin et de Volta. Les étrangers de toute nation devaient être
admis au concours aussi bien que les Français. Ce prix extraordinaire n'a jamais été décerné, et cependant depuis, ce nous semble,
les occasions n'ont pas manqué : à elle seule, la télégraphie
électrique, par exemple, en ferait foi.

Cette haute estime de Bonaparte pour Volta remet en mémoire
Fulton, traité de charlatan et brutalement congédié. Pourquoi cet
enthousiasme pour l'un et ce mépris pour l'autre ? Le premier
consul chasse pour ainsi dire de France le père de la navigation
à vapeur ; il comble d'honneurs le père de la pile. Étrange contradiction où se traduit un caprice de despote.

Telle que l'avait construite Volta, la pile ne tarda pas à présenter de graves inconvénients dont les expérimentateurs aussitôt se préoccupèrent. Comprimées par le poids des parties supérieures, les rondelles de drap ou de carton laissaient écouler le liquide dont elles étaient imbibées, et perdaient ainsi leur action sur le zinc, cause du dégagement électrique. D'autre part, les divers couples, au lieu d'être isolés l'un de l'autre ainsi que l'exige le fonctionnement de l'appareil, communiquaient entre eux au moyen du liquide qui ruisselait à leur surface. Ce double vice disparut dans la disposition suivante, imaginée par Cruikshank.

Le zinc et le cuivre ne sont plus taillés en disques mais en larges lames rectangulaires que l'on assemble deux à deux, le zinc sur une face et le cuivre sur l'autre. Les couples ainsi construits sont enchassés parallèlement l'un à l'autre et à une petite distance, dans une auge en bois, enduite d'un mastic imperméable à l'eau. On obtient de la sorte, avec ces cloisons métalliques, une série de compartiments, que l'on remplit d'eau acidulée. La disposition primitive adoptée par Volta est ici parfaitement reconnaissable. Dans la pile de Cruikshank, ou *pile à auges* comme l'a fait appeler sa division en compartiments, se retrouve l'alternance du cuivre, du zinc et de l'eau acidulée ; seulement cette eau n'imbibe plus les rondelles de drap ou de carton ; elle est contenue dans des loges spéciales, dont les deux métaux forment partiellement des cloisons. Avec cet arrangement, n'est plus à craindre la compression qui exprimerait et chasserait hors de la pile le liquide acide ; en outre, ce liquide n'établit pas d'un couple à l'autre des communications vicieuses puisqu'il ne peut ruisseler hors de l'appareil. Pour éviter une compression trop forte et les inconvénients qui en dérivent, Volta était obligé de donner à sa pile, édifiée en colonne, une hauteur bientôt limitée ; et à ses disques métalliques un diamètre très médiocre, comparable à celui de nos pièces de cinq francs en argent ; aussi les effets qu'il obtenait captivaient-ils l'attention bien plus par leur nouveauté que par leur intensité. Avec la pile à auges, au contraire, toute compression étant écartée, il est loisible de multiplier les couples autant qu'on le voudra, et de leur donner telle étendue superficielle que l'on jugera à propos.

Ainsi perfectionnée, la pile frappa les contemporains d'étonnement. De petits fils de fer, tordus ensemble, et reliant les extrémités des conducteurs, brûlaient en projetant de vives étincelles.

Du charbon de bois, non seulement s'allumait au point du contact, mais devenait rouge d'une manière permanente sur une longueur de deux pouces. Du plomb en feuilles brûlait avec vivacité après avoir rougi, et formait comme un petit volcan d'étincelles mêlées à la flamme. L'or et l'argent se répandaient en fumée, le premier avec une lumière blanche et brillante, le second avec une lumière verdâtre très intense. Du fil de platine s'échauffait à blanc et fondait en globules. Seize personnes, se tenant par les mains préalablement mouillées et faisant partie du circuit conducteur, n'empêchaient pas de s'embraser deux charbons présentés l'un à l'autre ; de sorte que la cause de cette petite fournaise, avant de devenir chaleur des plus intenses, traversait, en leur faisant éprouver le tremblement galvanique, les seize expérimentateurs.

C'est avec une pile de ce genre que le chimiste et physicien anglais, Humphry Davy, parvint à obtenir le premier ces métaux curieux, le potassium, le sodium, le calcium, qui se pétrissent entre les doigts comme cire, flottent sur l'eau et y prennent immédiatement feu. Son appareil n'avait rien d'extraordinaire pour la puissance : il se composait, suivant le composé qu'il fallait attaquer, de 100 à 600 couples.

Vint bientôt la pile de Wollaston, qui suspendait à un support commun en bois les différents couples, dans le but de pouvoir les plonger tous à la fois dans de larges bocaux séparés et remplis d'eau acidulée; ou bien de les en retirer tous à la fois aussi pour éviter une corrosion inutile quand l'appareil ne doit plus fonctionner. On mit au service de Davy, pour continuer ses superbes recherches, une pile de Wollaston à dimensions énormes. Elle comprenait deux mille couples et mesurait en superficie métallique près de 100 mètres carrés. Mais les travaux de Davy appartenant à la chimie encore plus qu'à la physique, nous les réservons pour plus tard.

La pile construite aux frais de l'Institution royale de Londres pour faciliter la recherche de l'illustre inventeur des métaux alcalins, eut pour rivale celle d'un simple particulier, Children, compatriote de Davy et riche amateur d'expériences électriques. Elle se composait de vingt-un éléments, mesurant chacun de trois à quatre mètres carrés. Soumis à ce puissant engin calorifique, aucun métal ne résistait à la fusion. Des tiges de platine de deux

lignes de diamètre sur une paire de pouces de longueur, ruisselaient.
en gouttes éblouissantes. La poussière de diamant était elle-même
liquéfiée. Aujourd'hui ces prodigieuses piles, dont quelques-unes,
notamment celle de Davy, ont mesuré jusqu'à près d'un are en
étendue superficielle, sont tombées en désuétude, remplacées
avec avantage par d'autres qui, avec des dimensions bien moindres, sont aussi énergiques parce que la construction en est mieux
raisonnée. Examinons donc les principales dispositions adoptées
maintenant.

CHAPITRE LIV

Uniquement composée de lames de zinc et de lames de cuivre plongeant par couples dans de l'eau acidulée avec de l'acide sulfurique, une pile produit au début son effet le plus grand; mais bientôt elle s'affaiblit et finit par donner à peine de faibles traces d'électricité, bien que le liquide n'ait rien perdu de son action corrosive sur le zinc. La cause de cet affaiblissement rapide est due surtout au dépôt d'hydrogène qui se reforme sur le cuivre.

Il y a ici, en effet, décomposition de l'eau : l'hydrogène se porte sur le cuivre; l'oxygène, sur le zinc. Ce dernier métal s'oxyde donc; et si la couche oxydée restait en place sur le métal, elle mettrait bientôt fin au courant électrique à cause de sa mauvaise conductibilité. Mais à mesure que l'oxyde se forme, il se combine avec l'acide sulfurique et produit un sel, sulfate de zinc, qui se dissout dans l'eau ambiante, de manière que le zinc est toujours à découvert, toujours facilement attaquable et toujours bon conducteur. Il n'en est pas de même pour le cuivre, qui reçoit l'hydrogène. Ce gaz, sans emploi chimique dans les réactions en jeu, adhère au cuivre et le recouvre d'un fourreau gazeux, mauvais conducteur de l'électricité. Dès lors, le courant faiblit, faute d'un conducteur convenable; mais il reprend son énergie première si le cuivre est retiré du bain acide, puis replongé, car alors la couche d'hydrogène abandonne le métal.

La répétition fréquente de cette manœuvre étant impraticable, un seul moyen se présente d'obtenir une pile qui fonctionne indéfiniment sans perdre sa force, ou, en d'autres termes, une pile à *courant constant* : c'est d'éviter la formation de l'hydrogène, ou bien d'engager ce gaz, à mesure qu'il apparait, dans une combinaison chimique qui le fasse disparaître. C'est ce à quoi l'on parvient au moyen des *piles à deux liquides*, dont nous allons décrire les plus importantes, celle de Bunsen et celle de Daniell.

Dans la pile telle que nous l'avons supposée jusqu'ici, le zinc décompose de l'eau acidulée. De cette décomposition résulte de l'hydrogène, qui se porte sur le cuivre, autour duquel il forme une enveloppe gazeuse dont la faible conductibilité entre pour une grande part dans l'affaiblissement rapide du courant; et d'autre part de l'oxygène et de l'acide sulfurique, qui se portent sur le zinc et produisent avec lui une combinaison saline, sulfate de zinc. Pour éviter le dépôt d'hydrogène, le chimiste anglais Daniell eut l'heureuse idée de remplacer la liqueur acide ou sulfate d'hydrogène par du sulfate de cuivre. Au fond c'était substituer, dans les réactions chimiques de la pile, une combinaison saline par une autre combinaison similaire. Le cuivre, chimiquement l'analogue de l'hydrogène, se porte sur la lame en cuivre de l'élément voltaïque; de sorte que cette lame gagne en épaisseur par le dépôt de même nature métallique qui s'effectue peu à peu à sa surface, mais sans entraver le courant, puisque le cuivre déposé continue la lame primitive sans rien lui juxtaposer d'étranger. Quant à l'oxygène et à l'acide sulfurique provenant de la décomposition du sulfate de cuivre, ils se portent toujours sur le zinc et le transforment en sulfate.

En résumé, on voit donc que le couple de Daniell remplace l'hydrogène par le cuivre, substitution très logique, car l'hydrogène remplit toujours les fonctions chimiques d'un métal. Si cette analogie de fonctions entre les deux corps demandait d'autres preuves que celle où nous conduit la logique des faits habituels, nous rappellerions que des recherches récentes sont parvenues à liquéfier l'hydrogène, et que sous ce nouvel état, la plus légère, la plus subtile des substances connues a toutes les apparences extérieures d'un métal. L'hydrogène est un métal gazeux, aux mêmes titres que le mercure est un métal liquide à la température ordinaire. Au fond, la réaction chimique, cause du courant, est donc la même avec l'eau acidulée ou sulfate d'hydrogène, et avec le sulfate de cuivre; mais ce dernier métal a l'avantage d'éviter, sur la lame positive du couple, l'enveloppe gazeuse dont la mauvaise conductibilité entrave le jeu de la pile.

Un couple de Daniell est disposé comme il suit : Dans un bocal

en verre A (fig. 68), on met une dissolution saturée de sulfate de
cuivre; et dans cette dissolution on plonge une lame cylindrique
en cuivre B, percée de trous. Cette lame est le pôle positif du
couple. Une lanière en cuivre permet de la mettre en rapport, au
moyen d'une vis de pression, avec le
zinc de l'élément suivant quand plu
sieurs couples sont disposés en série.

Au centre de la lame cylindrique de
cuivre plonge, dans la même dissolution cuivrique, un vase D en terre de
pipe poreuse. Ce vase est fermé inférieurement. Il contient de l'eau acidulée avec de l'acide sulfurique. Enfin
dans cette eau plonge une lame cylindrique en zinc E, munie également
d'une lanière de cuivre et d'une vis de
pression pour être mise en rapport

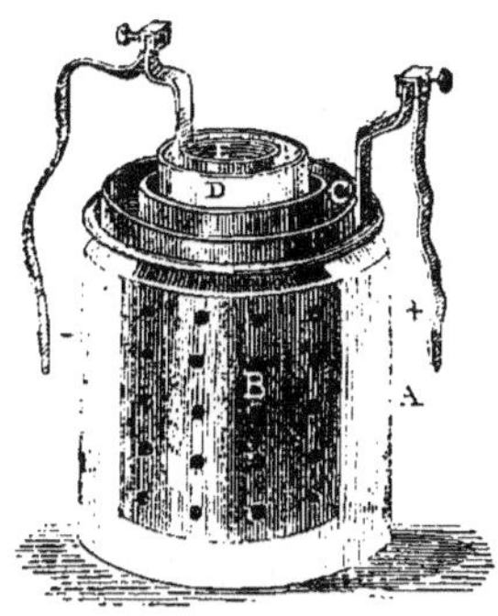

Fig. 68.

avec le cuivre du couple précédent. Cette lame de zinc est le pôle
négatif de la pile.

La réaction chimique débute entre le zinc et l'eau acidulée ambiante. Mais à la faveur du courant électrique qui s'établit à travers le vase poreux, le sulfate de cuivre est décomposé; le cuivre
provenant de cette décomposition se dépose sur la lame positive
B, plongée au sein de la dissolution cuivrique; tandis que
l'oxygène et l'acide sulfurique du sel décomposé, franchissent le
vase poreux et se portent sur le zinc pour continuer la réaction et
perpétuer le courant.

Pour que la réaction chimique et par suite le courant conservent la même intensité, il faut que la dissolution cuivrique, malgré son incessante décomposition, conserve une même richesse.
A cet effet, le cylindre en cuivre B est surmontée d'une galerie C,
percée de trous et remplie de sulfate de cuivre en cristaux. A
mesure que la dissolution entourant le cylindre B s'appauvrit, ces
cristaux se fondent dans le liquide qui les baigne et maintiennent
saturée la dissolution.

Pour accroître la surface du zinc attaquée et augmenter ainsi
l'énergie du courant, il convient de renverser l'ordre des métaux
dans la pile de Daniell, c'est-à-dire de mettre le zinc à l'extérieur
et le cuivre à l'intérieur. Dans ce cas la lame B est en zinc et sans

trous. Elle plonge dans de l'eau acidulée. La lame E est en cuivre
et plonge dans une dissolution de sulfate de cuivre que contient
le vase poreux. Le renversement des métaux change évidemment
l'ordre des pôles par rapport au couple, mais nullement par rapport aux métaux eux-mêmes. Le zinc, devenu maintenant extérieur, est toujours la lame négative ; le cuivre, devenu intérieur,
ne cesse d'être la lame positive.

S'il s'agit de disposer en série plusieurs éléments de Daniell,
on serre l'une contre l'autre, au moyen d'une vis, la lanière du
zinc de l'un avec la lanière du cuivre du suivant ; et l'on continue
ainsi sans jamais intervertir l'ordre. La série se termine donc d'un
côté par un zinc, qui est le pôle négatif de la pile ; et de l'autre
par un cuivre, qui en est le pôle positif. Une précaution indispensable est à prendre, tant pour la pile de Daniell que pour toute
autre pile, lorsqu'on met en contact les lanières de communication. Les métaux conduisent bien l'électricité, mais leurs oxydes
la conduisent mal. Il faut donc décaper avec soin les lanières
de communication aux points de contact, soit avec une fine
lime, soit avec du papier de verre. Sans cette précaution, le courant s'établirait difficilement d'un couple à l'autre, à cause de la
couche d'oxyde dont les lanières de cuivre ne tardent pas à se
couvrir.

La pile généralement usitée dans la télégraphie électrique est
celle de Daniell, mais simplifiée et ramenée à ce qu'elle a d'essentiel pour en rendre l'usage plus commode. Dans le bocal en verre,
on met simplement de l'eau ordinaire, sans addition d'acide sulfurique. Dans cette eau plonge une lame cylindrique en zinc, que
surmonte une épaisse mais étroite lanière de cuivre, par deux fois
recourbée à angle droit, et dont la branche descendante est en
dehors du vase. Au centre du cylindre creux de zinc est placé un
vase poreux rempli d'une dissolution de sulfate de cuivre. Pour
disposer en série des couples ainsi construits, on fait plonger la
branche descendante en cuivre du couple qui précède, dans la
dissolution cuivrique du couple qui suit. Avec cet arrangement,
chaque couple se complète, puisqu'il reçoit de son voisin la lame
de cuivre qui lui manquait d'abord. Seul, celui qui commence la
série manque de cette lame de cuivre. On le complète en plongeant dans son vase poreux une lame de cuivre mobile que l'on
rattache au fil conducteur. Cette lame est le pôle positif de la

pile. Le zinc terminal de l'autre extrémité, ou mieux la lanière
de cuivre qui le surmonte, en est le pôle négatif.

Dans le couple de Bunsen, la réaction chimique qui provoque
le courant est encore la décomposition de l'eau acidulée au moyen
du zinc. Pour éviter le dépôt de l'hydrogène sur la lame positive,
on fait absorber ce gaz, à mesure qu'il se forme, par un corps
oxydant énergique, particulièrement par l'acide azotique. Celui-
ci abandonne au gaz une partie de son hydrogène, le brûle,
c'est-à-dire le convertit en eau, et passe lui-même à l'état d'acide
hypoazotique. Mais l'emploi de cet acide rend impossible l'intervention du cuivre, parce qu'il attaque vivement ce métal. On
substitue donc au cuivre une lame de platine, métal non attaquable ; et l'on a alors la pile de Grove. Ici une nouvelle difficulté se
présente : c'est le prix élevé du platine.

On doit à Bunsen d'avoir levé cette difficulté en remplaçant le
platine de Grove par des lames de coke et mieux de charbon de
cornues, qui n'est pas attaqué par l'acide azotique tel qu'on l'emploie, et conduit l'électricité aussi bien qu'un métal. Un élément

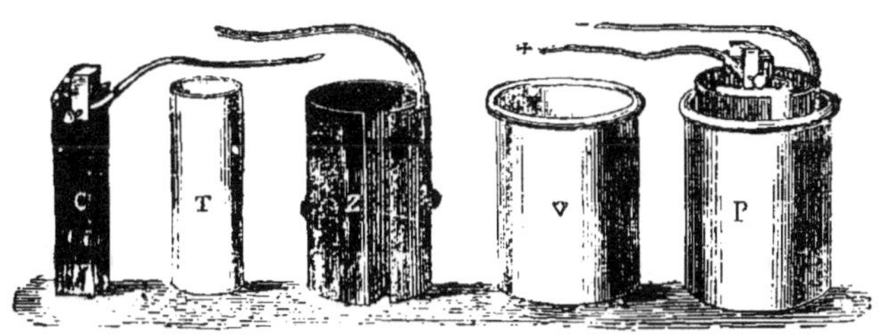

Fig. 69.

de Bunsen se compose de quatre pièces, savoir (fig. 69) : un vase
en grès V, contenant de l'eau acidulée avec de l'acide sulfurique ;
un cylindre creux en zinc Z, qui plonge dans le vase V ; un vase
poreux en terre de pipe T, plein d'acide azotique ordinaire et placé
à l'intérieur du cylindre en zinc ; enfin, une épaisse plaque C, de
charbon de cornues, plongée dans l'acide azotique du vase T. La
figure P montre les quatre pièces disposées dans l'ordre voulu. La
lame de zinc se termine par une lanière en cuivre, qui est le pôle
négatif du couple. Au moyen d'un frein que serre une vis, la plaque de charbon est armée d'une lanière pareille, qui est le pôle

positif. Pour disposer en série plusieurs éléments de Bunsen, on fait communiquer par des vis de pression, la lanière du charbon d'un élément avec la lanière du zinc de l'élément qui suit. La série se termine aussi d'un côté par un charbon, qui est le pôle positif de la pile, de l'autre par un zinc, qui en est le pôle négatif.

Le zinc de chaque couple décompose l'eau acidulée ou sulfate d'hydrogène qui le baigne : l'oxygène et l'acide sulfurique se portent sur le zinc et le convertissent en sulfate; quant à l'hydrogène, il traverse le vase poreux pour se porter sur le charbon ou lame positive. Mais dans ce vase poreux, il est en rapport avec l'acide azotique, qui le convertit en eau en lui cédant une partie de son oxygène, et devenant ainsi acide hypoazotique.

La pile de Bunsen est plus énergique que celle de Daniell, mais elle est moins constante. Elle a en outre l'inconvénient de laisser dégager des vapeurs nitreuses fort incommodes, provenant de la décomposition de l'acide azotique par l'hydrogène. Pour éviter ces vapeurs nitreuses, on substitue quelquefois à l'acide azotique une dissolution de bichromate de potasse, composé qui cède aisément une partie de son oxygène et convertit en eau l'hydrogène dont il faut se débarrasser.

Quelle que soit la pile employée, on groupe de diverses manières les éléments voltaïques suivant le but que l'on se propose, et qui tantôt demande une forte tension, tantôt d'abondantes charges polaires. Supposons d'abord que la voie que nous désirons faire suivre à l'électricité soit difficultueuse, qu'elle soit partiellement formée de corps mauvais conducteurs. La figure 66 de la page 278 a rapport à un cas de ce genre.

Les deux fils polaires portent deux pointes de charbon en regard l'une de l'autre, à une certaine distance. Entre les deux pointes se trouve donc une couche d'air, corps mauvais conducteur. Pour que les deux électricités franchissent cet intervalle mauvais conducteur et jaillissent en étincelles, il faut que la recomposition des charges polaires se fasse à travers ce conducteur imparfait, malgré la grande résistance qu'il présente. Il faut donc que la pile soit elle-même douée d'une résistance plus grande encore; il faut enfin que les éléments en soient nombreux et disposés à la file l'un de l'autre, de manière à multiplier, ainsi que nous l'avons dit en parlant de la tension, l'obstacle dû à l'action chimique s'exerçant sur le zinc. On dit alors que les éléments sont associés en *série*. Avec cette disposition, les charges polaires ont une tension puissante, apte à leur faire franchir des obstacles; mais l'électricité n'est pas plus abondante qu'avec un seu élément. Toutes choses égales d'ailleurs, la tension augmente avec le nombre des éléments associés en série.

D'autres fois le conducteur interpolaire n'offre qu'une faible résistance, comme dans le cas d'un fil métallique, gros et court, faisant communiquer les deux pôles. On peut se proposer alors d'engager dans ce conducteur de grandes quantités d'électricité, sans avoir à se préoccuper de leur tension, puisque la résistance de la pile est supérieure à celle de la voie extérieure. Or, la quantité d'électricité dégagée en un temps donné, est évidemment proportionnelle à l'étendue métallique attaquée par l'acide, ou à la superficie du zinc. Il faut donc employer des éléments à grande surface. Mais comme les éléments voltaïques ont des dimensions déterminées, qu'on ne peut modifier suivant l'expérience à faire, on supplée, par un genre spécial d'association, à l'étendue superficielle qu'ils n'ont pas individuellement.

Soit, par exemple, cinq éléments pareils. Au lieu de les disposer à la file l'un de l'autre, de manière que le cuivre de celui qui précède soit en rapport avec le zinc de celui qui suit, on met d'un côté tous les zincs, que l'on relie par un fil métallique, et de l'autre tous les cuivres que l'on relie également par un fil de métal. Ainsi en rapport entre elles, les cinq lames de zinc fournissent chacune leur charge d'électricité négative; et de l'ensemble de ces charges résulte sur le fil commun ou pôle négatif une charge quintuple. De même, chaque lame de cuivre fournit au fil commun du pôle négatif, sa quantité d'électricité positive, de manière que la charge totale est quintuple. En somme, les cinq éléments associés de la sorte équivalent à un seul élément de surface quintuple. On dit alors que les éléments sont associés en *batterie*.

S'il faut tenir compte à la fois et de la tension et de la quantité d'électricité, on combine l'association en batterie avec l'association en série. Ainsi 12 éléments peuvent être groupés, d'abord en 2 batteries de 6, ou 3 batteries de 4, ou 4 batteries de 3, ou 6 batteries de 2. Enfin, ces batteries, considérées comme éléments simples, sont disposées en série par la mise en communication du

pôle zinc de l'une avec le pôle cuivre ou charbon de la suivante.
Les deux dispositions extrêmes sont l'arrangement en une seule
série, et l'arrangement en une seule batterie. Pour produire le
maximum d'effet avec un nombre déterminé d'éléments voltaïques, on dispose ces éléments en une seule série si le conducteur
interpolaire présente une grande résistance; et en une seule batterie s'il en présente une très faible.

CHAPITRE LV

Tandis que la pile, encore à ses débuts, ouvrait à la chimie des voies aussi fécondes qu'inattendues en décomposant l'eau entre les mains de Nicholson et Carlisle, les oxydes alcalins, potasse, soude et chaux, entre les mains de Davy, les physiologistes étudiaient avec passion la propriété préconisée par Volta, la propriété de commotionner l'organisme. Les expériences se multipliaient, tant sur l'homme que sur les animaux; et les résultats obtenus étaient si étranges, que les idées les plus aventureuses se donnaient libre carrière. Quelques esprits ardents, enivrés par ce qu'ils croyaient un commencement de succès, regardaient déjà la pile comme l'instrument qui devait expliquer ce qui restera toujours inexplicable, l'action du système nerveux pour exciter les mouvements, et cueillir les impressions que les objets font sur nos sens. D'autres, poussant plus loin encore la hardiesse de leurs rêveries, voyaient dans la pile, un lutteur victorieux de la mort, capable de réveiller la vie dans un cadavre. Navrante illusion, hélas! quand la mort a moissonné, la moisson est bien finie, et toutes les piles du monde ne la remettraient pas sur pied. Mais l'enthousiasme alors était chauffé à un point tel, que tout paraissait possible à quiconque disposait d'une pile. Il est vrai que certains résultats étaient bien de nature à faire naître, pour quelques instants, de semblables illusions. Tels étaient, par exemple, ceux de la célèbre expérience que nous allons raconter.

En 1818, un bandit de la pire espèce, sorte d'athlète trapu, doué de la force d'un taureau, venait d'être pendu à Glascow pour crime d'assassinat. Quelques jours avant d'aller à la potence, le bandit, détail de mœurs anglaises, avait vendu son corps à beaux deniers comptants pour se donner, avant de mourir, quelques jours de bombance, et se faire large part de beefteak, d'ale et de gin. Le pacte avait été conclu avec le docteur Ure, qui pouvait ainsi, une fois la justice satisfaite, enlever de la potence la lugubre dépouille et en disposer comme il l'entendrait. Or, le docteur de Glascow se proposait d'essayer les effets de la pile sur ce cadavre encore récent. Une heure donc après le supplice, l'assassin est enlevé du gibet, où depuis longtemps, il ne donne plus signe de vie; et sans retard il est transporté dans une salle d'anatomie de l'Université. Ure paraît très satisfait de son acquisition : son supplicié est bien conservé, le visage a l'expression naturelle, le cou ne présente pas de sillon violacé produit par le nœud de strangulation.

Pénétrons maintenant dans la salle anatomique. Sur une longue table de marbre gît le cadavre. A côté bruit doucement le liquide en effervescence d'une pile à auges de soixante-dix couples. Le docteur Ure gravement dispose ses appareils, étale son trousseau de bistouris et de scalpels. Sur les gradins de l'amphithéâtre se pressent médecins, chimistes, physiciens, simples amateurs, curieux attirés par l'appât de quelque horrible spectacle. Autour de la table stationnent les amis du docteur et ses aides pour la manipulation. Pendant les préparatifs, des conversations à voix basse s'établissent, dans le genre de celle-ci, qui peint bien l'état des esprits à cette époque de folles espérances galvaniques.

— Il est fort possible qu'il ressuscite.

— Et s'il ressuscite, que ferez-vous de ce malfaiteur?

— Ce que nous en ferons? On le moralisera.

— Ah! vous apprendrez la morale au bandit?

— On lui enseignera le travail, et avec le travail viendra la morale.

— Et vous croyez qu'il travaillera?

— Pas tout de suite, peut-être; mais nous avons quelques guinées à son service. On lui fera des avances pour se monter un atelier.

— Il mangera vos avances et restera scélérat.

— Nous lui ferons prendre femme, et le mariage, la famille adouciront ce rude naturel.

— Et que dira la justice si vous rappelez à la vie les criminels qu'elle a livrés à la potence?

— Ceci est plus délicat; nous verrons, nous verrons.

Bonnes gens qui se préoccupaient de faire prendre femme au ressuscité de la pile et de perpétuer la race de l'ignoble gredin. Mais chut! le docteur Ure commence.

Une large entaille est faite à la nuque pour mettre à nu un point de la moelle épinière; une incision est pratiquée à la cuisse pour mettre à découvert le nerf de cette partie du corps; et les fils conducteurs sont introduits dans les deux plaies. Aussitôt tous les muscles tressaillent avec un tremblement convulsif; on dirait un frisson continuel agitant le corps. Si le courant est interrompu, à l'instant le frisson cesse et reparaît la complète inertie de la mort; si le courant est rétabli, à l'instant le frisson recommence comme si la vie s'efforçait de reprendre possession du cadavre. Quelques spectateurs novices se demandent si ce ne sont pas là les signes précurseurs d'un prochain réveil. Un homme plein de vie et grelotant de froid ne se comporterait pas autrement que ne le fait le supplicié. Mais le frisson reste ce qu'il était au début : un simple tremblement musculaire.

Maintenant on expérimente sur une jambe seule, dont un aide maintient le jarret fléchi. Dès que le courant passe, la jambe se déploie avec une telle violence que l'aide, atteint en pleine poitrine d'un coup de pied du mort, lâche prise et recule, à demi renversé autant par l'épouvante que par le choc. Des visages blémissent devant ce spectacle d'un cadavre qui semble se défendre, et rejette loin de lui ceux qui viennent troubler la profonde tranquillité de la mort.

Impassible, le docteur Ure continue à tailler de la pointe de son scalpel; il veut cette fois provoquer les mouvements respiratoires. Voici qu'en effet, les fils conducteurs étant appliqués en des points convenables, la poitrine se soulève et s'affaisse tout à tour comme pour une puissante et laborieuse respiration; le diaphragme, organe essentiel du soufflet vivant, fonctionne d'après son rythme habituel, ce que l'on reconnaît au ventre alternativement tendu et détendu. Comme les apparences semblent le dire, est-ce bien la respiration réelle; est-ce du moins le râle qui nous gagne sous l'oppression d'un horrible cauchemar? En aucune manière : c'est un simulacre de respiration et rien de plus : le soufflet se gonfle et se dégonfle il est vrai, mais il ne ramine plus le foyer qu'il est chargé d'entretenir, et la chaleur vitale ne reparaît pas. Le docteur Ure nous dira tout à l'heure quel terrible soupçon lui est venu en voyant les mouvements respiratoires s'accomplir si fidèlement, exictés par la pile.

On procède à un autre essai : il s'agit d'animer électriquement la face et de donner expression de vie à ce visage mort. Jamais scène plus épouvantable. Tous les muscles prenant part au jeu de la physionomie entrent à la fois en action, et tour à tour expriment l'angoisse, la rage impuissante, le désespoir, la supplication, le rire satanique. Les lèvres se tordent et grimacent comme dans un accès d'hilarité maniaque, le front se plisse de colère, les paupières rapidement s'entrouvrent et se ferment, les yeux semblent tantôt implorer l'assistance, et tantôt lui lancer des regards furibonds. Un doute affreux va mordre au cœur quelques-uns des membres de la docte assemblée. Et-ce bien un mort qui gît sur le marbre de la table d'anatomie, est-ce bien un mort qui nous regarde avec ces yeux courroucés? Ce que nous faisons-là, n'est-ce pas profaner l'impassibilité sacrée de la tombe, et susciter du sein de la mort un reste de vie pour éveiller d'inutiles et sacrilèges souffrances. Beaucoup ne peuvent supporter plus long-temps cet horrible spectable, et en toute hâte quittent la salle pour ne pas en voir davantage. L'un d'eux même tombe évanoui. Ce n'était pourtant pas des gens bien tendres que les personnages assistant aux expériences du docteur Ure : des médecins, des physiologistes, des chirurgiens, des professeurs d'anatomie, tous plus ou moins habitués à tailler la chair humaine et à considérer de sang-froid les effets les plus navrants de la douleur.

Pour en finir, la pile agit sur le bras et la main. Les doigts se meuvent, aussi agiles, aussi souples que ceux d'un joueur de flûte. On les ferme pour faire passer le courant dans un seul doigt, l'index. A l'instant même ce doigt se tend, et dirigé par les mouvements convulsifs du bras, semble montrer tour à tour les divers spectateurs comme pour un dénombrement. Terrifié de la persistance avec laquelle ce doigt se tourne vers lui, l'un des assistants s'enfuit affolé; et pendant quelques jours, sous l'obsession de l'épouvantable image, inspire à ses amis des craintes sérieuses sur l'état de sa raison.

Là se terminèrent les épreuves faites dans un but scientifique sur le pendu de Glascow. La pile n'avait pas encore servi, et rarement a servi depuis, à des expérimentations si émouvantes.

grenouille de Galvani, qui se trémousse électriquement, avait, on le voit, fait de rapides progrès; néanmoins rien de bien important ne résulta de ces horribles recherches.

Et le soupçon du docteur Ure, demandera le lecteur, ce soupçon qui lui vint en voyant les mouvements respiratoires se reproduire avec tant de fidélité sous le stimulant de la pile? Eh bien, ce soupçon le voici. Le docteur paraissait convaincu que s'il avait tout d'abord provoqué les mouvements respiratoires, au lieu de blesser profondément la moelle épinière pour son expérience de début, il aurait du même coup éveillé les battements du cœur et la circulation du sang, d'où serait résulté le retour à la vie. S'il avait agi autrement, c'est qu'il était fort loin de s'attendre à de semblables effets. Un peu de précipitation peut-être dans la marche des expériences avait, dès le commencement, rendu tout succès impossible.

Et si la marche des expériences, demandera-t-on encore, avait été différemment conduite; si le pendu, ainsi que l'espéraient quelques-uns, avait été rendu à la vie, qu'aurait prouvé l'événement.

A notre humble avis, cet événement merveilleux, cette résurruction n'aurait prouvé qu'une chose : c'est que le pendu de Glascow avait été mal pendu, et que dans ce prétendu cadavre résidait encore une étincelle de vie, ranimée par la pile ; car, répétons-le encore, quand la mort a réellement moissonné, la moisson est bien finie; et toutes les piles du monde ne la remettraient pas sur pied.

CHAPITRE LVI

Nous avons montré comment, soumise à l'action de la pile, l'eau se dédouble en ses deux éléments, l'oxygène et l'hydrogène; ou plutôt comment l'eau acidulée avec de l'acide sulfurique cède son hydrogène au pôle négatif, son oxygène et son acide au pôle positif. Des faits analogues se répètent pour tout composé chimique. Nous allons rappeler ici les principaux d'entre eux, comme préliminaires à ce que nous avons à dire sur cette branche importante de la physique industrielle appelée du nom de *galvanoplastie*.

Dans un tube à deux branches (fig. 70), on met une dissolution de sulfate de potasse; et de chaque côté, on verse avec précaution, sur la liqueur saline, une couche de sirop de violettes, dont la coloration bleue tourne au rouge par l'action des acides, et au vert par l'action des alcalis. Dans chacune des branches, plonge l'extrémité de l'un des fils conducteurs de la pile, extrémité que nous supposerons en platine, métal inattaqua-

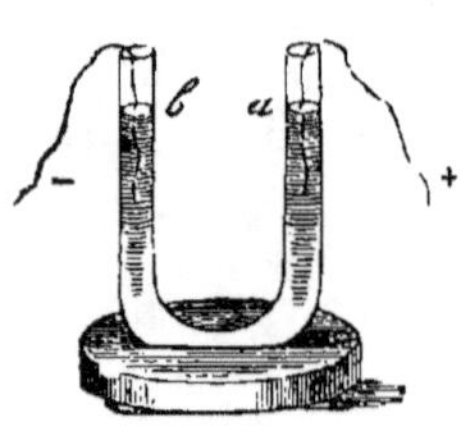

Fig. 70.

ble, et à laquelle, pour éviter des circonlocutions, nous donnerons désormais le nom d'*électrode*, signifiant route de l'électricité. Le courant s'établit d'un fil à l'autre à travers le contenu liquide du tube; et l'on ne tarde pas à voir le sirop de violettes rougir en *a*, autour de l'électrode positive, et verdir en *b*, autour de l'électrode négative. En même temps, de l'oxygène se dégage en *a* et de l'hydrogène en *b*.

En n'apportant aucune critique dans l'interprétation des faits obtenus, il paraîtrait donc que le sulfate de potasse se dédouble en acide sulfurique, cause de la coloration rouge se manifestant sur le sirop de violettes de l'électrode positive ; et en potasse, cause de la coloration verte autour de l'électrode négative. Il paraîtrait enfin que l'eau de la dissolution se décompose en même temps en oxygène, qui se porte sur le fil positif, et en hydrogène, qui se porte sur le fil négatif. De la sorte, sel et dissolvant seraient à la fois décomposés. L'acide du sel et l'oxygène de l'eau se rendraient sur l'électrode positive ; la base du sel et l'hydrogène de l'eau se rendraient sur l'électrode négative.

Mais ici encore, les apparences, non judicieusement interprétées, nous mettent dans une fausse voie. Par ses propres énergies chimiques, le potassium décompose l'eau, devient potasse en se combinant avec l'oxygène fourni par cette décomposition et laisse l'hydrogène se dégager. Nous dirons donc : le courant décompose le sulfate de potasse d'une part en métal, potassium, qui se rend sur l'électrode négative ; d'autre part en oxygène et acide sulfurique, qui se rendent sur l'électrode positive. Mais en même temps, le potassium décompose l'eau en contact avec lui, et en devenant potasse provoque le dégagement d'hydrogène qui s'observe autour du fil négatif, tandis que l'oxygène accompagnant l'acide sulfurique se dégage de son côté autour du fil positif. Abstraction faite du conflit chimique entre le potassium et l'eau, on voit que la décomposition du sulfate de potasse est de tous points semblable à la décomposition de l'eau acidulée ou sulfate d'eau. Des deux parts, l'élément métallique, hydrogène ou potassium, se rend sur l'électrode négative, tandis que la partie non métallique, oxygène et acide sulfurique, se rend sur l'électrode positive.

Avec une dissolution saline dont le métal soit sans action sur l'eau, les faits apparaissent dans toute leur simplicité. Dans le tube de l'expérience précédente, mettons une dissolution de sulfate de cuivre, et servons-nous toujours de fils de platine pour électrodes. Sur l'électrode négative, il se fait un dépôt de cuivre métallique, provenant du sel décomposé ; autour de l'électrode positive, il se dégage de l'oxygène, et de plus la liqueur devient acide. Tout se borne là. Le sel est bien décomposé en métal, qui va au fil négatif ; et en acide et oxygène, qui vont au fil positif.

Si ce fil positif était en métal attaquable par l'oxygène naissant ou ozone, par exemple en cuivre, le dégagement d'oxygène ne s'observerait pas, parce que le gaz, à propriétés oxydantes exaltées, serait retenu par l'électrode, qui se convertirait en oxyde, ainsi que nous l'avons dit au sujet de la décomposition de l'eau.

De ces trois exemples, embrassant les particularités les plus remarquables, décomposition du sulfate de cuivre, du sulfate de potasse et du sulfate d'eau ou bien eau acidulée, nous conclurons que les composés salins soumis à l'action de la pile se dédoublent d'une façon uniforme, savoir : en principe métallique, hydrogène, cuivre, potassium, qui se porte sur l'électrode négative; et en principes non métalliques, oxygène et acide, qui se portent sur l'électrode positive.

Soumettons actuellement, dans le même appareil, du chlorure de cuivre à l'action de la pile. Du cuivre apparaîtra sur l'électrode négative, et du chlore sur l'électrode positive. Le même fait se reproduirait avec un composé binaire quelconque, contenant un métalloïde et un métal. Dans tous les cas, le métal se porterait sur le fil négatif et le métalloïde sur le fil positif.

Pour terminer ces indications générales, supposons un godet creusé dans un fragment de potasse. On le remplit de mercure dans lequel on fait plonger l'électrode négative d'une forte pile, tandis que le godet est disposé lui-même sur une lame de platine formant l'électrode positive. L'oxygène se porte sur cette dernière, tandis que le potassium se rend à l'autre électrode et s'y amalgame avec le mercure, qui le soustrait à l'action oxydante de l'air. On voit ce mercure se gonfler beaucoup, perdre sa fluidité et acquérir la consistance du beurre tout en conservant ses caractères métalliques. La pâte métallique ainsi obtenue est finalement soumise à la distillation, qui chasse le mercure sous forme de vapeurs et laisse le potassium isolé. Le rôle du mercure dans cette opération est de mettre à l'abri de l'air le potassium, dont l'oxydation est des plus faciles.

Ce mode de préparation est aujourd'hui abandonné; on lui préfère des méthodes chimiques bien autrement promptes et avantageuses. Il n'en est pas moins remarquable au point de vue théorique, comme aussi au point de vue historique, car c'est en employant la pile que Humphry Davy, au commencement de ce siècle, montra que les alcalis fixes et les terres, soude, potasse, chaux, etc., résultent de l'association d'un métal avec l'oxygène.

Volta, le premier, entrevit les effets de la pile sur les dissolutions salines, et le dépôt du métal à l'électrode négative. Brugnatelli, son élève et plus tard son collègue à l'Université de Pavie, fit de ces effets chimiques un but spécial de recherches, et parvint à obtenir sur une lame d'argent une mince couche d'or, doué de tout l'éclat qui lui est habituel. Ce fut le point de départ de la dorure galvanique. Mais ni l'un ni l'autre ne soupçonna l'importance des premiers faits observés, si rudimentaires qu'ils fussent; ni l'un ni l'autre, ne reconnut l'utilité que pouvait avoir le dépôt d'un métal vulgaire, tel que le cuivre par exemple. Avec la pile dont ils faisaient usage, les choses ne pouvaient se passer autrement. Lorsque le courant, en effet, manque de régularité et que ses énergies violentes ne sont pas convenablement maîtrisées, le dépôt obtenu sur l'électrode négative n'a nullement les apparences d'un métal. C'est une poudre noirâtre, informe, sans consistance, qui encore humide, se réduit en bouillie sous les doigts. Aucune trace d'éclat métallique, aucune adhésion entre particules. Une fois sèche, la matière serait prise pour une pincée de suie. Certaines réactions chimiques peuvent nous montrer ce qu'étaient les métaux que pouvaient obtenir avec la pile, Brugnatelli et Volta.

Dans un verre à expériences, mettons du chlorure d'argent récemment préparé; ajoutons alors de l'eau, du zinc et de l'acide sulfurique pour obtenir un dégagement d'hydrogène. Le chlorure d'argent, matière blanche ayant l'aspect du lait caillé, cède à l'hydrogène son chlore et laisse le métal à nu avec un profond changement de coloration, car la substance primitive, d'un beau blanc de fromage frais, est remplacée par une bouillie d'un brun olivâtre, de fort pauvre apparence. Or cette bouillie, qui n'a rien de métallique, est néanmoins de l'argent pur. C'est de l'argent qui, par une division excessive, a perdu l'éclat qui lui est propre. Que lui manque-t-il pour reprendre son brillant métallique? Un simple rapprochement des particules. Comprimons, en effet, la boue olivâtre entre deux corps durs; et une traînée d'un blanc argentin apparaîtra sous la friction. Ce qui était poudre insignifiante, terre sans valeur, deviendra ainsi lamelle d'argent.

Encore un exemple. Dans une dissolution de sulfate de cuivre, mettons un peu de zinc. Une poudre d'un rouge terne se déposera, formée de cuivre pur méconnaissable. Frictionnée entre deux corps durs, cette poudre, que l'on prendrait pour de la brique pilée, reprendra à l'instant le vif éclat du cuivre. Le brillant des métaux, l'éclat dit métallique, n'est donc pas inhérent à la substance même ; il provient d'un certain arrangement moléculaire, et disparaît quand cet arrangement est détruit par une division poussée très loin.

Or, c'est précisément ces poussières informes, cet argent en bouillie d'un brun olivâtre, ce cuivre semblable à de la brique pilée, que Volta et Brugnatelli devaient obtenir dans leurs décompositions salines au moyen de la pile. Le résultat, certes, ne manquait pas d'intérêt au point de vue général de la science, mais aucune utilité pratique n'était à retirer de ces boues métalliques. Aussi leur attention ne s'y arrêta pas longtemps. Ils ne prévoyaient pas, et nul ne pouvait prévoir à cette époque, que de ce modeste point de départ, d'intérêt absolument nul aux yeux du vulgaire, allait surgir ce que la pile a jusqu'ici donné de mieux applicable aux usages ordinaires de la vie. L'industrie et les arts devaient prochainement s'emparer de cette observation délaissée pour accomplir la plus profonde des révolutions métallurgiques, et montrer ainsi, encore une fois, à quelles conséquences d'intérêt énorme peut conduire un fait, lui-même simple objet de curiosité scientifique.

CHAPITRE LVII

Un mot heureusement construit, celui de *Galvanoplastie*, désigne la partie de la physique à laquelle sert d'introduction le
chapitre qui précède. Il rappelle le nom de Galvani, trop éclipsé
par son illustre rival; il fait allusion à la plastique ou à l'art de
modeler. Mais ici l'artiste est le courant d'une pile; et la matière
à modeler, argile ou cire pétrie sous les doigts, est remplacée par
un métal tenace et dur, qui néanmoins se prête à telle forme que
l'on désire encore mieux que ne le ferait la substance la plus duc_
tile. Le mouleur en métaux a besoin du vaste atelier noir, où
grince la machine, où rugit le souffle d'un ouragan, où brillent
les ardentes lueurs d'une fournaise à haute cheminée fumeuse,
où dans des moules de sable le creuset verse le bain éblouissant
du métal en fusion. Des ouvriers noircis de poussière de houille,
baignés d'une sueur qui ruisselle en gouttes d'encre, desservent
cet enfer. Voici maintenant un autre atelier où s'accomplit semblable travail. Nul bruit, pas de fourneaux et de creusets, aucun
amas de combustible. Les métaux y sont fondus et moulés sans le
brutal concours de la chaleur. C'est une salle élégante, paisible,
où quelques personnes vont et viennent, d'un appareil à l'autre,
pour surveiller l'opération métallurgique bien plus que pour y
prêter la main. L'ouvrier mouleur est l'électricité. C'est elle qui,
dans une dissolution saline, prend le métal atome par atome et
le dépose dans un moule pour en reproduire, avec une précision
parfaite, les plus délicats détails. La galvanoplastie est donc l'art
de déposer par l'action du courant, sur un objet servant de
moule, le métal contenu dans une dissolution saline, et particulièrement le cuivre.

Nous venons de dire comment le point de départ de cette branche importante de la physique industrielle échappa à Volta, qui néanmoins avait connaissance du dépôt métallique opéré sur l'électrode négative d'une pile, plongeant ses fils polaires au sein d'une dissolution saline. Il est vrai que le dépôt obtenu, poussière sans consistance et sans emploi, n'était pas de nature à provoquer de plus amples recherches. Avec sa marche très irrégulière, sa tension forte au début, puis rapidement décroissante, la pile à colonne du physicien de Pavie ne pouvait donner autre chose. En effet, pour que le dépôt soit homogène, compacte et résistant; pour que le cuivre, par exemple, électriquement moulé, possède les caractères habituels de ce métal, certaines conditions sont indispensables. D'abord la pile doit être médiocrement forte. Trop puissante, elle donne un dépôt de cuivre pulvérulent; trop faible, elle donne un dépôt cristallin et fragile. Il faut ensuite que le courant soit constant, afin que de la régularité de la force en action résulte, pour le métal déposé, une structure intime régulière, cause de la ténacité. La pile de Daniell notamment présente ces avantages.

En 1837, un physicien de Saint-Pétersbourg, Jacobi, prussien de naissance et russe par naturalisation, expérimentait avec la pile de Daniell. Le lecteur se rappelle sans doute que, dans cette pile, la lame positive du couple est un cylindre creux en cuivre plongeant dans une dissolution de sulfate de cuivre. C'est là que vient se déposer le métal de la dissolution cuivrique, tandis que l'oxygène et l'acide sulfurique traversent le vase poreux et se rendent sur le zinc pour y continuer la réaction chimique qui engendre le courant. Or un jour, nettoyant sa pile, Jacobi porte son attention sur le dépôt de cuivre reçu par chacun des cylindres faisant office de lame positive. Au dehors, ce dépôt n'a rien de remarquable : c'est une sorte de croûte irrégulière, mamelonnée, tuberculeuse, qui d'habitude tombe aisément en débris; mais aujourd'hui, et c'est là ce qui captive l'attention du physicien, cette croûte se détache en larges écailles qui ont la solidité et les autres caractères du cuivre usuel. Devant ce fait inattendu, si contraire aux faits antérieurs, Jacobi croit d'abord à des imperfections dans l'appareil, imperfections dont l'origine serait soit du cuivre impur employé pour lame positive, soit du sulfate de cuivre frauduleusement mélangé avec un autre sel. Il fait appeler ses fournisseurs qui s'excusent et protestent de leur loyauté. Le cuivre fourni ainsi que le sulfate sont de qualité irréprochable et n'entrent pour rien dans l'accident qui donne au physicien telle surprise.

A quoi tenait en ce moment la découverte de la galvanoplastie ? A un fil, à un rien. Que Jacobi, satisfait des protestations de l'ouvrier constructeur et du droguiste, eût laissé là, pour ne plus s'en occuper, les écailles de cuivre, et la galvanoplastie était abandonnée aux siècles futurs. Mais avec cette opiniâtreté scientifique, que rien ne lasse, et au bout de laquelle est le succès, Jacobi reprend, à l'aide d'une loupe, l'examen des lamelles métalliques. Qu'est-ceci ? A la face intérieure, la plupart d'entre elles, sans avoir jamais été ni limées ni martelées, présentent cependant les traces incontestables de la lime et du marteau. Voilà bien, sur ce point, les fins sillons parallèles laissés par les dents d'une lime ; voilà bien en cet autre ce que produit la percussion d'un marteau. La lame positive du couple, le cylindre sur lequel s'est effectué le dépôt cuivrique, présente lui aussi des traces pareilles, coups de lime et coups de marteau donnés par l'ouvrier qui l'a façonné. Cette concordance est d'autant plus frappante, que les marques du morceau de cuivre reproduisent exactement les marques du cylindre telles qu'on les voit au point d'où il a été détaché ; mais elles les reproduisent en sens inverse, c'est-à-dire que les creux du cylindre sont rendus par des reliefs sur le fragment de cuivre, et les reliefs sont rendus par des creux. Bref, la petite lame de cuivre s'adapte aux moindres accidents de la surface du cylindre ainsi qu'un objet moulé s'adapte à son propre moule.

La galvanoplastie était désormais trouvée par Jacobi, qui ne la cherchait pas. Un heureux accident venait de lui apprendre que le métal contenu dans une dissolution saline peut, guidé par le courant d'une pile, s'introduire molécule à molécule dans les plus fines cavités d'un moule, y devenir masse compacte et en reproduire l'empreinte avec plus de fidélité encore qu'il ne le ferait versé à l'état de fusion. Chercher l'inconnu, la chose dont on n'a pas la moindre idée, est impossible. L'énoncé seul de pareille recherche est une absurdité. On ne bâtit pas dans le vide, on ne fonde pas sur le néant. Il faut toujours qu'un fait, fréquemment fortuit, serve de point de départ et soit la base sur laquelle s'échafaudera l'édifice. Pour Jacobi et sa mémorable invention, la petite écaille de cuivre, si attentivement scrutée à la loupe, fut ce point de départ, cette base.

Ce qu'il avait obtenu sans y songer nullement, se reproduirait-il, une intention arrêtée dirigeant l'expérience? N'était-ce pas là un de ces faits sans raison connue, que l'expérimentateur ne peut faire naître à volonté? Point essentiel, que le savant de Saint-Pétersbourg s'empressa de soumettre au contrôle d'un essai. Sur le cylindre en cuivre de la pile, Jacobi grave donc tels dessins qu'il lui plaît, lettres de l'alphabet, figures de géométrie, croquis sommaires de feuilles et de fleurs; et ces préparatifs faits, la pile entre en fonction. Devenu assez épais, le dépôt de cuivre est enfin détaché. Comme la première fois, il s'enlève par écailles, mais plus larges à cause du soin mis à l'opération; comme la première fois aussi la face intérieure de ces écailles reproduit en relief, avec une scrupuleuse fidélité, les dessins en creux gravés sur le cylindre. Croquis de fleurs, tracés géométriques, caractères d'écriture, tout a été merveilleusement moulé. La chose est maintenant indiscutable : par un procédé métallurgique bizarre, opérant au sein de l'eau au lieu d'opérer dans les ardeurs d'une fournaise, la pile jette en moule les métaux mieux que ne le ferait le travail de fonderie.

Ces premiers essais se passaient dans l'intérieur même de la pile puisque le dépôt métallique avait lieu sur la lame positive de chaque couple, enfin sur le cylindre de cuivre. Pour diriger à volonté et utiliser pareil dépôt, il convenait tout d'abord de l'obtenir en dehors des couples, dans un vase spécial où tout serait disposé dans un but déterminé. C'est ici le lieu de rappeler au lecteur que le travail chimique accompli dans la pile est, sous le rapport de la direction, l'inverse de celui qui se passe en dehors. Pour nous expliquer plus clairement, supposons un seul couple zinc et cuivre, dont les fils conducteurs soient employés à décomposer de l'eau acidulée. Au dedans de la pile, l'oxygène et l'acide sulfurique se portent sur le zinc, tandis que l'hydrogène se porte sur le cuivre. Au dehors, c'est exactement l'inverse : le fil conducteur du zinc reçoit l'hydrogène; le fil conducteur du cuivre reçoit l'oxygène et l'acide sulfurique; de telle sorte que chaque pôle reçoit, en partie à l'intérieur de la pile, en partie à l'extérieur, les éléments nécessaires pour reconstituer de l'eau acidulée, pour reconstituer enfin le liquide qui se décompose à l'intérieur de l'appareil pour engendrer le courant, et que le courant, d'effet devenu cause, décompose à l'extérieur.

A l'eau acidulée ou sulfate d'hydrogène que nous venons de supposer, substituons tant à l'intérieur qu'à l'extérieur le sulfate de cuivre de la pile de Daniell. Les mêmes faits absolument se passeront, l'hydrogène étant remplacé par le cuivre. Au dedans, la lame positive recevra le cuivre ; et la lame négative, l'oxygène et l'acide sulfurique. Au dehors, ce sera tout le contraire : l'électrode positive recevra l'acide sulfurique et l'oxygène, tandis que l'électrode négative recevra le cuivre. Il est donc très facile d'obtenir au dehors de la pile le dépôt métallique que l'on veut mouler sur un objet déterminé. Quelques essais eurent bientôt mis le savant russe au courant de cette nouvelle métallurgie.

Répétons après lui son expérience fondamentale, et proposons-nous de reproduire galvanoplastiquement une médaille. A l'extrémité du fil négatif, on suspend cette médaille, que l'on plonge, ainsi que le fil positif, dans une dissolution de sulfate de cuivre. Les deux fils sont disposés à proximité l'un de l'autre, mais sans se toucher, au sein de la liqueur cuivrique. Sous l'influence du courant, le cuivre se sépare peu à peu de son dissolvant et se dépose sur la médaille servant d'électrode négative. Celle-ci se couvre donc d'une pellicule de cuivre, qui se moule, avec une irréprochable perfection dans tous les creux et sur tous les reliefs du dessin. La pellicule métallique augmente graduellement d'épaisseur, et au bout de vingt-quatre heures, plus ou moins, elle est assez solide pour être détachée tout d'une pièce.

Pour ne pas éprouver de difficultés lorsqu'il faut enlever le cuivre déposé, on enduit légèrement la médaille de plombagine réduite en poudre impalpable, ou bien on l'expose un instant à la fumée d'une flamme de résine. Le mince enduit charbonneux ainsi obtenu empêche l'adhérence. Enfin, on recouvre de cire la face qui ne doit pas être reproduite, ainsi que le bord. Avec ces précautions, le cuivre déposé se sépare aisément de la médaille, dont il reproduit en creux les plus délicats détails.

On substitue alors le moule en creux à la médaille, et on recommence l'opération. Le cuivre se dépose de nouveau, prenant cette fois la forme en relief. La reproduction est si fidèle, qu'il est impossible de trouver la moindre différence entre le dessin de la médaille modèle et le dessin de la médaille copie.

Nous avons déjà fait ressortir de quelle importance est un courant d'énergie constante pour obtenir un dépôt métallique régulier, dont la structure moléculaire soit favorable à la solidité. Or cette énergie dépend non seulement de la pile mais encore du milieu traversé par le courant en dehors de l'appareil. Si ce milieu change de nature, s'il oppose, suivant sa composition, tantôt plus tantôt moins de résistance au courant, par cela même celui-ci varie de puissance, et le dépôt ne s'accomplit pas avec la régularité désirable. Or dans l'appareil que nous venons de décrire et tel que le conçut d'abord Jacobi, le fil positif et le fil négatif, celui-ci terminé par la médaille ou tout autre objet à reproduire, plongent côte à côte, sans autre précaution, dans de l'eau plus ou moins saturée de sulfate de cuivre. A mesure que le dépôt s'effectue, la dissolution s'appauvrit en métal et oppose au courant plus grande résistance. Le courant s'affaiblit donc, bien que l'action chimique en jeu dans la pile soit constante ; et le dépôt métallique ne se fait pas avec une convenable régularité.

Pour obvier à ce vice, on pourrait, et c'est là l'idée qui se présente la première, remettre de temps à autre quelques cristaux de sulfate de cuivre dans la dissolution, de manière à restituer peu à peu à celle-ci le métal qu'elle perd en le cédant à l'objet dont il s'agit d'obtenir l'empreinte métallique. Mais ce serait manipulation fastidieuse, exigeant une surveillance de tous les instants. Et puis ce ne serait qu'avec une approximation très grossière que s'obtiendrait de la sorte la composition constante de la liqueur continuellement décomposée. Comment, en effet, évaluer à chaque instant pour ainsi dire, le cuivre disparu, et le remplacer par une proportion équivalente de cristaux? Si l'on veut obtenir un courant aussi peu variable que possible, ce moyen grossier doit être rejeté.

Que faire alors? Une idée aussi simple qu'ingénieuse eut bientôt pour Jacobi levé la grave difficulté : l'idée de charger la pile d'entretenir elle-même la nature constante de la dissolution, dépensée, ainsi que la machine est chargée de maintenir elle-même à un niveau constant l'eau de la chaudière dépensée en vapeur. Nul mieux que la machine, nul mieux que la pile ne peut balancer la dépense par une exacte proportion de recette. Dans l'un et l'autre cas, pour obtenir l'alimentation automatique, il suffit de savoir convenablement utiliser le jeu de l'appareil.

Pour sa nouvelle invention, complément indispensable de la première, Jacobi dût raisonner ainsi. Au pôle positif se rendent d'une part et à l'extérieur, l'oxygène et l'acide sulfurique; d'autre part et à l'intérieur, le cuivre déposé; et le tout reconstituerait du sulfate de cuivre si la combinaison était possible, ce que ne permet pas l'éloignement des matériaux, les uns au dedans, les autres au dehors de la pile. Armons donc le fil positif d'une lame de cuivre qui plongera dans la dissolution saline. L'oxygène et l'acide sulfurique qui se rendent à ce fil, y trouveront le métal nécessaire, se combineront avec lui et reproduiront juste autant de sulfate de cuivre que le courant en décompose. Mise en pratique, l'originale idée eut une réussite parfaite. Le sulfate formé d'une part aux dépens de la lame de cuivre servant d'électrode positive, et décomposé d'autre part, dans une proportion exactement égale, pour céder son métal à l'objet servant d'électrode négative, se maintint, toujours en même quantité, dans la dissolution saline, dont la richesse métallique restait invariable, au moyen de cet artifice, si longtemps que durât l'opération.

Cette lame, appendue au fil positif et plongée dans la dissolution cuivrique peur s'y dissoudre peu à peu et refaire autant de sulfate de cuivre qu'il s'en décompose, se nomme *électrode soluble*. Pesons-la au début et pesons-la après. Ce qui manquera, sera précisément le poids du cuivre déposé sur l'autre électrode. C'est elle en somme qui fournit le métal. L'oxygène et l'acide sulfurique mis en liberté par le courant, graduellement la rongent et la transforment en sulfate, qui se mélange avec celui qui préexiste dans la dissolution. Des échanges incessants d'une molécule à l'autre, des recompositions à l'instant même précédées et suivies de décomposition, amènent ainsi de proche en proche, le métal de l'électrode soluble sur l'objet terminant l'électrode négative.

L'ingénieuse idée de l'électrode soluble est d'une continuelle application en galvanoplastie. S'agit-il, par exemple, d'obtenir un dépôt d'argent, le fil positif se termine par une lame d'argent, s'agit-il de dorer, le même fil se termine par une lame d'or. Dans tous les cas, l'électrode soluble est une lame du même

métal qui se trouve dans la dissolution saline à décomposer.
De plus cette lame doit avoir à peu près en surface l'étendue
de l'objet sur lequel se fait le dépôt métallique, afin que le travail chimique, s'exerçant sur des surfaces égales, soit équivalent
de part et d'autre et reproduise autant de matière saline qu'il
s'en dépense.

CHAPITRE LVIII

Telle que nous venons de la décrire, une opération de galvanoplastie demande deux fois le concours de la pile : pour obtenir
d'abord un moule ou contre-épreuve en creux de l'objet à reproduire, et pour obtenir enfin l'épreuve en relief. D'ordinaire, la
première opération se fait par le simple moulage. On prend l'empreinte de la médaille ou de tout autre objet, tantôt avec un alliage fusible dans lequel entrent trois parties en poids de bismuth,
trois d'étain, et cinq de plomb, alliage qui fond à une température inférieure à celle de l'eau bouillante ; tantôt avec une lame
de plomb bien décapée que l'on comprime sur la planche gravée
qu'il faut reproduire. Tantôt encore on a recours à des substances
plastiques non métalliques, au plâtre, à la cire, à la gélatine, à la
gutta-percha, à l'acide stéarique ou substance dont les bougies
sont formées.

L'emploi de chacune de ces substances exige certaines précautions dont les détails circonstanciés ne peuvent être développés
ici. Nous nous bornerons à dire que, pour ne pas être attaqué
par le sulfate de cuivre, le moule en plâtre, une fois sec, doit
être imprégné d'acide stéarique fondu ; que l'acide stéarique est
préférable quand il est associé avec de la cire vierge ; que la dissolution de gélatine destinée à prendre une empreinte, doit être
additionnée de tannin dissous dans l'alcool ; que la gutta-percha,
ramollie dans l'eau chaude et pétrie dans les mains, doit être
soumise à une forte pression pour se mouler avec fidélité sur
l'objet.

Tous ces moules de nature non métalliques ont un défaut commun : c'est de ne pas conduire l'électricité et d'empêcher ainsi,

sans précautions spéciales, la propagation du courant et par suite la décomposition du sel cuivrique. On les rend bons conducteurs en les couvrant, avec le pinceau, d'une mince couche de plombagine en poudre impalpable, et en frottant cet enduit avec une brosse douce jusqu'à ce que la surface soit d'un noir uniforme et miroitant.

Ce procédé si commode, qui permet de reproduire galvanoplastiquement tel objet que l'on veut, n'importe sa nature, est encore dû à Jacobi, servi par un de ces hasards heureux comme en ont seuls ceux qui cherchent avec ardeur et savent réfléchir sur les faits inattendus survenant dans le cours de leurs recherches. Admettre que la plombagine, variété de charbon en somme, est apte à conduire l'électricité aussi bien qu'un métal, et peut remplacer ce dernier dans les manipulations galvanoplastiques, n'est pas une de ces vérités qui s'imposent d'elles-mêmes à l'esprit; il faut que des circonstances fortuites avertissent l'opérateur de cette curieuse propriété; il faut enfin que l'opérateur, et c'est là son grand mérite, attentif aux moindres détails de ce qui se passe, sache saisir l'occasion au passage et déduire des applications importantes d'un incident par lui-même sans valeur.

Le savant de Saint-Pétersbourg travaillait à une pile de Daniell qui devait fournir la force motrice pour faire mouvoir un bateau sur les eaux de la Néva. Avant d'être admise, chaque pièce de l'appareil était soumise à un examen scrupuleux pour s'assurer de son régulier fonctionnement. Les vases poreux en terre de pipe furent notamment soumis à des essais, et tous ceux qui remplissaient bien les conditions voulues étaient marqués au crayon de la lettre *g*, initiale du mot allemand *gut*, qui signifie *bon*. Le crayon dont se servait Jacobi était un crayon ordinaire, c'est-à-dire un de ces crayons qui, sous une enveloppe cylindrique en bois, renferment la partie écrivante, formée d'une fine baguette de graphite ou plombagine. Or, lorsque la pile eut quelque temps fonctionné, il se trouva que tous les *g* en plombagine, écrits sur les vases poreux, étaient recouverts d'une mince couche métallique, et apparaissaient avec la belle couleur rouge du cuivre. Partout ailleurs, les vases poreux conservaient, sans modification aucune, leur primitive blancheur. La plombagine conduisait donc bien l'électricité puisque le dépôt cuivrique y était possible; de plus cette matière pouvait servir à reproduire par la galvanoplastie les objets non conducteurs, puisqu'il avait suffi de marquer au crayon des vases dépourvus de conductibilité pour que le cuivre se déposât aux points noircis de graphite et non ailleurs. Le sagace physicien eut bientôt déduit de ce petit incident une application du plus grand intérêt; et depuis lors l'enduit plombagineux intervient en galvanoplastie pour rendre bons conducteurs, pour *métalliser* comme on dit, les objets que l'on se propose de recouvrir de cuivre par l'action de la pile malgré leur défaut de conductibilité.

Avec leur enduit de plombagine, qui leur donne les propriétés électriques d'un métal, et si léger que les moindres détails n'en éprouvent aucune altération, les moules en stéarine, en plâtre, en gutta-percha, ou bien en toute autre matière, peuvent recevoir plusieurs à la fois le dépôt de cuivre. Une cuve en verre MN (fig. 71.) contient une dissolution de sulfate de cuivre. Il convient que cette

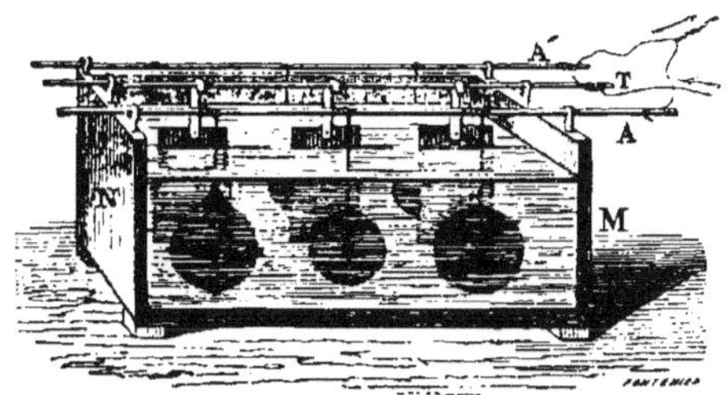

Fig. 71.

dissolution soit acidulée avec de l'acide sulfurique, car à l'état neutre, elle donnerait un dépôt cristallin, et par suite cassant. Le pôle positif de la pile est en communication avec une tringle métallique T, à laquelle sont appendues les plaques en cuivre immergées dans la dissolution cuivrique. Ces plaques sont des électrodes solubles : elles se dissolvent peu à peu avec le concours de l'oxygène et de l'acide sulfurique que leur amène le courant, et maintiennent le bain au même degré de saturation. D'autres tringles A et A' également en métal, et dont l'ensemble communique avec le pôle négatif de la pile, portent appendus à des fils métalliques les moules qui doivent recevoir le dépôt de cuivre.

D'autres fois la cuve contenant le bain métallique constitue elle-même la pile; disposition plus simple qui nous ramène à

l'observation point de départ des.découvertes de Jacobi. L'auge
MN (fig. 72.) contient la dissolution de sulfate de cuivre. Dans cette
dissolution sont plongés divers vases poreux contenant une épaisse
lame de zinc et de l'eau acidulée. Toutes ces lames de zinc sont
mises en communication par des pinces avec une tringle métallique T. Deux autres tringles métalliques A et A', disposées à

Fig. 72.

droite et à gauche de la première, tiennent les moules suspendus.
Enfin des conducteurs en métal font communiquer la tringle des
zincs avec les deux tringles des moules.

On reconnaît ici, dans ce qu'elle a d'essentiel, la disposition
d'un couple de Daniell. L'ensemble des zincs plongés dans l'eau
acidulée des vases poreux forme la lame négative ; l'ensemble des
moules plongés dans la liqueur cuivrique forme la lame positive.
Quand la communication est établie entre les deux lames, le sulfate de cuivre est décomposé comme il l'est dans un couple ordinaire de Daniell : l'oxygène et l'acide sulfurique se portent sur
les zincs à travers les vases poreux ; le cuivre se dépose sur la
lame positive ou sur les moules. C'est, on le voit, la reproduction
de ce qui frappa Jacobi lorsque l'illustre observateur reconnut
que le cuivre, se déposant au sein même de la pile, se moulait,
avec une fidélité parfaite, sur les coups de lime et de marteau de
la lame positive, c'est-à-dire du cylindre creux en cuivre faisant
partie de chaque couple d'une pile de Daniell. Avec cette dispo-
tion, qui a sur toute autre l'avantage d'une extrême simplicité,
l'emploi des électrodes solubles est impossible, puisque tout le
travail chimique s'accomplit en dedans de la pile, et que l'oxygène
et l'acide sulfurique mis en liberté se portent sur le zinc pour

provoquer la réaction d'où résulte le courant. Afin de maintenir dans la dissolution une richesse métallique à peu près constante, il faut donc recourir à un autre moyen, qui n'a pas la rigoureuse précision du premier. Ce moyen consiste à tenir immergés dans le bain des sachets S et S' contenant du sulfate de cuivre en cristaux.

Entrons maintenant dans quelques détails sur les services rendus par la galvanoplastie. Au moyen de l'invention de Jacobi, on recouvre de cuivre des statues, des bas-reliefs en plâtre, et on leur donne les apparences du bronze. La fonte de fer, si résistante et qui prend si bien l'empreinte des moules la recevant à l'état de fusion, peut également être revêtue de cuivre et acquérir le riche et artistique aspect du bronze. Les candélabres en fonte pour l'éclairage au gaz, les bas-reliefs des fontaines monumentales, sont bronzés par la galvanoplastie.

De nos jours, la librairie met en vente, à des prix fort modérés, des ouvrages illustrés de nombreuses gravures qui reposent le regard et facilitent le travail industriel. Ces gravures, nous les devons à la galvanoplastie. On les obtient comme il suit. Sur une planchette en bois dur, bien polie, l'artiste trace d'abord le dessin au crayon. Un ouvrier, le graveur, prend alors la planchette, et, avec des instruments en acier, il entaille et creuse le bois sur tous les blancs du dessin, qui finalement apparaît en relief. Avant la découverte de la galvanoplastie, le bois ainsi gravé servait lui-même au tirage de figures. Un rouleau noirci d'encre d'imprimerie était passé sur la planche gravée, dont les parties saillantes prenaient seules l'encre. Une feuille de papier était alors appliquée sur la planche; et, par une pression convenable, elle prenait l'empreinte du dessin encré.

Mais la pression que l'ouvrier doit exercer, soit pour étendre l'encre avec le rouleau, soit pour bien appliquer la feuille de papier, rapidement finissait par écraser les reliefs délicats du dessin; et après un nombre peu considérable d'épreuves, la coûteuse planche gravée était hors de service. Un tirage de dix mille exemplaires environ suffisait pour la faire mettre au rebut. Pour continuer, il fallait une nouvelle planche, dont le travail de gravure coûtait autant que le premier. Aussi les livres illustrés étaient-ils des raretés de haut prix; tandis qu'ils sont maintenant très répandus et à la portée des moindres fortunes. Ce progrès, dont l'instruction si largement profite, nous le devons à la galvanoplastie. L'invention de Jacobi est un puissant levier venant en aide aux forces de l'intelligence ; et voici comment.

Les bois gravés ne sont plus directement employées au tirage des épreuves. On reproduit en cuivre, par la galvanoplastie, autant de fois qu'on le désire, le précieux travail du graveur, de la même manière que l'on reproduit le relief d'une médaille. Les planches gravées ainsi obtenues se nomment *clichés*. Ce sont les clichés qu'on emploie au tirage des gravures. Étant en métal, ils supportent mieux la pression que ne le ferait la planchette de bois, à tel point qu'on peut obtenir jusqu'à cent mille exemplaires au lieu de dix mille, avant que le dessin en relief soit hors de service. D'ailleurs, à mesure qu'ils sont usés, on les remplace par de nouveaux, que le bois gravé type fournit à très bas prix, en aussi grand nombre que l'on veut, sans éprouver d'altération dans la finesse de ses détails.

CHAPITRE LIX

Les métaux les plus usuels, fer, cuivre, plomb, laiton, se ter-
nissent au contact de l'air, s'altèrent, se rouillent. Quelques-uns
mêmes donnent naissance à des matières vénéneuses ; tels sont
le cuivre, le plomb, le laiton. Au contraire, l'or et l'argent, qua-
lifiés pour cette raison de métaux précieux, le premier surtout,
conservent leur brillant et ne contractent pas de propriétés dangereuses. Les monnaies et les bijoux en or des temps les plus anciens nous sont parvenus aussi nets, aussi brillants que s'ils étaient
fabriqués de la veille, malgré un séjour, pendant de longs siècles,
dans un sol humide où les autres métaux se seraient transformés
en une masse informe de rouille. L'application d'une mince couche d'or ou d'argent sur le cuivre, le laiton, le fer et autres métaux de peu de prix, n'a donc pas simplement pour but de satisfaire aux petites vanités de l'amour-propre, qui nous porte à
posséder au moins l'apparence des choses, quand nous ne pouvons posséder les choses elles-mêmes ; c'est surtout affaire d'élégance, de propreté, de durée et même d'hygiène ; car avec son
enveloppe inoxydable de métal précieux, le métal vulgaire a non
seulement le riche aspect de l'or ou de l'argent, mais encore,
résultat plus important, se conserve inaltérable, les causes de l'altération, telles que l'air et l'humidité, ne pouvant plus l'atteindre.

Jusqu'à l'époque de la pile, le procédé de dorure le plus usité
était le suivant. On dissolvait de l'or dans du mercure, et l'on
frottait énergiquement l'objet à dorer avec la pâte métallique
ainsi obtenue. Ensuite l'objet, lui-même en métal, était exposé
à l'action de la chaleur. Le mercure se dissipait en vapeurs, et
l'or restait seul, en une mince couche encore dépourvue d'éclat.

Pour faire apparaître le brillant et donner aussi convenable adhérence à la pellicule d'or, on *brunissait* l'objet doré, c'est-à-dire qu'on le frottait avec un corps dur. En rapprochant et soudant entre elles les particules métalliques, la friction donnait l'éclat voulu, de même qu'elle le communique à la boue d'un brun olivâtre et à la poussière d'un rouge de brique, que l'on obtient avec l'argent et le cuivre soumis aux réactions chimiques décrites plus haut.

Ce procédé de dorure avait dans les ateliers les plus graves inconvénients. Manipulant sans cesse du mercure, exposés surtout aux redoutables vapeurs de ce métal lorsqu'il faut chauffer la pièce pour mettre l'or de l'amalgame en liberté, les ouvriers chargés de ce travail étaient tôt ou tard atteints d'une maladie terrible, dont les signes consistaient en une salivation et un tremblement continuels. Beaucoup succombaient, lamentables victimes d'une industrie meurtrière. Citons un exemple pour montrer quels ravages pouvait faire cet empoisonnement par les vapeurs de mercure. En 1837, le gouvernement russe, suivant en cela les goûts luxueux des Orientaux, entreprit de faire dorer la coupole de l'église Saint-Isaac à Saint-Pétersbourg. Près de deux millions et demi furent dépensés à cet ouvrage de mauvais goût. Le travail des énormes plaques métalliques à dorer était effectué en plein air. Pour se garantir contre les émanations mercurielles, les ouvriers travaillaient la figure protégée par un masque de verre, et le reste du corps enpaqueté de fourrures et d'épaisses étoffes. Malgré ces précautions plusieurs périrent sans voir la fin de l'entreprise, et deux cents tombèrent si gravement malades, qu'on dût les recueillir dans un hospice d'invalides, où ils salivèrent et tremblèrent le reste de leur misérable vie. On se préoccupait donc vivement des ateliers de dorure au mercure et de leurs dangers, lorsque la pile vint mettre fin à ce pénible état des choses.

Pour qui s'en tiendrait à des notions générales, le dépôt de l'or et de l'argent sur un autre métal, ne semble pas plus difficile que le dépôt du cuivre. Jacobi vient de nous apprendre combien il est aisé de couvrir d'une couche de cuivre un objet quel qu'il soit, convenablement préparé. Répétons avec un sel d'or la même opération, et nous obtiendrons la dorure ; répétons-la avec un sel d'argent, et nous obtiendrons l'argenture. Telle est l'idée qui se présente tout d'abord ; malheureusement pour la mettre en pra-

tique, un obstacle surgit, bien difficile à surmonter. Il est de
toute nécessité que le métal à déposer par l'action de la pile soit
engagé dans un composé salin apte à se dissoudre dans l'eau dont
se compose le bain galvanique. Le sulfate de cuivre, la vulgaire
couperose bleue, remplit très bien cette condition fondamentale ;
aussi le cuivrage est-il opération aisée et la première en date dans
les applications métallurgiques de la pile. Mais le sulfate d'or
n'existe pas, et le sulfate d'argent est insoluble. Il faut recourir
alors à d'autres composés salins, qui ne laissent aucune latitude
au choix. L'or n'a qu'un sel soluble, son chlorure ; l'argent aussi
qu'un seul, son azotate.

Si l'on emploie le chlorure d'or, à la difficulté levée en succède une autre non moins grave. L'or se dépose il est vrai sur
l'électrode négative ; mais il se dégage aussi du chlore, dont l'état
naissant exalte les énergies déjà si violentes. Aucune substance
n'attaque les métaux avec plus de facilité que ne le fait le chlore.
L'électrode négative ou plutôt l'objet métallique qui la termine et
sur lequel la dorure doit se déposer est donc le siège d'une corrosion incessante qui rend impossible tout dépôt adhérent. La
dorure tombe en poussière, le support lui manquant à mesure
qu'elle apparaît ; l'édifice de la pellicule d'or ne peut se construire faute d'une base stable. Même inconvénient avec l'argent
sous forme d'azotate. L'acide azotique mis en liberté, sans avoir
les énergies destructives du chlore, en possède d'assez puissantes
pour ronger l'objet métallique soumis au courant et empêcher
ainsi l'argenture.

Que faudrait-il pour réussir? Il faudrait que le métal à dorer
ou bien à argenter fut inattaquable par le chlore naissant et l'a-
cide azotique. Un seul métal, assez usuel, remplit ces conditions :
c'est le platine. Mais alors la dorure est simple objet de curiosité
ou de recherche scientifique, et aucune espèce d'avantage n'est à
retirer de l'application de l'or sur un métal presque aussi cher
que lui et doué de plus de résistance encore aux altérations chimiques. L'application de l'argent sur le platine serait pareillement,
et avec plus de motifs, un non-sens. En second lieu, le succès serait certain si l'un des produits de la décomposition saline était
l'acide sulfurique, de peu d'action sur les métaux à froid ; si l'on
possédait enfin l'analogue de la couperose bleue servant au cuivrage. Mais, nous venons de le dire, le sulfate d'argent est inso-

luble et le sulfate d'or n'existe pas. Le lecteur doit comprendre maintenant que, pour sortir de ce cercle vicieux, la difficulté n'était pas petite ; et qne la dorure et l'argenture galvanoplastiques, application accessoire des larges principes de la science, n'en sont pas moins invention très méritoire.

L'emploi des sels d'or et d'argent directement solubles dans l'eau étant impossible, il fallait recourir à d'autres composés et à d'autres dissolvants Les premières tentatives dans cette voie reviennent à Brugnatelli, collègue de Volta à l'université de Pavie. L'or et l'argent fulminants furent les composés sur lesquels son attention se porta de préférence. Si l'on fait digérer de l'oxyde d'argent dans de l'ammoniaque très concentrée, il se forme une poudre noire explosive, très dangereuse à manier, qui détone au moindre choc ou par une faible é évation de température. Il suffit de la toucher avec une barbe de plume, lorsqu'elle est sèche, pour la faire explosionner avec une violence extrême. Tel est l'argent fulminant, la substance employée par Brugnatelli dans ses essais d'argenture. L'or fulminant a les mêmes redoutables propriétés. On l'obtient en versant de l'ammoniaque dans une dissolution de chlorure d'or Dans quel liquide Brugnatelli dissolvait-il les composés explosifs ; comment opérait-il avec ces dangereuses matières ! On l'ignore. Peu satisfait d'ailleurs des résultats obtenus, et redoutant peut-être aussi quelque accident avec des matières si périlleuses à manier, Brugnatelli abandonna ses recherches, que nous mentionnons, non à cause de leur importance, mais comme point de départ.

En 1840, un savant industriel de Birmingham, en Angleterre, Elkington, inaugurait la dorure galvanique dans ses vastes usines. Le bain métallique décomposé par la pile consistait en oxyde d'or dissous dans l'eau à la faveur du. prussiate de potasse. Un bain analogue servait pour l'argenture. Un peu plus tard, en 1841, un chimiste de Paris, Henri de Ruolz, faisait connaître un procédé bien plus général, applicable au dépôt galvanique de tous les métaux. Possesseur d'une belle fortune, versé à la fois dans les lettres, les sciences, le droit, la médecine, la musique, de Ruolz suivit d'abord son goût pour les beaux-arts en composant un opéra qui eut un plein succès sur le théâtre lyrique le plus renommé de l'Europe, le théâtre Saint-Charles à Naples. Tout heureux de son triomphe, le jeune compositeur revenait dans son pays, quand

il apprit l'écroulement complet de sa fortune, devenue la proie de
jeux de bourse et de débiteurs sans foi. Il fallut sérieusement songer
au pain du lendemain. La musique ne lui parut pas assez lucrative ; elle pouvait lui rapporter de la gloire mais fort peu de ressources. Le compositeur fit donc place au chimiste. Une idée régnait alors, comme du reste elle règne encore aujourd'hui parmi
la jeunesse studieuse : c'est qu'il suffit de s'adonner à la chimie
industrielle pour s'y faire une magnifique position, parfois même
une fortune. Hélas ! encore une illusion dont beaucoup sont de-
venus et dont beaucoup deviendront les dupes. La chimie industrielle n'est qu'une marâtre qui, le plus souvent dévore vos belles
années, et vous abandonne après avec le regret du temps perdu.
Vos trouvailles, s'il y en a, un autre en profite, un autre, l'homme
de l'écu, qui évince l'homme de la pensée. De Ruolz suivit donc
le préjugé reçu, et par une exception rare, acquit ainsi grand
renom et modestes revenus.

Pas de chimie sans laboratoire. Une misérable mansarde est
louée, ouverte à tous les vents, tapissée de toiles d'araignée, ayant
vue sur les toits du voisinage. De fortune, il s'y trouve une cheminée, une vieille table de cuisine et quelques étagères en planches. Là s'installe de Ruolz pour se livrer à la recherche du problème devant lequel avaient reculé les savants les plus illustres,
savoir la dorure et l'argenture galvaniques. La cheminée reçoit les
fourneaux du chimiste ; la vieille table où la cuisinière épluchait
ses légumes, donne installation à la pile et aux bocaux accessoires ; les planches fixées au mur ont en dépôt les paquets de drogues, les flacons à réactifs. Qui eût pénétré dans le pauvre réduit,
difficilement aurait accordé confiance aux recherches du chimiste
si mal outillé ; mais les découvertes importantes ne sont pas toutes
réservées aux somptueux laboratoires, et de Ruolz devait prochainement en fournir un nouvel exemple.

Le problème poursuivi n'avait rien de cette immense et vague
latitude qui est l'habituel écueil des recherches dans des voies encore très peu connues ; le but qu'il s'agissait d'atteindre était parfaitement déterminé ; l'instrument qu'il fallait employer n'avait
presque plus de secrets. Tout se bornait à obtenir un bain métallique qui remplît les conditions voulues. C'était donc œuvre de
longue patience, interminable série d'essais avec un composé,
puis un autre, puis un autre encore, jusqu'à épuisement, s'il le

fallait, de toutes les combinaisons que l'imagination pourrait fournir. Ce que de Ruolz essaya dans sa mansarde, mélangeant ses réactifs comme ceci, comme cela, puis autrement, lui seul pourrait le dire. Bref, de tentative en tentative, le plein jour se fit : la méthode était trouvée pour appliquer galvaniquement un métal quelconque sur un autre métal.

Un riche fabricant de bijouterie de Paris, Charles Christofle acquit pour 150 000 francs le droit d'exploiter seul le procédé inventé par de Ruolz. Elkington, l'industriel de Birmingham, intervint, réclamant pour la priorité de ses droits, bien que sa manière d'opérer fut différente. Mais il n'entre pas dans notre cadre de traiter, même sommairement, un point où seuls étaient en jeu des intérêts commerciaux. Terminons donc par le procédé de dorure et d'argenture tel qu'on le pratique aujourd'hui suivant les préceptes dont nous sommes redevables à de Ruolz.

L'objet à dorer et l'objet à argenter sont préalablement *dérochés*, c'est-à-dire chauffés fortement, ce qui a pour effet de détruire les matières grasses dont le seul contact de nos mains peut les avoir enduits. Ils sont ensuite *décapés*, c'est-à-dire trempés dans un acide, généralement un mélange d'acide azotique et d'acide sulfurique, qui dissout la pellicule d'oxyde formée. Ils sont enfin lavés à l'eau et séchés dans de la sciure de bois chaude. Ces opérations préliminaires ont pour but de mettre parfaitement à nu le métal pour que l'adhérence du dépôt galvanique n'éprouve pas d'entraves. Ainsi préparé, l'objet est appendu au fil négatif de la pile.

Pour l'argenture, le bain se compose de cyanure d'argent et de cyanure de potassium dissous dans l'eau ; pour la dorure, de chlorure d'or et de cyanure de potassium. Ces bains sont très vénéneux, à cause du cyanure de potassium ; leur emploi exige donc une grande prudence. A l'extrémité du fil positif, on dispose une lame d'argent ou bien une lame d'or, suivant que l'on se propose d'argenter ou de dorer. Cette lame constitue l'électrode soluble, qui maintient le bain au même degré de richesse métallique, Enfin l'électrode soluble et l'objet sont immergés dans le bain, que contient un vase à part, ainsi que nous venons de le voir pour le dépôt cuivrique. Le dépôt du métal précieux apparaît immédiatement, mais il faut attendre un certain temps pour que l'épaisseur soit convenable et puisse résister au frottement. Du reste, l'épaisseur de la couche déposée est proportionnelle à la durée de l'opération. Au sortir du bain, la pièce est couverte d'une couche mate d'or ou d'argent. On fait apparaître le brillant par le brunissage, c'est-à-dire en frottant la pièce avec des corps durs et polis.

CHAPITRE LX

Si l'on met en communication les deux pôles d'une pile par un corps bon conducteur, spécialement par un fil métallique, les deux électricités contraires, incessamment mises en liberté par l'action chimique, se recombinent incessamment aussi dans le fil conducteur. L'idée qui se présente la première au sujet de cette recombinaison, c'est que l'électricité positive se porte au-devant de l'électricité négative en parcourant le fil interpolaire, du pôle positif au pôle négatif, tandis que l'électricité négative circule en sens inverse, du pôle négatif au pôle positif. De cette manière de voir résulte l'expression de *courant*, qui fait allusion à l'afflux des deux électricités se portant au-devant l'une de l'autre.

Mais les choses se passent-elles réellement ainsi ? y a-t-il transport des électricités, d'un pôle à l'autre, en sens inverse ? Si ce transport a lieu en effet, c'est au milieu du fil interpolaire que la combinaison doit se faire ; et alors ce point milieu doit être le siège d'un conflit électrique, cause de phénomènes spéciaux qu'on ne doit plus retrouver dans les deux moitiés du fil parcourues par une seule espèce d'électricité. Or, rien de pareil ne se passe : le fil reliant les deux pôles acquiert des propriétés extrêmement remarquables, dont nous allons nous occuper ; mais ces propriétés ne se manifestent pas exclusivement en un point particulier ; elles se retrouvent également prononcées, d'un bout à l'autre du fil, si long que soit ce dernier.

Le conflit électrique s'effectue donc dans toute la longueur du fil interpolaire à la fois, de molécule à molécule. Il n'y a pas transport des deux électricités accourant des deux pôles pour se porter au-devant l'une de l'autre et se réunir au milieu du conducteur ;

il y a plutôt une succession rapide de décompositions et de recompositions électriques d'une molécule à la suivante. Peut-être même
convient-il mieux d'apporter dans cette délicate question une
extrême réserve, et de regarder les propriétés nouvelles éveillées
dans le fil interpolaire comme le résultat d'un ébranlement moléculaire spécial, que la science est encore dans l'impossibilité de
définir d'une manière rigoureuse.

Quoi qu'il en soit, il est visible qu'il ne faut pas attribuer au
mot de courant, consacré par l'usage, sa signification vulgaire,
ayant rapport à une chose qui coule, qui court. Il faut entendre
par là l'état particulier dans lequel se trouve le fil métallique reliant les deux pôles d'une pile en activité, sans rien préjuger sur
la manière d'agir de l'électricité. Enfin, par une extension de
langage qui détourne complètement les mots de leur signification
première pour les approprier à des idées plus ou moins éloignées
du point de départ, le fil interpolaire d'une pile en activité prend
aussi le nom de courant. Cette acception a l'avantage d'être parfaitement définie, mais l'étymologie du mot n'a rien de commun
avec la chose signifiée.

C'est en lui donnant cette signification que nous emploierons
désormais le nom de *courant*. Nous entendons par là le fil interpolaire d'une pile en activité, sans nous préoccuper en aucune
façon des électricités qui courent ou ne courent pas. Si le fil
conducteur va sans interruption d'un pôle à l'autre, on dit que le
courant est établi; dans le contraire, le courant est interrompu.

Dans ce fil interpolaire deux directions sont à distinguer : la
direction qui va du pôle positif au pôle négatif, et la direction
qui va du pôle négatif au pôle positif. Très fréquemment, il est
nécessaire de préciser laquelle de ces deux directions l'on a en
vue. Un choix est donc à faire, choix parfaitement indifférent en
lui-même. On est convenu de considérer toujours la direction qui
va du pôle positif au pôle négatif. C'est dans ce sens que l'on dit
que *le courant va du pôle positif au pôle négatif*. Il convient de
se rappeler que c'est là une simple expression conventionnelle
dont les termes sont singulièrement détournés de leur habituelle
valeur.

En 1820, Œrstedt, l'une des plus belles illustrations scientifiques du Danemarck, ouvrit une voie des plus fécondes dans les
sciences physiques en présentant à une aiguille aimantée le fil

interpolaire d'une pile en activité, en un mot le courant. La télégraphie électrique, pour se borner à un seul exemple, était en germe dans cette expérience, si simple et si riche d'avenir. Coup sur coup, avec une rapidité comme jamais les annales du progrès n'en avaient présenté de pareille, se succédèrent de merveilleuses inventions dont le point de départ était le fait reconnu par le savant danois. Ce fut l'étincelle d'où prochainement allait jaillir un immense faisceau de lumière pour guider les recherches en des régions inexplorées.

Hans-Christian Œrstedt était originaire de Langeland, petite île danoise, où son père exerçait l'état peu lucratif d'apothicaire. La première école du petit Christian fut la boutique d'un barbier, cumulant les fonctions du rasoir et de l'alphabet. La femme du barbier montrait au futur savant la manière de tenir la plume pour tracer des barres, et patiemment lui enseignait le *ba, be, bi, bo, bu*. Un peu d'allemand était la leçon du perruquier, qui récompensait son studieux élève en lui frisant la chevelure les grands jours de fête. A douze ans, il est employé dans l'officine de son père : il pile les drogues, agite les mixtions, édulcore les juleps; et quand le travail du pilon chôme, il se livre avec une dévorante ardeur à sa passion des livres. La physique, la chimie, l'histoire naturelle, ont ses préférences; mais la littérature n'est pas oubliée. Un étudiant en théologie lui parle des deux vénérables langues classiques, le latin et le grec, forte nourriture dont s'accommode très bien le jeune préparateur d'opiats. La poésie ne lui est pas étrangère : il tourne en danois la Henriade de Voltaire. Ainsi se fortifiait à la double mamelle de la littérature et de la science, cet esprit d'élite qui devait un jour obtenir auprès de ses concitoyens un succès immense par son langage à la fois poétique et populaire.

Il était professeur de physique à l'Université de Copenhague lorsque le hasard, ce promoteur habituel de toute idée nouvelle, lui fournit les éléments de la mémorable expérience qui fut l'origine de la science électro-magnétique. Déjà entre la pile et l'aimant des affinités étroites étaient soupçonnées. La pile avec ses deux pôles chargés d'électricités contraires, pour beaucoup était une sorte d'aimant, doué lui aussi de deux pôles dont les énergies se traduisent par des attractions et par des répulsions. Provoquer une action attractive ou répulsive entre les extrémités d'une pile

et les extrémités d'une aiguille aimantée était donc un problème
vers lequel se tournaient volontiers les investigations des physiciens de l'époque, et celles d'Œrstedt lui-même. Inévitablement
les essais se faisaient avec la pile dépourvue de fil conducteur interpolaire, afin que les pôles, possédant toute la charge électrique
possible, eussent, par cela même, la plus grande somme d'activité. Mais rien, absolument rien, ne venait corroborer les soupçons ; le magnétisme et l'électricité se comportaient comme deux
forces de nature différente, n'ayant aucune influence l'une sur l'au-
t'e. Le succès tenait cependant à bien peu de chose ; mais si
mince que soit l'obstacle, il est bien puissant quand il est inconnu.

Pour réussir, il fallait faire précisément l'inverse de ce que l'on
faisait ; il fallait se dire que la logique n'a pas toujours raison.
On employait la pile sans fil interpolaire afin de laisser aux pôles
leur entière charge électrique et de la sorte leur totale puissance ;
et c'est juste de ce fil, logiquement écarté, que dépendait le
succès. Au lieu d'arrêter le flux des deux électricités tendant à se
porter l'une au-devant de l'autre, il fallait au contraire le provoquer en lui offrant le parcours d'un excellent conducteur ; et le
fil interpolaire, devenu courant, aurait manifesté les propriétés
magnétiques vainement cherchées dans la pile dont les pôles ne
communiquaient pas entre eux. Ce que ne pouvait faire l'électricité statique ou l'électricité en repos, devait être accompli
sans la moindre difficulté par l'électricité dynamique c'est-à-dire
l'électricité en mouvement. Tel est le sujet de la célèbre expérience d'Œrstedt.

Deux versions ont cours sur le fait fortuit qui donna l'éveil au
savant danois. D'après l'une, Œrstedt exposait à ses auditeurs les
tentatives faites pour découvrir entre la pile et l'aimant une influence réciproque ; il disait comment ces tentatives avaient
échoué, puis démontrait expérimentalement la nullité des essais
entrepris. Sa magistrale parole et les faits à l'appui avaient convaincu l'auditoire de la stérilité de semblables recherches, lorsque
le professeur s'animant : « Quant à moi, dit-il, malgré tous les
échecs, je ne peux croire que la pile soit sans action sur l'aimant ; les analogies entre les deux sont trop manifestes. » Et
d'un mouvement fébrile, involontaire, simple artifice oratoire
qui adapte le geste à la parole, il saisit des deux mains le fil in-

terpolaire d'une pile disposée pour d'autres expériences et le présente à une aiguille aimantée qui par hasard se trouvait sur la table. Soudain une vive surprise se peint sur tous les visages, plus vive encore sur celui du professeur. Cette action de la pile sur l'aimant, cette influence que les faits antérieurs semblaient nier ainsi qu'une leçon spéciale venait de l'établir, la voilà qui se produit avec une pleine évidence au moment où personne n'y songe plus. A l'approche du fil interpolaire, l'aiguille aimantée s'est brusquement écartée de sa direction nord-sud et s'est mise à osciller dans une direction perpendiculaire à celle du fil. Jamais conclusion expérimentale n'avait été en contradiction plus formelle avec le fond d'un discours. Œrstedt se hâta de congédier ses auditeurs pour étudier en détail ce fait si inattendu, encore plus que pour se tirer d'embarras.

D'après une autre version, le professeur venait de montrer l'incandescence d'un fil de platine intercalé dans le conducteur interpolaire, lorsque ce conducteur, déplacé pour le besoin de la manipulation, vint à passer au-dessus d'une aiguille aimantée, qui se trouvait sur la table à expériences, au milieu d'autres appareils. Aussitôt l'aiguille se mit à osciller, circonstance frappante qui ne put échapper à l'auditoire et encore moins au sagace professeur. La leçon finie, Œrstedt s'empressa de revenir sur cet incident, riche d'aperçus nouveaux; et il fut rapidement en mesure de reproduire à volonté le fait que la bonne fortune venait de lui présenter. Peu après, il publiait sur ce sujet un mémoire qui fit dans l'Europe savante une sensation immense : le trait d'union entre le magnétisme et l'électricité était enfin trouvé. On répéta de toutes parts, avec enthousiasme, la célèbre expérience de Copenhague, qui ouvrait à l'intelligence humaine les portes d'un monde nouveau. A notre tour répétons-la, en nous souvenant que son intérêt réside dans les enseignements que l'on peut en tirer plutôt que dans son direct et propre résultat.

Lorsqu'une aiguille aimantée peut se mouvoir librement au moyen d'une chape sur la pointe d'un pivot vertical, elle prend par l'action magnétique de la terre, une direction déterminée, qui est à peu près celle du nord au sud. Dérangée de cette position, l'aiguille y revient invariablement d'elle-même après quelques oscillations. La pointe dirigée vers le nord est le pôle *austral* de l'aiguille ; la pointe dirigée vers le sud en est le pôle *boréal*.

Soit actuellement une aiguille aimantée dans sa position d'équilibre. Nous prenons des deux mains le fil interpolaire d'une pile en activité, en un mot le courant, et nous le disposons au-dessus de l'aiguille et parallèlement à celle-ci, mais sans la toucher en aucune façon. Ce voisinage du courant suffit pour déranger l'aiguille de sa position et lui en faire prendre une autre à peu près en croix avec celle du fil conducteur. A distance, le courant agit donc sur l'aiguille aimantée et change son orientation d'un quart de circonférence. Supposons que, dans ce premier changement d'orientation, la pointe australe de l'aiguille se porte vers l'expérimentateur.

Maintenant, renversons le courant, c'est-à-dire mettons à gauche la partie du fil interpolaire qui se trouvait à droite, et à droite la partie qui se trouvait à gauche; enfin présentons de nouveau le fil à l'aiguille, en-dessus et parallèlement à sa direction. L'aiguille se met à peu près encore en croix avec le courant; mais sa pointe australe ne fait plus face à l'expérimentateur; elle est tournée du côté opposé.

Des faits du même genre se passent lorsque le courant est présenté à l'aiguille par-dessus. L'aiguille se met en croix avec le fil interpolaire, et son pôle austral est tourné tantôt dans un sens, tantôt dans l'autre, suivant la direction du courant.

Un fait très remarquable ressort, sans plus ample analyse, de ces expériences. Si le courant est présenté à l'aiguille aimantée parallèlement à sa direction, soit en-dessus, soit en-dessous, l'aiguille est déviée de sa position d'équilibre et se met plus ou moins en croix avec le fil interpolaire. Il reste à déterminer la direction que prend un des pôles, le pôle austral, par exemple, car cette direction est variable suivant le sens du courant, suivant sa position au-dessus ou au-dessus de l'aiguille. Ampère qui a jeté une si vive lumière dans cette branche admirable de la physique dont l'expérience d'Œrstedt est le point de départ, Ampère, avec sa tournure d'esprit aux lucides images, nous a donné une originale et élégante méthode pour nous reconnaître dans ces changements d'orientation de l'aiguille aimantée.

On suppose un observateur couché tout de son long dans le fil interpolaire, les pieds du côté du pôle positif, la tête du côté du pôle négatif, en d'autres termes, de manière que le courant lui entre par les pieds et sorte par la tête; on suppose en outre que

l'observateur fait face à l'aiguille. Ainsi disposé, l'observateur imaginaire d'Ampère voit toujours le pôle austral de l'aiguille se
porter à sa gauche.

Deux figures compléteront l'explication. Présentons le courant
au-dessous de l'aiguille aimantée comme le représente la figure 73, de façon que ce courant, dans l'acception expliquée plus

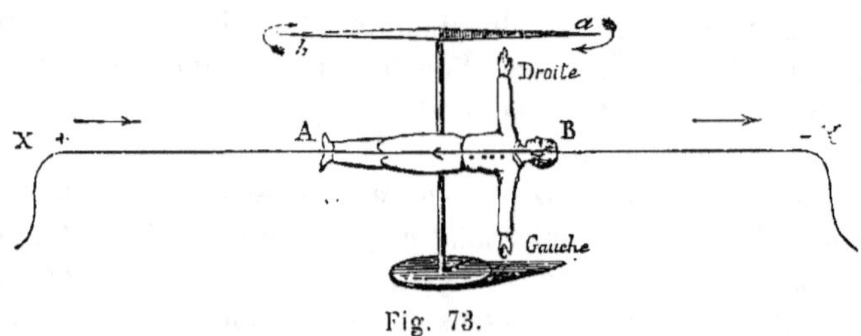

Fig. 73.

haut, aille de gauche à droite, de X en Y. Supposons couché dans
le fil l'observateur d'Ampère, les pieds tournés vers X, côté du
pôle positif, et la tête vers Y, côté du pôle négatif; supposons enfin
que l'observateur regarde l'aiguille placée parallèlement au-dessus
de lui. Dans ces conditions, la pointe australe *a* de l'aiguille doit
se porter vers la gauche de l'observateur et par conséquent venir
en avant, comme l'indique la flèche qui l'accompagne.

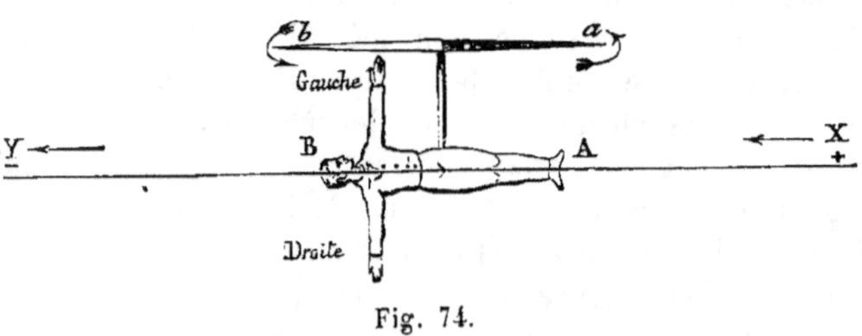

Fig. 74.

Si le courant va de droite à gauche (fig. 74), l'observateur a les
pieds à droite, du côté du pôle positif, la tête à gauche, du côté
du pôle négatif, et la main gauche en arrière du plan où la figure
est tracée. C'est aussi en arrière de ce plan que se porte la pointe
australe *a* de l'aiguille.

Des faits semblables se passeraient si le fil était placé au-dessus de l'aiguille : l'observateur, disposé comme nous venons de le dire, verrait toujours le pôle austral de l'aiguille se porter à sa gauche.

La mise en croix de l'aiguille avec la direction du fil interpolaire n'est jamais complète. Il y a ici, en effet, deux puissances en jeu : l'action directrice de la Terre, qui tend à ramener l'aiguille suivant l'orientation nord-sud, et l'action du courant qui tend à mettre l'aiguille en croix avec le fil interpolaire. De ces deux actions combinées résulte pour l'aiguille une nouvelle orientation plus ou moins écartée de l'orientation normale suivant la force du courant, sans toutefois jamais atteindre la perpendiculaire au fil interpolaire.

CHAPITRE LXI

Considérée isolément, l'expérience qui consiste à dévier une aiguille aimantée de sa direction normale par l'approche d'un courant
ne paraît pas avoir l'importance qui valut à Œrstedt une si grande
réputation. Rien ici de frappant pour l'imagination du vulgaire,
rien de comparable, par exemple, aux foudroyantes secousses
et aux jets lumineux d'une batterie électrique, rien d'émouvant
comme le spectacle d'un cadavre à demi ranimé par la pile. Un
léger déplacement de l'aiguille aimantée, voilà tout. Ce n'est certes
pas avec un divertissement physique de ce genre que l'on captiverait l'attention de la foule. Mais si l'on montrait à cette même
foule les merveilleuses inventions contenues en germe dans l'expérience du savant Danois, il est certain que l'aiguille aimantée,
détournée de sa direction par un courant, prendrait en son esprit
une importance hors ligne. La valeur du principe se juge d'après
la valeur des conséquences. Nous allons dans ce chapitre montrer
une des premières applications du principe d'Œrstedt; nous allons
établir comment l'aiguille aimantée que le courant dévie, nous
fournit le moyen le plus précis et le plus sensible pour constater
les moindres traces de dégagement électrique. L'origine de l'électricité de la pile sera de la sorte mise en pleine évidence.

Schweigger, physicien allemand, eut l'heureuse idée d'enrouler
à distance, autour de l'aiguille aimantée, le courant que nous
avons supposé jusqu'ici tendu en ligne droite, soit au-dessus, soit
au-dessous de l'aiguille. Examinons, avec cet expérimentateur,
quelle doit être l'action du courant ainsi disposé. — Autour d'une
aiguille aimantée $a\,b$, suspendue à un fil sans torsion, par exemple
à un fil de soie tel qu'il est retiré du cocon, on enroule le courant

ainsi que le montre la figure 75 ; quel sera l'effet de la partie supérieure du fil interpolaire sur l'aiguille aimantée, mobile au
centre du circuit ? Supposons un observateur faisant face àl'aiguille et couché dans la partie supérieure du circuit, de manière
que le courant entre par les pieds et sorte par la tête. Cet observateur aura les pieds à la gauche de la figure, la tête à droite ; et
comme il regarde l'aiguille, sa gauche se trouvera en arrière
du plan où la figure est tracée. Ainsi, par l'action seule de la

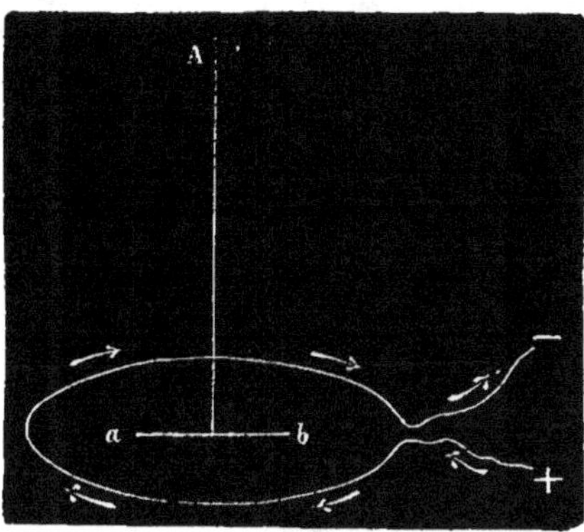

Fig. 75

partie supérieure du courant, le pôle austral a de l'aiguille doit
se porter en arrière du plan de la figure.

Dans la partie inférieure du circuit, l'observateur d'Ampère
aurait les pieds à droite, la tête à gauche et la face tournée en
haut. Sa gauche serait donc encore en arrière du plan où la figure
est tracée. Par conséquent, l'effet de la partie inférieure du circuit concorde avec l'effet de la partie supérieure ; et tous les
deux portent en arrière du plan de la figure le pôle austral a de
l'aiguille. Ainsi, en enroulant le fil interpolaire autour de l'aiguille aimantée, on double l'action du courant, puisque la moitié
supérieure et la moitié inférieure concourent dans une même
proportion à la déviation de l'aiguille dans le même sens.

Partant de ce résultat, prévu par la logique et confirmé par les
faits, Schweigger se demanda ce qui arriverait si le fil interpolaire, au lieu de faire une seule fois le tour de l'aiguille, le faisait

deux fois, dix fois, cent fois. Évidemment l'action de chaque tour s'ajouterait à celle des tours précédents, puisque dans tous le courant circule dans le même sens; et de leur ensemble résulterait une déviation plus grande pour l'aiguille, car l'effet du courant serait répété autant de fois que le fil ferait de tours. Avec cette disposition, on multiplierait l'action d'un circuit simple.

Mais alors une précaution indispensable est à prendre. Si le fil métallique s'enroulait à plusieurs reprises autour de l'aiguille, les divers tours, pressés l'un contre l'autre, seraient en contact entre eux, et ils formeraient un circuit unique, car l'électricité se porterait sans obstacles de l'un à l'autre à cause de leur grande conductibilité. L'ensemble des tours juxtaposés équivaudrait à un seul tour formé d'un fil plus gros, et le courant ne s'enroulant ainsi qu'une fois autour de l'aiguille, ne serait pas multiplié. Il faut donc que les divers tours ne communiquent pas électriquement entre eux, afin que le courant passe et repasse autour de l'aiguille pour multiplier son action.

A cet effet, le fil métallique est recouvert d'un corps mauvais conducteur, par exemple d'une enveloppe en fil de soie. Avec cette enveloppe isolante, les divers tours, quoique serrés l'un contre l'autre, conservent leur indépendance et ajoutent leurs effets respectifs en un effet commun. Désormais, dans ce qui va suivre, le fil métallique est sensé recouvert d'une enveloppe de soie ou de toute autre matière isolante.

L'enroulement répété du fil interpolaire multiplie, disons-nous, l'action du courant sur l'aiguille aimantée, parce que l'effet d'un tour en plus s'ajoute à celui des tours qui précèdent. Toutefois, on ne peut indéfiniment augmenter l'action du courant sur l'aiguille, car à mesure que le fil devient plus long, l'intensité du courant s'affaiblit, mais avec assez de lenteur pour qu'il y ait avantage à enrouler le fil plusieurs centaines de fois. Par delà certaines limites, assez éloignées et variables suivant la force de la pile et la conductibilité du fil, on perd plus qu'on ne gagne en continuant l'enroulement.

L'action directrice que le globe terrestre exerce sur une aiguille aimantée mobile, empêche le courant de mettre cette aiguille exactement en croix avec lui. L'effet se borne à une déviation plus ou moins grande suivant l'intensité du courant. Si la source électrique est très faible, vainement le fil s'enroule un grand nombre de fois autour de l'aiguille, la déviation est très faible aussi et peut devenir insensible. Pour obtenir des résultats nettement prononcés, même avec un courant très faible, il faut annuler en grande partie l'influence directrice de la terre. On y parvient au moyen de l'appareil suivant.

Soient deux aiguilles aimantées pareilles, A B et A′ B′ (fig 76), invariablement reliées entre elles et suspendues à un fil. Leurs pôles de nom contraire se correspondent : le pôle austral A de l'une est tourné du côté du pôle boréal B′ de l'autre ; et de même, le pôle boréal B de la première est tourné du côté du pôle austral A′ de la seconde. Sur ce système de deux aiguilles supposées parfaitement égales en intensité magnétique, l'action directrice de la terre est évidemment nulle, car l'orientation que tend à prendre A B est contrariée par l'orientation que tend à prendre

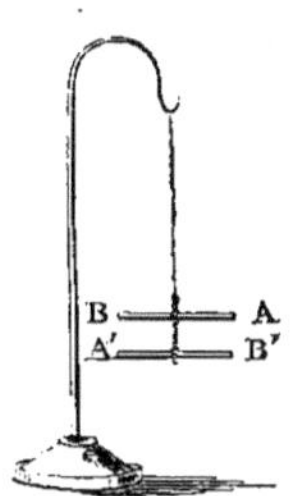

Fig. 76.

A′ B′. La pointe australe A doit se tourner vers le nord, la pointe australe A′ doit en faire autant ; mais leur disposition inverse et leur invariable liaison les en empêche l'une et l'autre dans toutes les positions. L'ensemble des deux aiguilles reste donc immobile de quelque manière qu'il soit orienté ; et, pour ce motif, prend le nom de système *astatique*, c'est-à-dire sans position déterminée d'équilibre.

Un courant qui agirait sur un système d'aiguilles parfaitement astatique, le mettrait à angle droit avec lui, si faible qu'il fût, puisqu'il n'aurait plus à lutter contre l'action directrice de la terre. On ne pourrait plus alors juger de l'intensité du courant d'après la valeur de la déviation de l'aiguille, car, très fort ou très faible, ce courant produirait le même résultat : la déviation à angle droit. Mais si l'une des deux aiguilles dépasse un peu l'autre en intensité magnétique, l'appareil conserve une certaine force directrice, aussi faible que l'on veut, et propre à constater des courants de peu d'énergie et à comparer leur valeur.

Examinons actuellement l'action d'un courant sur un système de deux aiguilles *ab* et *a′b′* suspendu à un fil sans torsion (fig. 77). Le système est à peu près astatique ; l'une des aiguilles est au centre du circuit, l'autre est au dehors. D'après la marche du courant, la même que pour la figure 75, nous savons déjà que le pôle austral a de l'aiguille intérieure doit se porter en arrière du plan où l'appareil est tracé. Il reste à voir l'action du courant sur l'aiguille extérieure. Et d'abord examinons l'action de la partie supérieure du courant.

L'observateur d'Ampère alors a les pieds à gauche de la figure, la tête à droite et la face en haut. Sa gauche est donc en avant du plan du dessin, et c'est en avant de ce plan que se

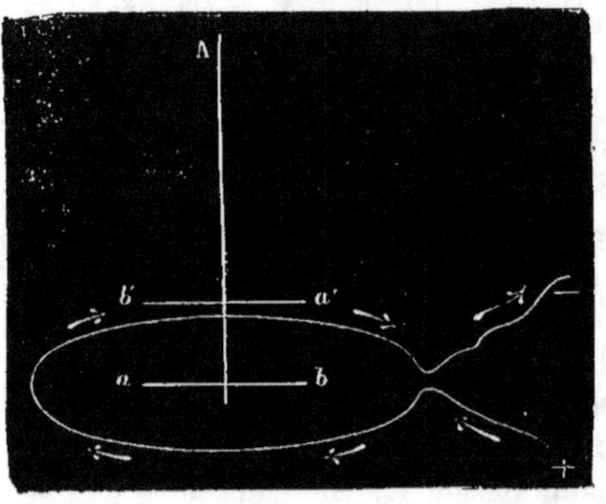

Fig. 77.

portera le pôle austral a' de l'aiguille extérieure. Ce mouvement de a' en avant concorde très bien avec le mouvement a en arrière. A cause de la liaison invariable des deux aiguilles, les deux effets s'ajoutent. Il n'en est plus de même quand on considère l'action de la partie inférieure du courant sur l'aiguille extérieure. Dans ce cas, l'observateur a les pieds à droite, la tête à gauche et la face toujours en haut. Sa gauche est par conséquent en arrière du plan. Ainsi la partie supérieure du circuit tend à porter en avant le pôle austral a', et la partie inférieure tend à le porter en arrière. Mais la partie supérieure agit avec plus de force parce qu'elle est plus rapprochée de l'aiguille, et de la sorte le résultat de ces actions inverses est de transporter a' en avant, ce qui favorise la marche de a en arrière.

L'association des deux aiguilles a donc un double effet : premièrement, elle affaiblit la force directrice, de manière qu'un faible courant peut influencer l'appareil ; secondement, elle favorise la déviation de l'aiguille intérieure par la déviation concordante de l'aiguille extérieure.

Si le fil fait un grand nombre de tours, toujours dans le même sens, les actions élémentaires s'ajoutent, et l'on a alors le *Galvanomètre*, dont le nom rappelle le célèbre médecin de Bologne, Galvani, dont les travaux ont si largement contribué à la découverte de la pile. On emploie encore le nom de *multiplicateur* pour rappeler l'action multipliée du courant enroulé autour de l'aiguille aimantée. Ce précieux instrument mérite une description particulière.

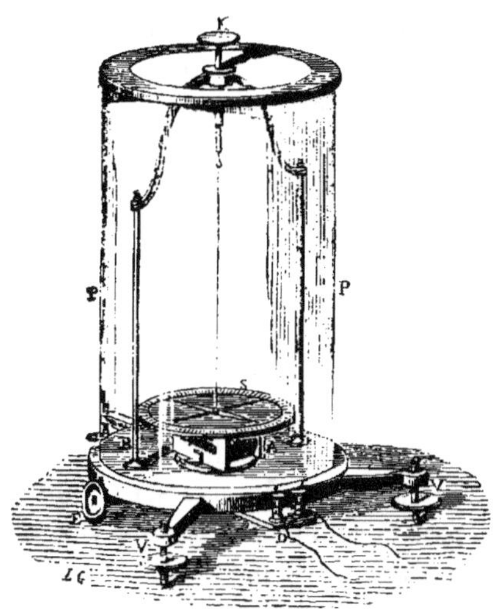

Fig. 78.

Autour d'un cadre en bois ou en ivoire A (fig. 78) s'enroule à tours pressés un fil de cuivre enveloppé de soie. Les deux extrémités du fil viennent aboutir à deux pivots c et c', auxquels on peut fixer, au moyen de vis de pression, les bouts libres de deux fils métalliques communiquant avec les deux pôles d'une source d'électricité. Un système de deux aiguilles à peu près astatique est appendu à un fil de soie sans torsion. L'une d'elles est dans l'intérieur du cadre, l'autre est en dehors et peut parcourir un cercle gradué S. Le tout est recouvert d'une cloche en verre PP, qui préserve les aiguilles de l'agitation de l'air. Des vis calantes VV mettent le galvanomètre d'aplomb ; une vis de rappel E fait mouvoir le cadre avec son cercle gradué et permet d'amener le zéro de la graduation en face de l'extrémité nord de l'aiguille supérieure quand l'appareil est en repos. Si un courant, même très faible, est suscité dans le fil, le système des deux aiguilles est aussitôt dévié de sa position d'équilibre nord-sud, et l'aiguille extérieure, par la quantité angulaire dont elle se déplace sur le cercle gradué, indique l'intensité du courant.

Cet appareil, d'une exquise sensibilité, est éminemment apte à démontrer le principe sur lequel repose la théorie de la pile, savoir, que toute action chimique est une source d'électicité. Avec son secours, nous allons donc établir combien était erronée l'opinion de Volta, ne voyant en action dans son instrument que le contact de métaux différents. En ce genre d'expérimentation qu'on peut varier à l'infini, nous considérerons de préférence, comme étant plus vulgairement connue, l'action d'un acide sur une base et l'action d'un acide sur un métal.

Deux godets en verre contiennent, l'un une dissolution de potasse caustique, l'autre de l'eau acidulée avec de l'acide sulfurique. Dans chacun plonge une lame de platine fixée à l'extrémité correspondante du fil du galvanomètre. Les deux godets sont mis en communication par une mèche de coton mouillé. La dissolution alcaline et la dissolution acide montent dans la mèche, se mélangent peu à peu, et la combinaison saline s'effectue. Or, dès que la combinaison commence on voit l'aiguille du galvanomètre, jusque-là immobile, se dévier plus ou moins de sa direction. Le sens de sa déviation indique d'ailleurs le sens du courant. Lorsque la marche du courant nous est connue, nous savons prévoir, au moyen de la loi d'Ampère, l'orientation que l'aiguille aimantée doit prendre ; réciproquement, de l'orientation prise par l'aiguille déviée, on peut déduire le sens du courant, cause de la déviation. On reconnaît ainsi que le courant développé par la combinaison saline se propage dans le fil du galvanomètre en allant de l'acide à la base, du godet à acide sulfurique au godet à potasse.

Si l'on intervertit l'ordre, c'est-à-dire si l'on plonge dans la dissolution alcaline la lame de platine qui plongeait d'abord dans la dissolution acide, et réciproquement, le courant change de

sens, ce que l'on reconnaît à la déviation de l'aiguille en sens
inverse de la déviation première. Ainsi, quel que soit l'ordre
adopté quand on plonge dans les godets les lames terminales de
platine du fil de galvanomètre, le courant se propage toujours
de l'acide à la base, c'est-à-dire que l'acide prend l'électricité positive, et la base l'électricité négative.

Cette expérience peut être ramenée à un degré de simplification démontrant avec quelle facilité l'action chimique engendre
des courants. Sur une des lames terminales en platine, on met
une petite rondelle de papier buvard imbibée de dissolution alcaline, et sur l'autre une rondelle pareille imbibée de dissolution
acide. On rapproche les deux lames, on met les rondelles de papier en contact, appliquées l'une contre l'autre, et à l'instant l'aiguille est déviée. Le courant du reste se propage, comme précédemment, de l'acide à la base. En variant la nature de la base et
de l'acide employés, on obtiendrait un résultat pareil, abstrac
tion faite de l'intensité du courant.

Dans un verre contenant de l'acide azotique plongent, en face
l'une de l'autre, mais sans se toucher, les deux lames en platine
qui terminent le fil du galvanomètre. L'aiguille se maintient immobile parce que l'action chimique est nulle, l'acide azotique
seul étant sans effet sur le platine. Il ne se produit donc pas de
courant. Mais prenons une goutte d'acide chlorhydrique au bout
d'une baguette de verre, et faisons-la glisser sur l'une des deux
lames. En se mélangeant, les deux acides constituent de l'eau régale, liquide qui attaque le platine. La lame en rapport avec les
deux acides à la fois devient donc le siège d'une action chimique
tandis que la seconde, uniquement enveloppée d'acide azotique,
n'éprouve rien. Un courant est le résultat de cet état des
choses : l'aiguille, en effet, est aussitôt déviée, et son orientation montre que le courant est dirigé dans le fil du galvanomètre de la lame non attaquée à la lame attaquée. L'action chimique de l'eau régale sur le platine fait donc apparaître les deux
électricités : l'électricité négative se porte sur la lame corrodée,
l'électricité positive sur le liquide corrosif, et de ce liquide sur
la lame non attaquée.

Une question se présente ici naturellement. Qu'arriverait-il si
les deux lames en platine subissaient l'une et l'autre l'action de
l'eau régale ; si, lorsqu'elles sont plongées dans l'acide azotique,

on portait sur chacune d'elles une goutte d'acide chlorhydrique? Il
est visible que l'on produirait des effets électriques s'annulant
mutuellement en totalité ou en partie suivant leur puissance
relative. Pour que le courant possède son intensité, il faut
que l'une des deux lames ne reçoive que de l'électricité positive,
et l'autre que de l'électricité négative. Mais, si chaque lame reçoit
à la fois les deux genres d'électricité, l'état neutre se reconstitue,
et le courant est annulé si la recomposition est complète, ou du
moins est affaibli si la recomposition n'est que partielle. Or
c'est ce qui arrive quand les deux lames sont attaquées à la
fois. Par cela même qu'elle est le siège d'une action chimique,
chacune d'elles prend de l'électricité négative; mais en même
temps elle recueille, par l'intermédiaire du liquide, l'électricité
positive provenant de l'action chimique sur la seconde lame. Si
les deux charges sont rigoureusement égales, elles reconstituent de l'électricité neutre, et le courant est annulé. Si elle
sont inégales, la recomposition n'est que partielle, et un courant
se produit, mais évidemment affaibli et égal à la différence des
courants que chaque lame produirait si elle était seule attaquée.
Dans ce dernier cas, le courant marche de la lame la moins attaquée à la lame la plus attaquée.

On voit ainsi que les meilleures conditions électriques sont obtenues quand, dans un même liquide acide, plongent deux
lames métalliques de nature différente, l'une fortement attaquée
et l'autre non. Terminons, par exemple, le fil du galvanomètre,
d'un côté par une lame de platine, de l'autre par une lame de
cuivre; et plongeons les deux lames dans un verre contenant de
l'acide azotique, qui attaque le cuivre et n'a pas d'action sur le
platine. Un courant est aussitôt produit, marchant du platine au
cuivre dans le galvanomètre. Ici encore le métal attaqué prend
l'électricité négative, et le métal non attaqué recueille dans la
liqueur corrosive l'électricité positive.

Du reste, la nature du métal ne décide pas de cette distribution
électrique, mais bien l'action chimique. Changeons de liquide
acide, et nous verrons le cuivre, qui, dans l'expérience précédente prend l'électricité négative, remplacer le platine et recueillir dans le liquide l'électricité positive développée par la corrosion d'un métal plus attaquable. A cet effet, nous terminons l'un
des bouts du fil du galvanomètre par une lame de cuivre, l'autre

par une lame de zinc, et nous plongeons les deux dans l'eau acidulée avec de l'acide sulfurique. Dans ce cas, le zinc est violemment attaqué et le cuivre ne l'est pas. Aussi l'aiguille déviée indique-t-elle un courant dirigé du cuivre au zinc à travers le galvanomètre.

Il n'est pas même nécessaire de recourir à l'acide sulfurique. Pour peu que le galvanomètre soit sensible, l'immersion de deux lames, cuivre et zinc, dans de l'eau ordinaire, fait dévier l'aiguille dans un sens indiquant un courant du cuivre au zinc. L'air en dissolution dans l'eau attaque le zinc, et cette faible action chimique suffit pour engendrer un courant. Telle est certainement la cause de l'erreur de Volta lorsque, dans des expériences délicates, où n'interviennent pas les rondelles de drap mouillé, il croyait trouver des preuves de l'électricité développée par le simple contact de métaux hétérogènes. L'action de l'air humide, l'attouchement des doigts, toujours couverts d'une certaine moiteur, donnaient lieu à un faible dégagement électrique, où Volta voyait l'effet d'une force imaginaire, la force électromotrice.

Puisque l'une seule des deux lames métalliques a pour rôle d'être soumise à l'action chimique du liquide, cause du courant, tandis que l'autre est destinée à recueillir dans ce liquide l'électricité positive sans prendre part à la réaction, il est visible que cette dernière peut être remplacée par un corps quelconque non métallique, à la condition expresse qu'il soit bon conducteur de l'électricité. Tel est le charbon compact, dit charbon métallique, qui se forme par la décomposition des carbures d'hydrogène dans les cornues où l'on distille la houille pour le gaz de l'éclairage. Pareil charbon est employé dans la pile de Bunsen.

Attachons à l'une des extrémités du fil d'un galvanomètre une baguette de ce charbon, et à l'autre une lame de métal quelconque, platine, cuivre, fer, zinc, etc. Quel que soit le liquide corrosif employé : eau régale, acide azotique, acide sulfurique, acide chlorhydrique, etc., nous obtiendrons toujours un courant dirigé du charbon non attaqué au métal corrodé, et la déviation de l'aiguille sera d'autant mieux prononcée que l'action chimique aura plus d'énergie.

Ainsi, comme nous l'avons déjà admis en expliquant la pile, et comme le mettent en lumière les expériences que nous venons d'exposer rapidement, l'action chimique est une source puissante d'électricité. Quand un métal, en particulier, est soumis à l'action d'un acide, les deux électricités apparaissent à la fois, l'électricité négative se porte sur le métal corrodé, l'électricité positive se porte sur le liquide corrosif, où la recueille une seconde lame bon conducteur, mais non attaquée. De la sorte, le courant est toujours dirigé, dans le fil du galvanomètre, de la lame non attaquée à la lame attaquée. Voilà un premier aperçu des services rendus par Œrstedt. De cette expérience découle l'invention du galvanomètre; et avec cet appareil, d'une sensibilité qui permet de constater le moindre dégagement électrique, la pile reçoit enfin une explication rationnelle d'où résulte une structure mieux entendue.

CHAPITRE LXII

AMPÈRE

Nous avons déjà prononcé le nom d'Ampère au sujet de l'originale personnification du courant, pour reconnaître de quel côté
se portera le pôle austral d'une aiguille aimantée, soumise à l'influence du fil interpolaire d'une pile ; consacrons un chapitre à
cette belle illustration de la science française. Ampère est né à
Lyon en 1775. Elevé à la campagne et un peu abandonné à ses
instincts, le futur législateur de l'électro-magnétisme, alors mar-
mot porteur à peine de sa première culotte, volontiers errait le
long des ruisseaux pour y récolter de menus cailloux blancs, dont
il bourrait ses poches. La récolte faite, l'enfant au front bombé,
au regard doux et réfléchi, se réfugiait sous l'ombrage d'un aulne.
Etait-ce pour épier l'écrevisse dans les eaux froides du ruisselet,
pour guetter l'élégante libellule, à long ventre bleu ou bronzé,
quand elle voltige d'une pointe de roseau à l'autre ? C'était un peu
pour cela, mais c'était aussi pour occupation plus grave, dont le
jeune âge habituellement n'a guère souci. Voici qu'en effet les
petits cailloux blancs sont extraits des poches, et groupés par
petits tas de deux, de trois, de quatre et davantage. La provision
des poches épuisée, les tas sont rapprochés deux par deux, trois
par trois, et finalement fondus en un monceau commun. Du total,
quelques-uns sont extraits et mis à part ; d'autres suivent et puis
d'autres encore. Quand le monceau est assez amoindri, des
cailloux lui sont rendus, mais avec ordre et soigneusement dé-
nombrés dans le creux de la main. Le petit garçon est tellement
absorbé dans ce travail, que ni libellules ni écrevisses ne pourraient
le distraire.

Que fait-il donc ; à quel jeu s'amuse-t-il ainsi tout seul ? L'enfant s'amuse à calculer, il invente pour son usage l'arithmétique. Son visage rayonne de joie quand, après s'être dit trois et sept font dix, les cailloux groupés lui répètent qu'effectivement trois et sept font dix. C'est pour sa naissante intelligence un délicieux triomphe que de voir les faits ainsi devancés, prévus par la raison. Nul ne lui a inspiré un semblable passe-temps ; une impulsion secrète le pousse à combiner des nombres, et il groupe des nombres en assemblant des cailloux. Compter, calculer, est pour lui un besoin, un instinct, auquel il obéit avec passion comme un autre enfant obéirait au besoin de jouer entre camarades. Ne sachant encore épeler l'alphabet, ignorant ce que sont chiffres et quatre règles, le petit Ampère se crée donc des méthodes numériques à lui et charme ses loisirs avec l'austère arithmétique, terreur de l'écolier.

Le jeune mathématicien aux cailloux sut un jour déchiffrer les livres. Dans la bibliothèque de son père vingt maîtresses pièces se trouvaient, vingt volumes de l'Encyclopédie, poudreux, énormes, dont un seul suffisait pour accabler l'enfant sous la charge. C'est là que puisa de préférence le novice lecteur, à peine sevré des rudiments de l'épellation. Passer de l'alphabet à l'Encyclopédie, du livre de l'enfance au livre de l'âge mûr, fut transition insensible pour cette intelligence exceptionnelle. Tout était lu avec une égale avidité, algèbre et poésie, sciences et littérature ; dans cette prodigieuse mémoire tout se classait, tout laissait une ineffaçable empreinte. A dix-huit ans, pour coup d'essai, notre philosophe en herbe travaillait à l'invention d'une langue universelle, qui, disait-il, devait rapprocher les hommes dans une éternelle paix. Illusion d'un esprit généreux, que devaient bientôt dissiper les tristes réalités de la vie. La paix éternelle, l'universel langage, attendront longtemps leur règne, s'il doit jamais venir.

Cependant grondait alors le formidable orage politique qui devait changer de fond en comble la face de la France. Soupçonné de menées aristocratiques, le père du jeune philosophe périt sur l'échafaud, victime de la tourmente révolutionnaire. Cet immense deuil de famille, les malheurs de Lyon, son pays, plongent le jeune homme dans un abattement voisin de l'idiotisme. Dans ses promenades solitaires, brusquement il s'arrête et longtemps regarde en l'air, les yeux tendus vers quelque apparition imaginaire qui nage dans le vague de l'étendue. De noires pensées

obsèdent l'orphelin, de sinistres visions hantent sa pauvre tête ;
mais l'idiot les garde pour lui. Des tas de sable qu'il creuse en
four ou dresse en pains de sucre, sont l'unique occupation de ce
génie précoce, redevenu petit enfant par la douleur morale. Un
jour un livre lui tombe sous les mains : les lettres sur la botanique
de Jean-Jacques Rousseau. La lecture, autrefois sa passion et
maintenant délaissée, lui revient en mémoire. Les pages sont
feuilletées et parcourues d'un regard distrait. Il y est parlé des
fleurs dans un langage admirable, où s'accompagnent l'ampleur
de la pensée et la gracieuse simplicité de l'expression. Le faiseur
de tas de sable abandonne ses fours et ses pains de sucre pour
lire et relire l'ouvrage, qui le tient sous le charme de l'art de
bien dire au service de la plus attrayante science. D'une lecture à
l'autre, son intelligence renaît, son esprit émerge des ténèbres lé-
thargiques. La poésie achève la cure. Quelques odes, enveloppant
de nobles pensées dans un rythme sonore, le font pleurer de ten-
dresse ; et avec les larmes revient la profonde affectuosité de
l'âme. Enfin les beaux vers et les fleurs réveillent l'idiot, qui
désormais marche dans la carrière scientifique à pas de géant.

En 1820, l'une des plus belles branches de la physique, la théorie
des courants ou électro-dynamique, est le fruit des méditations de
cet étrange génie, mélange d'activité et d'indolence, d'audacieuse conception scientifique et de crédule bonhomie. A peine
l'expérience d'Œrstedt est-elle connue, que le savant français la
reprend, l'étudie sous tous les aspects et en déduit les conséquences les plus inattendues.

L'esprit de l'homme est ainsi fait : la vérité ne lui arrive que
par tronçons disjoints, par échappées sans rapport entre elles ;
aussi, dans sa difficulté à saisir les choses dans leur ensemble, est-
il invinciblement porté à multiplier les causes pour expliquer la
multiplicité des effets. Pour expliquer la lumière, il fait appel à
un fluide lumineux ; pour la chaleur, il fait intervenir le fluide
calorique ; pour l'électricité, le fluide électrique ; pour le magnétisme, le fluide magnétique. Chaque ordre de faits suppose ainsi
son fluide, sa force occulte, recours banal d'une physique timorée,
mais dont une mûre réflexion soupçonne, établit même aujour-
d'hui déjà la parfaite inanité. Un fluide ne suffit pas toujours ; il
en faut deux pour donner un semblant d'explications à la dualité
de certains faits ; il en faut même trois. Ainsi les attractions et les

répulsions électriques ont fait imaginer un fluide vitré ou positif, un fluide résineux ou négatif et un fluide neutre. Ainsi encore, les attractions et les répulsions magnétiques ont introduit
dans la science un fluide boréal, un fluide austral et un fluide
neutre.

Prodigue de fluides, la science n'en est pas plus riche, elle dont
l'avenir consiste surtout en une belle synthèse qui saura grouper
les faits en un seul faisceau, et les rapporter à une force unique,
dont les forces multiples actuelles sont apparemment des manifestations sous des aspects divers. Le grand mérite d'Ampère c'est
de nous avoir ouvert cette large voie, en reléguant pour toujours
dans l'oubli les fluides magnétiques, et en établissant sur des bases
incontestables qu'électricité et magnétisme ne font qu'un. D'autres,
après lui, ont encore élargi la voie en démontrant les intimes
rapports qui lient la lumière à l'électricité et au magnétisme ; et
l'on peut déjà espérer qu'avec la moisson de matériaux, chaque
jour plus riche, un nouvel Ampère accomplira la synthèse finale.

Avec le tact caractéristique des bureaux administratifs, on fit
du savant, dont les recherches pouvaient encore amener les plus
importants résultats, on fit d'Ampère un inspecteur général qui
allait dans le moindre collège s'informer comment étaient ré-
glementés les légumes, comment se comportaient devant le
tableau noir messieurs un tel et un tel, destinés à devenir fer-
blantiers-lampistes ou débitants de futaine et de bonnets de
coton. Pour ces graves fonctions, Ampère abandonna pile, courants et solénoïdes. Il fallait vivre, et l'inspecteur général pri-
mait de beaucoup le professeur pour les appointements. Le professeur, lui qui enseigne, lui qui seul fait vraiment œuvre utile et
durable, ne vient qu'au dernier rang : ça ne compte pas, ça ne
se paye pas ; les paperasses et les cartons verts tirent à eux le
profit. Les choses ne paraissent pas avoir bien changé depuis
Ampère.

Le fondateur de l'électro-dynamique était donc en tournée
d'inspection à Marseille, quand il sentit brusquement venir sa
dernière heure. Atteint d'une affection de poitrine, il agonisa
dans une chambre d'hôtel. Quelle fin pour un homme à sentiments
si affectueux, loin des siens, dans la triviale chambre louée à
tant par jour ! Le proviseur du collège était à son chevet, lui
lisant, pour le réconfort de l'âme, quelques passages de l'Imita-

tion. « Je sais tout le livre par cœur », répond le moribond. Que ne savait-elle pas, cette mémoire prodigieuse! Avec le souffle suprême, l'immense savoir s'évanouit.

La tension continuelle de l'esprit n'est pas faite pour briller dans le monde. Ampère ne put échapper à cette loi fatale. Dans les relations sociales, il apportait la gauche timidité d'un novice et la naïveté d'un enfant. Ses distractions surtout étaient célèbres et lui ont valu une réputation populaire. Quand le tableau noir de la classe était couvert du grimoire de l'algèbre, il lui arrivait, dit-on, en un moment d'oubli, de l'essuyer avec son foulard; puis de porter au front, ruisselant de la sueur de l'enthousiasme, le mouchoir tout poudreux de craie. Des éclats de folle gaieté partis de l'auditoire accompagnaient cette soudaine métamorphose du professeur en meunier enfariné.

Un jour, en pleine rue, il voit un tableau noir qui se présente on ne peut mieux à propos. Des calculs épineux relatifs aux courants lui passent par l'esprit, et il serait charmé de les soumettre à l'instant à l'épreuve algébrique. Il tire donc de sa poche l'habituel contenu, un bâton de craie, et se met à chiffrer ses x, ses y, ses z. L'équation déjà prenait tournure et l'inconnue allait se dégager, quand, ô surprise, le tableau se met à marcher, disons mieux, à courir, et à courir si vite que le calculateur est obligé de se lancer à toutes jambes pour tâcher de l'atteindre et rejoindre l'équation fugitive. Il s'arrête enfin manquant d'haleine, et il s'aperçoit alors que le tableau qui s'en va est attelé de deux chevaux. Ce qu'il avait pris pour la planche noire scolaire était l'arrière d'un cabriolet.

Encore une. Il se rend à l'Institut pour une communication importante qu'il doit faire. Il s'agit de ne pas manquer l'heure. Sa montre est donc dans le gousset. En chemin, un caillou frappe sa vue. Il le ramasse, peut-être en réminiscence des petits cailloux blancs qui lui avaient autrefois enseigné l'arithmétique. Pendant qu'il l'examine, la crainte lui vient d'être en retard. Il tire sa montre pour s'informer de l'heure. Le temps presse, il n'y a plus que quelques minutes. A la hâte, le caillou, reconnu sans valeur, est rejeté, et la montre remise dans le gousset. Après la séance, un confrère lui demande l'heure. Ampère s'empresse de consulter sa montre, mais il ne tire du gousset qu'un caillou. Et le confrère de sourire à l'air ébahi de ce grand enfant devant son silex. L'affaire s'expliqua. Dans l'esprit du savant distrait, le caillou ramassé en chemin et la montre s'étaient confondus. Celle-ci, prise pour le caillou, avait été rejetée; l'autre, pris pour la montre, avait été mis dans le gousset.

Il est à croire que la légende se mêle ici à l'histoire, et que le tableau des distractions d'Ampère est un peu chargé. Dans ces puissantes intelligences, majestueux pics isolés qui dominent la plaine du vulgaire, nous nous complaisons à retrouver l'humaine faiblesse; et volontiers nous en exagérons les traits défectueux comme pour abaisser le niveau auquel nous ne pouvons prétendre. Agiter continuellement en son esprit les questions les plus ardues de la science rend sans doute oublieux des petits détails de la vie; de là certaines défaillances dont nous nous emparons avec malignité pour les grossir encore. Tout robuste penseur presque forcément en arrive là. Que n'a-t-on pas dit, par exemple, de Newton, cet incomparable génie qui nous a dévoilé la mécanique des cieux! Mettons ici en parallèle avec celles d'Ampère, quelques-unes des distractions du savant anglais, en partie historiques, en partie légendaires. Les unes valent les autres, et sont caractéristiques de deux esprits profondément absorbés dans la recherche du vrai.

Newton affectionnait les chats, qu'il aimait à voir, surtout jeunes, dans son cabinet de travail, fouetter d'une patte leste les papiers noircis de calculs. Sa prédilection se portait de préférence sur une chatte nourrissant alors son petit. Il fut décidé de donner accès dans le cabinet à l'intéressante famille, sans être obligé d'ouvrir et de fermer continuellement la porte suivant les caprices de la visiteuse. Le menuisier est donc mandé.

— Vous ferez là, au bas de la porte, lui dit Newton, un grand trou rond pour le passage de la chatte, et à côté un trou moindre pour le passage du petit.

— Mais, monsieur, répond l'ouvrier, une seule chatière suffit.

— Comment ça? fait le savant.

— Je ferai un passage assez large pour la mère. Où la chatte aura passé, le petit chat pourra bien passer aussi.

— Au fait, c'est vrai, réplique Newton, tout surpris de la simplicité du problème; je n'y avais pas songé.

Adorable naïveté de savant, qui pèse le soleil, en mesure le volume, la masse, et ne songe pas que la chatière de la mère est plus que suffisante pour le petit.

Un jour, à la porte du sanctuaire où s'analysent les mouvements célestes, un léger signal retentit : toc, toc! C'est la cuisinière qui vient prévenir Newton.

— Monsieur, fait-elle à voix basse pour ne pas troubler les méditations du savant, le déjeuner est servi; si vous tardez trop, il se refroidira.

— C'est bien. J'y vais, répond Newton, dont la plume continue à courir, amalgamant les x et les y, pour en déduire peut-être l'orbite de Jupiter, ou de combien la Lune tombe vers la Terre en une seconde; j'y vais.

Un quart d'heure se passe, Le même signal retentit, toc, toc! même réponse : J'y vais. — Mais les équations indéfiniment se succèdent. C'est si dur à venir, l'orbite de Jupiter!

Quelque temps après, pour la troisième fois, toc, toc! — Monsieur, dit la servante, entrebâillant cette fois-ci la porte pour rendre son avis plus catégorique, monsieur, dépêchez-vous, le déjeuner se refroidit.

— J'y vais, répond machinalement le calculateur, absorbé dans la poursuite de son inconnue.

Sur ces entrefaites, les chats, élevés en enfants gâtés par le maître, avaient fait l'inspection de la table servie, et, trouvant le menu de leur goût, avaient emporté la principale pièce du déjeuner, une volaille rôtie. Grand émoi de la cuisinière, qui pourchasse à coups de serviette les maraudeurs sans pouvoir réparer le dégât. Que faire en pareil embarras? Que va dire le maître? Un parti audacieux est pris, dont le succès est presque certain. La servante tranquillement se met à desservir la table, à tout remettre en ordre dans le buffet. Survient Newton, qui a débrouillé l'orbite de la planète et s'approche de la table pour obéir enfin aux réclamations de l'estomac. Mais la servante avec un superbe aplomb :

« Vous avez déjà déjeuné, monsieur; votre habitude n'est pas de déjeuner deux fois. »

— Comment! J'ai déjeuné?

— Mais, oui, tout à l'heure; et la preuve, c'est qu'en ce moment je lève la table.

La raison était convaincante. Persuadé qu'il avait déjeuné,

Newton reprit le chemin de son cabinet, où il s'enfouit de nouveau dans les x. Il ne se douta de rien, et le soir un surcroît d'appétit lui vint dont il ignorait l'origine. Est-ce un conte, est-ce une histoire? Pourquoi pas une histoire. Pareille intelligence était capable de faire taire l'estomac, lui si impérieux.

CHAPITRE LXII

Donnons maintenant à nos jeunes lecteurs un aperçu général des travaux d'Ampère; ils y verront comment fut établie cette proposition si riche de conséquences, savoir, que le magnétisme et l'électricité reconnaissent une même cause. Dans les expériences qui vont nous occuper, une partie du courant est rendue mobile au moyen de la disposition suivante.

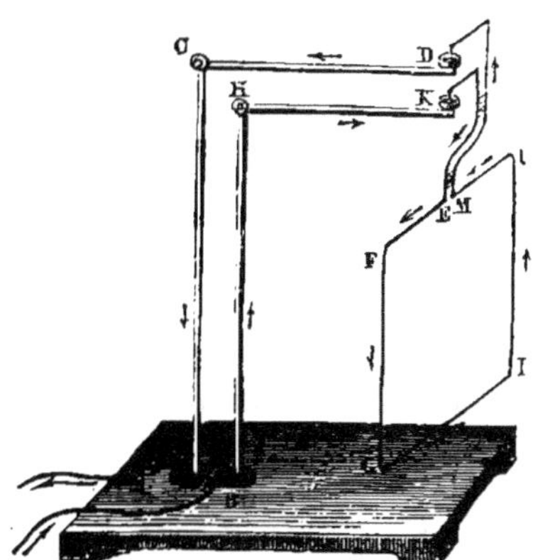

Fig. 79.

Deux tiges en métal, coudées à angle droit, DCA et KHB (fig. 79) sont dressées sur un support de bois, et plongent par leur base dans deux cavités A et B contenant du mercure. A l'extrémité de la branche horizontale de chacune d'elles se trouve un petit godet D et K, également rempli de mercure. L'un d'eux, le godet supérieur par exemple, porte, collée sur le fond, une petite plaque de verre horizontale, dont le rôle est de faciliter le mouvement du courant mobile appendu au support. Ce courant mobile se compose d'un fil de cuivre, replié comme l'indique les figures DMLTIGFEK. Ses diverses parties n'ont pas de contact entre elles ; et, là où un rapprochement est nécessaire, on isole les parties rapprochées par l'interposition d'un corps mauvais conducteur, qui donne de la solidité à l'appareil sans établir des communications électriques. Le fil de cuivre se termine à chaque extrémité par une pointe verticale plongeant dans le godet correspondant. La pointe supérieure repose sur la plaque de verre du fond du godet D, et se trouve en même temps enveloppée par le mercure que ce godet contient. La pointe K plonge seulement dans le mercure du godet correspondant, sans prendre appui sur le fond. De la sorte, le courant mobile ne repose que sur une pointe, et possède une grande mobilité. Dans les cavités A et B, pleines de mercure, on fait rendre les extrémités des fils conducteurs d'une pile. Le courant entre par la cavité B, il monte par la tige métallique BHK, se propage dans le circuit mobile de cuivre dans le sens indiqué par les flèches, et parvenu au godet D, redescend par la tige DCA.

Ces dispositions comprises, examinons ce que présente de particulier le circuit mobile. Tant que le courant ne passe pas, tant que l'appareil n'est pas en rapport avec la pile par le moyen des fils métalliques plongeant dans le mercure des cavités A et B, le circuit mobile ne se comporte pas autrement qu'un fil métallique ordinaire ; il reste en équilibre dans une position où on le met ; il n'y a en lui aucune tendance à changer l'orientation qui lui est fortuitement donnée. Mais dès que le courant passe, une activité s'éveille, qui fait prendre spontanément au fil une orientation déterminée. Le circuit se met donc en mouvement, et, après quelques oscillations, se fixe dans toute position invariablement, la même, chaque fois que l'expérience est recommencée. Ainsi, par cela même sans que le courant circule dans le fil métallique, celui-ci est assujetti à une force directrice qui le dispose dans un sens déterminé. On constate, en outre, que, dans sa position spontanée d'équilibre, le plan du circuit mobile FGIL est perpendiculaire à la direction de l'aiguille aimantée ; et que, de plus, le courant, dans la partie inférieure GI, est dirigé d'orient en occident.

La cause de cette orientation spontanée du courant mobile ne peut être que l'action de la Terre, action qui pareillement fait prendre à l'aiguille aimantée une invariable direction à peu près nord-sud. Nous dirons donc que, sous l'influence de la Terre, un courant mobile se dispose perpendiculaire- ment à la direction de l'aiguille aimantée, de telle sorte que, dans la partie inférieure, le courant marche d'orient en occident.

La forme du circuit mobile est, du reste, ici sans influence, car si nous remplaçons le cou- rant rectangulaire, qui vient de nous servir, par un courant circulaire (fig. 80), le résultat final est absolument le même. Le plan du cir- cuit se dispose perpendiculairement à l'aiguille aimantée ; et, dans la partie inférieure, le cou- rant se dirige de l'est à l'ouest.

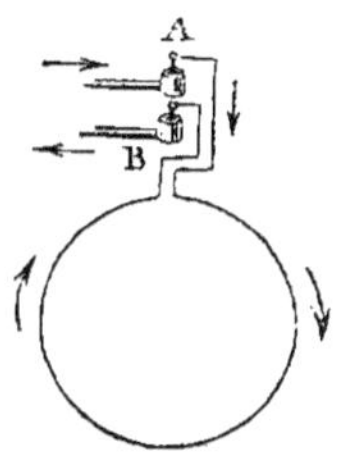

Fig. 80.

Voilà certes un résultat bien remarquable, et qui dut combler Ampère de cette douce joie qu'éprouvent devant une vérité nou- velle les passionnés défricheurs du champ scientifique. Un fil de cuivre, métal considéré jusqu'alors comme totalement dépourvu d'aptitude magnétique, se dirige de lui-même sous l'influence de la Terre, et indique la direction est-ouest, absolument comme l'aiguille aimantée pivote sur son axe et marque invariablement la direction nord-sud. Au besoin le marin pourrait le consulter pour se reconnaître au milieu des océans, et les indications en seraient aussi précises que celles de la boussole. Mais ce ne sont encore là que les premiers pas dans une carrière, pour ainsi dire, indéfinie. Il importait de constater d'abord l'influence que les courants mobiles peuvent mutuellement exercer entre eux. Ces fils de cuivre, que la Terre dirige, ne pourraient-ils être dirigés l'un par l'autre, une fois animés par la pile? Comment doivent- ils se comporter, mis au voisinage l'un de l'autre? Pour le recon- naître, il était nécessaire d'amoindrir, d'annuler même l'in- fluence directrice de la Terre afin d'obtenir tout l'effet possible de la faible activité des fils parcourus par un courant. En parlant du galvanomètre, nous avons expliqué comment, au sujet du ma- gnétisme, on annule l'action directrice de la terre par l'association invariable de deux aiguilles aimantées, à peu près d'égale force et tournées en sens contraire. De même, pour étudier l'action d'un courant sur un autre, on écarte l'influence directrice de la Terre, qui pourrait plus ou moins paralyser cette action, au moyen de l'assemblage de deux courants inverses, qui annulent mutuellement leur tendance à une orientation fixe.

Ainsi disposés, les courants prennent le nom de courants *astatiques*, dénomination déjà expliquée à propos de deux aiguilles aimantées reliées entres elles. La figure 81 reproduit l'une des configurations adoptées. Le fil métallique, continu d'un bout à l'autre, se replie en formant deux circuits rectangulaires pareils ABCD et A′B′C′D′, dans lesquels le courant suit la direction indiquée par les flèches, ou bien la direction inverse si l'on intervertit la communication avec les pôles de la pile. Ces deux circuits ont toutes leurs parties symétriques deux à deux. Ainsi dans CD, le courant marche de droite à gauche; dans son homologue C′D′, il marche de gauche à droite. Dans AC, le courant monte; dans le côté homologue A′C′, il descend, etc. Par conséquent, quelle que soit l'action directrice de la Terre sur le circuit ABCD, cette action est paralysée par le concours du circuit inverse A′B′C′D′; et l'ensemble des deux reste en équilibre dans toutes les positions.

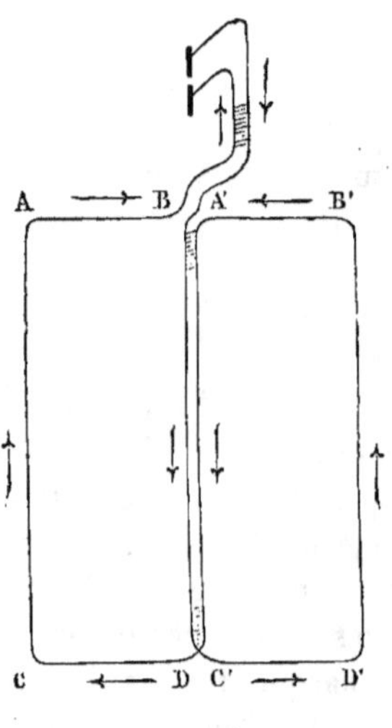

Fig. 81.

On donne encore au courant astatique la forme que reproduit la figure 82. D'après la manière dont le fil est replié, on reconnait que le circuit rectangulaire ABCD a ses côtés, un à un, inverses des côtés du circuit A′B′C′D′; et que par conséquent, l'action directrice exercée par la Terre sur le premier doit être annulée par l'action exercée sur le second.

Au support galvanique de la figure 79, nous suspendons un courant astatique dans le genre de celui de la figure 81; et à une certaine distance de l'une de ses branches verticales, nous disposons un courant fixe, parallèle à cette branche et tenu à la main.

Deux cas peuvent se présenter : les deux courants rectilignes et
parallèles vont dans le même sens ou vont en sens contraire. Le
premier cas est reproduit dans la figure 83, où AB est le courant

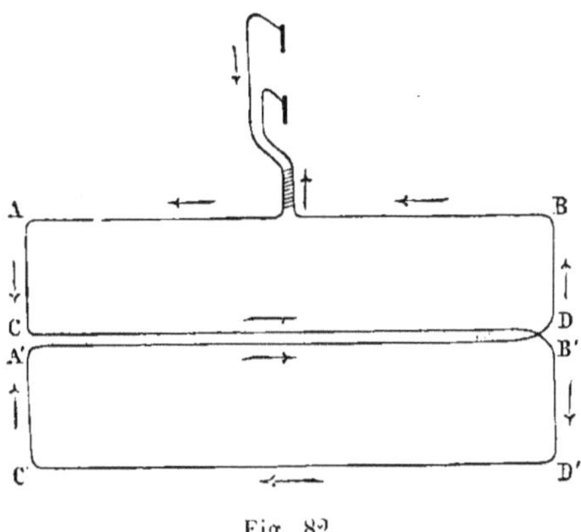

Fig. 82.

fixe tenu à la main, et CD l'une des branches verticales du courant mobile appendu au support galvanique. Dans ces conditions, on voit le courant mobile tourner sur sa pointe d'appui, et
la branche CD se rapprocher de AB, en face duquel il s'arrête
après quelques oscillations. De là résulte la première loi d'Ampère : *Les courants parallèles et de même sens s'attirent.*

On renverse le courant fixe AB, qui monte alors au lieu de descendre; et la branche CD, dans lequel le courant continue sa
marche de haut en bas, fuit devant le courant de sens inverse.
Donc, *deux courants parallèles et de sens inverse se repoussent.*

Pour qui sait réfléchir, l'opposition de ces deux résultats est
des plus singulières. Voilà deux fils qui, d'abord inertes, s'animent,
en quelque sorte, une fois en communication avec les pôles d'une
pile, et s'attirent mutuellement. C'est bien étrange, et cependant
il y a mieux. Renversons l'un d'eux sens dessus dessous. Cela
suffit pour changer l'attraction en répulsion. Le fil répulseur
est cependant le même qui attirait d'abord; rien, absolument
rien ne s'y trouve modifié, si ce n'est la direction du courant.
Encore si l'on pouvait rattacher au mot de courant l'idée d'un

flux, d'un transport de fluide électrique, on pourrait trouver au moins un semblant d'explication dans la direction des écoulements, tantôt dans un même sens et tantôt en sens inverse;

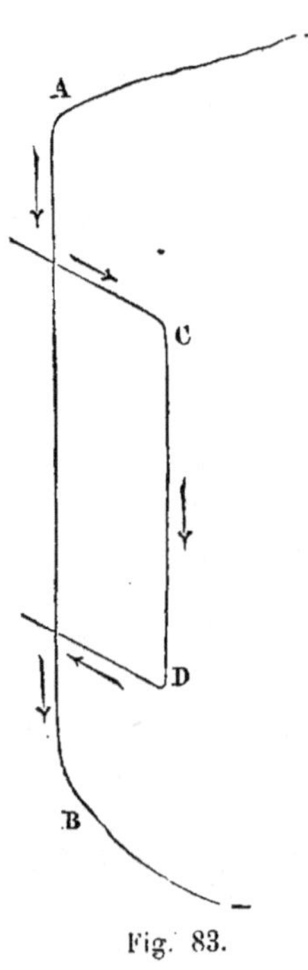

Fig. 83.

et le flux concordant provoquant l'attraction, le flux discordant provoquerait l'inverse, la répulsion. Mais nous avons vu que cette expression ne signifie en rien une chose qui court, et désigne simplement l'état particulier dans lequel se trouve le fil interpolaire d'une pile par l'incessante recomposition et l'incessante décomposition électrique d'une molécule à l'autre. Or cet état, que notre ignorance ne permet pas encore de définir, se maintient évidemment le même dans le fil renversé et dans le fil non renversé. D'où proviennent alors l'attraction et la répulsion se succédant l'une à l'autre? Impossible de faire intervenir ici les deux fluides électriques, si commodes pour expliquer l'inexplicable; impossible de recourir à l'électricité vitrée et à l'électricité résineuse, conceptions puériles de la vieille physique; tout est pareil dans les deux fils, qui tour à tour s'attirent ou se repoussent.

Mais poursuivons l'énoncé des lois d'Ampère. Le courant astatique de la figure 82 étant appendu au support galvanique, on présente à sa branche inférieure horizontale un courant fixe formant avec elle un angle quelconque, mais sans contact aucun entre les deux fils. CD (fig. 84) est la branche inférieure du courant astatique mobile, AB est le courant fixe tenu à la main au-dessous du premier fil. Dans l'angle CB, le courant se rapproche du sommet pour un côté et s'en éloigne pour l'autre. Pareille chose a lieu dans l'angle opposé DA. Au contraire, dans l'angle BD, les deux courants s'éloignent à la fois du sommet; et dans l'angle CA, ils s'en approchent. Or, on constate que C fuit devant B, pour se rapprocher de A; que D fuit devant A pour se rapprocher de B; de sorte que le courant mo-

bile tourne sur lui-même et vient se mettre parallèlemen à AB,
de manière que les deux courants circulent dans le même sens.
Donc, *deux courants angulaires s'attirent quand tous les deux*

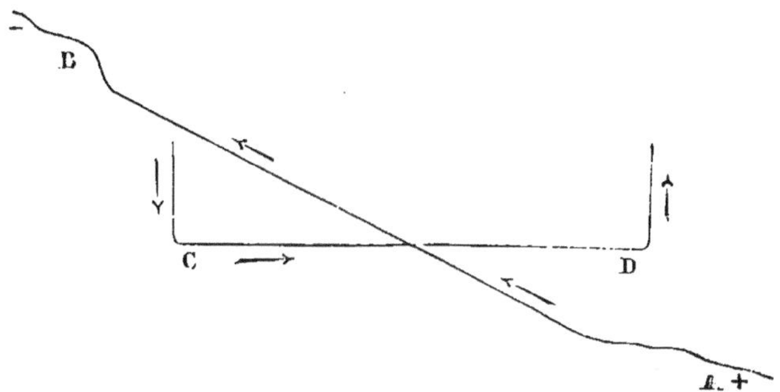

Fig. 84.

*se rapprochent ou s'éloignent du sommet ; ils se repoussent
quand l'un se rapproche du sommet de l'angle et que l'autre
s'en éloigne.*

Si l'on présente un courant fixe rectiligne indéfini à un courant mobile rectangulaire ou circulaire, n'importe (fig. 85), les attractions et les répulsions dont nous
venons de donner les lois fondamentales, font prendre au courant
mobile une position déterminée qui
est la suivante. Le circuit mobile
se dispose dans le plan vertical qui
contient le courant fixe, et de telle
sorte que, dans sa partie inférieure, le courant marche dans le

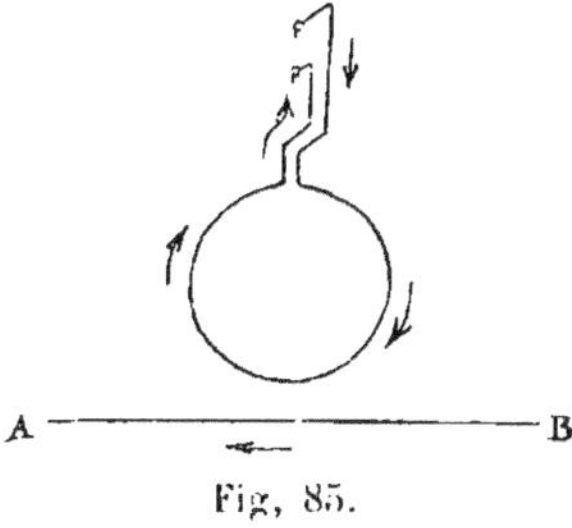

Fig. 85.

même sens que ce courant
fixe.

Cette position est la seule qui convienne à l'équilibre stable,
car alors dans l'angle d'entrée les deux courants se rapprochent
tous les deux du sommet de l'angle, dans l'angle de sortie tous
les deux s'en éloignent, et de plus dans sa partie inférieure, le
courant mobile est de même sens que le courant fixe. Il y a donc

attraction mutuelle entre ces diverses parties, d'où résulte la stabilité de l'équilibre. La partie supérieure du courant mobile est, il est vrai, dirigée en sens inverse du courant fixe, et par suite soumise à une répulsion, cause de trouble dans l'équilibre. Mais cette répulsion est moindre que l'attraction exercée sur la partie inférieure à cause d'une plus grande distance.

Dans toute autre position, l'équilibre est impossible. Supposons, pour fixer les idées, le courant mobile renversé. Alors, dans l'angle d'entrée, un courant se rapprochera du sommet et l'autre s'en éloignera; dans l'angle de sortie même chose aura lieu; dans la partie inférieure, le courant mobile sera de sens contraire à celui du courant fixe. Les répulsions entre ces parties inverses ramèneront donc le courant mobile dans la position unique où tout s'attire et concourt à la stabilité de l'équilibre.

Nous avons reconnu qu'un courant non astatique prend, sous l'influence seule de la Terre, une orientation toujours la même. Il se met perpendiculaire à la direction nord-sud de l'aiguille aimantée; et, dans sa partie inférieure, le courant est dirigé de l'est à l'ouest. Sous l'influence d'un courant indéfini dirigé de l'est à l'ouest, les choses se passeraient absolument de la même manière. Le courant mobile se disposerait parallèlement à ce courant fixe, et marcherait de l'est à l'ouest dans sa partie inférieure. Son plan se trouverait ainsi perpendiculaire à la direction de l'aiguille aimantée. La Terre, au point de vue qui nous occupe, se comporte donc comme un courant indéfini, fixe et dirigé de l'est à l'ouest. Ce courant terrestre oriente les courants mobiles; il les met parallèles à sa direction et par conséquent perpendiculaires à la ligne nord-sud de l'aiguille aimantée; enfin il les dispose de manière que, dans leur partie inférieure, ces courants circulent dans le même sens que lui, c'est-à-dire d'orient en occident. Nous verrons bientôt qu'au lieu d'un seul courant terrestre, il convient d'en supposer un nombre indéfini tous parallèles et dirigés de l'est à l'ouest.

Dirigé par la terre, un courant circulaire mobile se met perpendiculairement à la direction de l'aiguille aimantée et va de l'est à l'ouest dans sa partie inférieure. Si l'on associe un certain nombre de courants circulaires de même sens, les forces directrices exercées sur chacun d'eux s'ajoutent, et l'ensemble s'oriente avec plus de facilité. Des divers modes d'association que l'on pourrait imaginer, le plus remarquable est celui où les courants circulaires sont disposés en une série rectiligne formant un cylindre que l'on nomme *solénoïde*.

Un fil de cuivre, dont les deux bouts se terminent en pointe et reposent dans les godets d'un support galvanique, est replié comme le montre la figure 86, de manière à former une série de cercles parallèles entre eux, et communiquant l'un avec l'autre par une petite portion rectiligne du fil

Le courant, parti du godet inférieur, par exemple, parcourt d'abord le demi-axe du cylindre ou de l'ensemble des cercles dans le sens de droite à gauche; puis il revient de droite à gauche en parcourant de proche en proche les divers cercles et les portions rectilignes qui les relient; enfin, après avoir parcouru le dernier cercle de droite, il revient de droite à gauche suivant

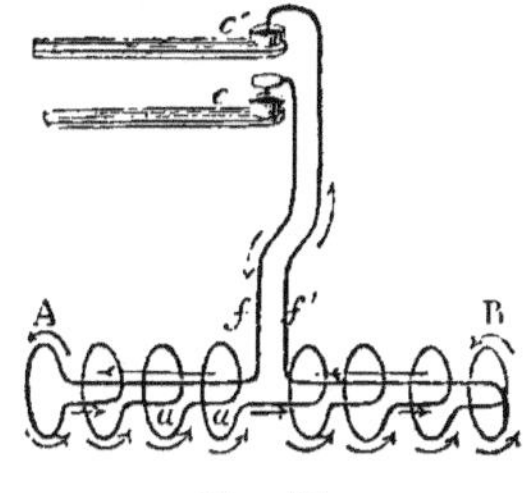

Fig. 86.

l'autre demi-axe et se rend au godet supérieur. Les flèches de la figure complètent cette exposition.

Trois choses sont à considérer dans un fil métallique ainsi disposé : 1° le courant rectiligne qui parcourt l'axe du cylindre de droite à gauche; 2° le courant rectiligne dirigé de gauche à droite et formé des portions droites du fil reliant les cercles l'un à l'autre; 3° l'ensemble des courants circulaires, égaux, parallèles et de même sens. Ces deux courants rectilignes sont égaux, parallèles et de sens contraire; par conséquent, l'influence que la terre peut exercer sur l'un est détruite par l'influence qu'elle exerce sur l'autre; et l'ensemble des deux courants n'a aucun effet sur l'orientation de l'appareil. Il n'y a donc à prendre en considération que la série des courants circulaires.

Or, chacun d'eux, envisagé isolément, doit, d'après ce qui précède, mettre son plan à angle droit avec la direction de l'aiguille aimantée. Donc l'axe du solénoïde, axe perpendiculaire lui-même aux plans des courants circulaires, doit prendre la direction de l'aiguille aimantée. Mais ce n'est pas tout. Dans leur partie inférieure, les courants circulaires doivent se diriger de l'est à l'ouest. Cette condition comporte que l'une des extrémités du solénoïde

se tourne vers le nord, et l'autre vers le sud, sans que les deux
extrémités puissent intervertir leur orientation, à moins que le
courant ne change de sens par une mise en communication
différente avec les pôles de la pile.

Et, en effet, l'expérience confirme admirablement ces prévisions. Quand un solénoïde est appendu au support galvanique,
on le voit tourner sur ses pointes d'appui, osciller à la manière
d'une aiguille aimantée dérangée de sa position d'équilibre, et
s'arrêter enfin dans une invariable direction, qui est la direction
précise de la boussole. Une extrémité, toujours la même, se
tourne vers le nord; l'autre, toujours la même encore, se tourne
vers le sud. Si la communication avec la pile n'est pas intervertie, l'extrémité nord ne peut garder la position sud où l'on
viendrait à la placer; pas plus que l'extrémité sud ne peut garder
la position nord. Chacune a son orientation déterminée, hors
de laquelle la stabilité de l'équilibre est impossible. La cause en
est dans la direction des courants circulaires. Lorsque la posi-

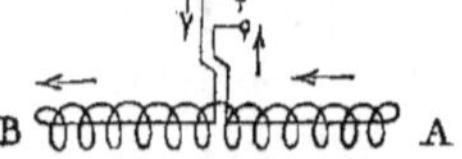

Fig. 87

tion d'équilibre est obtenue, on constate, en effet, d'après l'enroulement du fil et l'ordre de communication avec la pile, que,
dans la partie inférieure de chaque cercle, le courant marche de
l'est à l'ouest, ce qui dirige vers le nord invariablement la même
extrémité.

Pour plus de simplicité dans la construction, au lieu de disposer le fil métallique en une série de cercles parallèles reliés
par des coudes rectilignes, on l'enroule en une spirale à tours
plus ou moins serrés. Les deux bouts libres se replient suivant
l'axe, et se redressent au milieu du cylindre en deux tiges qui
servent à la suspension (fig. 87). Il est bien entendu que les
divers tours ne doivent pas être en contact, à moins d'être revêtus d'une matière isolante, qui oblige l'électricité à les parcourir tous par ordre, sans se porter de l'un à l'autre avant

l'heure. Avec un fil de cuivre revêtu de soie, les divers tours du solénoïde peuvent se toucher sans inconvénient aucun, et former un cylindre continu.

Dans le cas d'un enroulement spiral, chaque tour de spire peut être assimilé à un cercle qui serait relié au suivant par un coude rectiligne égal au pas de la spire. Les faits sont donc les mêmes qu'en adoptant la disposition d'abord décrite, c'est-à-dire, que le solénoïde prend la direction même de l'aiguille aimantée, la direction nord-sud, et que de plus les courants circulaires marchent de l'est à l'ouest dans leur partie inférieure, orientation

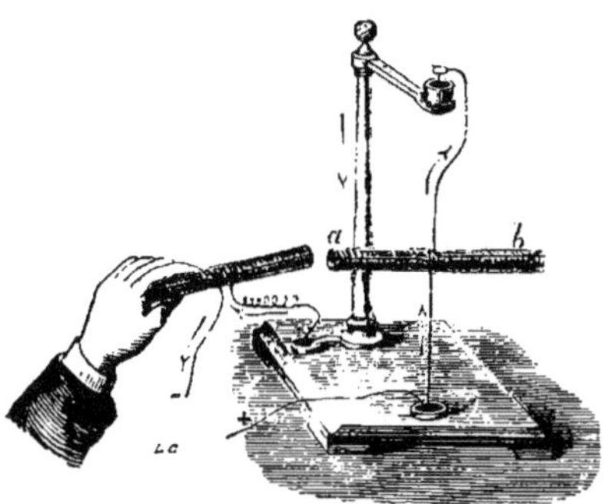

Fig. 88.

dont l'effet est de porter toujours au nord la même extrémité, toujours au sud encore la même extrémité.

C'est déjà un fait bien remarquable de retrouver dans un fil métallique enroulé en une série de cercles parallèles ou en tours de spire parcourus par un courant, l'une des propriétés les plus frappantes d'un aimant mobile, savoir : l'orientation qu'une aiguille aimantée, pouvant tourner autour d'un pivot vertical, prend sous l'influence de la terre; mais la ressemblance entre les solénoïdes et les aimants ne s'arrête pas là; elle se poursuit dans la série entière des propriétés.

Un solénoïde mobile étant dans sa position d'équilibre sous l'influence directrice de la terre, une de ses extrémités se tourne vers le nord, l'autre vers le sud. Donnons à l'extrémité tournée vers le nord le nom de *pôle austral*, comme on le fait pour la pointe nord de l'aiguille aimantée; et à l'autre extrémité le nom de *pôle boréal*. Un second solénoïde a pareillement son pôle austral, tourné vers le nord dans la position d'équilibre stable; et son pôle boréal, tourné vers le sud. Or, si l'on présente le pôle boréal d'un solénoïde tenu à la main au pôle austral d'un solénoïde mobile (fig. 88), il y a attraction entre les deux pôles. Il y a de même attraction entre le pôle austral du premier solénoïde, et le pôle boréal du second, mais il y a répulsion entre le pôle austral de l'un et le pôle austral de l'autre; de même qu'entre le pôle boréal du premier et le pôle boréal du second. En somme, les attractions et les répulsions entre solénoïdes sont soumises aux mêmes lois que les attractions et les répulsions entre aimants; c'est-à-dire que *les pôles de même nom se repoussent et les pôles de nom contraire s'attirent.*

Nous avons reconnu, au commencement de ce chapitre, que deux courants parallèles et de même sens s'attirent; que deux courants parallèles et de sens contraire se repoussent. Il n'en faut pas davantage pour se rendre compte des attractions et des répulsions entre solénoïdes. Supposons deux solénoïdes mobiles ayant l'un et l'autre l'orientation que leur fait prendre l'influence directrice du globe terrestre. Ces deux solénoïdes ont les pôles de même nom tournés vers le nord, savoir : le pôle austral pour l'un comme pour l'autre. Considérons ces deux pôles spécialement. Il est visible que les courants qui les parcourent sont dirigés de la même manière, puisqu'ils vont de part et d'autre de l'est à l'ouest dans la partie inférieure. Or, si l'on veut présenter au pôle austral de l'un des solénoïdes le pôle austral de l'autre, il faudra nécessairement renverser bout à bout ce dernier solénoïde, dont les courants se porteront alors de l'ouest à l'est dans la partie inférieure. On aura ainsi, en face les uns des autres, des courants circulaires, parallèles, mais de sens contraire. De là résulte une répulsion entre les deux pôles de même nom.

Par la pensée, rétablissons maintenant les deux solénoïdes dans leur orientation commune nord-sud. Si nous voulons présenter au pôle austral de l'un le pôle boréal de l'autre tenu à la main, il suffira de transporter ce dernier parallèlement à lui-même, sans dérangement aucun dans son orientation, et de mettre son pôle boréal ou son extrémité sud à la suite du pôle austral ou extrémité nord du solénoïde mobile. Dans ce cas, aucun renversement n'a lieu ; les courants circulaires mis en face les uns des autres, marchent dans le même sens, de part et d'autre de l'est à l'ouest dans la partie inférieure ; et par conséquent il y a attraction entre les pôles de nom contraire.

En résumé : pour mettre en face l'un de l'autre deux pôles de même nom, l'un des solénoïdes doit être renversé bout à bout, ce qui met en présence des courants parallèles et de sens contraire, et par suite amène une répulsion ; mais, pour mettre en face deux pôles de nom contraire, il suffit de porter un solénoïde au bout de l'autre sans renversement ; les courants circulent alors dans un même sens et produisent l'attraction entre les pôles de nom contraire.

Enfin, un solénoïde fixe étant présenté à une aiguille aimantée mobile autour d'un pivot vertical (fig. 89), il y a pareillement attraction ou répulsion : attraction si le pôle du solénoïde et le pôle de l'aiguille mis en présence

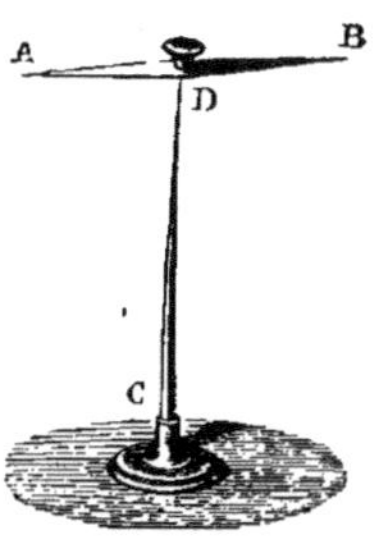

Fig. 89.

sont de nom contraire, répulsion si les pôles sont de même nom. Réciproquement, un barreau aimanté attire ou repousse un solénoïde mobile ; il l'attire si les pôles mis en présence sont de nom contraire, il le repousse si ces pôles sont de même nom.

Dans toute circonstance, un aimant se comporte comme un solénoïde, et un solénoïde se comporte comme un aimant. Il est dès lors extrêmement probable que la même cause est en jeu dans l'un et dans l'autre, et qu'un aimant ne diffère pas d'un solénoïde. Cette manière de voir, hardie conception d'Ampère, qui débarrasse la physique des fluides magnétiques et leur substitue l'électricité, a jusqu'ici merveilleusement interprété tous les faits connus ; elle a même permis d'en prévoir et d'en réaliser d'autres, qui sont venus enrichir la science de la manière la plus inattendue, et chaque jour reçoivent de nouvelles applications.

D'après Ampère, il n'y a ni fluide magnétique boréal, ni fluide magnétique austral : un aimant n'est autre qu'un solénoïde où circulent des courants d'une perpétuelle activité. Avant l'aimantation du fer ou de l'acier, ces courants préexistent ; chaque molécule a le sien, que l'on peut concevoir comme circulaire. Mais comme ils sont confusément dirigés, qui dans un sens, qui dans l'autre, ils paralysent mutuellement leurs effets. Si l'on parvient à leur donner une direction concordante, leurs forces élémentaires s'ajoutent en une énergie commune, et le barreau est aimanté. La friction d'un barreau d'acier avec le pôle d'un aimant n'amène rien de nouveau dans le barreau ; elle ne fait qu'orienter tous les courants moléculaires dans un même sens. Si cette orientation commune persiste, l'aimantation persiste aussi. C'est le cas de l'acier, qui, une fois frictionné avec un aimant, reste lui-même aimanté. Si cette orientation commune n'est que temporaire, si elle disparaît et fait place à la confusion primitive quand cesse l'action coordinatrice de l'aimant, l'aimantation disparaît aussi.

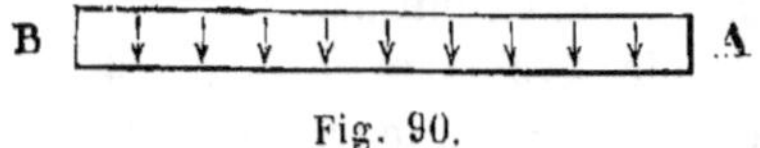

Fig. 90.

C'est le cas du fer doux, aimanté tant qu'il est en rapport avec un aimant, et non aimanté dès qu'il n'est plus sous son influence.

Dans un barreau aimanté, les courants moléculaires circulent tous dans un même sens. Or chaque file de molécules, allant en ligne droite d'un bout à l'autre du barreau, forme un solénoïde de la longueur de ce barreau et infiniment délié. Ces solénoïdes élémentaires, ou les diverses files de molécules dont le barreau est composé, ajoutent leur action, car ils sont tous parcourus dans le même sens. Le barreau lui-même peut donc être considéré comme un solénoïde équivalent à la somme des solénoïdes élémentaires entrant dans sa constitution. Soit AB ce barreau (fig. 90). Il faut le concevoir comme parcouru transversalement à sa longueur par des courants infiniment rapprochés, infiniment nombreux et tous de même sens, comme l'indiquent les flèches tracées sur l'une des quatre faces du barreau. Pour déterminer la direction de ces courants, il faut supposer le barreau suspendu et dans sa position spontanée d'équilibre nord-sud. Les courants se dirigent alors comme dans un solénoïde, c'est-à-dire de l'est à l'ouest dans la partie inférieure.

Ce que nous venons de dire d'un aimant, s'applique aussi au globe terrestre au point de vue du magnétisme. La Terre, qui se comporte comme un aimant, est assimilable à un solénoïde dont

les courants marchent de l'orient à l'occident et dont les pôles se
trouvent, non aux pôles géographiques, mais dans leur voisinage,
en des points que l'aiguille aimantée a fait reconnaître comme les
pôles magnétiques du globe. Le solénoïde terrestre dirige les solénoïdes ordinaires et l'aiguille aimantée, de manière que les
courants voisins soient parallèles et de même sens. Tel est le motif qui fait marcher de l'est à l'ouest les courants de nos barreaux aimantés et de nos solénoïdes orientés par l'action de la
Terre.

Il resterait à établir quelle est la cause du solénoïde terrestre.

Fig. 91.

Ici l'expérience directe fait défaut, et l'on ne peut invoquer que
des probabilités, dont la vérification est réservée à l'avenir. Depuis Ampère, la physique a démontré que la répartition inégale de
la chaleur, dans des corps bons conducteurs et hétérogènes, peut
produire un courant. Des diverses expériences qui établissent ce
fait, bornons-nous à la suivante, la première en date. En 1821,
Seebeck, de Berlin, reconnut qu'il se développe un courant
électrique dans un circuit formé de métaux différents quand
leurs points de contact sont à des températures différentes.
A un barreau de bismuth BB' (fig. 91) est soudée une lame de
cuivre CC' par deux fois coudée à angle droit. Dans le cadre
formé par les deux métaux, on dispose une aiguille aimantée
mobile sur un pivot vertical. L'appareil étant orienté suivant

la direction spontanée de l'aiguille, celle-ci se maintient immobile dans le plan du cadre, tant que les deux soudures sont à la même température. Chauffons l'une des soudures avec une lampe à alcool, tandis que l'autre est laissée à la température ambiante. Immédiatement l'aiguille se dévie de sa position d'équilibre et tend à se mettre en croix avec la direction du circuit métallique, comme dans l'expérience d'Œrstedt. Le circuit métallique est donc parcouru par un courant. L'orientation de l'aiguille indique d'ailleurs que le courant se propage du bismuth au cuivre à travers la soudure chauffée. L'association de deux métaux quelconque se prête à la même expérience, mais avec des déviations plus ou moins grandes de l'aiguille suivant la nature des métaux employés. L'association la plus convenable est celle du bismuth et de l'antimoine.

Revenons maintenant à la cause probable du solénoïde terrestre. Notre globe est un amas de matériaux hétérogènes, roches de toutes sortes, filons métalliques de toute nature. Les faces de contact sont les soudures de l'appareil qui précède, répétées un nombre indéfini de fois. La chaleur en action est celle du soleil, chaleur très variable suivant un même parallèle terrestre d'après l'heure du jour, de minuit à midi et de midi à minuit. De là sur ce parallèle, à matériaux si divers, un courant engendré par l'inégale répartition de la chaleur, courant dirigé de l'est à l'ouest comme la marche elle-même du soleil. Pareil fait se reproduisant sur chaque parallèle géographique, d'un bout à l'autre de la Terre, celle-ci devient un solénoïde. La cause directrice de l'aiguille aimantée serait donc en dernière analyse le suprême moteur de ce monde, le Soleil. L'avenir décidera un jour ce que peut avoir de fondé cette grandiose physique qui, à des fluides imaginaires, substitue la puissance primordiale de notre univers.

CHAPITRE LXIV

En toute chose, les commencements nous intéressent; le grain
de blé qui germe a plus d'attraits pour la curiosité de notre esprit que la moisson mûrie. Nous aimons à voir, en particulier,
comment l'humanité progresse; comment, des moyens les plus
grossiers, elle s'élève aux plus belles applications de la science.
Cette réflexion nous est suggérée par la télégraphie électrique,
dont nous nous proposons maintenant l'histoire. Les anciens
avaient certainement des procédés de communication rapide, mis
en œuvre dans les circonstances d'intérêt général. Quels étaient
ces procédés, dans notre pays surtout, la vieille Gaule? A ce
sujet, permettons-nous une page d'histoire; et par les artifices de
la plume, faisons revivre un moment nos antiques ancêtres, les
Gaulois.

Leurs demeures sont réunies en grandes bourgades dans les
clairières des bois, au bord des fleuves, sur les plateaux d'un difficile accès, dans les îlots des marécages, sur les hautes falaises
des bords de l'Océan, partout enfin où la nature des lieux rend la
défense plus facile. Des abatis d'arbres, des branches entrela-
cées, des fossés, des murailles même, entourent la bourgade et
en font un camp retranché, où la population voisine se réfugie
avec ses troupeaux, en temps de guerre.

Les huttes sont rondes et construites avec des poteaux et des
osiers tressés. Une couche de glaise battue les revêt à l'intérieur
et à l'extérieur. Des soliveaux de chêne forment la charpente du
toit, qui est pointu et couvert soit de chaume, soit de paille
hachée, pétrie avec de la terre. Le foyer est au milieu de la salle,
entre quelques pierres, sans cheminée pour le dégagement de la

fumée. L'habitation ne reçoit d'air et de jour que par l'ouverture de la porte. Sou ameublement consiste en tables et sièges grossiers, en peaux de bêtes servant de tapis et de lits, en poteries de terre noire façonnée au tour.

Les métaux sont connus : l'or et l'argent pour les objets de luxe, le cuivre et le fer pour les armes et les outils. Comme le pays est riche en minerais, il n'est pas rare de voir, dans les huttes des guerriers en renom, de grands plats d'argent appendus au mur d'argile. Des colliers, des bracelets, des anneaux d'or et d'argent ornent le cou, les bras, les doigts autant des hommes que des femmes. Le vêtement de guerre est la *saie*, espèce de blouse de laine pareille de forme à celle de nos ouvriers, mais bariolée de carreaux aux vives couleurs ou semée de paillettes et de fleurons éclatants. Richesse de coloration à part, la blouse populaire serait donc le représentant de l'antique costume.

La grande ambition du Gaulois est d'éblouir ses amis et de terrifier ses ennemis. Pour les amis étincellent au mur les larges plats d'argent, qui se remplissent de venaison les jours de festin ; pour les ennemis, des fiches en andouiller de cerf supportent des groupes d'armes dont le luxe rehausse les formes menaçantes.

Paré pour le combat, le chef gaulois est terrible d'aspect. Sa haute taille est encore grandie par un casque d'airain, imitant la gueule ouverte d'un animal féroce, et surmonté de cornes d'urus, d'ailes d'aigle ou de crinières flottantes. Ses yeux bleus ou verts lancent des éclairs à l'ombre d'une épaisse et longue chevelure, dont l'eau de chaux a changé la nuance blanche en un roux ardent ; des moustaches fauves lui pendent de la lèvre sur la poitrine. Au centre de son grand bouclier, quadrangulaire et peint de couleurs éclatantes, est sculpté le signe distinctif du guerrier, consistant en quelque figure d'oiseau ou d'animal sauvage. Un énorme sabre, à poignée enrichie d'or et de corail, lui descend sur la cuisse droite ; il tient à la main une lance dont le fer, long d'une coudée, aussi large que celui d'une faux, est droit vers la pointe et se recourbe à la base en replis qui font d'horribles blessures. Les autres armes sont un javelot qu'on lance enflammé sur l'ennemi, et un dard à trois pointes. L'arc et la fronde, qui frappent de loin et sans péril, sont méprisés.

L'étranger qui pénètre dans une bourgade voit, avec horreur, des têtes humaines clouées sur les portes des demeures, au mi-

lieu de hures de sanglier et de crânes de loup. S'il est admis
dans l'intimité d'un chef, celui-ci lui ouvre solennellement un
coffret où sont conservées, avec des aromates, les têtes des ennemis abattus de sa main. Ce sont là ses titres de noblesse, ses
glorieux trophées, plus précieux pour lui qu'un égal pesant d'or.
Il les a rapportées du milieu de la mêlée, suspendues au cou de
son cheval.

Néanmoins ces embaumeurs de têtes coupées sont hospitaliers
envers l'étranger, et le gagnent aisément par leurs manières
franches et cordiales. Ils le convient à des festins interminables
pour l'entendre parler et avoir des nouvelles du dehors. Autour
du foyer où se rôtissent les viandes, les chefs sont assis en demi-
cercle sur une brassée d'herbages ou sur un rouleau de peaux.
Les morceaux sont distribués suivant le degré de vaillance ; la
cuisse de la bête est au plus brave. L'infusion d'orge fermentée,
la bière, et plus rarement le vin que Massalie (Marseille) commence à produire, circulent à la ronde dans des cornes de
buffle. Cependant les têtes s'échauffent ; de la discussion bruyante,
des invectives, on en vient aux armes, et des rixes sanglantes,
souvent des meurtres, terminent le festin.

Tels étaient les hommes que vint un jour harceler César, afin
de payer avec le butin ses écrasantes dettes, afin aussi de donner essor à cette immense ambition qui lui faisait préférer d'être
le premier dans son village que le second à Rome. La lutte fut
rude et la victoire longtemps indécise entre les hommes blonds,
à haute stature, et les légionnaires, petits et bruns. Les Gaulois
succombèrent. Pour un suprême effort, les tribus avaient concentré leurs forces dans l'enceinte fortifiée d'Alésia, où César,
d'abord assiégeant et bientôt assiégé lui-même, pour la première
fois fut sur le point de voir la fortune des armes le trahir. Il
fallut toute l'ardeur de ses légionnaires pour conjurer l'immi-
nence du péril. La ville fut prise et menacée de toutes les horreurs de la tuerie. Dans un élan de superbe magnanimité, le chef
gaulois, Vercingétorix, voulut détourner sur sa tête seule le
courroux du vainqueur. Vêtu de son plus beau costume de guerre,
il vint seul à César et déposa ses armes au pied de l'imperator,
assis sur son tribunal. Le Romain ne comprit rien à cette grandeur d'âme gauloise ; il fit charger de chaînes le héros, dont les
vaillants efforts pour sauver l'indépendance du pays, avaient

touché de bien près au succès. Le glorieux captif, livré aux quolibets d'une soldatesque avinée, suivit le char de triomphe de César rentrant à Rome ; enfin dans quelque souterrain de prison, la hache du licteur termina son supplice. Terrassée mais non soumise, la Gaule essaya néanmoins de résister encore. Une petite ville de Querci, Uxellodunum, dont l'antiquaire trouve à peine aujourd'hui sous les ronces quelques pans de muraille, se fit remarquer par son indomptable courage. César s'en rendit maître. Exaspéré par une résistance opiniâtre, il fit crever les yeux et couper les poignets aux défenseurs de la cité rebelle, puis les lâcha ainsi mutilés dans la campagne, lamentables exemples de la férocité de ce fils de la Louve. Il est de tradition d'admirer ce bandit. Il était, dit-on, meilleur que ses concitoyens. Qu'étaient donc les autres !

Notre pays devint romain ; la civilisation gauloise fut écrasée dans son œuf par la civilisation latine. Que fût-il advenu si le sort des armes en eût décidé autrement? La civilisation aurait pris un autre cours, conforme à l'esprit ouvert, loyal et généreux de la race gauloise ; et peut-être qu'aujourd'hui, riches des vérités acquises par l'expérience des siècles et n'ayant pas à traîner l'encombrant fardeau des vieilleries romaines, serions-nous un peuple plus libre d'allures, plus passionné pour le progrès. Mais laissons au possible ses mystères pour nous occuper des faits.

Nous recueillons avec avidité les moindres documents sur ces antiques défenseurs de notre sol ; avec des lambeaux de phrases glanées un peu partout, nous nous efforçons de reconstituer leur histoire ; et nous accordons à un pareil travail un chaleureux intérêt, car cette histoire, c'est la nôtre. Malheureusement, les archives à consulter sont rares ; les auteurs de l'antiquité ne parlent qu'avec une désespérante sobriété de détails, des faits qui fourniraient le meilleur aliment à notre curiosité. Un seul, César, consacre à la Gaule un livre entier ; mais la richesse n'est qu'apparente, car son livre des Commentaires est un journal de ses actes militaires et nullement un traité sur les mœurs des Gaulois. Il nous dit par quelles marches forcées il gagna tel passage ; il nous apprend de quelle manière son armée était rangée en bataille en face de l'ennemi, de quelles troupes se composaient l'aile droite et l'aile gauche, comment étaient disposées la cavalerie et l'infanterie, quelles défenses protégeaient les bagages. Il nous

raconte en deux ou trois lignes comment les troupes adverses
furent exterminées jusqu'au dernier homme par ses légionnaires; il est plus sobre encore, presque muet, sur ses propres dé-
faites. Les lions d'alors, comme le lion de la fable de la Fontaine
ne savaient pas peindre; et le Romain, maniant seul stylet et
tablettes, arrange ici probablement le tout sous un jour qui lui
soit favorable. Que ce livre aride soit du goût d'un entrepreneur
de batailles, aisément on l'accordera, mais qu'il puisse intéresser le jeune âge, c'est autre chose. Cependant c'est l'habituelle
nourriture latine de l'enfant de douze ans, de l'élève de quatrième, si novice dans la stratégie.

De loin en loin, comme une oasis dans les sables africains,
quelques passages se présentent propres à calmer un peu le
supplice de la version trop militaire. César, pour un moment,
oublie cavalerie, infanterie, bagages, et nous dit quelques mots
des usages des Gaulois. C'est très court; on y reconnaît un détail sans portée pour l'auteur, confié accidentellement à la cire des
tablettes. L'imperator littérateur n'avait nullement souci d'apprendre à la postérité quels étaient les peuples en lutte avec ses
cohortes; il se proposait de lui transmettre ses propres actions
de guerre, et rien autre. Or ce que dédaignait César est précisément ce qui nous intéresse le plus; le reste, le journal des
marches militaires, nous importe fort peu; volontiers on l'aban-
donnerait pour quelques lignes de plus sur les mœurs de nos
antiques ancêtres. Aussi le junévile traducteur éprouve-t-il une
sorte de bien-être quand il arrive aux passages clair-semés où
les Commentaires nous disent quelques mots très brefs sur les
usages des Gaulois. Ces témoignages d'un contemporain sont
d'un prix inestimable. Tel est le passage suivant, notre but de
cette excursion dans le domaine de l'histoire.

La Gaule, que César croyait avoir pacifiée, se soulève, d'un
élan général, conduite par Vercingétorix. De hardis coups de
mains contre les garnisons romaines éclatent çà et là, notamment à Genabum, aujourd'hui Orléans. Ecoutons maintenant
César :

« Carnutes, Cotuato et Conctoduno ducibus, desperatis homini-
bus, Genabum dato signo concurrunt, civesque romanos qui nego-
tiandi causâ ibi constiterant, in iis C. Fusium Cottam, honestum
equitem romanum, qui rei frumentariæ jussu Cæsaris præerat,

interficiunt, bonaque eorum diripiunt. Celeriter ad ommes Galliæ civitates fama perfertur : nam ubi major atque illustrior incidit res, clamore per agros regionesque significant; hunc alii deinceps excipiunt et proximis tradunt, ut tum accidit; nam quæ Genabi oriente sole gesta essent, antè primam confectam vigiliam in finibus Arvernorum audita sunt. Quod spatium est millium passuum circiter CLX. »

C'est-à-dire que deux hommes résolus, Cotuat et Conetodun, se mettent à la tête de quelques Carnutes (habitants du pays de Chartres) et pénètrent dans Genabum avec cette audace que donne le désespoir. Leurs coups portent sur les citoyens romains, qui, à la suite de l'armée de César, étaient venus s'établir là pour le commerce. Ils massacrent l'honorable chevalier romain Cottas, préposé à l'approvisionnement des troupes, ils pillent les biens de leurs victimes. La tournure des affaires devenait grave : il fallait au plus vite avertir les autres cités pour traiter de même les intrus protégés de Rome, soulever en masse le pays et opposer à César les rangs compacts d'une nation entière. La nouvelle se transmet par la télégraphie en usage alors. Des gens sont postés de distance en distance, qui dans les plaines découvertes, qui sur les hauteurs, et à grands cris, faisant porte-voix des deux mains, ou peut-être même encore renforçant le son avec de monstrueuses cornes d'urus, ils se communiquent l'événement de l'un à l'autre. Entre six et neuf heures du soir, on sut au pays Arvernes, aujourd'hui l'Auvergne, la nouvelle du massacre de Genabum, accompli le même jour au lever du soleil. La distance, ajoute César, est de cent soixante mille pas; ce qui, traduit en nos mesures, équivaut à 235 kilomètres environ. La vitesse de transmission était donc d'environ cinq lieues à l'heure.

Aucune comparaison n'est possible entre ce moyen primitif et la télégraphie moderne, serait-elle desservie par l'appareil de Chappe, qui, maintenant hors d'usage, fonctionnait dans la première moitié de ce siècle et mettait moins d'une heure pour transmettre une dépêche d'une extrémité à l'autre de la France. Quant à la télégraphie électrique actuelle, elle supprime la distance; et quel que soit l'éloignement, elle n'emploie qu'une durée inappréciable pour reproduire un signal. Ne perdons pas de vue qu'il s'agit ici de peuplades à huttes de boue et d'osier; et d'après cette rusticité des demeures, jugeons ce que pouvait être l'état de civilisation; nous trouverons alors remarquablement rapide cette télégraphie, en usage dans les circonstances solennelles.

Le moyen employé, l'annonce à grands cris, n'a rien que de très vulgaire. Il n'est pas de berger qui n'en fasse autant lorsque, pour crier au loup et avertir les voisins de la présence de la bête rapace, il gravit une élévation, et de là jette au loin sa clameur. Si le fait rapporté par César se bornait à pareil acte, il ne mériterait pas un instant notre attention. Mais voici qui prend un caractère savamment prémédité. La distance est grande : une soixantaine de lieues; et il faut que cette distance soit rapidement franchie, dans l'intervalle d'une journée environ. La voix humaine, si vigoureux que soient les poumons, n'est guère perceptible au delà d'un kilomètre d'éloignement; d'ailleurs l'état atmosphérique, la disposition des lieux, la direction du vent, tantôt en amoindrissent et tantôt en augmentent la portée. Si court qu'en fût l'énoncé, si la nouvelle du massacre de Genabum était verbalement transmise, comme semble le dire le passage de César, il fallait donc environ 240 intermédiaires pour l'apprendre du voisin et la répéter au suivant. Il fallait que chacun occupât son poste d'une manière permanente, le jour, l'instant de semblable annonce n'ayant rien de prévu; aucun enfin ne devait manquer sur la ligne, car un seul absent rendait nul le reste de la série.

Mais le Gaulois avait l'esprit trop judicieux pour s'en tenir à une simple acclamation verbale, trop longue et demandant des intermédiaires trop rapprochés pour être bien comprise. D'ailleurs, la nouvelle courait le risque d'être recueillie en route par des oreilles qu'il importait de ne pas mettre dans la confidence. Il est donc à croire, ce que permet le texte vague de César, que le moyen de propagation consistait en cris conventionnels, dont la portée comme distance était amplifiée au moyen de cornes ou trompes sonores. En de semblables conditions, le nombre des intermédiaires devient moindre, mais sans pouvoir guère s'abaisser au-dessous d'une centaine. Réduisons encore ce nombre jusqu'à la limite de ce qu'il est permis de supposer, il n'en resterait pas moins assez considérable pour démontrer qu'à cette lointaine époque, nous reportant à deux mille ans, un personnel spécial nuit et jour veillait, disséminé de partout sur les élévations, et prêtant l'oreille au bruit des alentours. Pour veiller à l'indépendance de son pays, se concerter entre tribus et s'avertir mutuellement des grands faits du jour, le rude habitant de la hutte de boue avait donc organisé un vrai service de télégraphie auditive.

Les Romains, de leur côté, ne négligeaient pas les moyens télégraphiques ; et plus d'une fois César leur dut les marches d'ensemble de ses divers corps d'armée pour surprendre et cerner les Gaulois. Fruit d'une civilisation avancée, la méthode romaine était plus savante, et s'adressait à la vue, mieux douée que l'oreille sous le rapport de la perception à grande distance ; mais d'autre part, elle était inférieure à la méthode gauloise, son application n'étant possible que de nuit. Les signaux, en effet, étaient des torches allumées, peu ou point visibles sous les rayons du soleil. Pour rattacher une idée déterminée à ces flambeaux, une foule de combinaisons étaient possibles. Voici la plus usitée.

Imaginons sur une hauteur bien en vue, deux petits murs à hauteur d'homme ou deux cloisons opaques quelconques, largement séparées l'une de l'autre. Derrière ces murailles brûlent des torches, au nombre de six pour celle de droite, au nombre de quatre pour celle de gauche. Tant qu'elles sont masquées par l'écran opaque, ces torches sont invisibles de la station suivante, où se répète la même disposition propre à transmettre le signal à la station troisième, qui elle-même la transmettra à la quatrième, et ainsi de suite. Pour les rendre visibles, il suffit de les élever un peu au-dessus du couronnement soit de l'une, soit de l'autre muraille. Supposons maintenant les vingt-quatre lettres de notre alphabet divisé par ordre en six groupes de quatre lettres chacun. Le rang de chaque groupe sera indiqué par le nombre de torches allumées apparaissant au-dessus du mur de droite. Enfin la place que la lettre occupe dans son groupe aura pour signe le nombre de torches montrant leur flamme au-dessus de ceux de gauche. Par exemple trois torches à droite et deux torches à gauche indiquent la lettre J, c'est-à-dire la seconde lettre du troisième groupe.

Si puissantes que fussent les torches, vues à distance leurs flammes n'étaient plus que des points lumineux. Pour en compter exactement le nombre et pour en déterminer la position, l'œil n'eût pas suffi si rien ne lui fût venu en aide. L'observateur se servait d'un tube de roseau, ou d'un cylindre de métal invariablement fixé dans une embrasure du mur suivant la direction convenable. Sans tâtonnements, le regard trouvait ainsi le point vers lequel il devait se porter, et des lueurs latérales ne troublaient pas la difficile vision des signaux lumineux. En somme, l'appareil était le tube de nos lunettes, moins les verres, dont l'invention est moderne. Le télescope d'alors se bornait à un cylindre de roseau.

Si le Romain cherchait à surprendre le secret du Gaulois, en écoutant le son des trompes, quand elles retentissaient d'une cime à l'autre pour donner le signal de l'assemblée au fond d'une obscure forêt de chênes, le Gaulois de son côté devait épier les feux s'allumant, s'éteignant tour à tour sur la crête des montagnes et s'efforcer d'en trouver la signification. César avait beau jeu pour déjouer pareille tentative : il lui suffisait de grouper les lettres de l'alphabet, non dans leur ordre naturel comme nous l'avons supposé, mais au hasard, d'après toute combinaison qui lui passait dans l'esprit. Chaque nouvel arrangement produisait une nouvelle série de signaux, dont lui seul avait la clef et pouvait expliquer l'énigme.

Le lecteur est en mesure maintenant de faire revivre en son esprit cette télégraphie antique. Dans le silence des montagnes, un son résonne, plus ou moins prolongé, modulé d'une certaine façon. Sur la pointe d'un rocher, un homme subitement apparaît, sorti de quelque cachette, écoute, se faisant cornet acoustique avec la paume de la main, saisit sa trompe en corne de bœuf sauvage, se tourne vers un point déterminé de l'horizon et répète la parole, la note, que reproduit au loin une seconde trompe, fidèle écho de la première. L'avis vole d'une montagne à la suivante jusqu'à destination. C'est la télégraphie gauloise qui fonctionne. Vercingétorix est bloqué dans Alésia par César.

Voici d'autre part qu'au milieu des ténèbres de la nuit, sur une hauteur dominant tout le pays, des points lumineux se montrent, rangés sur une ligne en deux groupes inégaux. Leur apparition ne dure qu'un instant; mais aussitôt plus loin, sur une autre cime, la même rangée lumineuse se montre pour s'éteindre à son tour. On dirait une guirlande de feux follets, franchissant les vallées pour se reposer sur la crête des monts. A peine la ligne lumineuse a-t-elle disparu dans l'éloignement qu'une autre se forme au point de départ, composée d'une manière différente pour le nombre des flammes et leur groupement. C'est la télégraphie romaine qui transmet d'une station à l'autre ses signaux de feu. César, d'assiégeant est devenu assiégé ; les tribus gauloises le cernent lui-même autour d'Alésia. Hélas ! les torches eurent le dessus sur les cornes de bœuf sauvage, et l'immense butin fait en Gaule servit à payer les dettes de César.

CHAPITRE LXV

CLAUDE CHAPPE

Pour la seconde fois, et dans des circonstances aussi critiques, nous allons voir la télégraphie au service de la patrie en danger. Nous sommes en 1793. L'Europe coalisée veut étouffer notre jeune République, dont les larges idées se propagent parmi les peuples, avec la rapidité d'inflammation d'une traînée de poudre, et menacent d'écroulement les trônes vermoulus. L'antique royauté est en péril si l'on n'éteint au plus vite l'incendie révolutionnaire. Que deviendront les rois, si les peuples se croient les maîtres ! Toute l'Europe est donc en armes contre nous. Au nord, les Autrichiens et les Hanovriens ont déjà pris Valenciennes et Condé, ils marchent sur Paris, qui doit être la victime expiatoire des royales colères ; à l'est, du côté des Vosges, Prussiens et Allemands attendent le moment propice pour se jeter sur la proie avec cette rapacité que nos malheurs récents ont si bien gravé dans notre mémoire ; vers les Alpes, déjà franchies, apparaissent les Piémontais, appuyés par les Autrichiens. Au sud, sur les eaux de la Méditerranée, l'Angleterre lance contre nous ses forces navales ; et Toulon est en son pouvoir. Enfin les Espagnols occupent les Pyrénées, prêts à prendre part à la grande curée ; et pour mettre le comble à l'infortune, la hideuse plaie de la guerre civile ronge le sein de la France. Lyon est en pleine révolte contre la République, la Vendée lutte pour ses idées rétrogrades avec un indomptable acharnement. Et pour faire face à ce cercle d'ennemis, pour maintenir en même temps l'insurrection, la République dispose au plus de quatre cent mille hommes, soldats improvisés, mal vêtus, mal nourris, plus mal payés encore, mais suppléant à tout par cette puissance qui ne reconnaît pas l'impossible : l'enthousiasme patriotique.

Or en ce moment d'extrême péril, un homme se présente, promoteur d'une idée qu'il croit très utile au salut commun. Les forces de la République sont dispersées sur tous les points du territoire, aux frontières surtout pour surveiller et repousser l'invasion. Quel avantage ne retirerait-on pas d'un moyen qui permettrait aux divers corps d'armée de communiquer rapidement entre eux, pour s'avertir l'un l'autre de ce qui se passe et se porter avec ensemble sur le point le plus menacé. Le ministère de la guerre, siégeant à Paris, pourrait par le même moyen, être averti sur le champ des événements de la frontière, et donner ses ordres avec la même rapidité. Nul d'ailleurs, entre le point de départ et le point d'arrivée, ne pourrait comprendre la signification des signaux composant la dépêche, condition indispensable pour échapper à l'espionnage de l'ennemi. Avec la promptitude d'évolution de nos forces ainsi obtenue par des avis aussitôt reçus qu'envoyés, on pourrait peut-être, l'enthousiasme général aidant, faire face au péril. C'était multiplier nos corps d'armée que de pouvoir leur assigner à l'instant la position où leur présence devenait le plus nécessaire. Ce moyen de communication rapide, lui, Claude Chappe, le possède; il ne réclame rien pour son invention; il en fait hommage à la patrie en danger.

Claude Chappe était de Brûlon, dans la Sarthe. Son père, riche directeur des domaines, lui avait fait donner une excellente éducation classique, ainsi qu'à ses quatre frères. On raconte que les cinq jeunes gens, pendant les loisirs des vacances scolaires, se dispersaient dans la campagne, munis chacun d'une petite lunette d'approche, et communiquaient entre eux avec un appareil télégraphique de l'invention de Claude. De bonne heure, le génie des arts se rattachant à la physique avait hanté l'esprit du futur père de la télégraphie. Nul de son âge ne savait mieux que le jeune Claude découper dans le papier les fuseaux d'un ballon, les assembler avec de la colle, gonfler la machine selon les préceptes de Montgolfier, et la lancer dans les airs au milieu des applaudissements de ses camarades; nul mieux que lui ne savait, avec la machine électrique, reproduire les expériences de Franklin, parfois sérieuses, plus souvent amusantes. Faire toujours ce qu'avaient fait les autres n'était pas une occupation suffisante pour son activité intellectuelle; il fallait du nouveau. Il lui vint dans l'esprit l'idée d'une récréation originale, laquelle, confiée à ses frères et discutée dans ses détails, fut adoptée d'enthousiasme. Il s'agissait de se parler à distance avec des signaux de convention. Claude construisit les appareils; quelques minces planchettes de bois, noircies à l'encre, une douzaine de clous et de longs bâtons en firent les frais.

Suivons maintenant les cinq écoliers dans leurs manœuvres télégraphiques. Chacun se choisit dans le champ, à quelques centaines de mètres l'un de l'autre, une station convenable, le sommet d'un tertre, d'où il puisse voir les stations des deux proches voisins; et y installe sa machine, fixée au bout d'un bâton implanté dans la terre. Cette machine se compose de trois pièces, qu'on a noircies pour les rendre mieux visibles de loin. La plus longue est une règle mobile autour d'un clou, qui la traverse par le milieu et la fixe au bâton, support de tout l'édifice. Aisément elle obéit à la poussée du doigt, qui la met dans une position verticale, ou bien horizontale, ou bien encore oblique, soit à droite soit à gauche. En tout, quatre directions fondamentales dont chacune se prête à de nombreux signaux, avec le concours de deux autres pièces. Celles-ci consistent également en minces règles noires, mais plus courtes que la première, et mobiles par une de leurs extrémités autour d'une pointe qui les relie aux extrémités de la longue règle. Le tout figure une sorte de Z, dont les trois branches seraient réunies par des articulations mobiles, et dont la branche médiane pourrait en outre tourner autour d'un pivot passant par son milieu. Pareil système de trois règles est apte à prendre une foule de configurations différentes, suivant que les branches extrêmes sont tournées du même côté ou en sens inverse, obliques ou horizontales, inclinées vers la terre ou pointées vers le ciel; suivant enfin que la branche médiane occupe l'une ou l'autre des quatre directions fondamentales. En admettant huit positions pour chaque petite règle terminale, la verticale en haut ou en bas, l'horizontale à droite ou à gauche, et enfin les quatre positions intermédiaires, le lecteur trouvera aisément que la machine se prête à 256 signaux distincts.

C'est plus qu'il n'en faut pour converser à distance entre écoliers. Vingt-quatre signaux seront choisis pour représenter les lettres de l'alphabet lorsqu'il faudra transmettre un mot d'usage peu fréquent. Quant aux termes qui souvent reviennent et composent la majeure partie du discours, ils seront représentés par

un seul signe, d'où résultera une rapidité de communication rivalisant parfois avec celle de la parole. Un livret à cinq copies est
donc formé où chaque caractère de l'alphabet, chaque mot choisi
comme pouvant entrer dans la future conversation de tertre en
tertre est suivi du signe qui le représente dans le jeu de l'appareil. Confier à la mémoire pareil dictionnaire eût dépassé la patience, excédé les forces des cinq correspondants; et puis, le
moindre oubli pouvait faire d'un membre de phrase une énigme in-
déchiffrable. Avec le livret sous les yeux, nulle méprise possible.

La conversation s'engage. Le premier de la série, Claude apparemment, l'ingénieur en chef de la chose, avec la main dispose
d'une certaine façon la règle médiane, puis arrange les ailettes
terminales l'une comme ceci, l'autre comme cela. Le suivant
regarde. L'histoire le dit muni d'une lunette d'approche, ainsi
que ses frères. Il nous semble cependant que des écoliers en vacances trouvent difficilement une collection de lunettes dans leurs
poches pour récréer leurs loisirs. Une passe, mais cinq! Volontiers nous remplacerions ces problématiques lunettes par l'antique et primitif télescope, le tube de roseau. Le second observe
donc avec un cylindre fait d'un bout de canne; il voit le signal et
dispose aussitôt son appareil de la même manière, pour transmettre la lettre, le mot, l'idée au troisième. Celui-ci en fait autant,
et de proche en proche le signe arrive au dernier, qui l'inscrit
religieusement sur son bulletin de réception. Pendant que le signal chemine, Claude en dispose un autre qui se propage à la
suite des premiers. D'autres et puis d'autres encore se succèdent
jusqu'à ce que la dépêche soit épuisée.

Alors rassemblement à toute jambes de la joyeuse bande çà et
là dispersée. Tous accourent au rendez-vous, avec la machine à
signaux sur l'épaule. — Eh bien, fait Claude, dont la douce physionomie laisse percer l'anxiété de l'inventeur devant les résultats
de l'épreuve, eh bien, avez-vous tous compris? Et s'adressant au
dernier de la série télégraphique : Fais voir tes notes. — Si j'ai
compris, répond le préposé à la réception de la dépêche; mais
oui, parfaitement oui. C'est simple comme de dire bonjour. Voici
mon calepin. J'ai traduit les signaux en accourant ici. — La traduction est montrée. Elle est en tout conforme à la phrase
crayonnée par Claude avant de l'envoyer. — Mes amis, dit le
carnet de Claude, les vacances vont finir, amusons-nous bien. —

Mes amis, répète le carnet de l'autre, les vacances vont finir, amusons-nous bien. — Succès complet. Une autre partie est décidée
avec de plus grandes distances et un discours plus long. Le soir,
au repas de famille, le père surprend entre les cinq frères placés
aux deux bouts de la longue table, des signaux faits avec la fourchette et le couteau croisés de telle façon, puis de telle autre. Il
s'informe, il apprend le projet pour le lendemain. Les enfants
rient, il rit aussi de ce jeu puéril, où couve l'une des grandes
inventions de notre époque.

Quelques années se passent. Les cinq frères sont dispersés,
chacun préoccupé, dans sa carrière, des graves soucis de la vie.
Claude s'est fait abbé. Il a obtenu un bénéfice ecclésiastique
dont les revenus largement suffisent à ses goûts pour les recherches scientifiques. La révolution éclate, et dans les troubles d'une
commotion aussi profonde, Claude perd son bénéfice et trois de
ses frères leurs places. On revient à la maison paternelle pour se
réconforter en commun et combiner de nouveaux projets d'avenir.
Que faire pour venir en aide à la nombreuse famille? Claude se
ressouvient du divertissement télégraphique des vacances, des petites règles noires plantées au bout d'un bâton. Un secret pressenti-
ment lui dit qu'en perfectionnant son jouet il peut être utile à son
pays, et apporter ainsi un peu de bien-être parmi les siens. Il reprend donc l'appareil des trois règles articulées l'une à l'autre, et
par un travail assidu, que secondent ses frères, il le transforme
en une savante machine que meuvent des leviers, des poulies, des
cordages. Une table de dix mille mots, représentés chacun par un
signe ou une combinaison de signes, accompagne la machine et
peut servir de vocabulaire au discours le plus complexe. Enfin le
télégraphe est soumis à la Convention nationale, qui en ordonne
l'essai.

L'essai se fit, non sans danger pour l'inventeur. Au voisinage
de Paris quelques appareils furent dressés, correspondant entre
eux et montrant à tous les regards leurs anguleux signaux. Soupçonneux comme on l'est aux époques de trouble, méfiant pour tout
ce qui lui est inconnu, le peuple vit dans les continuelles gesticulations du nouvel engin une correspondance royaliste appelant
dans Paris les armées de l'invasion. Ivre d'une aveugle colère,
il se rua sur la construction, dont il ne resta pas pierre sur pierre.
L'incendie acheva le reste. Et tandis qu'autour de la flamme

consumant le télégraphe, les gens à piques dansaient la carma-
gnole au terrible refrain du ça-ira, de rapides perquisitions étaient
faites pour retrouver les hommes de la machine, l'inventeur surtout, et les jeter vivants dans le brasier. Claude dut sérieusement
veiller au salut de ses jours.

Un peu plus tard, les essais furent repris, cette fois sous la haute
protection du pouvoir. La Convention prévint les gardes nationaux,
les maires des communes où devaient s'établir des postes télégraphiques, et leur donna ordre de respecter les constructions et les
appareils. Elle informa le public que ces essais, loin d'être vus
avec méfiance, devaient être encouragés, car la patrie peut-être en
tirerait profit. Tout se passa donc sans accident, et les résultats
répondirent très bien aux espérances de la Convention. En conséquence, une ligne télégraphique fut décidée entre la capitale et
la frontière du Nord, la plus menacée; seize postes télégraphiques
devaient relier Lille et Paris.

Chargé du travail, Claude Chappe reçut le titre d'Ingénieur-
télégraphe avec les appointements de cinq livres dix sous par jour.
Ses frères lui furent adjoints comme administrateurs. Cinq livres dix
sous par jours, payés apparemment en papier-monnaie de l'époque,
en assignats, dont la valeur effective était descendue à peu près
à la moitié de la valeur nominale, voilà des émoluments qui nous
feraient bien sourire aujourd'hui et que rejetterait avec indignation le moindre entrepreneur de bâtisse. Claude Chappe s'en
contentait, et ses frères se contentaient de moins encore. Quelle
époque où la République, dépourvue de tout, trouvait à son service,
pour cinq livres dix sous par jour, des hommes d'un mérite supérieur, et lançait aux frontières, contre des troupes aguerries,
des conscrits en sabots, aimés de la victoire! Avec le concours du
génie, de l'abnégation, de l'élan, la patrie devait être sauvée;
elle le fut.

L'établissement de postes télégraphiques en pleine campagne,
loin des centres de population, en des points déserts, exposés aux
attaques de la malveillance aveugle, ne put s'obtenir qu'en sur-
montant mille difficultés. Les ouvriers manquaient : improvisés
soldats, ils faisaient face à l'ennemi sur les frontières; les chevaux
pour le transport manquaient : ils étaient attelés aux canons; les
matériaux de toute sorte manquaient, le bois et le fer, la chaux
et la pierre à bâtir : l'industrie française alors n'avait qu'un souci,

la fabrique des armes. Et pour mettre le comble à l'embarras des
frères Chappe, les gens de la campagne, paysans peu ou point instruits des avis de la Convention, voyaient avec un sourd méconten-
tement s'élever, de distance en distance, des tourelles au sommet
desquelles s'agitait une bizarre machine dont les gestes mystérieux leur inspiraient une profonde méfiance. Une explosion de
colères, quelque temps contenues, était à craindre; il fallait s'attendre à voir se renouveler un jour ou l'autre le sauvage brasier
où Claude Chappe avait failli périr. On travaillait donc aux postes
télégraphiques le fusil en bandoulière et le pistolet à la ceinture.

Cependant l'ingénieur à cinq livres dix sous se multipliait, em-
bauchant des ouvriers dans les clubs, des impotents, boiteux,
bossus ou borgnes, qui n'avaient pu suivre leurs compagnons à
l'armée. Aux uns, il montrait comment le fer se martelle et
comment s'équarrit le bois; aux autres, il enseignait l'art de cuire
les briques et la chaux; aux autres encore, il apprenait la taille
des pierres et la confection du mortier. L'ex-abbé savait tout,
était bon à tout. Le succès répondit à tant de constance, d'efforts,
d'abnégation : en moins d'un an, la ligne télégraphique entre
Paris et Lille était établie.

Le 1er septembre 1794, la machine de Chappe, à peine installée, eut un triomphe qui fournit une page émouvante à nos annales historiques. La Convention entrait en séance. Le ministre de
la guerre, Carnot, que son habile administration fit surnommer l'organisateur de la victoire, s'élance à la tribune, un papier à la main.
Ses traits émus annoncent une grave affaire. Un profond silence
se fait. Alors lui, de sa voix vibrante : — Citoyens, dit-il, j'ai à
vous annoncer une grande nouvelle, qui réchauffera nos cœurs. Les
Autrichiens sont en déroute, battus par nos recrues; la place forte
de Condé, dont ils étaient les maîtres, vient de nous être rendue.
C'est ce que nous annonce à l'instant le télégraphe de Chappe,
établi par vos soins. Voici d'ailleurs ce que dit la dépêche :
« Condé est restitué à la République; la reddition a eu lieu aujourd'hui à six heures du matin ».

Un tonnerre d'applaudissements accueille la dépêche. Les députés se lèvent, s'embrassent entre voisins dans un élan de patriotique effusion, et remplissent la salle de leurs bravos prolongés.
A cet enthousiasme, le public des tribunes ajoute le sien plus
bruyant encore. Les bras tendus, les chapeaux agités, les écharpes

aux trois couleurs nationales déployées, les accolades fraternelles, les retentissants éclats de vive la République, vive Chappe, vive le télégraphe, donnent à l'assemblée l'aspect d'une réunion prise d'un saint délire. Saint délire, en effet, que celui dont la source est la foi dans le salut de la patrie :

Lorsqu'un peu de calme s'est fait, un représentant gravit quatre à quatre les marches de la tribune et dit : — « Je demande que la ville de Condé change de nom, et s'appelle désormais *Nord-Libre.* »

Un décret favorable est rendu. La nouvelle appellation consacrait le souvenir de nos frontières du nord délivrées de l'ennemi. Un second représentant ajoute : — « Je demande qu'en apprenant à Condé son changement de nom, vous déclariez aussi à l'armée du nord, qu'elle a bien mérité de la partie. »

Un troisième dit : — « Je demande que les deux décrets rendus soient transmis à l'instant par le télégraphe. »

Il fut fait comme il était demandé. L'appareil de Paris, installé sur le dôme du Louvre, ouvrit ses bras en planchettes noires, et fit ses gestes qui s'envolèrent dans l'espace d'un poste à l'autre. La Convention était encore en séance quand lui parvint une nouvelle dépêche lui annonçant la réception des deux décrets. Une salve d'applaudissements à faire crouler la salle montra de quel prix était aux yeux de nos représentants, la machine qui leur permettait de causer avec la frontière dans le cours d'une séance. Toute l'Europe s'en émut, inquiète de ce que ne pourrait aire un peuple capable, dans le péril, de pareilles inventions.

Le télégraphe de Chappe, qui si vivement suscitait l'admiration de nos pères, est aujourd'hui relégué dans l'oubli. Un autre l'a remplacé, bien plus prompt dans son fonctionnement, et surtout exempt du défaut majeur qui trop souvent rendait impossible l'emploi de l'appareil à signaux vus de loin. Pendant la nuit, la machine de Chappe forcément chômait, étant invisible ; de jour même, elle éprouvait de fréquents arrêts, motivés par l'état atmosphérique, car la moindre brume, convertie en rideau opaque par l'interposition d'une épaisseur de quelques lieues, dérobait aux regards les signaux. C'était donc en somme un appareil très imparfait, subordonné à une condition fort chanceuse, la limpidité de l'air. Il était en outre d'un service très coûteux à cause du nombreux personnel échelonné à des distances médiocres. Aussi ne l'employait-on que pour les dépêches urgentes de l'État, sans jamais lui confier une correspondance particulière, si brève qu'elle fût.

C'est vers 1855 que le télégraphe électrique a remplacé le télégraphe de Chappe. Nos jeunes lecteurs n'ont donc pas vu la glorieuse machine qui annonçait à la Convention les premières victoires de la République, et qui a fonctionné sans modification jusque vers le milieu du siècle actuel. Il leur est très facile de s'en faire une idée. Qu'ils se figurent sur une pointe de rocher, sur quelque mamelon découvert, une tourelle blanche de quelques mètres de hauteur. Au centre de la plateforme qui la termine, est implanté l'appareil télégraphique, dont la structure générale ne diffère pas de celle que les frères Chappe en vacances adoptaient dans leurs jeux. Une large et longue bande en bois, en treillis comme une persienne pour être plus légère, et peinte partie en blanc et partie en noir, peut tourner, dans un plan vertical, autour d'un pivot qui la traverse par le milieu, et la fixe à un solide support en fer. Deux ailettes plus courtes, construites et peintes de la même manière, peuvent prendre à chaque extrémité de la longue pièce, et dans le même plan, telle position que l'on veut. Des cordes, des tringles, des poulies, des leviers installés dans la tourelle permettent de donner à l'appareil la configuration conforme au signal qu'il s'agit de transmettre. Le moteur est l'employé, résidant dans la tourelle. Assis sur un banc élevé, une lunette devant pour voir si le signal transmis est bien compris et reproduit, une lunette derrière pour reconnaître le signal qu'on lui envoie à lui-même, les pieds pressant sur telle ou telle autre pédale, les mains faisant tourner tantôt plus, tantôt moins, dans un sens ou dans l'autre, une roue à poignées, il fait prendre à la machine extérieure la forme voulue. Il ne sait rien de la signification des signaux, pour lui vrai grimoire ; ce qu'il reçoit, ce qu'il envoie, il l'ignore ; et un passant qui s'arrêterait pour recueillir les signes, ne viendrait jamais à bout d'en trouver la traduction. L'employé se borne donc à regarder dans sa lunette l'arrangement que lui montre son collègue qui précède, et à le reproduire pour le montrer à son tour à son collègue qui suit.

Du dehors, tout le mécanisme est invisible ; on n'aperçoit, se détachant sur le bleu du ciel, que l'appareil à signaux, dont les trois pièces brusquement se mettent à l'oblique, à la verticale, à l'horizontale, se ferment ou s'ouvrent sous un angle aigu, droit ou obtus. On dirait qu'une énorme araignée, captive dans la tourelle, projette au ciel ses pattes en des gesticulations désespérées. Tel était, il y a une trentaine d'années le télégraphe, dont il ne reste plus que les tourelles délabrées, refuge du lézard.

CHAPITRE LXVI

Bien avant l'invention de Chappe, on s'était préoccupé de moyens de correspondre rapidement à distance; et ce n'étaient pas seulement les exigences de la politique, les raisons d'État, quii nspiraient de semblables recherches, mais encore un besoin inné en chacun de nous. L'incertitude nous est intolérable. Que l'événement doive nous combler de joie ou nous accabler de dou leur, nous désirons le connaître, et à l'instant, s'il se peut. Que font en ce moment, que deviennent un père, un fils, un ami adoré, dont l'état nous inspire de l'espoir ou de l'inquiétude? Le cœur étreint par l'indéfinissable angoisse de l'attente, nous interrogeons en vain les probabilités, et nous leur préférons la certitude, serait-elle contraire à tous nos vœux. Nous ne pouvons vivre que de vérité. De tout temps, l'homme s'est donc ingénié pour communiquer rapidement, malgré la distance, avec ceux qu'il aime. Les plus vieilles légendes de l'antiquité classique nous parlent de Thésée, partant pour Colchos, à la conquète de la toison d'or, que garde nuit et jour un horrible dragon. Ses embarcations, les premières que l'homme ait confiées aux flots de la haute mer, sont munies de voiles noires, symbole des dangers que court l'expédition nautique. Mais le héros a promis à son père, le vieil Egée, de leur substituer à son retour des voiles blanches s'il revient vainqueur du monstre et possesseur de la toison. Ce sera le signal qui, de l'extrémité de l'horizon, parlera au père du salut du fils. L'époque du retour venue, le vieillard attend donc sur la plage, interrogeant du regard, du côté de l'orient, les confins de la plaine liquide. Enfin des voiles apparaissent, mais elles sont noires; au milieu des joies du succès, Thésée vainqueur avait oublié de les faire changer. Croyant à la mort de son fils, Egée se précipita dans la mer, qui depuis a porté son nom.

Les poèmes d'Homère, qui nous reportent à une époque où les armes de bronze commençaient à être remplacées par des armes en fer, où les pasteurs des peuples préparaient eux-mêmes leurs repas, et faisaient rôtir sur la braise, de leurs royales mains, le dos succulent d'un porc, nous disent comment, autour des murs de Troie assiégée, les lueurs d'un fanal annonçaient aux intéressés l'issue de quelque grave événement. C'est encore par des flammes de bûchers allumés sur la cime des montagnes, que le roi des rois, Agamemnon, rassure sa. femme Clytemnestre, restée dans son palais d'Argos, et lui apprend le succès des armes grecques devant Troie.

A ces procédés naïfs succédèrent plus tard les combinaisons ingénieuses que nous avons vues employer par César dans sa lutte contre les Gaulois ; mais de longs siècles s'écoulèrent avant qu'il fût permis de soupçonner même la possibilité d'informations rapides, plus ou moins analogues à celles dont il est fait maintenant usage universel. Il faut arriver aux temps modernes pour voir poindre cette idée, d'abord vague, bizarre, extravagante, fruit d'une imagination déréglée, bien plus que de l'expérience ; puis précise, contenue dans des bornes raisonnables et touchant presque à la pratique à mesure que s'amasse le trésor de la science. Accordons un instant à ces tentatives précoces ; nous y verrons, encore une fois, par quelles étranges aberrations l'esprit humain débute avant de parvenir au vrai.

Il y a deux siècles et demi, un savant jésuite de Rome, Flaminius Strada, nous apprenait, en vers latins, le moyen de correspondre entre amis, si considérable que fût la distance. Tout le secret résidait dans les propriétés de l'aimant. Ce mot d'aimant, si singulier dans notre physique rationnelle, traduisait très bien les idées de l'époque de Strada sur le magnétisme, idées antiques, émises déjà par Thalès et par Pline, qui accordaient, le premier, une âme, et le second, la vie, à la pierre magnétique. Une pierre qui a une âme est capable d'aimer. Ame, amour, ont même racine. Un aimant n'aime-t-il pas un autre aimant, puisqu'il s'y attache avec force. Cet attachement n'est-il pas signe de mutuelle sympathie ? Il est vrai que présentés d'une autre façon, ces deux aimants se repoussent, comme ennemis. Mais la haine est le contraire de l'amour, l'antipathie est l'inverse de la sympathie ; par conséquent, l'un et l'autre cas sont du ressort de 'âme, qui accueille ou rebute à sa convenance. Ayons donc deux aiguilles d'acier, donnons-leur âme et vie en puisant à la même source, c'est-à-dire aimantons-les avec la même pierre. Ces deux aiguilles sœurs auront l'une pour l'autre une invariable sympathie. Imprégnées des mêmes vertus magnétiques, elles s'imiteront dans tous leurs mouvements ; ce que l'une fera, l'autre à l'instant le fera aussi, n'importe la distance qui les sépare. Ainsi raisonnait, ou plutôt déraisonnait le jésuite, dominé par le mot d'aimant. On n'était pas bien difficile à son époque sur l'argumentation scientifique. Une analogie lointaine, un vain rapprochement de mots, un méchant calembour, cela suffisait pour étayer sa thèse.

On va loin dans les régions de l'absurde avec pareille théorie sur la sympathie des aimants. Voyons le parti que le jésuite en tire. Deux amis partent en sens opposé pour un lointain voyage. Ils veulent, en dépit de la distance, causer entre eux et se donner réciproquement de leurs nouvelles. A cet effet, Strada leur recommande de se munir chacun d'une aiguille aimantée, les deux fines tiges d'acier ayant, bien entendu, puisé l'âme magnétique au même barreau, à la même pierre, ainsi qu'il vient d'être dit. C'est la condition indispensable d'une sympathie apte à se maintenir à travers l'espace et le temps. Enfin l'aiguille est mobile sur un pivot, au centre d'un cercle de carton divisé en vingt-quatre compartiments égaux, dans chacun desquels est inscrite une lettre de l'alphabet. Voilà la machine dont chacun des deux amis est pourvu.

Veut-on en faire usage, Pierre veut-il mander à Paul un avis ? Rien de plus simple. Pour lui dire le mot *ami*, par exemple, Pierre mettra l'extrémité d'un petit barreau de fer sur la lettre A de son appareil ; l'aiguille aimantée viendra sur cette lettre, attirée qu'elle est par le fer, et l'aiguille de l'appareil de Paul, par un effet de cette sympathie magnétique qui lui fait imiter à distance tous les mouvements de la première, viendra d'elle-même se fixer sur la lettre A. Pareillement, amenée sur la lettre M, puis sur la lettre I, par l'attraction du fer, l'aiguille de Pierre provoquera le déplacement de l'aiguille sœur sur les mêmes lettres, et Paul lira le mot *ami* comme si les caractères en étaient tracés sous ses yeux par la main de son correspondant.

Le jésuite plaisantait-il en proposant son extravagante télégra-
rhie ; était-il de bonne foi ? Nous inclinerions à croire qu'il était
convaincu, car si pour nous, instruits à la sévère école de l'expérience, il est évident que deux aiguilles aimantées, sans liaison
entre elles, ne peuvent avoir à distance aucune influence l'une
sur l'autre, le siècle de Strada aisément complétait par des propriétés imaginaires le peu que l'observation lui avait enseigné.
Plus l'idée était bizarre, plus elle avait du succès, surtout quand
elle était échafaudée tant bien que mal sur un principe vrai.
C'est ainsi qu'en se basant sur la réflexion de la lumière, un
autre promoteur de projets merveilleux faisait du disque de la
lune un miroir télégraphique. Des signaux partis d'un point de la
terre et envoyés par un vaste miroir concave, allaient se réfléchir
sur la surface de la lune, et revenaient vers nous, visibles pour
une seconde station très distante de la première et convenablement choisie. Le télégraphe de Strada était donc parfaitement
dans les goûts de l'époque.

Si cet appareil insensé trouva des crédules, ne nous hâtons pas
de sourire : nous prendrions en pitié notre propre crédulité. Il
ne faudrait pas revenir bien en arrière pour retrouver parmi
nous des folies télégraphiques pires que celle du jésuite romain.
Il y a quelques années, un mauvais plaisant avait trouvé l'idée
des escargots sympathiques, et la chose se propageait avec une
rapidité désespérante pour qui a foi dans le bon sens de la foule.
Deux escargots pris au hasard, mais élevés quelque temps ensemble sur la même feuille de laitue, contractaient entre eux
sympathie. Strada ne disait pas autre chose de ses deux aiguilles
d'acier, aimantées à la même source magnétique. Les deux bêtes
cornues, devenues sympathiques par la cohabitation, mouvaient
exactement de la même manière leurs quatre tentacules, qui s'allongeant plus ou moins hors de leurs étuis, se portant en avant ou
en arrière, inclinant vers la droite ou vers la gauche, constituaient
un appareil à signaux, plus varié encore que celui de Chappe.
Pour avoir des nouvelles d'un ami, on mettait le colimaçon sur
une feuille de laitue, et l'on consultait le mouvement de ses
cornes, répétition fidèle des évolutions cornues de son confrère
sympathique. L'extravagante correspondance eut un succès fou ;
beaucoup se demandaient si c'était pour rire ou pour tout de bon.
Vers la même époque, n'avons-nous pas eu les esprits frappeurs,

les tables tournantes, les guéridons qui répondaient à vos questions en tapant du pied sur le parquet. Sommes-nous bien guéris aujourd'hui de ces stupidités, frappants exemples de l'imbécillité humaine ? Railler les esprits évoqués et les tables oracles, n'est-ce pas offenser encore bien des croyances ?

Accordons alors quelque indulgence aux aiguilles sympathiques de Flaminius Strada. D'ailleurs, par une concordance bizarre, qui associe le non-sens et la raison, l'impossible et le possible, le faux et le vrai, il se trouve que le ridicule appareil du jésuite est basé sur le magnétisme comme nos modernes appareils de télégraphie. A ce trait fondamental de ressemblance, d'autres peuvent s'ajouter. Nos cabinets de physique possèdent des instruments de télégraphie consistant en cadrans avec les vingt-quatre lettres de l'alphabet. Une aiguille les parcourt et s'arrête sur le cadran d'arrivée en face de la même lettre qu'indique le cadran de départ. C'est exactement la répétition de ce que proposait Strada. La pile, des fils conducteurs mettant en rapport les deux appareils, enfin l'électro-aimant, ont transformé l'absurde en une réalité pratique.

Mais avant l'intervention de l'électro-aimant, organe primordial de la télégraphie actuelle, bien des tentatives ont été faites pour appliquer à la correspondance lointaine l'incomparable rapidité de propagation du courant voltaïque dans un fil conducteur. Un physicien de Munich, Sœmmering, proposait en 1811 la disposition suivante basée sur la décomposition de l'eau par la pile. Au poste d'arrivée sont rangées vingt-quatre tasses en verre, pleines d'eau acidulée et traversées à la base par les extrémités de deux fils métalliques. Chacune d'elles est en somme disposée comme l'appareil dit voltamètre, dans lequel il est d'usage d'opérer la décomposition de l'eau au moyen du courant; chacune en outre porte inscrit à l'intérieur l'un des caractères de l'alphabet. Il y a ainsi la tasse A, la tasse B, la tasse C, etc,. Si l'on veut disposer d'un plus grand nombre de signes, par exemple des caractères de la numération, rien n'empêche d'augmenter autant qu'on le voudra le nombre des tasses indicatrices.

Les fils des diverses tasses sont revêtus d'une enveloppe isolante, d'un fourreau de soie par exemple, qui permet de les mettre en contact sans troubler les communications électriques. Rapprochés en un faisceau commun, ils forment donc une corde, de telle longueur qu'il sera nécessaire. Au poste de départ, cette corde s'épanouit en éventail comme elle le fait au poste d'arrivée; elle étale ses fils deux par deux, exactement comme ils sont associés dans les diverses tasses. Une pile est à proximité des fils épanouis. Veut-on maintenant transmettre le signe M, par exemple? Il suffit de faire communiquer avec les deux pôles de la pile les extrêmités des fils se rendant à la tasse M. A l'instant, si longue que soit la distance, le courant voltaïque s'établit dans les deux fils, et au sein du liquide de la tasse M se déclare un léger bouillonnement, effet de la réduction de l'eau en ses deux éléments gazeux. A cette effervescence, l'observateur attentif devant la rangée de tasses reconnaît que c'est la lettre M qu'on lui transmet de l'autre extrémité de la ligne. Un instant a suffi pour la transmission du signe, l'activité chimique s'éveillant dans le godet au moment même où les fils ont touché les pôles de la pile. Au moment aussi où la communication polaire cesse, l'activité chimique disparaît et le dégagement gazeux finit. Mais d'autres godets bouillonnent l'un après l'autre, et chacun d'eux fournit à l'observateur une lettre, pour reconstituer le mot, la phrase, le discours que son collègue lui envoie de l'autre bout du cordon à fils métalliques.

Cette idée originale de converser à distance par le moyen de la décomposition de l'eau, ne reçut jamais d'application, l'appareil pour ce langage chimique étant trop complexe et d'un emploi difficultueux. Quelques années plus tard, en 1820, le danois Œrstedt fit connaître sa célèbre expérience, que l'on peut regarder comme contenant en germe la télégraphie électrique en usage de nos jours. Cette expérience, démontrant entre le magnétisme et l'électricité une étroite relation, allait, dans un prompt avenir, faire des rêveries de Strada une superbe réalité, et donner à un aimant temporaire les qualités télégraphiques que le révérend père et ses adeptes follement attribuaient à la sympathie mutuelle de deux aiguilles aimantées. Ampère fut le premier à saisir la haute utilité de l'électro-magnétisme pour la correspondance télégraphique. Son esprit méditatif, à conceptions audacieuses, mais constamment fondées sur la solide base des faits, ne pouvait manquer de prévoir quels avantages pratiques on retirerait un jour des aperçus inattendus qu'inaugurait la découverte danoise.

A peine l'observation d'Œrstedt est-elle connue dans le monde savant, qu'il écrit ces lignes mémorables : « D'après le succès de cette expérience, on pourrait, au moyen d'autant de fils conducteurs et d'aiguilles aimantées qu'il y a de lettres, et en plaçant chaque lettre sur une aiguille différente, établir, à l'aide d'une pile placée loin de ces aiguilles, et qu'on ferait communiquer alternativement par ses deux extrémités avec celles de chaque fil conducteur, une sorte de télégraphe propre à écrire tous les détails que l'on voudrait transmettre, à travers quelques obstacles que ce soit, à la personne chargée d'observer les lettres placées sur les aiguilles. En établissant sur la pile un clavier dont les touches porteraient les mêmes lettres, et établiraient la communication par leur abaissement, ce moyen de correspondance pourrait avoir lieu avec assez de facilité, et n'exigerait que le temps nécessaire pour toucher d'un côté et lire de l'autre chaque lettre. »

Là se bornent tous les détails. Ampère, homme de hautes théories bien plus que d'outillage pratique, se borne à émettre en quelques lignes l'idée mère dont il abandonne l'exécution aux gens du métier. Tout succinct qu'il est, son projet n'en est pas moins d'une parfaite clarté. La disposition des fils conducteurs peut se concevoir comme nous venons de l'expliquer au sujet de l'appareil chimique imaginé par Sœmmering; seulement ses fils, au lieu de se rendre dans des tasses où le courant doit décomposer l'eau, sont tendus parallèlement à des aiguilles aimantées, mobiles autour d'un pivot vertical et dirigées suivant l'orientation habituelle que leur imprime la terre; enfin ils sont disposés comme pour l'expérience d'Œrstedt. Si, au poste de départ de la dépêche, l'un de ces fils est mis en rapport avec la pile au moyen du clavier à lettres dont parle Ampère, au poste d'arrivée l'aiguille parallèle à ce fil et placée en dessous, aussitôt se meut pour se mettre en croix avec le courant, et par ce mouvement indique à l'observateur la transmission de la lettre dont elle est le signe.

Le même obstacle qui s'était opposé à l'application de l'idée de Sœmmering, se retrouve ici, également difficile à surmonter. C'est la multiplicité des fils conducteurs. Pour représenter les vingt-quatre lettres de l'alphabet, soit au moyen de la décomposition de l'eau, soit au moyen de la déviation d'aiguilles aimantées, il faudrait vingt-quatre fils allant d'un poste à l'autre, et autant pour le retour afin de compléter le circuit, en tout quarante-huit. Il est vrai que les fils de retour pourraient être supprimés et remplacés par le sol lui-même ainsi qu'on le fait aujourd'hui pour toutes les lignes télégraphiques; mais à cette époque, la possibilité de la suppression de l'une des moitiés du fil ne venait pas encore à l'esprit, bien que l'on possédât les documents aptes à la suggérer. Fut-elle accomplie, cette simplification ne laissait pas moins vingt-quatre fils conducteurs dont l'établissement pour de grandes distances était beaucoup trop dispendieux.

Un second obstacle aggravait la difficulté. L'action du courant sur une aiguille aimantée est sans doute très sensible quand on emploie une bonne pile et qu'on fait usage d'un fil de médiocre longueur; mais si ce fil devient très long, l'intensité du courant s'affaiblit, ne peut soutenir la parité avec l'action directrice de la terre, et ne provoque dans l'aiguille qu'une déviation hésitante, incertaine, à peine différente de l'état de repos. Il aurait fallu, sans recourir à des piles d'une puissance exagérée, augmenter considérablement l'effet du courant sur l'aiguille. Nous avons vu comment le physicien allemand Schweigger était parvenu à multiplier l'action du courant voltaïque sur l'aiguille aimantée en enroulant un grand nombre de fois autour de celle-ci le fil conducteur revêtu d'une enveloppe isolante. Nous avons étudié sa belle invention, le galvanomètre, précieux instrument dont l'exquise sensibilité accuse les courants les plus faibles. Aux vingt-quatre fils d'Ampère tendus en ligne droite au-dessus d'une aiguille aimantée chacun, substituons vingt-quatre galvanomètres représentant les divers caractères de l'alphabet; complétons le circuit avec des fils conducteurs, et nous aurons un appareil télégraphique à indications très nettes malgré la distance.

Divers essais ont été entrepris dans ce sens, mais sans recevoir d'application sérieuse. Citons-en un seul. En 1833, un riche expérimentateur de Saint-Pétersbourg, le baron Schilling, reprenait l'idée d'Ampère, rendue mieux applicable au moyen du galvanomètre, et très simplifiée sous le rapport du nombre des fils conducteurs à l'aide d'une combinaison fort simple. Cinq galvanomètres seulement constituaient l'appareil du savant russe. Nous savons que le pôle austral d'une aiguille aimantée se porte tantôt d'un côté tantôt de l'autre du fil interpolaire qui lui est présenté suivant la direction du courant. Ces deux mouvements inverses, aussi nets l'un que l'autre, peuvent avoir chacun la valeur d'un signal. Disposant de cinq galvanomètres, nous aurons donc dix signaux distincts, à chacun desquels nous attribuerons la valeur de l'un des dix caractères numériques. Les oscillations des aiguilles des cinq galvanomètres, tantôt à droite et tantôt à gauche, suivant la mise en communication des fils conducteurs avec la pile du poste de départ, représentant de cette manière les dix chiffres, il nous sera aisé de transmettre tel nombre que nous voudrons. Reste à convertir cette correspondance arithmétique en une correspondance de mots. Ceci n'est plus qu'un jeu. Il suffit par exemple de prendre un dictionnaire et d'en numéroter par ordre chaque mot. Pour transmettre un mot, on transmet le numéro qui e représente dans le dictionnaire; la dépêche est traduite ensuite à l'aide d'un dictionnaire pareil.

On voit déjà par cette méthode, qui resta d'ailleurs à l'état de projet, avec quelle rapidité la télégraphie magnéto-électrique marche à sa perfection. Au lieu des quarante-huit fils d'Ampère, dix suffisent, sans laisser la moindre place au doute, pour transmettre la pensée à telle distance qu'il sera jugé convenable. La simplification est déjà très grande, mais la pratique a des exigences bien difficiles à satisfaire. En théorie, dix fils aisément s'acceptent; dans les applications ils sont très grave embarras. Il n'en faudrait qu'un seul, et ce fil unique devrait être apte à la multiplicité des signaux. Tel est l'ardu problème résolu en 1837 par Steinheil, physicien de Munich.

Son instrument télégraphique se composait d'un seul galvanomètre; et de plus le fil de retour était supprimé, remplacé qu'il était par la terre. Un fil unique reliait ainsi les deux postes, et le circuit nécessaire à la production du courant était complété par le sol, bon conducteur. Une expérience déjà vieille lui inspira cette heureuse idée, d'où dépendait l'avenir de la télégraphie électrique. Le lecteur se rappelle sans doute les essais faits jadis en Angleterre relativement à la transmission de l'étincelle de la bouteille de Leyde que venait de découvrir Muschenbroëk. Un fil métallique, tendu d'un bout à l'autre de la Tamise, plongeait par une extrémité dans l'eau du fleuve, et par son autre extrémité était en rapport avec l'armature extérieure d'une bouteille de Leyde chargée, disposée sur un support isolant à l'autre bord, où émergeait de l'eau une courte tringle de métal. Il suffisait d'ap-

procher cette tringle de l'armature intérieure pour voir l'étin
celle jaillir. Les deux électricités se portaient donc au devant l'une
de l'autre en partie par l'intermédiaire du fil métallique, en partie
par l'intermédiaire de la largeur du fleuve, achevant le circuit.
Semblable expérience entreprise avec le sol humide complétant le
conducteur interposé entre les deux armatures, avait donné les
mêmes résultats. S'étayant de ce fait, Steinheil soupçonna que la
moitié du fil interpolaire d'une pile pouvait être supprimé et
remplacé par le sol sans que le courant fût interrompu. Quelques
essais eurent bientôt converti ses soupçons en certitude. Désormais un seul fil suffisait entre deux postes télégraphiques, à la
condition expresse d'en faire plonger les extrémités dans le sol
humide, excellent conducteur de l'électricité. A cela se borne, et
le mérite n'en est pas petit, l'invention du savant de Munich.

Pour terminer disons un mot de son appareil. Il est formé
d'un seul galvanomètre, dans le cadre duquel pivotent deux barreaux aimantés, armés chacun à l'une de leurs extrémités d'une
sorte de plume garnie d'encre. En face des deux barreaux se meut
uniformément, entraînée par un mouvement d'horlogerie, une
bandelette de papier, que viennent heurter, l'un de son extrémité encrée, l'autre de son extrémité non encrée, les deux barreaux déviés à la fois par le courant. Si la direction du courant
est intervertie au poste de départ, la déviation est inverse ; et c'est
le second barreau qui vient toucher le papier de son extrémité
armée de la pointe écrivante. De ces attouchements tantôt par
l'un tantôt par l'autre des deux becs garnis d'encre, résulte une
double série de points dont la combinaison se prête à un système
de signaux. Cet appareil de télégraphie électro-magnétique a été
le premier pratiquement employé. Il faisait communiquer Munich avec l'un de ses faubourgs, distant d'environ une lieue.

CHAPITRE LXVII

ARAGO

C'était vers 1793. Nos provinces pyrénéennes étaient infestées
de bandes espagnoles contre lesquelles la Convention de temps en
temps envoyait des troupes. Or au petit village d'Estagel, dans les
Pyrénées-Orientales, un ancien avocat, fréquemment avait à loger
des soldats de passage, parfois des officiers. L'aîné de la maison,
petit garçon de sept ans, ne se possédait plus de joie à l'arrivée
des deux militaires à qui le billet de logement donnait place au
feu et à la chandelle. Le soir, après le souper, silencieux dans un
coin, tout oreilles, tout yeux, il admirait, il écoutait les convives
étrangers, attardés à table et noyant dans un verre de vin les fatigues du jour. Leurs récits de la vie des camps, leurs patriotiques
conversations coloraient ses joues des rougeurs de l'enthousiasme.
Les grands sabres appendus par le baudrier à un clou de la muraille, les lourds fusils à bayonnette, les gibernes bourrées de
cartouches, tour à tour attiraient ses regards sans pouvoir les
lasser. Examiner ces armes de près, voir le dedans de la boîte
aux cartouches, presser sur la détente du fusil, dont la pierre étin-
celait sur l'acier de la platine, c'était pour l'enfant insigne faveur,
qu'il lui arrivait d'obtenir du soldat débonnaire. Le petit garçon
se sentait grandir d'un empan pour avoir brûlé une pincée de
poudre dans le bassinet. Mais l'officier surtout était le sujet de
son extase admirative, l'officier avec ses grosses épaulettes d'or,
son épée, sa coiffure à panache. Une petite tape sur la joue, en
guise de caresse, de la part de ce haut personnage, le rendait
pour huit jours glorieux d'un tel honneur. Il en était parlé parmi
les camarades d'Estagel.

A diverses reprises, sa mère l'avait surpris se levant en cachette pendant la nuit pour aller visiter à l'aise l'équipement des soldats logés. Elle l'avait vu se croiser sur la poitrine les deux baudriers blanchis de craie, qui, trop longs pour l'enfant, laissaient le sabre et la giberne traîner sur ses talons; elle l'avait trouvé, en costume de nuit, croisant la bayonnette et dégaînant le sabre. Troublé dans ses exercices par la vigilance maternelle, le jeune guerrier en chemise, tout confus, regagnait le lit. Mais le lendemain grand émoi dans la maison : l'enfant avait disparu en compagnie des soldats. On le rattrapait à quelques lieues du village, en tête du bataillon, parmi les tambours, et porteur d'un havresac dont quelqu'un de la troupe avait honoré ses épaules. Le retour au logis était moins triomphant que le départ, mais enfin il fallait s'y résigner, avec l'espoir de recommencer l'escapade à la première occasion.

Pourfendre l'ennemi, tailler en pièces l'Espagnol, est pour lui rêve continuel. Un jour, brusquement le rêve devient réalité. Sur la place du village, apparaît à l'improviste un groupe de cavaliers espagnols. Egarés pendant une reconnaissance nocturne, ces gens paraissent assez anxieux de l'accueil qui les attend dans ce hameau inconnu. Très matinal, épiant sans doute une nouvelle arrivée de ses chers soldats, notre jeune enthousiaste de la giberne, voit le premier l'ennemi. Son indignation, sa colère, s'exhalent en un cri. — « Quoi ! Jusque dans mon pays! Ils osent ! Nous allons voir. » — Et l'enfant en toute hâte rentre à la maison, pour y prendre une arme, la première qui lui tombera sous la main, hache, broche, coutelas de cuisine, n'importe. Une hallebarde rouillée se présente. Il s'en empare et court sus aux cavaliers. Ils sont huit, bien armés, vigoureux; il est seul, tout petit, avec une arme dérisoire entre ses débiles mains. L'énorme disproportion des forces ne lui vient pas un moment à l'esprit; et n'écoutant que son courage, il se jette sur le brigadier qu'il pique à la cuisse. Celui-ci, furieux, se retourne, dégaine, brandit le sabre, et... C'en était fait du pauvre enfant, qui aurait payé bien cher son élan de patriotisme, si de fortune des paysans n'étaient survenus à l'instant même, armés de fourches et de faux. Se voyant inférieurs en nombre et cernés, les Espagnols mirent bas les armes. Encore une seconde, et le sabre s'abattait, fendant la tête où devaient éclore de si brillantes découvertes scientifiques, car notre héros de sept ans avait nom François Arago.

L'âge des études sérieuses était venu ; et pour porter lui-même un jour ces brillantes épaulettes dont la vue lui faisait battre le cœur lorsque des officiers de passage traversaient Estagel, Arago se mit à préparer son examen d'admission à l'École polytechnique. Son maître de mathématiques était un vieil abbé, excellent homme, mais peu versé dans les arcanes du logarithme et du cosinus. L'élève ne tarda pas à s'en apercevoir, et reconnaissant épuisé le savoir du professeur, prit la résolution de travailler seul. Il faut avoir étudié soi-même dans de pareilles conditions, sans guide, sans conseils, face à face avec le livre qui répète invariablement son texte obscur et ne peut vous venir en aide en un moment de défaillance par une ligne, un mot de plus ; il faut avoir expérimenté ce qui se dépense de volonté tenace et de tension d'esprit lorsqu'on veut solitairement s'ouvrir une voie lucide dans le nuageux domaine de l'abstrait, pour comprendre les difficultés qu'eut à surmonter le polytechnicien futur. Les ténèbres mathématiques semblaient s'épaissir à mesure que le jeune homme fouillait plus avant dans ses livres, lorsqu'un trait de lumière fortuit ranima son courage ; de la couverture d'un bouquin jaillit ce jour inattendu.

« Cette couverture, raconte Arago, se composait d'une feuille imprimée, sur laquelle était collée extérieurement du papier bleu. J'enlevai ce papier avec soin, après l'avoir humecté, et je pus lire dessous ce conseil donné par d'Alembert à un jeune homme qui lui faisait part des difficultés rencontrées dans ses études : « Allez, monsieur, allez toujours, et la foi vous viendra. » — Ce fut un trait de lumière. Au lieu de m'obstiner à comprendre du premier coup les propositions qui se présentaient, j'admettais provisoirement leur vérité, je passais outre, et j'étais surpris, le lendemain, de comprendre parfaitement ce qui, la veille, me paraissait entouré d'épais nuages. »

Qu'il nous soit permis de recommander à notre tour à nos jeunes lecteurs le judicieux précepte de d'Alembert, car nous pourrions nous appliquer, en l'altérant un peu, le beau vers de Virgile :

> Non ignarus mali, miseris succurrere disco.

Les peines des études solitaires n'ont guère de secrets pour notre longue expérience. Ayant éprouvé toute la valeur du fameux précepte, nous dirons donc à ceux qui travaillent sans maître : « Allez, monsieur, allez toujours, et la foi vous viendra. » Les ténèbres d'aujourd'hui se dissiperont devant les clartés de demain. La vérité se dévoile par lambeaux s'interprétant l'un l'autre. Isolée, une partie est une énigme comme le serait un fragment de tableau dont tout le reste serait voilé. Avec la partie qui suit, l'énigme commence à pouvoir se déchiffrer; avec celles qui succèdent, le jour graduellement se fait; et finalement apparaissent le vrai dans sa splendeur, la toile dans l'intégrité de sa peinture.

Le jour de la redoutable épreuve arriva. L'examen préparatoire devait avoir lieu à Toulouse. Arago s'y rendit avec un de ses amis de collège, autre candidat à l'École polytechnique. L'examinateur était Monge le jeune, le frère du célèbre géomètre à qui nous devons la géométrie descriptive. Monge avait un travers que partagent trop souvent encore les examinateurs à tous les degrés, depuis celui qui juge l'humble maître d'école jusqu'à celui qui décide du futur ingénieur. D'un ton rogue, presque brutal, il cherchait moins à reconnaître le réel savoir de l'élève qu'à noyer le candidat dans un flot de difficultés. Ah! messieurs les examinateurs, de grâce, songez aux appréhensions du patient appelé devant le tableau noir. De vos interrogations, de votre arrêt dépend son avenir, et un peu de crainte en ce moment est bien permise. Une parole bienveillante lui rendra courage, et le candidat pouvant alors répondre avec liberté d'esprit, vous jugerez de son réel mérite.

Mais Monge n'avait rien de ces douces manières. Hérissé de formules et la parole rude, il suscitait sans pitié les tremblements du tableau noir. Le compagnon d'Arago fut interrogé le premier. Déconcerté, ahuri, par des questions dont il ne comprenait pas même toujours l'énoncé, le malheureux échoua piteusement. Vint le tour d'Arago. Alors Monge :

— Jeune homme, dit-il, vous êtes probablement de la force de votre ami? Je vous conseille d'aller compléter vos études avant de risquer l'examen.

— Monsieur, répond Arago, mon ami est plus fort qu'il ne l'a fait voir. La timidité seule a gêné ses réponses.

— Allons donc! la timidité! C'est l'excuse des ignorants. Seriez-vous timide aussi, par hasard?

— En vérité, non.

— Prenez garde, il serait plus sage de vous épargner la honte d'un refus.

— La honte pour moi, réplique fièrement Arago, la honte consisterait à n'être pas examiné.

Le rude algébriste se tut devant cette noble réponse. L'examen commença. Monge n'épargna rien pour embarrasser le candidat qui avait osé lui tenir tête. Les pièges de l'x, les embûches de la tangente, les traquenards de l'équation, vainement étaient prodigués : le jeune François ne s'y laissait prendre. A peine proposées, les difficultés étaient levées avec une merveilleuse lucidité de démonstration. Etonné d'un savoir si mûr, l'interrogateur se permit des excursions hors du domaine du programme; le candidat y répondit comme pour les matières exigées. Dans les doigts d'Arago, le bâton de craie était un rayon lumineux apportant la clarté au sein des plus ardus problèmes. Équations transformées par d'ingénieux artifices, inconnues dégagées par d'élégantes méthodes, se succédaient sans un moment d'hésitation. L'élève luttait de savoir avec l'examinateur. Emerveillé de cette joûte où sa supériorité scientifique commençait à lui devenir douteuse, Monge, qui sous sa rugueuse écorce sentait battre un cœur, bondit soudain de son fauteuil, et embrassant avec effusion le candidat : « Bravo! s'écria-t-il; si vous n'êtes pas reçu à l'école polytechnique, personne ne le sera. »

Ainsi répondit, en son premier examen, l'écolier qui pour guide, dans ses études solitaires, avait pris le précepte de d'Alembert, trouvé sous la couverture bleue d'un livre d'algèbre. Le second examen, qui décidait finalement de l'admission ou du refus, se passait un mois plus tard à Paris. L'interrogateur était Legendre, autre hérisson mathématique, aussi épineux de caractère que l'était de difficultés sa fameuse géométrie, dont nos écoles se sont enfin débarrassées au grand soulagement de tous.

— Comment vous nommez-vous, demanda le géomètre.

— François Arago, répondit notre jeune savant.

— Arago?... Mais ce nom-là n'est pas français. Je refuse de vous admettre au concours. Retirez-vous.

— Que je me retire ! Et pour quel motif?

— Vous n'êtes pas Français, vous dis-je, reprend le professeur impatienté; vous n'êtes pas Français : c'est évident.

— Je me permettrai de vous contredire; je suis Français, tout ce qu'il y a de plus Français.

— Mais non, votre nom le dit.

— Mais si.

— Jamais dans la nationalité française n'a été porté le nom d'Arago.

— N'importe. Veuillez toujours m'interroger; et après l'examen, aisément je fournirai les preuves de mon origine française.

Et pendant un gros quart d'heure la discussion se poursuivit, l'examinateur niant avec obstination, le candidat affirmant avec une inflexible assurance. A la présence d'esprit, le jeune François associait la riposte facile : la querelle inopportune de Legendre ne le troubla pas davantage que ne l'avaient fait les pièges algébriques de Monge. Subjugué par le ton digne et ferme de l'élève, le géomètre consentit à l'examen, avec l'arrière-pensée de ne pas être tendre. Il avait à prendre sa revanche du candidat qui s'entêtait à vouloir être Français malgré son nom de tournure étrangère.

La rancune se trahit aux premières questions, posées avec l'intention évidente d'embarrasser l'élève et de briser sans retour la confiance du jeune homme en son petit savoir. Un léger sourire d'Arago accueillit la parole bourrue du maître et ses épineux problèmes : le candidat se proposait de prendre aussi sa revanche, à sa manière. Bien plus satisfait qu'effrayé des questions difficiles qui lui donnaient occasion de montrer ses connaissances, Arago, en quelques instants eut blanchi le tableau de ses calculs, tantôt attaquant de front les difficultés, tantôt les contournant au moyen d'ingénieuses combinaisons. Sans un moment d'arrêt, la craie courait sur la planche noire, accompagnée de la parole, qui argumentait, déduisait, expliquait, concluait avec une étonnante clarté. Coup sur coup, cinq questions venaient d'être résolues à l'aide de formules peu usitées et connues des maîtres seuls. L'élève en avait tiré merveilleusement parti, à l'extrême surprise de Legendre.

— Pourquoi ces formules, fait brusquement l'examinateur, pourquoi ces méthodes plutôt que d'autres. Ce sont là des moyens que vous employez sans en comprendre la signification; et je vous embarrasserais bien si je vous demandais de me les expliquer.

— Monsieur, répond le candidat, ces méthodes, je les emploie parce qu'elles sont plus générales et plus riches de conséquences. D'ailleurs je les comprends très bien, et j'espère vous en convaincre si vous me le permettez,

— Faites, répond Legendre.

L'éponge est passée sur le tableau et le candidat se met à développer la théorie des méthodes qu'il vient d'employer. Ce n'est plus un élève qui parle, c'est un maître, c'est un mathématicien consommé qui, aux travaux des autres, ajoute ses propres aperçus, fruits de ses méditations solitaires et de son naissant génie. A ce lumineux savoir, à cette clarté d'expositions Legendre reconnut enfin un vrai fils de la France, et tendant la main au savant candidat : « C'est parfaitement bien, monsieur ; vous êtes reçu. »

Nous ne suivrons pas Arago dans sa brillante carrière scientifique : le sujet nous entraînerait bien au delà des limites que nous imposent nos modestes récits, ; montrons-le une dernière fois popularisant la science avec une simplicité de moyens, une lucidité d'exposition qui rendaient accessibles à tous les vérités les plus ardues. Cette parole lumineuse, qui tant avait charmé Monge et Legendre dans les examens du candidat polytechnicien, devint une puissance irrésistible. Une plume autorisée de l'époque, Cormenin, disait de lui comme orateur à la chambre : « Lorsque Arago monte à l'estrade, la chambre, attentive et curieuse, s'accoude et fait silence. Les spectateurs des tribunes se penchent pour le voir. A peine est-il entré en matière, qu'il attire et qu'il concentre sur lui tous les regards. Le voilà qui prend, pour ainsi dire, la science entre ses mains. Il la dépouille de ses aspérités, de ses formules techniques, et il la rend si perceptible, que les plus ignorants sont aussi étonnés que charmés de le comprendre. Des jets de clarté semblent sortir de ses yeux, de sa bouche et de ses doigts. »

Les épaulettes, rêve des jeunes années, étaient oubliées ; au lieu de braquer le canon sur l'ennemi, Arago braquait le télescope sur les astres. Son cours d'astronomie à l'Observatoire était fréquenté par une foule enthousiaste, composée des éléments les plus divers, hommes du monde et hommes de science, étudiants et ouvriers. Or, le professeur, si difficile que fût le point traité, se faisait une règle de parvenir à se faire comprendre de tous ; et pour connaître si la vérité avait pénétré jusque dans l'intelligence la plus épaisse, il se choisissait un *thermomètre*, ainsi qu'il le racontait plaisammment dans la société de ses amis. Dès les premiers mots de la leçon, ses regards se promenaient sur l'auditoire, cherchant dans la foule la physionomie la plus stupide. Ce visage idiot était son thermomètre, indiquant à quel degré de clarté était parvenue son exposition. Si l'œil de l'hébété personnage restait somnolent, la démonstration n'avait pas été suffisamment lucide et saisissante, la massue du raisonnement n'avait pas frappé assez fort sur le crâne endurci. Et le professeur recommençait, changeant de moyens d'attaque, puisant de nouveaux traits de lumière dans les ressources inépuisables de son imagination. Pour peu que la lourde paupière donnât signe d'éveil, les faits, les raisons, les tournures imagées se pressaient, activant de plus en plus l'étincelle d'intelligence. Enfin un sourire de satisfaction s'épanouissait sur le stupide visage. Le thermomètre montait; le rayonnement de la vérité avait trouvé accès dans l'obtuse cervelle. Tout le monde avait compris, et l'astronome passait outre sans jamais perdre du regard les oscillations de son thermomètre.

Mais laissons les détails biographiques pour un sujet de plus haute portée. En 1820, la récente expérience d'Œrstedt était répétée dans tous les laboratoires de physique. En la reproduisant, Arago fut témoin d'un fait des plus remarquables. Le fil interpolaire de la pile attirait la limaille de fer ainsi que le fait un aimant; mais il était sans action sur la limaille de laiton ou de cuivre. — Ces premiers indices de magnétisme, ayant la pile pour origine, ouvraient une voie que le perspicace observateur s'empressa d'explorer. En soumettant une aiguille à coudre, c'est-à-dire une fine tige d'acier, à l'influence du fil interpolaire, Arago parvint à aimanter cette aiguille d'une manière permanente. Une vérité d'intérêt immense résultait de cet essai : l'action de la pile communique le magnétisme aussi bien que l'antique méthode de la friction, soit avec un aimant naturel, soit avec un barreau déjà aimanté. Arago parla de sa découverte à Ampère, qui lui conseilla d'enrouler le fil interpolaire autour de l'aiguille à aimanter. On devait obtenir ainsi le plus grand effet possible, et les pôles de l'aimant obtenu devaient être distribués comme le prévoyaient déjà les idées théoriques d'Ampère. Les deux amis firent l'essai en commun. Placée suivant l'axe d'une hélice de cuivre parcourue par le courant voltaïque, l'aiguille d'acier se trouva en quelques instants aimantée,

et les pôles magnétiques avaient la position prévue par la théorie.
L'expérience établit encore que l'aimantation obtenue avec la pile
ne diffère pas de l'aimantation obtenue par les moyens ordinaires ;
elle est permanente dans l'acier ; elle est temporaire dans le fer,
qui s'aimante et se désaimante tour à tour et instantanément lorsqu'il est soumis, soit à l'action d'un aimant, soit à l'action du
courant voltaïque, et lorsqu'il est soustrait à leur influence.

Des applications d'une importance capitale devaient résulter du
fait observé par Arago, comme en fera foi ce qui nous reste à
lire. Mais d'abord revenons sur la mémorable expérience due
aux concours des deux physiciens. Aimanter un barreau c'est,
d'après les idées d'Ampère, donner une orientation commune aux
courants moléculaires qui préexistent dans le fer et dans l'acier,
mais confusément dirigés dans tous les sens à la fois. L'action
directrice d'un courant suffisamment multipliée autour d'un
barreau doit provoquer cette orientation concordante, et déterminer l'aimantation permanente dans l'acier, temporaire dans le
fer. L'expérience est admirablement d'accord avec la théorie.

Autour d'un tube de verre, on enroule en spirale un fil de
cuivre communiquant avec les pôles d'une pile ; et dans le tube,
on introduit un aiguille $a\,b$ de fer ou d'acier (fig. 92). A l'ins-

Fig. 92.

tant, l'aiguille de fer est aimantée ; mais, une fois hors du tube,
elle perd son aimantation ; ses courants moléculaires, à direction
concordante tant qu'ils sont sous l'influence du courant directeur
qui parcourt la spire, reprennent leur état de confusion hors de
cette influence. Une aiguille d'acier est un peu plus lente à s'aimanter ; mais, par contre, elle garde indéfiniment son aimantation
lorsqu'elle est hors de la spire ; en d'autres termes, l'orientation
commune imprimée à ses courants moléculaires par le courant
spiral est permanente.

Le sens des courants des barreaux est le même que celui du
courant du fil spiral, qui, par son attraction, les oriente. On voit
dès lors par quel artifice il était possible à Ampère, et il nous est

possible aujourd'hui, de déterminer à l'avance la nature des pôles
de l'aiguille soumise à l'expérimentation. On suppose dans le courant spiral le personnage imaginaire d'Ampère, tourné vers l'aiguille et de manière que le courant entre par les pieds et sorte
par la tête. Ainsi disposé, l'observateur a toujours le pôle austral
de l'aiguille à sa gauche et le pôle boréal à sa droite.

Sous l'influence d'un courant enroulé autour de lui, le fer
acquiert instantanément les propriétés magnétiques ; il les perd
instantanément dès que le courant cesse de circuler. Toutefois,
pour que la disparition du magnétisme soit complète quand le
courant ne passe plus, il faut que le fer soit d'une grande pureté

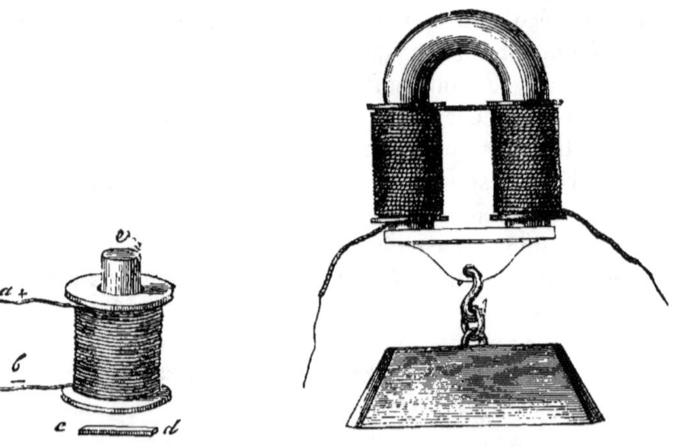

Fig. 93.   Fig. 94.

et recuit à diverses reprises. Pour peu qu'il soit aciéré par la
présence de faibles traces de carbone, pour peu qu'il soit écroui,
il conserve en partie l'aimantation que le courant lui a communi-
quée. Pur et bien recuit, le fer prend le nom de fer doux. Alors
il s'aimante et se désaimante avec une extrême facilité, suivant
que le courant agit sur lui ou n'agit plus. Cette propriété est celle
dont on fait le plus fréquemment usage dans les belles applications que les courants ont reçues.

Sur une bobine en bois s'enroule à tours pressés un fil de cuivre
revêtu de soie (fig. 93). Dans la bobine est placé un cylindre
de fer doux c. Enfin le fil est mis en rapport avec les deux pôles

d'une pile. Dès que le circuit est établi, les propriétés magnétiques apparaissent dans le cylindre de fer, comme on le constate
en approchant de l'un ou l'autre pôle une armature en fer doux *cd*.
Cette armature est attirée et fortement retenue par le pôle du cylindre. Mais si l'on interrompt la communication, le barreau
de fer devient inactif à l'instant, et l'armature se détache. Le
rétablissement du circuit réveille de nouveau les propriétés magnétiques dans le fer; son interruption les fait encore disparaître.
Le barreau de fer est un puissant aimant dès que le courant cir-

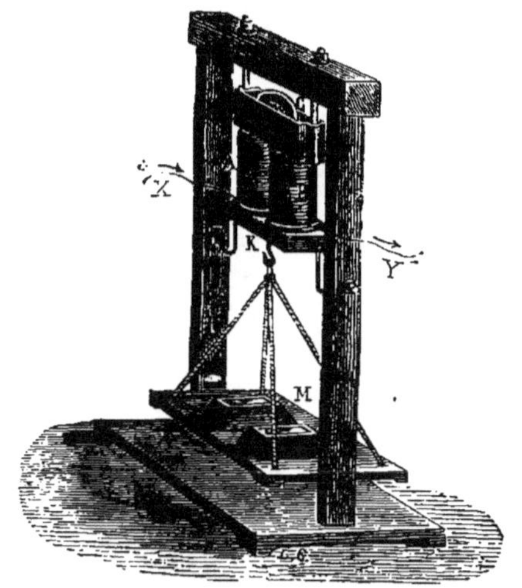

Fig. 95.

cule autour de lui; il cesse de l'être dès que le courant ne circule
plus. Pour rappeler l'aimant en lequel le fer doux se transforme
sous l'influence de courant électrique, on a donné à l'appareil
que nous venons de décrire le nom d'*électro-aimant*.

On donne d'habitude à l'électro-aimant la forme que représente
la figure 94. Le cylindre de fer doux est courbé en fer à cheval.
Sur une des branches on enroule, à tours pressés, en commençant par l'extrémité, un fil de cuivre revêtu de soie. Quand cette
branche est couverte dans une portion plus ou moins grande de
sa longueur, on fait franchir au fil l'intervalle séparant les deux
branches, et l'on passe à la seconde, sur laquelle on continue à

enrouler le fil en finissant par l'extrémité. Une armature en fer doux, à laquelle on suspend un poids, sert à apprécier l'énergie d'attraction de l'électro-aimant lorsque le courant parcourt le fil dont il est enveloppé. Enfin, l'appareil est maintenu par un support en bois (fig. 95).

D'autres fois, l'électro-aimant se compose de deux bobines pareilles à celle de la figure. Dans ce cas, les deux cylindres de fer plongeant dans les bobines sont reliées à leurs extrémités supérieures par une pièce de fer transversale.

La puissance d'un électro-aimant augmente, avec l'intensité du courant, la longueur du fil enroulé et la grosseur du barreau de fer doux. On a construit des électro-aimants qui supportaient un millier de kilogrammes et plus.

CHAPITRE LXVIII

SAMUEL MORSE

Lorsque, inspiré par les idées d'Ampère, Arago reconnut dans le fil interpolaire d'une pile la propriété d'aimanter un barreau de fer autour duquel il est enroulé, la télégraphie électrique moderne naquit, mais non soupçonnée de celui-là même qui venait d'en inventer le principal organe. Tous les essais entrepris dans une autre voie sont en effet délaissés aujourd'hui, et ne conservent qu'un intérêt historique ; aux divers appareils proposés, on préfère, comme plus simple, celui dont la pièce fondamentale est un électro-aimant. Donnons d'abord une idée de la disposition maintenant adoptée, en réduisant le mécanisme à ce

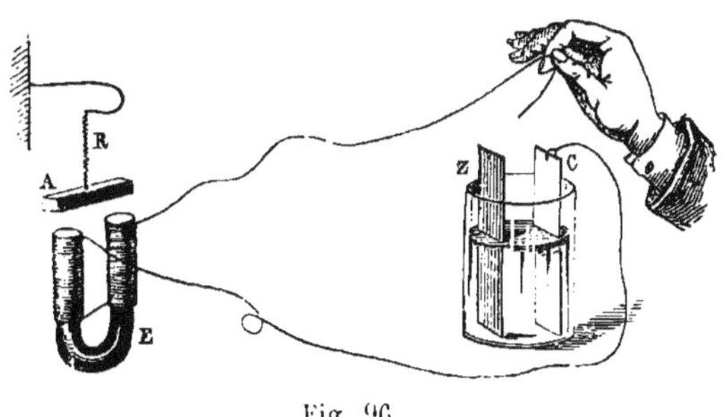

Fig. 96.

qu'il a d'essentiel. Nous faciliterons ainsi l'exposition sans nuire en rien à la rigueur scientifique.

Un électro-aimant à branches verticales E (fig. 96) est en rapport avec une pile que, pour simplifier, nous supposerons réduite à un seul élément, formé d'une lame de zinc Z et d'une lame de cuivre

C, plongeant dans un bocal plein d'eau acidulée. Au-dessus de l'électro-aimant, est suspendue, au moyen d'un ressort R, une armature en fer doux A. La longueur des deux bouts du fil métallique, qui se rendent de l'électro-aimant à la pile, est arbitraire. Supposons-lui vingt, trente mètres ou davantage, n'importe. De la sorte, l'électro-aimant peut se trouver, par exemple, à l'extrémité d'un appartement ou d'une longue table, et la pile à l'autre extrémité. Cette distance représentera pour le moment l'énorme trajet que le courant franchit quand il transmet une dépêche d'un bout de la France à l'autre, d'un continent à l'autre.

D'une main, nous saisissons l'un des bouts du fil, n'importe lequel, et nous laissons le bout restant en contact avec la pile. Le bout libre étant soulevé, le courant ne passe pas; l'électro-aimant est donc inactif et l'armature A est tenue à distance par le ressort R. A l'instant où le bout libre du fil est appliqué sur Z, le courant circule, le fer E s'aimante, et l'armature attirée vient s'appliquer sur les deux pôles. On retire encore le fil : le courant ne passe plus, le fer E se désaimante et le ressort soulève l'armature.

Si, par deux fois, trois fois, quatre fois, on établit, et on interrompt rapidement le courant, l'armature est attirée ce même nombre de fois, et vient à deux, à trois, à quatre reprises choquer avec rapidité les pôles de l'électro-aimant. Si long que soit le fil reliant l'électro-aimant à la pile, il est impossible de saisir un intervalle entre l'instant où le circuit est établi ou interrompu, et celui où l'armature vient choquer les pôles ou les abandonne, soulevée par le ressort. Le mouvement rhytmique, cadencé, du bout libre du fil sur la lame Z, est reproduit avec une parfaite précision par l'armature choquant les pôles. A l'instant précis où le fil touche la pile, l'armature s'applique sur l'électro-aimant; à l'instant précis où le fil est soulevé, l'armature est aussi soulevée. Cette aimantation et cette désaimantation instantanées de l'électro-aimant, séparé de la pile par un fil conducteur plus ou moins long, sont la conséquence de la rapidité extrême avec laquelle un courant se propage dans un conducteur métallique. Pour parcourir un fil de cuivre qui s'enroulerait par onze à douze fois autour de la terre suivant un grand cercle, il faudrait une seconde à l'électricité.

Les allées et les venues de l'armature, reproduisant instantanément, et avec une merveilleuse fidélité, les allées et les venues
du bout libre du fil qui établit le circuit en s'appliquant sur Z,
et l'interrompt quand il est soulevé, peuvent déjà constituer des
signaux télégraphiques. Donnons à un choc de l'armature contre
l'électro-aimant la valeur de la lettre A, à deux celle de B, à
trois celle de C, et ainsi de suite ; n'aurons-nous pas là un alphabet de convention, propre à transmettre le discours le plus complexe à n'importe quelle distance ? Un pareil alphabet télégraphique serait trop lent à cause de la multiplicité des chocs nécessaires pour représenter telle ou telle autre lettre; aussi a-t-on
recours à d'autres moyens plus expéditifs, qui seront exposés
ailleurs.

Mais d'abord précisons bien ce que vient de nous apprendre
l'appareil rudimentaire ci-dessus, car sous une forme ou sous
l'autre, son jeu se retrouvera partout. Deux stations sont à distinguer : celle qui envoie la dépêche et celle qui la reçoit. Dans
la première se trouve la pile, qui lance le courant. La manipulation par laquelle la dépêche est transmise, consiste à interrompre et à rétablir tour à tour le circuit, suivant certaines lois
conventionnelles. C'est ce que l'on fait au moyen d'un appareil
appelé *manipulateur*. Dans la seconde station se trouve un
électro-aimant et une armature, qui, par ses allées et venues, traduit en signes conventionnels la dépêche issue de la première
station. Cet électro-aimant et son armature, sous quelque forme
que soit utilisé le mouvement de va-et-vient, forment la *récepteur*,
c'est-à-dire l'appareil qui reçoit la dépêche. Enfin un fil conducteur relie les deux stations. Ainsi, quelles qu'en soient les dispositions de détail, tout télégraphe électrique se compose nécessairement, à une extrémité, d'une pile à courant constant, par
exemple d'une pile de Daniell, et d'un manipulateur ou appareil
pour établir ou interrompre le circuit; à l'autre extrémité, d'un
récepteur, consistant en un électro-aimant et un contact ou armature. Finalement, un fil de métal fait communiquer l'électro-aimant avec la pile.

Dans l'exposé qui précède, le fil conducteur fait deux fois
le trajet : il va de la pile à l'électro-aimant, et de celui-ci revient
à la pile. Mais Steinheil nous a appris que de ces deux branches
du fil, une seule est nécessaire. On supprime donc l'autre en n'en

laissant qu'un bout, plus ou moins long, rattaché à la pile, et un autre bout pareil du coté de l'électro-aimant. Ces deux tronçons du fil retranché plongent profondément dans le sol humide, comme le montre la figure 97. Dans ces conditions, le courant s'établit d'un côté par le fil restant, et de l'autre par les deux tronçons du fil supprimé et le sol, qui est un excellent conducteur

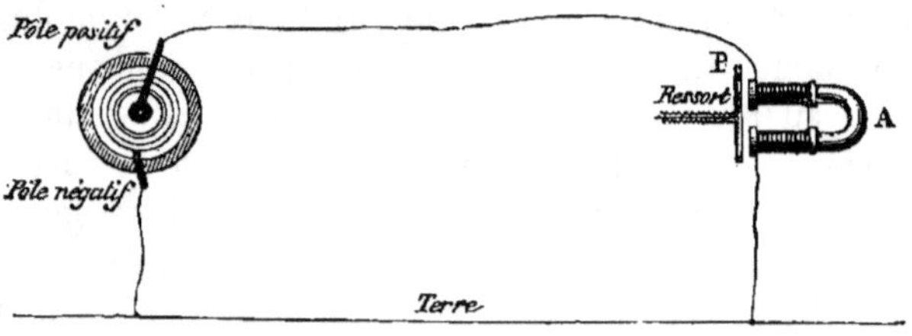

Fig. 97.

de l'électricité. A l'avantage de l'économie de la moitié du fil, cette disposition en réunit une autre ; le sol offre moins de résistance à la propagation du courant, et l'on n'a pas besoin de piles aussi puissantes.

Voilà bien dans son expression la plus élémentaire le télégraphe électrique d'aujourd'hui; mais qui en est l'inventeur ? A cette question, la réponse est multiple. Il est rare, il est impossible que de telles conceptions, nécessitant le concours d'un vaste ensemble de connaissances, germent et fructifient dans le même cerveau. La vérité ne nous arrive que par lambeaux, dont la connexion d'abord n'est pas saisie. Mille moissonneurs cueillent chacun leur gerbe dans le champ des recherches sans prévoir quelles applications pourront résulter de l'ensemble; puis, lorsque la moisson d'idées est suffisante, arrive l'ouvrier de la dernière heure, parfois très subalterne, qui groupe, combine et retire du tout quelque merveilleuse invention. Tel est le cas de la télégraphie électrique. Ses fondateurs réels sont en premier lieu Volta, qui fournit ce qu'on pourrait appeler l'âme de l'appareil, c'est-à-dire la pile; puis Œrstedt, qui nous ouvre la voie de l'électro-magnétisme en nous montrant l'action du fil interpolaire sur une aiguille aimantée; puis encore Ampère qui, jetant dans l'avenir son regard scrutateur, voit dans l'électricité le serviteur le plus docile et le plus prompt de l'intelligence humaine, et propose même un appareil de signaux télégraphiques par les courants ; Arago qui reconnaît au conducteur interpolaire la propriété d'aimanter le fer. Un Italien, un Danois, deux Français, se partagent alors, à des titres divers, la gloire d'avoir fourni les éléments primordiaux de la télégraphie moderne. Le reste est affaire de simple mécanisme, d'arrangement ingénieux, où l'on peut réussir sans la vigueur d'intelligence que suppose la découverte d'une vérité générale. Il arrive même parfois que l'application la plus heureuse d'un ensemble de vérités scientifiques est l'œuvre d'une personne étrangère aux sciences. Les matériaux amassés, le constructeur les assemble en édifice sans avoir pris aucune part à leur extraction de la carrière de l'inconnu.

C'est, en effet, un peintre des Etats-Unis, Samuel Morse, qui, prenant pour base de son appareil l'électro-aimant, a fondé la télégraphie telle qu'elle est en usage de nos jours. Le travail de la palette ne s'accommode guère des recherches mécaniques ; la laque carminée et le vert Véronèse rarement sont accompagnés des bocaux d'une pile. Comment donc l'atelier de peinture devint-il l'atelier à courants ; comment les beaux-arts accueillirent-ils chez eux leur sévère sœur la science ? Dans sa jeunesse, Morse s'était occupé quelque peu de chimie, demandant à la cornue un instant de distraction après le travail du pinceau. C'était pour lui occupation très secondaire, et néanmoins fructueuse car il s'y adonnait avec ardeur, à la recherche peut-être de quelque composé coloré nouveau dont profiteraient ses toiles. Il y avait donc en lui une certaine somme de connaissances scientifiques, lorsqu'il fut nommé professeur de littérature relative aux arts du dessin à l'Athénée de New-York.

Il avait pour collègue d'enseignement et pour ami le professeur Freeman Dana, dont le cours attirait nombreuse affluence à cause de la nouveauté du sujet traité. Il s'agissait d'électro-magnétisme, récemment importé d'Europe. L'Amérique venait de construire son premier électro-aimant, et le professeur en montrait à son auditoire émerveillé les propriétés surprenantes. Ce morceau de fer en qui brusquement s'éveillent des énergies latentes par le simple attouchement d'un fil avec les pôles d'une pile, cette activité soudaine qui lui fait attirer son armature et tenir suspendu une charge énorme, le retour tout aussi prompt à l'inaction quand le circuit est interrompu, ces alternatives enfin de puissance attractive et d'inertie aussi rapides que les successions de la pensée quelle que fût la longueur du fil, étaient pour tous sujets d'admiration profonde; et plus d'un, Morse notamment, se demandait s'il ne serait pas possible d'utiliser cette étrange puissance révélée par les recherches de la vieille Europe. Entre les deux professeurs amis, celui de la science et celui des beaux-arts, l'électro-aimant était un sujet interminable de conversations. Le peintre ne tarda donc pas à être versé dans l'électro-magnétisme. La pratique vint en aide aux causeries savantes. Un électro-aimant fut donné à Morse, qui bien des fois répéta dans son atelier de peinture les expériences qu'il avait vues faire à son ami Dana.

Morse avait déjà fait un voyage en Europe pour perfectionner son éducation artistique et visiter les célèbres galeries de peinture de l'Italie, de la France, de l'Angleterre. La reproduction de divers chefs-d'œuvre l'avait occupé quelque temps dans nos galeries du Louvre. Un second voyage fut entrepris. Pour le retour à New-York, Morse prit passage sur le *Sully*, qui partait du Havre. C'était en 1832. Les loisirs d'une longue traversée sont pénibles pour qui ne sait pas se créer une occupation. N'ayant là ni chevalet, ni toile, ni pinceaux, Morse, pour tuer le temps, comme dit l'énergique locution populaire, se mit à réfléchir sur les propriétés de l'électro-aimant. Une chose surtout l'avait frappé dans les expériences de Dana, répétées par lui-même et variées de bien des manières avec l'électro-aimant dont on l'avait gratifié : c'est la promptitude avec laquelle le fer obéit à l'influence de la pile si distante que soit celle-ci. Peu importe que le fil soit long ou soit court : à l'instant même où le circuit est établi ou interrompu, le fer s'aimante ou se désaimante. N'y aurait-il pas dans cette aimantation temporaire, si rapide à paraître, puis à disparaître à volonté, un moyen de communiquer à distance?

Le soupçon un peu mûri, Morse en fit part aux autres passagers, dans les conversations de table. Le projet fut accueilli comme le sont des idées auxquelles rien encore n'a préparé : on en rit, entassant objections sur objections. Le lendemain, les objections étaient magistralement levées, et Morse revenait à son plan, plus convaincu que la veille. Quelques-uns commencent à prendre la chose au sérieux; néanmoins, d'autres raisons, qui sem-

blent décisives, sont opposées à l'enthousiasme du peintre inventeur.
Piqué au vif, Morse s'obstine dans ses combinaisons, et surmonte
fort adroitement les difficultés à mesure qu'on les lui propose.
Ainsi stimulé par la discussion, qu'assaisonnent quelques plaisanteries à son adresse, Morse donne à son idée, d'abord vague
rêverie, la consistance du réel. En son esprit, le télégraphe électrique est construit pièce par pièce avant que la traversée soit
finie. En descendant du paquebot, il présenta la main au capitaine, disant : « Lorsque mon télégraphe électrique sera devenu
la merveille du monde, souvenez-vous que la découverte en a
été faite sur le *Sully*, le 13 octobre 1832. »

Lorsqu'une invention qui doit être la merveille du monde est
affirmée avec telle assurance, il faut incontinent se mettre à
l'œuvre et réussir, à moins de passer pour un faiseur d'empha-
tiques et folles promesses. C'est ce que Morse fit. Rarement les
peintres ont eu le renom de l'épargne; et il était beaucoup plus
facile à Morse de trouver un brillant effet de lumière pour ses
toiles qu'une poignée de dollars, surtout après le voyage qui
venait d'épuiser ses dernières ressources. Dans cette pénurie,
l'appareil fut construit avec des matériaux détournés d'un autre
usage. Un vieux cadre de l'atelier de peinture, cloué sur le rebord d'une table, devint la charpente pour donner le soutien général; une horloge de la valeur de cinq francs, dont les rouages
étaient en bois, fut démontée et prêta ses pièces à la nouvelle
machine; quelques baguettes de sapin, travaillées au couteau,
des cordons, des fils de fer, complétèrent le mécanisme. Aucune
difficulté pour les organes fondamentaux. Sur une étagère
reposaient, depuis les expériences d'autrefois, l'électro-aimant
donné à Morse et la pile pour l'animer. Le tout tant bien que
mal installé, le rustique appareil fonctionna, avec une précision
qui étonna même l'inventeur. Les prévisions de Morse étaient
non seulement réalisées mais encore dépassées, tant l'instrument
obéissait avec promptitude et fidélité.

Quelque temps le télégraphe resta récréation d'atelier, par-
agée avec quelques amis; puis; en 1835, construit avec plus de
soin et pourvu de pièces qui en rendaient la manipulation plus
facile, il fut pour la première fois soumis à des expérimentations
en public. Le succès acheva de donner à l'inventeur une pleine
confiance dans le mérite de son appareil. Sur les instances

réitérées de Morse, le Congrès des États-Unis décida qu'un essai se ferait devant une commission, la distance franchie étant de quatre lieues. Ici commence pour le peintre de New-York l'habituelle série de mécomptes des inventeurs qui, au moment où la fortune semble leur sourire, voient toutes leurs espérances s'évanouir. L'essai eut lieu, suivi d'un rapport favorable, néanmoins, quelques membres de la commission émirent des doutes sur l'utilité de l'appareil, et ces doutes furent si bien partagés par le Congrès, qu'aucune résolution ne fut prise. Lassé d'attendre, Morse vint en Europe, croyant trouver meilleur accueil de la part de la France ou de l'Angleterre. Ses démarches n'aboutirent à rien. A bout de ressources pécuniaires, il lui fallut revenir à New-York, désillusionné, mais non désespéré, car il possédait à un haut degré la qualité caractéristique de ses concitoyens, l'indomptable persévérance.

Avec sa ténacité américaine, pendant quatre ans il lutta contre l'indifférence publique, si bien qu'en 1843, il finit par obtenir du Congrès une allocation de 150 000 francs dans le but d'une expérience en grand pour démontrer la valeur de son télégraphe; mais avant de pouvoir disposer de cette somme, il fallait la ratification du décret par le sénat. Morse avait la promesse formelle de beaucoup de sénateurs, dont il tenait le souvenir en éveil par de fréquentes visites, au moment de leur session à Washington. Tout présageait donc un succès prochain, et cependant les jours suivaient les jours, les votes pour une loi succédaient aux votes pour une autre loi, sans que l'affaire du télégraphe vînt en discussion. On était à la veille de la dernière séance, et il restait encore une cinquantaine de lois à voter. Évidemment, soit par oubli, soit faute de temps, la ratification tant désirée ne serait pas donnée dans la présente session; il faudrait attendre l'année prochaine, et qui sait encore comment l'affaire tournerait. En mettant le tout au mieux, un délai d'un an était pour Morse la ruine, et pire que la ruine, la perte du courage.

L'inventeur quitta la salle de l'assemblée, le désespoir dans l'âme, se demandant si l'heure n'était pas venue de briser en mille pièces son appareil et de renoncer pour toujours à un but qui fuyait devant lui à mesure qu'il se croyait sur le point de d'atteindre. Rentré à l'hôtel, Morse demanda la note de ses dépenses pour la solder et partir de Washington le lendemain.

L'hôte manifesta au voyageur tout son regret d'un départ aussi précipité.

— Si je restais un jour de plus, fit Morse, dont la sombre physionomie annonçait une douloureuse préoccupation, si je restais un jour de plus, je n'aurais pas de quoi vous payer mon dîner et ma chambre. J'en suis à mon dernier dollar. »

— Et la somme votée en votre faveur par le Congrès?

— Le sénat n'a pas encore ratifié le décret, et il n'aura pas le temps de s'occuper de mon affaire ; trop de lois sont à présenter pour les deux ou trois séances qui restent. Je pars demain matin. Ma note s'il vous plaît.

— Vous serez plus heureux à la session de l'année prochaine, monsieur Morse.

L'inventeur eut un rude mouvement d'épaules signifiant le cas qu'il faisait d'une décision remise à l'année suivante. Et il se dirigea vers l'escalier pour monter à sa chambre et boucler sa malle.

Or pendant cette conversation, une jeune miss, presque une enfant, traversa la salle. Elle avait entendu parler de Morse et de son télégraphe, la merveilleuse machine dont commençait à se préoccuper la curiosité féminine. La confession de l'inventeur avouant à l'hôte son dernier dollar parvint à son oreille. Émue de tant de misère associée à tant de mérite, elle courut à Morse.

— Monsieur, dit-elle, ne partez pas encore ; je vous protégerai. »

Morse se retourna, et voyant près de lui une enfant, ne trouva sur sur ses lèvres qu'une exclamation de surprise.

— Ah!

Ah! avait son éloquence, mais une éloquence réservée comme l'exigeait la politesse due à la gracieuse protectrice. Il voulait dire : Comment! Ce que je n'ai pu obtenir par l'influence des nombreux sénateurs dévoués à ma cause, je l'obtiendrai par l'intermédiaire d'une enfant!

— Oui, reprit la jeune miss, je vous protégerai. Je suis la fille du directeur du bureau des Brevets ; beaucoup de sénateurs viennent voir mon père. Je leur parlerai de vous, et je leur en parlerai tant qu'il faudra bien qu'ils votent la somme qui vous a été promise. S'il est nécessaire, qu'ils siègent nuit et jour pour arriver enfin à ce qui vous concerne. J'assisterai aux séances, et du regard, j'éveillerai les oublieux.

Puis avec un charmant sourire, relevé d'une pointe de malice : « Vous savez, dit-elle, ce que femme veut, Dieu le veut; et de simples sénateurs seraient bien mal appris de ne pas le vouloir. »

Et saluant Morse, la jeune fille se retira. Devait-on ajouter la moindre foi au succès prédit? Ce chaleureux élan de bonté enfantine devait-il aboutir à quelque sérieux résultat? Rien n'était moins probable. Les pères-conscrits d'une république vont aux urnes du vote avec d'autres mobiles que le désir de satisfaire la bonté d'âme d'une jeune personne. Aussi quelle ne fut pas le lendemain la surprise de Morse! Sa protectrice revenait, toute triomphante, un journal à la main.

— « Prenez, dit-elle, et lisez. »

Morse lut. A la dernière séance et pendant la nuit, le sénat venait de ratifier le décret du congrès. Cent cinquante mille francs étaient mis à la disposition de l'inventeur pour faire une expérience qui devait décider de l'avenir du télégraphe. La jeune fille raconta alors ses instances auprès des sénateurs réunis quelques moments chez son père; elle dit comment, pendant la séance, bien en vue dans les tribunes réservées au public, elle avait par le regard et les signes rappelé à chacun sa promesse sans lui laisser un instant de répit, jusqu'à ce que la loi fût votée. A ce récit, deux grosses larmes coulèrent sur la mâle figure de Morse, encore plus touché de l'intérêt que lui témoignait cette noble enfant que du succès inespéré qu'il venait d'obtenir.

Avec les fonds votés, Morse eut établi bientôt une ligne télégraphique entre Washington et Baltimore ; et l'appareil à électro-aimant fonctionna en 1844 à la grande satisfaction de tous. Un vaste réseau de communications fondées sur le même système couvrit rapidement les États-Unis. Aujourd'hui ce serviteur docile de la pensée est installé dans toutes les régions du globe où la civilisation a pénétré. L'inventeur put longuement assister au triomphe et aux progrès toujours croissants de la merveille du monde promise au capitaine du *Sully*. Ses travaux de télégraphie achevés, Morse revint à la peinture, et reprit ses pinceaux dans sa retraite sur les bords de l'Hudson.

CHAPITRE LXIX

Nous n'avons établi jusqu'ici que le principe sur lequel repose le télégraphe de Morse; terminons cette notice par quelques détails du mécanisme tel que l'imagina l'ingénieux peintre de New-York. Et d'abord parlons du *manipulateur*, c'est-à-dire de l'appareil qui sert à rapidement interrompre et à rétablir tour à tour le circuit voltaïque pour la transmission de la dépêche.

Ce manipulateur est formé d'un socle en bois qui porte un levier métallique K, pouvant tourner autour d'un axe sur un support en cuivre S (fig. 98). Le levier est armé d'une poignée en bois P, sur laquelle presse, comme nous allons le voir, la main de la per-

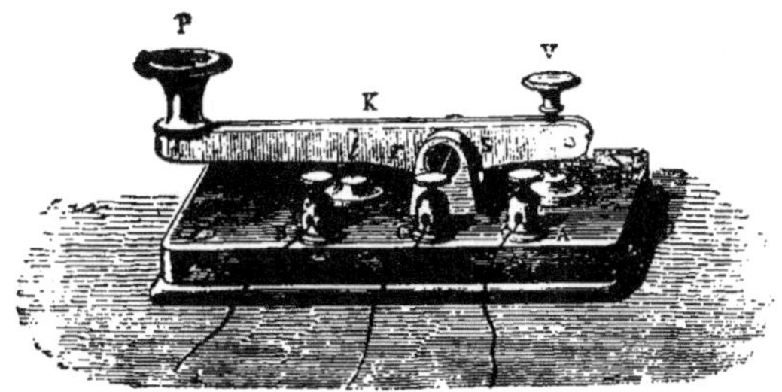

Fig. 98.

sonne transmettant la dépêche. A l'autre extrémité du levier est une vis V, dont la pointe repose sur un contact en cuivre *a*, communiquant avec la borne métallique A. Négligeons pour le moment cette borne, le contact *a* et la vis V, pour nous occuper exclusivement du reste du manipulateur. Une borne C reçoit le fil de la ligne télégraphique et le met en communication avec l'appui S, et par suite avec le levier K. Une autre borne métallique B est en rapport au moyen d'un fil métallique, d'une part avec le contact en cuivre b fixé sur le socle, d'autre part avec le pôle positif de la pile accompagnant le manipulateur. Quant au pôle négatif, il est en communication avec le sol, ainsi que nous l'avons expliqué dans le précédent chapitre.

Le levier K porte une pointe métallique t, tenue à distance du contact b par un ressort r, qui maintient soulevée la branche SP du levier. Si l'on presse avec les mains sur la poignée P, la pointe t s'abaisse sur le contact b, et, le courant, venu de la pile, arrive par le fil B, traverse la borne métallique, se propage par le contact b, la pointe t, le levier K, le support S, la borne C, et s'élance dans le fil de ligne en rapport avec cette borne. En ce moment, le circuit est établi, le courant passe, et, au poste de réception, l'armature de l'électro-aimant vient s'appliquer sur ce dernier. Le contact entre l'électro-aimant et son armature se continue tant que le courant passe; enfin tant que la main presse sur la poignée du manipulateur.

On cesse la pression, le ressort r soulève le levier, la pointe t n'appuie plus sur le contact b, et le circuit se trouve interrompu. A cet instant, au poste de réception, l'armature quitte l'électro-aimant par le jeu d'un ressort qui l'entraîne. L'employé qui manœuvre le manipulateur peut à volonté, on le voit, lancer le courant dans le fil de ligne ou le suspendre; il peut encore, en appuyant plus ou moins longtemps sur la poignée P, prolonger ou raccourcir le passage du courant et donner à l'alternative de communication et d'interruption tel rhytme qu'il voudra.

Examinons maintenant le rôle de la vis V, de la borne A et de son fil. Tout poste télégraphique doit pouvoir, tour à tour, envoyer des dépêches ou bien en recevoir; il doit être muni d'un manipulateur pour les envoyer, d'un récepteur pour les recevoir. Le même fil de ligne sert aux deux opérations. Le fil C est en rapport permanent avec le levier K du manipulateur. Lorsque l'employé a fini d'envoyer sa dépêche et qu'il attend la réponse, il abandonne la poignée P. Le levier, poussé par le ressort, appuie la pointe de la vis V sur le contact a. Un fil métallique, maintenu par la borne A, est en communication, d'une part avec le contact a, et d'autre part avec l'électro-aimant du récepteur de la même station. C'est ce fil qui va s'enrouler sur l'électro-aimant, et puis s'enfonce dans le sol. Le courant venu de la station éloignée s'établit donc par le fil de ligne aboutissant à la borne C, par l'appui S, par la courte branche du levier, la pointe de la vis, le contact a, la borne et le fil A, le récepteur de la station où nous sommes et finalement le sol. Dans ces conditions, la borne A et la vis V du manipulateur servent à mettre en communication permanente le fil de ligne avec le récepteur de la même station ; mais c'est le manipulateur de la station éloignée qui ouvre ou ferme le circuit.

L'électro-aimant du récepteur de Morse a ses branches verticales E (fig. 99). L'armature en fer doux est un levier DOA, pou-

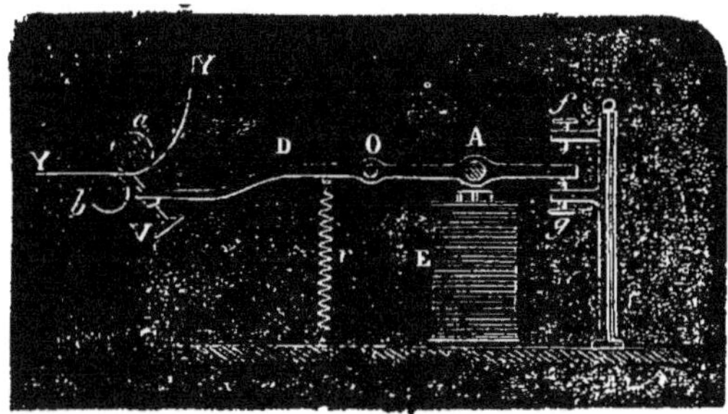

Fig. 99.

vant tourner autour d'un axe O. L'une des extrémités porte une pointe oblique V, pouvant appuyer sur une bandelette de papier YY, qui se déroule avec une vitesse uniforme au moyen d'un mouvement spécial d'horlogerie non représenté dans la figure, et qui glisse entre deux cylindres conducteurs a et b. L'autre extrémité du levier est bornée dans son excursion oscillatoire par deux vis, g et f, sur lesquelles elle vient tour à tour butter. Enfin un ressort r agit sur la longue branche de l'armature.

Lorsque le courant ne passe pas dans l'électro-aimant par suite de l'interruption du circuit que le manipulateur du poste d'envoi vient d'opérer, le ressort r fait abaisser la branche D, élever la branche A, qui vient butter contre f, et la pointe V n'est plus en contact avec la bandelette de papier, dont le déroulement se continue toujours par le mécanisme d'horlogerie. Lorsque le courant passe, la branche A surmonte l'antagonisme du ressort r, et vient se mettre en contact avec les pôles de l'électro-aimant qui l'attire ; la pointe V est soulevée, et appuie sur la bandelette de papier, où elle trace un gaufrage, un sillon, plus long ou plus court suivant la durée du passage du courant, durée que règle le manipulateur de la station d'envoi d'après le temps que l'expéditeur appuie sur sa poignée.

Si le courant est à plusieurs reprises établi ou supprimé, par le jeu du manipulateur du poste d'envoi, et pendant des durées tantôt plus longues, tantôt plus courtes, la pointe du récepteur trace sur le papier mobile une série de traits, longs ou courts, correspondant au passage du courant, et laisse entre ces traits des intervalles correspondant au non-passage du courant. De la combinaison de ces traits, on peut aisément former un alphabet de convention. Afin d'abréger dans la mesure du possible, une condition s'impose d'elle-même : c'est de représenter par les combinaisons les plus simples les lettres qui reviennent le plus souvent, et de réserver les signes complexes pour les lettres d'un usage moins fréquent. Ainsi, dans notre langue, la lettre *e* est celle qui domine en nombre, ainsi que le lecteur peut s'en convaincre par la seule lecture de la phrase actuelle. On la représente par le signe le plus simple de tous, un seul point que l'on obtient en appuyant un temps très-court sur la poignée du manipulateur. En nous bornant aux voyelles, on trouve ensuite que la lettre *i* et la lettre *a* occupent le second rang sous le rapport de la fréquence. On représente *i* par deux points, et *a* par un point suivi d'un trait de médiocre longueur, que l'on obtient en appuyant sur la tête du manipulateur un peu plus longtemps qu'on ne le fait pour le simple point. Enfin *u* et *o* occupent le troisième rang de fréquence. La première lettre a pour signe deux points suivis d'un trait, la seconde trois traits. La représentation des cinq voyelles est donc :

$$. \quad — \qquad . \qquad .. \qquad — \ — \ — \qquad .. \ —$$
$$\text{a} \qquad \text{e} \qquad \text{i} \qquad \text{o} \qquad \text{u}$$

Deux genres de traits, un long et un court suffisent ainsi, par la variété des combinaisons, à représenter les diverses lettres de l'alphabet, les caractères de la numération, les signes de ponctuation, enfin les rapides avis que les employés doivent échanger entre eux pour attaquer ou clore une correspondance. Plusieurs traits, courts ou longs, entrent le plus souvent dans le signe d'une lettre. Ces traits sont régulièrement espacés entre eux. Pour distinguer les diverses lettres consécutives d'un même mot, on distance davantage leurs signes ; enfin on distance encore plus les mots pour éviter toute confusion. Ainsi *un ami* s'écrit :

$$\cdot\ \cdot\ \rule{0.5cm}{0.5pt}\ \rule{0.5cm}{0.5pt}\ \cdot\ \cdot\ \rule{0.5cm}{0.5pt}\ \rule{0.5cm}{0.5pt}\ \cdot\ \cdot$$

Pour un employé, habitué à ces signes télégraphiques aussi bien que nous le sommes nous-mêmes aux caractères de l'alphabet, la lecture de la dépêche gravée en points et traits sur la bandelette de papier se fait couramment, sans difficulté aucune. Nous ne lirions pas plus vite un vulgaire imprimé. Il lui suffit même d'entendre les petits chocs de l'appareil gravant ses points et ses traits pour comprendre le langage du télégraphe sans recourir à la bandelette de papier. Une traduction des symboles télégraphiques est donc à l'instant faite au bureau de réception et transcrite en écriture ordinaire pour constituer le télégramme que reçoit la personne à qui la dépêche est adressée.

De légers sillons gravés sur le papier par une pointe sèche sont de lecture pénible, parfois incertaine, car il suffit de la simple pression des doigts pour en effacer la netteté ; on les a remplacés avec avantage par des traits que laisse une molette imprégnée d'encre d'imprimerie. Cette molette se voit en n (fig. 100). Elle est en contact continu avec un tampon t, d'une grande mobilité sur son axe, et chargé d'encre d'imprimerie à la manière des rouleaux des imprimeurs. Ce tampon est le réservoir à encre ; la molette s'en charge en frottant contre lui. La bandelette de papier YY, qu'un mécanisme d'horlogerie déroule d'un mouvement uniforme, ne touche pas la molette lorsque le courant ne passe pas. Mais quand le courant passe, l'attraction de l'électro-aimant sur la branche de l'armature à droite de la figure fait soulever la branche à gauche ; et le talon p, poussant devant lui la bande de papier, la met en contact avec la molette. Un trait à l'encre, long ou court, suivant la durée du passage du courant, résulte de ce contact.

La pression que le style doit exercer sur les bandelettes de papier pour produire un trait nettement visible, exige dans le

courant une certaine intensité qui, si la distance est considérable, peut se trouver trop faible. On fait alors usage de ce qu'on
nomme un *relais*.

La dépêche part d'une station A, supposons, pour arriver à
une station très éloignée, C. Dans une station intermédiaire B,

Fig. 100.

on établit un électro-aimant et une *pile locale*. Le courant parti
de A fait mouvoir l'armature de l'électro-aimant de B, comme si
cette armature devait elle-même écrire la dépêche. Mais les
mouvements de va-et-vient du levier en fer doux, au lieu d'être
employés à l'écriture télégraphique, servent simplement à fermer
et à ouvrir le circuit pour le courant qui, parti de la pile locale
B, se rend en C et règle la pointe écrivante de cette dernière
station. L'électro-aimant de C reproduit ainsi les oscillations de
B et trace la dépêche comme s'il était en communication directe
avec le manipulateur de A. Le courant de A, trop faible pour la
distance entière, se trouve de la sorte suppléé, dans la seconde
moitié du parcours, par celui de la pile locale B. On évite l'emploi des relais, et l'on obtient en même temps des signes plus
lisibles avec l'appareil télégraphique que nous venons de décrire
en dernier lieu et dû aux frères Digney. Quant au fond, cet ap-

pareil est le même que celui de Morse, mais la molette très mobile et chargée d'encre d'imprimerie, évite la pression assez considérable que le style doit exercer sur la bande de papier pour y graver un sillon net, et peut fonctionner de la sorte avec un courant affaibli.

L'employé du poste d'arrivée est averti de se tenir prêt à rece-

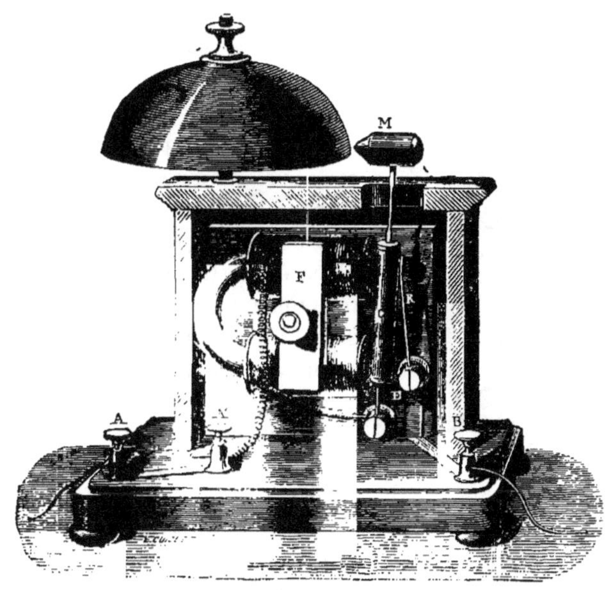

Fig. 101.

voir une dépêche au moyen d'une sonnerie ou *avertisseur* que l'employé du poste de départ met en mouvement par une émission du courant. Voici l'une des dispositions usitées.

Le fil de ligne s'enroule sur un électro-aimant devant lequel se trouve une armature en fer doux (fig. 101) maintenue à une petite distance des pôles par un ressort en acier très flexible E. L'armature se termine par un marteau M, qui peut frapper sur un timbre S. A l'état de repos, l'armature, maintenue à distance des pôles par le ressort oblique E, s'appuie contre une lame métallique R, communiquant par B avec un fil plongeant dans le sol. Si le courant passe suivant le circuit fermé AA′ECRB, l'électro-aimant s'aimante, attire son armature et fait frapper le timbre par le marteau M. Mais alors l'armature quitte la lame R, le circuit est interrompu et le courant cesse. L'électro-aimant perd donc son magnétisme, et l'armature, obéissant au ressort E, revient contre la lame R, ce qui rétablit le circuit. L'électro-aimant attire ainsi de nouveau l'armature et produit un autre choc du marteau contre le timbre. Ces allées et venues du marteau se répètent tant qu'il y a émission du courant au poste de départ. Une fois averti, l'employé du poste d'arrivée dérive le courant dans l'appareil télégraphique.

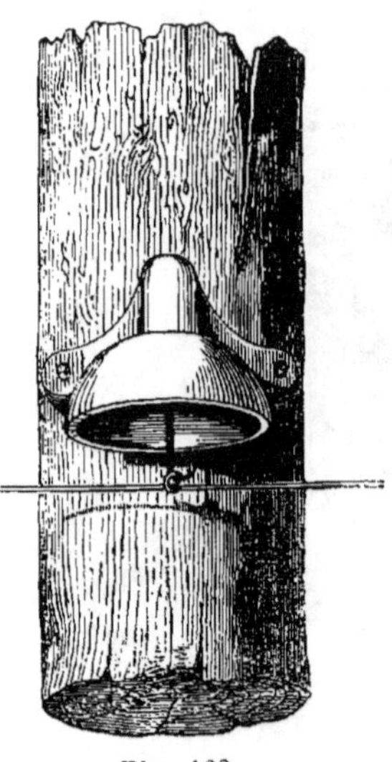

Fig. 102.

Les fils télégraphiques sont en fer et recouverts d'une mince couche de zinc qui les préserve de l'oxydation. Des poteaux les supportent de distance en distance. Comme ces poteaux peuvent conduire l'électricité, surtout quand ils sont mouillés par la pluie, il faut que les fils ne les touchent pas, sinon le courant qui les parcourt serait dévié en route. A cet effet, chacun d'eux est maintenu par un crochet implanté au fond d'une petite cloche en porcelaine renversée et clouée au poteau. La porcelaine, conduisant mal l'électricité, à peu près à la manière du verre, empêche toute communication électrique entre le fil et le poteau (fig. 102).

Si le fil doit brusquement changer de direction, on emploie le support de la figure 103. Enfin, pour tendre les fils, un poteau spécial, placé de kilomètre en kilomètre, porte un *tendeur*, c'est-à-dire l'appareil que représente la figure 104.

-Sous l'influence de l'électricité atmosphérique, les fils télégraphiques sont parcourus par des courants de sens et d'intensité variables, qui troublent le jeu des appareils. Les aurores boréales, qui sont d'ailleurs de grandes manifestations électriques entre les pôles terrestres et l'atmosphère, sont encore une cause puissante de perturbation. Ainsi pendant la mémorable aurore boréale du 29 août 1859, d'un bout à l'autre de la France, dans la direction nord-sud, les sonneries des stations furent à diverses reprises mises en mouvement, et les dépêches troublées, inter-

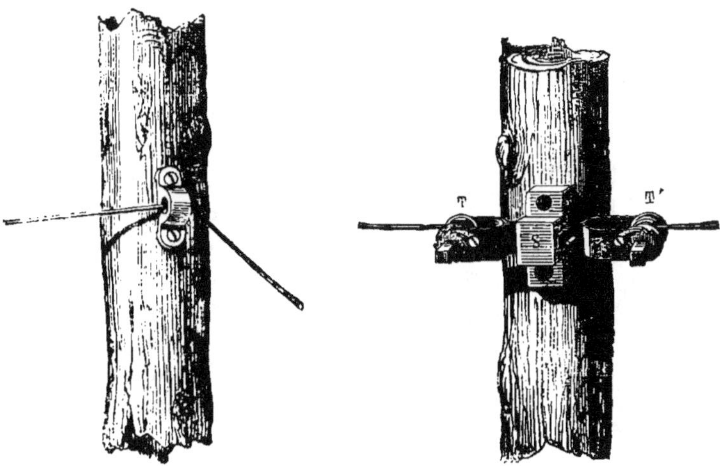

Fig. 103 et 104.

rompues par des courants accidentels. On vit de fortes étincelles jaillir des fils, et plusieurs employés reçurent des commotions. D'autre part, la foudre, en atteignant un poteau, peut se propager dans le fil de ligne, fondre les fils des électro-aimants, troubler de fond en comble les appareils et produire dans les stations des décharges dangereuses pour le personnel. On se met à l'abri de ces accidents au moyen du *parafoudre*.

Pour mettre un poste à l'abri de tout danger pendant un orage, il suffit d'intercaler dans le circuit l'appareil suivant imaginé par M. Bréguet. Le fil de ligne se rattache à la plaque J par le bouton A (fig. 105). Cette plaque J est armée sur le bord de droite de dentelures, en face desquelles, à une petite distance, s'en trouvent d'autres de la plaque I, communiquant avec le sol par le bouton B et le fil qui en part. Le même fil se prolonge dans l'épaisseur de l'appareil et vient se terminer dans le bouton D. Un commutateur à poignée K peut appliquer son extrémité métallique sur les boutons C et D, à volonté, ou sur un bouton intermédiaire.

Supposons-le d'abord sur celui-ci. Avec ce bouton intermédiaire communique une virole G d'où part un mince fil de fer aboutissant à la virole H. Ce fil est préservé des ruptures accidentelles par un tube de verre qui l'entoure. Enfin la virole H est en rapport avec le bouton F, d'où part le fil se rendant aux appareils. Dans les conditions normales, le courant circule de la sorte par la voie AJGHF.

Fig. 105.

Si l'électricité atmosphérique n'intervient pas, le courant voltaïque employé aux dépêches n'a jamais une tension suffisante pour amener une décharge électrique entre les pointes J et I, et s'écouler dans le sol. Mais supposons que l'électricité d'un orage influence le fil de ligne et augmente la tension du courant. Alors, entre les dents en regard, l'excès d'électricité jaillit sous forme d'étincelles et s'écoule dans le sol sans aller compromettre la régularité des appareils.

Si même le courant qui se dirige vers le poste est trop énergique, le fil de fer très fin GH s'échauffe et brûle, de sorte que la communication est interrompue avec les appareils avant que ceux-ci aient éprouvé de détérioration.

Quand un orage violent menace, on renonce à la correspondance, très difficultueuse, d'ailleurs, à cause des courants accidentels et perturbateurs. Alors on amène le commutateur sur le bouton D, et le courant de la pile, avec l'électricité accumulée par l'influence des nuages orageux, se déperd directement dans le sol.

Les bureaux intermédiaires entre deux postes principaux placés l'un en avant, l'autre en arrière, ont deux parafoudres disposés symétriquement en regard l'un de l'autre sur le même support, et en communication permanente au moyen d'un fil tendu entre le bouton E et son symétrique. Si la correspondance doit être directe entre les postes extrêmes sans passer par les appareils des bureaux intermédiaires, on amène le commutateur

de chaque parafoudre sur le bouton C. Alors le courant entrant,
supposons, par le bout A du fil de ligne, se propage par A, C, E,
les boutons similaires du second parafoudre, et sort du bureau
sans se rendre aux mécanismes télégraphiques.

CHAPITRE LXX

Dans la voie que Morse venait d'ouvrir en appliquant le premier l'électro-aimant à la télégraphie, d'autres constructeurs rapidement succédèrent, imaginant chacun un mécanisme spécial pour satisfaire aux exigences croissantes de manipulation facile, de rapide et sûre transmission. L'idée mère était trouvée, savoir le mouvement d'un levier ou armature au moyen de l'aimantation temporaire du fer; le reste était affaire de combinaisons mécaniques indéfiniment variables. Quelques-unes des combinaisons proposées sont éminemment ingénieuses et démontrent de quelles merveilles l'homme est capable s'il dispose seulement des oscillations d'un faible levier; mais sous le rapport de la simplicité et par conséquent de la durée stable, condition première de tout mécanisme à service continuel, aucune n'a pu rivaliser jusqu'ici avec la combinaison imaginée par Morse. Décrivons ici les trois appareils télégraphiques qui présentent le plus d'intérêt après celui de l'inventeur américain.

Le télégraphe Bréguet ou télégraphe à cadran, d'un emploi facile, à la portée de tous sans exercice préalable, est à peu près exclusivement employé par les administrations des chemins de fer. La pièce la plus apparente de son manipulateur (fig. 106) se compose d'un cadran fixe D, divisé en 26 secteurs où se trouvent tracés les 25 caractères de l'alphabet, et un signe conventionnel, une croix. Les mêmes secteurs portent sur une zone extérieure les nombres de 1 à 25 et un zéro. Sur le pourtour du cadran, en face de chaque secteur, se trouvent des échancrures dans lesquelles s'engage une dent placée à la face inférieure de la manivelle M, manivelle que l'on peut soulever, faire tourner autour de l'axe O

et amener dans telle position que l'on veut sans craindre un déplacement accidentel, empêché par l'échàncrure où la dent vient
s'engager.

En tournant, la manivelle entraîne un disque métallique situé
sous le cadran et creusé sur tout son circuit d'une rainure si-

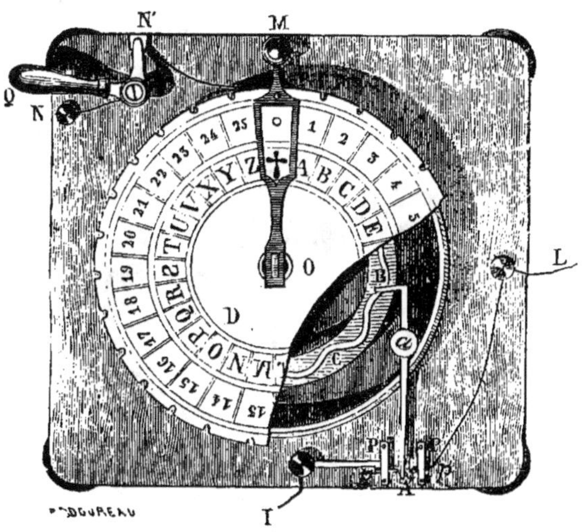

Fig. 106.

nueuse C B, dont les concavités et les convexités alternatives sont
au nombre de 26, comme les signes du cadran. Dans cette rainure
en mouvement glisse une dent du levier B A, mobile autour du
pivot a. Quand la dent est engagée dans une concavité de la rainure, l'extrémité A du levier se porte à droite et vient s'appliquer
contre une pièce métallique P′p′ en rapport avec le fil de ligne L.
Le courant est alors établi, et l'électro-aimant du poste récepteur
attire son levier de fer doux. Mais lorsque la dent du levier est
engagée dans une convexité de la rainure, l'extrémité A se porte
à gauche et s'applique sur Pp. Le courant ne se propage plus
alors dans le fil de ligne, et le ressort antagoniste de l'électro-aimant du poste récepteur entraine le levier en sens inverse.

Pour que le courant s'élance dans le fil lorsque le levier BA
vient se mettre en contact avec P′p′, il faut que le disque à
rainure sinueuse soit toujours en rapport avec la pile accompagnant le manipulateur. C'est effectivement ce qui a lieu. Le fil

29

positif de la pile se rattache à la borne N. Lorsque la poignée Q, est disposée comme le représente la figure, le courant se propage dans le fil N', et de là dans le disque à rainure en rapport permanent avec ce fil. Quant au fil négatif de la pile, il est mis en communication avec le sol, qui complète le circuit, ainsi qu'il a été expliqué plus haut.

Examinons maintenant de quelle façon le manipulateur peut transmettre au récepteur tel signe alphabétique que l'on veut. Pour le moment, disons que le récepteur comprend un cadran

Fig. 107.

(fig. 107) où se trouvent tracés les mêmes signes que sur celui du manipulateur. Une aiguille le parcourt, s'arrêtant un instant devant tel ou tel autre caractère. Elle est mise en mouvement par les allées et venues du levier en fer doux sur lequel agit l'électro-aimant. Pour chacune de ces allées et venues, elle avance d'un caractère.

Au début, le courant ne passe pas. La manivelle du manipulateur est alors devant le signe conventionnel, la *croix*. Celui qui doit recevoir la dépêche, a pareillement eu soin de mettre l'aiguille du récepteur devant la croix, ce qui s'obtient en pressant sur le bouton I. Veut-on maintenant transmettre la lettre F, par exemple ? On fait tourner la manivelle du manipulateur de gauche à droite

pour la placer sur le signe F. Le disque à rainure tourne de la
même quantité angulaire, et présente au levier alternativement
des concavités et des convexités dont le nombre total est égal à
celui des signes que la manivelle a franchis. Le déplacement de
la manivelle a été de sept signes, les deux extrêmes compris ; il y a
donc eu par sept fois non-passage et passage du courant dans le fil
de ligne. L'aiguille du récepteur, qui se déplace d'un signe de
gauche à droite pour chaque allée et chaque venue du levier de
fer doux, doit donc pareillement avancer de sept signes et s'arrêter sur le caractère F où la manivelle a été transportée. Il
suffit, par conséquent, d'amener la manivelle du manipulateur sur
tel caractère alphabétique, sur tel chiffre que l'on veut, pour que
l'aiguille du récepteur marche sur son cadran, à l'autre station,
et s'arrête sur le même caractère.

La figure 107 reproduit l'extérieur du récepteur. Les bornes
X et Y servant à l'entrée et à la sortie du courant, qui, dans la

Fig. 108.

boîte, circule autour d'un électro-aimant (fig. 108). L'aiguille du
cadran est sous la dépendance d'un système d'horlogerie. Si rien
n'y mettait obstacle, cette aiguille tournerait d'une manière continue comme l'aiguille d'un cadran de pendule ; mais avec une plus
grande vitesse. Son mouvement devient intermittent par l'inter-

vention de l'électro-aimant et des pièces qui en dépendent.

Ces pièces sont d'abord une armature ou plaque en fer doux P, vue en arrière de l'électro-aimant dans la figure 108, et sans

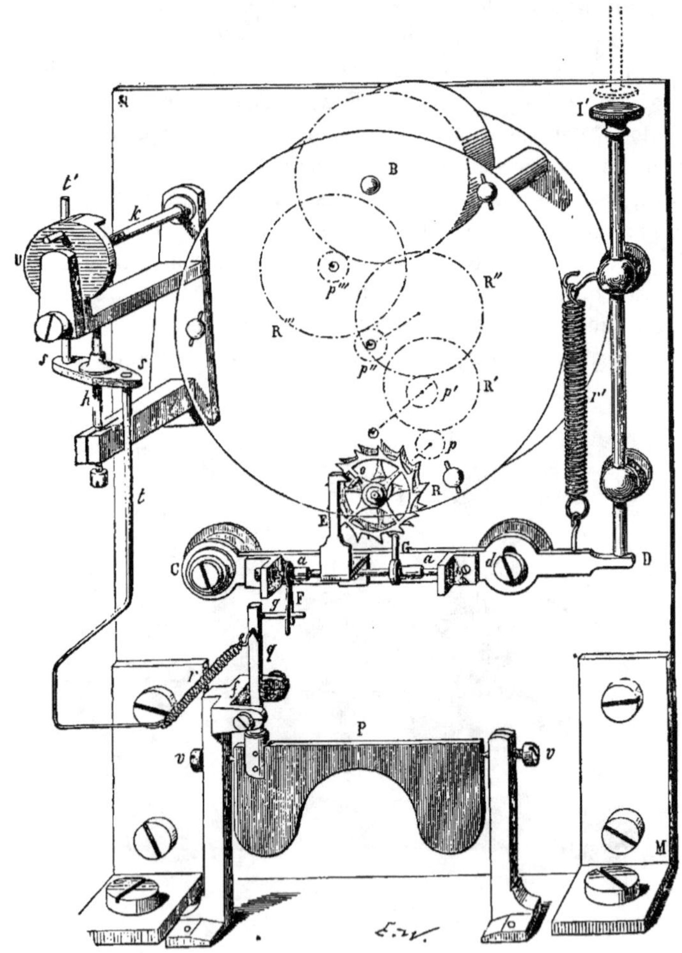

Fig. 109.

l'électro-aimant dans la figure 109. L'armature en fer doux peut osciller autour des pointes des vis v, v (fig. 109). Elle porte une tige q, à laquelle se rattache un ressort antagoniste r. Si le courant passe, l'électro-aimant attire la plaque de fer doux, et la tige q penche un peu en arrière ; si le courant cesse de passer, le ressort r ramène la tige en avant.

Pour utiliser ce mouvement de la tige q, d'arrière en avant et d'avant en arrière, par suite des oscillations de l'armature autour des pointes qui lui servent d'appui, on dispose sur cette tige un prolongement horizontal ou *goupille g*, qui s'engage entre les deux branches d'une fourchette F. Celle-ci fait partie d'un axe horizontal aa, mobile et portant à sa face supérieure un *contact* G, qui s'applique sur une des dents d'un couple des roues dentées. D'après ces dispositions, il est visible que les oscillations de l'armature se transmettent à l'axe aa, par l'intermédiaire de la tige q, de la goupille g et de la fourchette F. Le contact G est de la sorte animé d'un mouvement oscillatoire similaire, c'est-à-dire qu'il se déplace à tour de rôle un peu en arrière et un peu en avant, suivant que le courant passe ou cesse de passer.

En se déplaçant ainsi, il va, comme le représentent les figures 110 et 111, de l'une à l'autre des deux roues dentées fixées sur l'axe qui meut l'aiguille du cadran. Dans l'intervalle de temps néces-

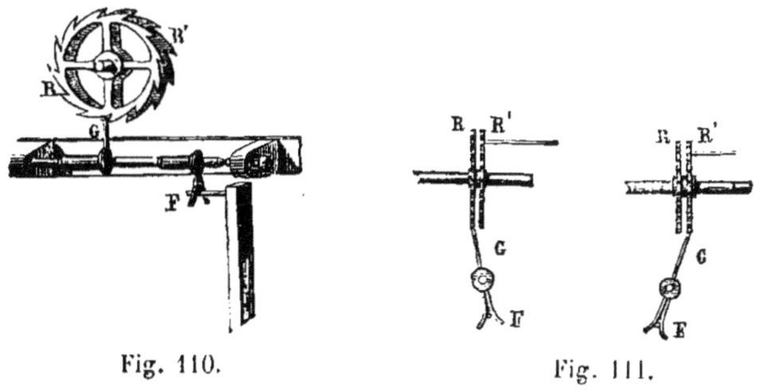

Fig. 110.   Fig. 111.

sité par ce changement de position du contact G, le couple de roues dentées, que rien n'entrave alors, se meut, entraîné par le mouvement d'horlogerie, et fait déplacer l'aiguille sur son cadran. Mais les roues ont treize dents chacune, et de plus les dents de l'une correspondent aux intervalles de l'autre, de manière que la distance angulaire d'une dent à la dent suivante de la roue voisine est $\frac{1}{26}$ de la circonférence. Quand le contact quitte une dent pour venir s'appliquer sur la dent suivante de la roue voisine, l'aiguille parcourt donc $\frac{1}{26}$ du cadran, c'est-à-dire se déplace d'un caractère. De cette façon, chaque fois que le courant passe ou cesse de passer, le contact oscille en avant ou en arrière et l'aiguille parcourt une division du cadran.

Quand l'employé veut ramener l'aiguille au point de départ normal, la *croix*, il presse, avons-nous dit, sur le bouton I, situé au-dessus de la boîte (fig. 107). La figure 109 rend compte de ce fait. Le bouton, dont une partie est représentée en traits ponctués, presse sur la tige I'D, et fait abaisser le levier C D, mobile autour du point C, et maintenu en place par le ressort *r'*. Pour peu que ce levier s'abaisse, le contact G abandonne la double roue dentée; et celle-ci, devenue libre, tourne en entraînant l'aiguille. Une goupille *o*, qui vient butter contre un arrêt E, alors convenablement incliné par le fait seul de l'abaissement du levier, met fin à la rotation quand l'aiguille est arrivée sur la lettre Z. On cesse de presser sur le bouton, une dent passe encore et l'aiguille se trouve sur la *croix*.

Un compatriote et collègue de Morse, Hughes professeur de physique à l'Université de New-York, est l'inventeur d'un appareil télégraphique qui écrit la dépêche lettre par lettre en caractères d'imprimerie, et n'exige pour chaque lettre qu'une émission du courant, tandis que celui de Morse en exige autant qu'il entre de points ou de traits dans le signe choisi pour représenter tel ou tel autre caractère alphabétique. Donnons une idée générale de cette curieuse machine, trop compliquée pour se prêter, en l'absence de l'objet lui-même, à une description développée.

Figurons-nous, à la station de départ comme à la station d'arrivée, une roue verticale dont le contour porte les vingt-cinq lettres de l'alphabet en relief, et un intervalle vide ou *blanc* servant de repère. Les vingt-cinq caractères saillants sont encrés, à mesure que la roue tourne, au moyen d'une molette imprégnée d'encre d'imprimerie. Deux mécanismes d'horlogerie, d'une marche parfaitement pareille, mettent en rotation les deux roues à caractères. Au-dessous de chacune d'elles est une bande de papier, qui s'avance d'un intervalle de lettre toutes les fois qu'elle vient de prendre l'empreinte d'un caractère encré.

Au début, l'appareil étant en repos, le *blanc* des roues correspond à la bande de papier. A la station de départ, on lance le courant, qui anime l'électro-aimant de cette station. L'armature correspondante se meut et agit sur une détente qui retenait le mécanisme d'horlogerie. A l'instant, ce mécanisme se met donc à fonctionner et la roue à types à tourner. Au même instant aussi, le courant, propagé dans le fil de ligne, parvient à la station d'arrivée, anime l'électro-aimant de cette station, et provoque la mise en activité du mécanisme d'horlogerie qui commande la seconde roue à types. Voilà donc les deux roues qui partent au même instant et tournent avec une vitesse angulaire rigoureusement pareille.

Il est dès lors visible que telle ou telle autre lettre du contour de la roue se présentant devant la bande de papier à la station de départ, la même lettre se présente aussi devant le papier à la station d'arrivée, puisque les types sont distribués sur les deux roues d'une manière identique. Si donc, quand la lettre A, par exemple, passe devant la bande de papier de la station de départ, on lance le courant dans le fil de ligne, on pourra obtenir l'impression du caractère encré A, qui, en ce moment même, se trouve en face de la bande à la station d'arrivée. Il suffira que le courant au moyen de l'aimantation temporaire d'un électro-aimant, fasse mouvoir un levier, qui soulève la bande de papier et l'applique contre le caractère encré. Tout revient, on le voit, à lancer le courant aux moments opportuns, c'est-à-dire lorsque les caractères composant la dépêche passent un à un devant le papier de la station de départ. On y parvient comme il suit.

Le manipulateur est un petit clavier à vingt-six touches blanches et noires comme celles d'un piano. Chacune de ces touches porte une des vingt-cinq lettres de l'alphabet. La vingt-sixième correspond au point de repère, au *blanc*.

Derrière le clavier, est un disque horizontal percé de vingt-six trous disposés circulairement, et dans chacun desquels est une petite tige métallique en rapport avec l'une des touches. La pile est en communication permanente avec l'ensemble de ces tiges. C'est par leur intermédiaire que le courant s'élance dans le fil de ligne. Il suffit d'appuyer sur une touche du clavier pour faire saillir au-dessus du disque la tige correspondante. Or, au centre de ce disque tourne un axe vertical, mû par le mécanisme d'horlogerie et animé de la même vitesse que la roue à types. Il fait un tour sur lui-même pendant que la roue fait un tour. Il porte une lame horizontale, dont l'extrémité vient successivement se mettre en face des vingt-six trous du disque. Si l'on appuie sur une touche, la tige correspondante se soulève au dessus du disque, et la lame tournante la frôle en passant. Le circuit est alors fermé, et le courant s'élance par l'électro-aimant de la première station, la tige soulevée, la lame tournante, l'axe vertical, le fil de ligne, l'électro-aimant de la station d'arrivée et finalement le sol. Mais comme la lame tournante a exactement la vitesse angulaire des deux roues à types, au moment où cette lame se présente devant la tige d'une lettre, cette même lettre est amenée en face de la bande de papier par l'une et l'autre roue à types.

Veut-on maintenant transmettre le mot *Volta*? On appuie sur les touches V, O, L, T, A ; les tiges métalliques correspondantes se soulèvent au dessus du disque horizontal, la lame tournante les atteint une à une à l'instant précis où les deux roues à types présentent les mêmes caractères au papier. Chaque fois le courant s'établit, et dans l'une comme dans l'autre station, l'électro-aimant fait mouvoir son armature, qui soulève la bandelette de papier contre la roue à types. De part et d'autre est prise ainsi l'empreinte typographique de la lettre qui passe. La bandelette retombe ; elle avance d'un intervalle de lettre et se présente encore à la roue, au moment de la nouvelle émission du courant, pour recevoir la lettre suivante de la dépêche. On obtient de la sorte, à la station de départ et à la station d'arrivée, une bande imprimée en lettres ordinaires. La première bande est gardée dans les bureaux comme témoignage d'une exacte transmission ; la seconde est envoyée au destinataire telle qu'elle sort de l'appareil.

La concordance des deux roues à types, présentant au même instant la même lettre à leurs bandelettes de papier, est fondée, on le comprend, sur la marche parfaitement identique des mouvements d'horlogerie des deux stations. Sans un artifice spécial, il serait impossible de l'obtenir. C'est le courant lui-même qui met les deux mécanismes en rapport et les règle. Chaque fois que le papier est soulevé pour l'impression d'une lettre, la pièce qui le porte engage une came entre les dents d'une roue de l'appareil. S'il y a retard, la came pousse la dent dans le sens du mouvement ; s'il y a avance, elle la pousse en sens inverse. De la sorte, à chaque émission du courant, les deux mécanismes subissent une légère retouche qui les met d'accord.

Le télégraphe imprimeur de Hughes est d'une merveilleuse rapidité de transmission. Une dépêche de vingt mots n'exige guère qu'une minute ; elle en exigerait à peu près le double avec l'appareil de Morse. Le côté défectueux, c'est une extrême complication de mécanisme qui rend nécessaires des retouches fréquentes et la présence d'un second appareil prêt à fonctionner si le premier se dérange. Néanmoins le télégraphe Hughes est précieux pour les lignes à correspondance très active, où l'économie du temps est de rigueur.

Faire écrire une dépêche par l'électricité, à quelques centaines de lieues de distance, en caractères d'imprimerie, et comme ne ferait pas mieux un ouvrier typographe, paraît être l'extrême limite de ce que peut enfanter le génie mécanique desservi par la pile ; et pourtant il nous reste à décrire un appareil plus étonnant encore, dû à l'abbé Caselli, professeur de physique à l'Université de Florence. Le *pantélégraphe*, comme l'a nommé son inventeur, donne un fac-similé de tout ce qu'on lui soumet, écriture, paraphe, portrait, dessin le plus compliqué. Si embrouillés que soient les traits, tracés à la plume sur une feuille convenable, l'instrument les calque et les reproduit à l'autre extrémité de la ligne avec une fidélité rigoureuse.

A la station de départ et à la station d'arrivée, oscillent, d'une manière parfaitement parallèle, deux lourds pendules de deux mètres de longueur, dont la tige mène la pointe d'un style. Sous chacun des deux styles est une feuille de papier qui, après chaque oscillation, glisse et avance d'un tiers de millimètre, de manière que la pointe oscillante décrit sur la feuille une série de hachures parallèles, équidistantes et très rapprochées. Les deux styles sont en rapport avec le fil de ligne. La feuille de la station de départ est en papier métallisé. Elle porte, en traits à l'encre grasse, l'écriture, le paraphe, le dessin que l'on veut transmettre. La feuille de la station d'arrivée est un papier imprégné d'une dissolution de cyanure jaune de potassium et de fer. Si le courant arrive par la pointe du style et passe à travers cette feuille chimique, le sel est décomposé au contact de la pointe et produit du bleu de Prusse. Les deux feuilles reposent sur des plaques de cuivre en relation permanente avec le sol.

Examinons maintenant de quelle manière, à la station de départ, le courant est lancé au moment opportun pour reproduire en traits de bleu de Prusse le dessin que parcourt le style de cette station. Le pôle négatif de la pile est en communication permanente avec le sol ; le pôle positif communique avec le style et par suite avec le fil de ligne. Quand la pointe du style se trouve sur une partie métallique du papier, deux voies se présentent pour le passage du courant : la voie par le fil de ligne, qui, à une grande distance va communiquer avec le sol, et la voie par la feuille même, reposant sur une plaque de cuivre en rapport avec la terre. De ces deux voies, le courant prend la moins résistante, c'est-à-dire la plus courte ; et le fil de ligne ne fonctionne pas, de manière qu'à la station d'arrivée, il ne se produit pas de bleu de Prusse sous la pointe oscillante.

Mais quand la pointe du style de départ se trouve sur un trait à l'encre grasse, le courant, qui ne peut franchir cet obstacle mauvais conducteur, prend la voie la plus longue et s'élance dans le fil de la ligne. Alors un trait bleu se produit sur la feuille chimique de la station d'arrivée. Si donc les deux pendules sont d'un synchronisme parfait, si les pointes des styles qu'ils mènent se trouvent au même instant en des points similaires des feuilles correspondantes, le dessin que la pointe de départ sillonne de traits parallèles très rapprochés, doit être reproduit en hachures bleues parallèles par la pointe d'arrivée. La difficulté est d'obtenir le synchronisme des deux pendules. On lève cette difficulté en faisant agir, sur la masse de fer doux servant de lentille aux pendules, des électro-aimants dont l'aimantation est réglée par deux horloges parfaitement synchroniques.

CHAPITRE LXXI

Confier la pensée aux abîmes des mers, la guider sous les flots
à travers les immensités océaniques et fidèlement la conduire sur
une terre lointaine, telle est la grandiose entreprise conçue et
couronnée de succès vers le milieu de notre siècle. Aujourd'hui
quelques minutes suffisent pour converser d'un hémisphère à
l'autre. La mer n'est pas, en effet, un obstacle que la télégraphie
électrique ne puisse franchir. Nos fils de ligne, soutenus par leurs
poteaux, ne sont-ils pas en réalité immergés dans les énormes
profondeurs d'une autre mer, la mer aérienne, l'atmosphère ?
Pourquoi dans l'océan liquide n'obtiendrait-on pas le même succès
que dans l'océan aérien ? Un obstacle, un seul, s'y oppose ; mais
un obstacle majeur. L'air est mauvais conducteur de l'électricité ;
il suffit donc d'isoler du sol, au moyen de poteaux, le fil télégraphique, et le courant émané de la pile s'y conservera sans déperdition aucune dans la masse atmosphérique. Au sein de la mer,
les conditions sont toutes différentes : l'eau conduit très bien
l'électricité, et par suite le courant voltaïque d'un fil de métal,
immergé sans dispositions particulières, aussitôt s'y dissiperait ;
il y a plus : les eaux de la mer, chargées de divers sels, exercent
sur les métaux une corrosion rapide. A ce double point de vue,
il est indispensable que le fil télégraphique soit enveloppé d'un
fourreau qui lui conserve son électricité et le protège contre la
prompte destruction par les matières salines.

Ainsi, le fourreau protecteur doit être fait d'une substance qui,
d'une part, conduise très mal l'électricité, et qui, d'autre part,
résiste indéfiniment à l'action des eaux salées, sans la moindre
altération, sans la moindre fissure qui permette à l'humidité de

pénétrer jusqu'au fil de métal. Le verre, le soufre, la résine, corps mauvais conducteurs, sont ici absolument inapplicables : ces matières se gercent, se fendillent avec la plus grande facilité ; elles tomberaient en écailles pour une simple flexion du fil, qui doit cependant pouvoir se rouler, se dérouler et se prêter enfin aux mille accidents du sol sous-marin, son appui. L'enveloppe de soie n'est pas davantage admissible, sa perméabilité s'y oppose. Reste la gomme-élastique, qui donnerait l'indispensable flexibilité ; mais promptement elle s'altère dans les eaux de la mer. Le problème du fourreau pour les fils télégraphiques immergés, comme on le voit, n'est pas des plus faciles, et très probablement la solution en serait encore à désirer sans un curieux produit que les îles de la Sonde envoyèrent pour la première fois en Europe vers 1849.

C'est la gutta-percha, substance très voisine du caoutchouc tant par ses propriétés que par sa composition chimique. Elle est produite par un bel arbre de la Malaisie, l'*Isonandra Percha*, dont l'écorce incisée laisse écouler un suc d'apparence laiteuse. Par la dessiccation, ce suc se prend en une masse brunâtre, solide, flexible, qui n'est autre chose que la gutta-percha du commerce. A la température ordinaire, c'est une matière dure, ayant la consistance et la faible souplesse des cuirs épais. Chauffée dans de l'eau à une soixantaine de degrés, elle devient molle, plastique, apte à se laminer en feuilles, à s'étirer en fils, à reproduire par la pression les plus délicats détails d'un moule. Sous ce dernier rapport, nous nous sommes déjà occupés de son emploi dans la galvanoplastie. Elle sert à confectionner une foule d'objets auxquels conviennent une fermeté plus grande et une élasticité moindre que celle du caoutchouc. Mais de tous les services rendus par cette précieuse matière, le plus important est de fournir leur enveloppe isolante aux fils télégraphiques sous-marins. Opposant à la dépertition de l'électricité un obstacle invincible, douée d'une résistance indéfinie à l'action des eaux marines, assez souple d'ailleurs pour ne pas nuire à la flexibilité nécessaire, et suffisamment plastique, quand elle est chaude, pour se prêter à de délicates manipulations, la gutta-percha réunit toutes les conditions que doit remplir le fourreau protecteur d'un fil de ligne immergé.

Pareil fil est en cuivre, préférable au fer comme meilleur conducteur de l'électricité, sous un moindre diamètre. Une couche isolante de gutta-percha lui forme une gaine continue. Parfois ce fil est seul ; mais il est mieux d'en réunir plusieurs qui puissent mutuellement se suppléer. Dans ce cas, les divers fils, revêtus chacun de leur enveloppe protectrice, sont assemblés en un faisceau, dans lequel on intercale des cordes de chanvre pour plus de solidité. Du goudron mélangé de suif agglutine le tout. Pour prévenir l'usure par le frottement, surtout sur les hauts-fonds, dans le voisinage des côtes et partout où se fait ressentir le mouvement des vagues et de la marée, une armature est nécessaire. Elle se compose d'une corde de chanvre goudronnée, enroulée à tours serrés autour du faisceau des fils ; et enfin d'un revêtement métallique formé de fils de fer galvanisé tordus en hélice. Ainsi s'obtient une sorte de câble, de trois à quatre centimètres de diamètre, solide et souple tout à la fois. Un navire le prend à bord, méthodiquement enroulé ; il en laisse une extrémité au rivage et s'avance au large. Le câble se déroule peu à peu et tombe au fond de la mer, tantôt descendant des pentes ou gravissant des hauteurs, tantôt suspendu au-dessus d'étroites vallées, ou bien étalé en ligne horizontale sur quelque plateau, suivant la conformation du lit océanique, aussi accidenté que la terre ferme. Enfin l'autre extrémité du câble atteint le rivage opposé, et la communication électrique à travers la mer est dès lors établie.

Le premier essai de ce genre fut entrepris en 1850 par l'ingénieur anglais Jacob Brett. Le câble sous-marin devait faire communiquer la France et l'Angleterre à travers la Manche. Pour stations extrêmes, on choisit deux points aussi rapprochés que possible : du côté de l'Angleterre, le rivage de Douvres, et du côté de la France, le cap Gris-nez, au voisinage de Calais. La distance en ligne droite est d'environ sept lieues, et la profondeur de l'eau varie de 10 à 75 mètres. Il y a loin, on le voit, entre ces conditions d'éloignement et de profondeur et les difficultés que l'on surmonte aujourd'hui lorsque le câble relie l'ancien monde au nouveau et gît dans les abîmes de l'Atlantique. Mais c'était un essai timide, dont rien encore ne pouvait garantir le succès. Des esprits pessimistes se trouvaient même annonçant, de par la science, l'inévitable échec de ce qu'ils appelaient une folle entreprise. L'événement leur donna raison, mais seulement en apparence, car l'insuccès eût pour cause un accident qu'il était facile de prévenir désormais, et non l'impossibilité pour le courant voltaïque de franchir un bras de mer. On manquait, pour la construction du câble, des données pratiques fruit de l'expérience. Le fil conducteur en cuivre fut donc simplement enveloppé de sa gaine isolante de gutta-percha, sans étui métallique propre à la défendre. Seules les deux extrémités étaient revêtues d'une gaine de plomb pour prévenir les effets d'un frottement continuel sur les rochers du rivage.

Parti de Douvres, le vaisseau déroula son câble et le déposa sans accident au fond de la mer. Aussitôt la pose finie, une dépêche télégraphique partit du cap Gris-nez, annonçant à Douvres l'heureuse issue de l'opération. Dans la ville anglaise, l'enthousiasme ne connut pas de bornes lorsque parvint aux curieux, accourus de toutes parts sur la plage, la nouvelle apportée par le fil sous-marin. Cette émission de la pensée sous les flots, d'un rivage à l'autre du détroit, avait quelque chose d'étrange, presque de surnaturel, qui frappa au plus haut point l'imagination populaire. Converser à travers un bras de mer, bientôt peut-être à travers l'Océan, quel prodige de l'audace scientifique !

Douvres s'empressa de répondre, mais la réponse, comme dirent les mauvais plaisants du jour, se noya dans le détroit, c'est-à-dire qu'elle ne parvint pas à la côte française. On raconte qu'un pêcheur revenant sur le soir de relever ses filets tira à lui, avec son ancre, quelque chose de fort long, noirâtre et flexible, qu'il prit pour la tige d'une algue monstrueuse. Il en coupa un tronçon et sa surprise fut extrême quand il vit que le centre de la tige avait une moelle en métal luisant. Le naïf pêcheur crut avoir mis la main sur une curiosité des plus rares, sur un vrai trésor. La chose cueillie était pour lui un fragment de fucus inconnu, énorme de longueur et possédant pour moelle un fil d'or. La précieuse trouvaille fut triomphalement apportée à Boulogne, où le mystère s'expliqua. Le prétendu tronçon d'algue était un fragment du câble sous-marin, à qui l'enveloppe de gutta-percha donnait effectivement apparence de robuste fucus ; la moelle luisante prise pour de l'or était le fil conducteur en cuivre. Par ignorance, le pêcheur avait coupé le câble ; et voilà pourquoi la réponse partie de Douvres s'était noyée en chemin.

A ce récit douteux substituons une explication plus vraisemblable. Une gaine de plomb avait été jugée suffisante pour défendre les deux extrémités du câble contre les périls du rivage. Mais du côté de la France sont d'âpres écueils, des rochers aigus,

continuellement battus par le choc des flots. Avec sa faible armature, le fil télégraphique ne put résister aux agitations de la mer
sur un lit aussi raboteux ; il fut limé, rompu par quelque crête
d'écueil. Un résultat de portée immense était néanmoins acquis.
L'unique dépêche transmise démontrait la possibilité de la télégraphie électrique à travers la nappe des mers. La durée si éphémère du câble démontrait aussi à quelles éventualités de rupture
il fallait veiller désormais ; et c'est alors qu'on imagina l'enveloppe
défensive en fils de fer galvanisé.

L'essai fut donc repris dans des conditions meilleures. Le câble, cette fois solidement défendu, était construit comme nous
l'avons tantôt exposé. Il comprenait quatre fils conducteurs en
cuivre, munis chacun d'une enveloppe isolante en gutta-percha.
Une première gaine en corde de chanvre goudronnée, et une seconde de fils de fer spiralement tordus, constituaient l'armure
défensive. Pour suivre les inégalités du lit de la mer, le câble
mesurait dix lieues de longueur, bien que la distance en ligne
droite ne fut que de sept lieues. La fabrication en avait coûté 375 000
francs et le poids par kilomètre en était de 4 400 kilogrammes.
Bien qu'on eût fait une large part aux inégalités sous-marines,
les prévisions de longueur se trouvèrent inexactes : le câble était
trop court pour atteindre la rive française. Un tronçon ajouté
compléta la distance. Enfin le 31 décembre 1851, pour inaugurer
le télégraphe sous-marin, retentit sur les remparts de Douvres,
un coup de canon unique dans les annales de l'artillerie. La
pièce tonnait sur une rive de la Manche au moyen d'une étincelle électrique partie de l'autre rive et conduite par le fil immergé. C'était, sous une forme plus saisissante, la vieille expérience de l'esprit de vin enflammé à travers l'eau d'une rivière
par la décharge d'une bouteille de Leyde. A la détonation succéda la correspondance, qui n'a cessé depuis, chaque jour plus
active.

Quelques années plus tard, un riche capitaliste américain, Cyrus
Field, conçut le colossal projet de confier un câble télégraphique
aux profondeurs de l'Océan, et de relier les États-Unis à l'Angleterre à travers l'immensité de l'Atlantique. Les points choisis
furent du côté de l'Europe le port de Valentia, en Irlande ; et du
côté de l'Amérique, l'île de Terre-Neuve, mise en rapport avec
le continent américain par une ligne secondaire. La distance

entre les deux stations est de 775 lieues. L'étendue océanique qui
la sépare a pour lit un plateau irrégulier, où la profondeur des
eaux, d'abord d'un millier de mètres du côté de l'Irlande comme
du côté de Terre-Neuve, atteint vers le milieu quatre kilomètres
et même les dépasse. Dans de tels abîmes, la mer est d'une inaltérable tranquillité, condition très propice à la longue conservation du câble immergé. D'autre part, des expériences préalables
faites avec 8000 kilomètres de fils télégraphiques établissaient
que le courant de la pile pouvait fort bien franchir tout d'un trait
la distance d'un continent à l'autre. La grandiose entreprise se
présentait donc avec les probabilités d'un succès.

Le câble fut construit. Il mesurait 4000 kilomètres, avec un
poids total de 250 000 kilogrammes. La fabrication en revenait à
560 000 francs. Deux navires étaient nécessaires pour le transport
d'une pareille masse. Les États-Unis fournirent le *Niagara*, leur
plus grande frégate; et l'Angleterre envoya l'*Agamemnon*, de
force équivalente. Porteurs chacun de la moitié du câble, les deux
vaisseaux devaient se rencontrer au milieu de l'Océan, souder ensemble les bouts des deux tronçons et se diriger l'un vers l'Irlande et l'autre vers Terre-Neuve, en laissant tomber au fond de
la mer le câble peu à peu déroulé. L'opération était des plus diffi-
cultueuses. Appendu à l'arrière du navire et descendant à des
profondeurs de 3 et 4 kilomètres, le câble, par l'effet de son
propre poids, était exposé à des ruptures qui trop souvent se re-
nouvelèrent. Enfin, après bien des tentatives, l'immersion totale
fut accomplie, et le 18 août 1858, une dépêche envoyée d'Amérique par Cyrus Field annonçait à l'Europe le succès de la grandiose entreprise. « Gloire à Dieu, disait le télégraphe transatlantique, gloire à Dieu au plus haut des cieux; sur la terre, paix et
bienveillance aux hommes. L'Amérique et l'Europe sont réunies
par le télégraphe électrique. »

Deux messages furent immédiatement échangés entre la reine
d'Angleterre et le président des États-Unis, James Buchanan. Ce
dernier télégraphiait ces nobles paroles : « C'est un glorieux
triomphe, plus utile au genre humain que ceux qui ont jamais
été obtenus par les conquérants sur les champs de bataille.
Puisse le télégraphe être un instrument destiné à répandre partout la civilisation, la justice et la liberté. »

Bien au-dessus des messages officiels dominaient les manifestations de la joie publique pour célébrer le merveilleux événement. Le principal promoteur de l'entreprise, Cyrus Field, était promené en triomphe pendant seize heures dans les rues de New-York, au milieu d'une foule immense. Vingt mille personnes, alternant les libations et les acclamations, accompagnaient le triomphateur. Il est à croire que le père du câble dut trouver la glorieuse promenade un peu longue, si quelque chose aux États-Unis peut lasser des exhibitions populaires. Meetings, tonnerres des canons, feux pyrotechniques, illuminations multicolores, groupes défilant à la rouge lueur des flambeaux, tout fut mis en œuvre pour donner de l'éclat à la bruyante fête. Dans cette ivresse générale, l'incendie consuma l'Hôtel de ville ; à peine on s'en préoccupa : c'était un feu de plus.

Un profond désappointement devait bientôt succéder à cet enthousiasme. Pendant quelques jours, les dépêches circulèrent librement ; puis le courant s'affaiblit, devint irrégulier, indécis et enfin en septembre 1858, le câble devint muet pour toujours. Qu'était-il arrivé ? Le fil conducteur s'était il rompu ? Peu à peu, au fond des eaux, son enveloppe isolante, en quelques points crevassée de fissures, laissait-elle se déperdre l'électricité ? On l'ignorait ; toujours est-il que de la coûteuse entreprise, il ne resta plus rien que le souvenir et quelques milliers de kilomètres de câble étalés au fond de l'Océan à des profondeurs inaccessibles.

CHAPITRE LXXII

Horace célèbre dans une de ses odes l'homme *justum ac tenacem propositi*. Cet homme tenace dans ses projets, où le trouver mieux que chez l'Anglais et chez l'Américain? L'échec de 1858 fut donc loin de mettre fin à l'entreprise. Tandis qu'on se préoccupait d'une nouvelle tentative, un ingénieur chargé des études préliminaires, interrogé sur ce que l'on ferait en cas d'insuccès, répondit :

« Ce que nous ferons? C'est tout simple : nous recommencerons une troisième fois. »

« Et si vous échouez une troisième fois? »

« Nous recommencerons une quatrième, une cinquième. Nous recommencerons toujours, jusqu'à ce que nous ayons réussi. »

A cette inébranlable persévérance, le succès devait répondre en quelques années. Mais d'abord il fallait interroger plus avant la science pour reconnaître les causes qui si brusquement venaient d'arrêter la communication transatlantique, et tout disposer pour prévenir le retour de pareil accident. Des ruptures du câble, des imperfections dans la couche isolante, étaient des obstacles auxquels pouvait remédier une construction plus soignée. Mais n'y avait-il pas d'autre vice à faire disparaître? Un fait surtout avait attiré l'attention pendant les quelques jours de fonctionnement du télégraphe sous-marin : c'est la lenteur de transmission des signaux. Il avait fallu trente-cinq minutes pour envoyer d'Amérique en Europe les quelques mots de Cyrus Field cités plus haut. Les émissions du courant devaient se succéder par intervalles d'une certaine durée, sinon le fil conducteur ne donnait à l'autre rive que des signaux confus. Une sorte de paralysie entravait les com-

munications. D'où provenait-elle? C'est ce que nous allons examiner.

On sait combien diffèrent les conditions d'un fil électrique
aérien et celles d'un fil électrique sous-marin. Le premier, enveloppé par l'air, mauvais conducteur, n'exige aucune gaine isolante
pour empêcher la déperdition électrique; soutenu par des poteaux, il va d'une station à l'autre nu de tout fourreau et conservant néanmoins intact le courant voltaïque qui lui est confié. Le
second, immergé dans l'eau, excellent conducteur de l'électricité,
nécessite absolument un étui de matière isolante, une couche de
gutta-percha, qui empêche le courant de se dissiper aussitôt dans
le milieu liquide. De plus, il doit être revêtu d'une solide armature en fils de fer, qui le protège contre l'action des vagues, et lui
donne la résistance nécessaire pour supporter l'énorme traction
éprouvée lorsqu'au moment de la pose, une longueur de quelques
kilomètres descend verticale dans les abîmes de la mer.

Or, le fil intérieur de cuivre, destiné à la propagation du courant, le revêtement protecteur en fils de fer, enfin la couche isolante
de gutta-percha interposée, n'est-ce pas là tous les éléments essentiels d'un condensateur électrique, d'une bouteille de Leyde,
composée de deux armatures métalliques que sépare une mince
lame de verre? Dans le câble, les fils de cuivre de l'intérieur et
les fils de fer de l'extérieur, constituent les deux armatures; la
gaine de gutta-percha représente la paroi de verre. Au point de
vue électrique, l'analogie est complète. L'attention une fois portée
sur ce mode de structure, il est aisé de prévoir quelles en seront
les conséquences.

Si le fil conducteur en cuivre reçoit, par exemple, l'électricité
positive de la pile, cette électricité décompose par influence l'é-
lectricité neutre de l'armature extérieure, c'est-à-dire de l'enveloppe en fils de fer; elle repousse dans la masse des eaux l'électricité de même nom, et attire, maintenue à distance par la
couche de gutta-percha, l'électricité de nom contraire. En somme,
de l'électricité positive ne peut apparaître dans le fil télégraphique
sans qu'il apparaisse à l'instant une proportion égale d'électricité
négative dans le fourreau métallique destiné à le protéger. De là
deux courants pareils, positif à l'intérieur du câble, négatif à
l'extérieur, s'accompagnant, s'attirant l'un l'autre. De cette attraction mutuelle à travers la couche isolante résulte un notable

ralentissement dans la propagation du courant lancé par la pile. D'autre part, les signaux télégraphiques sont basés sur les alternatives de l'état électrique et de l'état neutre du fil de ligne ; et il faut que le retour à l'état neutre soit aussi instantané que le retour à l'état électrique, condition impossible à obtenir avec l'obstacle du courant extérieur. On est donc obligé, si l'on veut éviter des signaux empiétant l'un sur l'autre, indéchiffrables dans leur confusion, de laisser écouler une certaine durée entre les divers signes, afin de laisser au fil le temps de revenir à l'état neutre. Des recherches spéciales ont appris que pour un fil sous-marin d'une longueur de 24 000 kilomètres, il faudrait 7 secondes au courant pour acquérir toute son intensité au poste d'arrivée et 7 secondes encore pour la décharge complète. Dans de telles conditions 7 minutes en moyenne seraient nécessaires pour la transmission d'un seul mot. Ainsi s'explique le paresseux fonctionnement de 1858.

Ici se présente à l'esprit une observation judicieuse en apparence, mais fausse en réalité. On a dit : puisque l'enveloppe en fil de fer remplit le rôle de l'armature extérieure d'une bouteille de Leyde et se charge d'électricité contraire qui entrave la propagation du courant dans le fil télégraphique, supprimons ce fourreau métallique et remplaçons-le par un autre qui conduise mal l'électricité tout en donnant au câble la solidité nécessaire. Aucune amélioration ne résulterait de pareille structure. L'enveloppe métallique supprimée, il resterait toujours, en effet, l'enveloppe liquide, la couche d'eau qui recouvre le câble dans toute sa longueur. Cette couche est un excellent conducteur électrique ; elle ferait donc fonction d'armature, comme l'a démontré depuis longtemps la mémorable expérience de Cunéus, se proposant d'électriser de l'eau. Ainsi, par cela seul qu'il est submergé, et n'importe la nature de son enveloppe protectrice, un fil électrique sous-marin a son courant voltaïque contrarié par un courant extérieur, développé sous son influence. Ce vice est inévitable ; et pour y remédier, il faut recourir à des moyens qui ne concernent plus la structure du câble.

Un physicien anglais, Witehouse, chargé des études électriques pour la télégraphie transatlantique. proposa le moyen suivant, aussi simple qu'ingénieux. C'est de lancer tour à tour dans le câble, à intervalles rapprochés, de l'électricité positive, et de l'électricité négative. Un pendule oscillant entre les deux pôles de la pile donne lieu à ces émissions alternatives. Suivant que la tige oscillante vient toucher le pôle positif ou le pôle négatif, le fil télégraphique reçoit de l'électricité positive ou de l'électricité négative. Le résultat de cette alternance est d'une évidente efficacité. Admettons à l'extérieur un courant négatif provoqué par l'influence d'un courant positif à l'intérieur. Si le fil de ligne reçoit à cet instant un courant négatif, dans l'armure extérieure se développera un courant inverse de celui qui le parcourt déjà ; et ces deux courants contraires se détruisant l'un l'autre, l'armature sera instantanément ramenée à l'état neutre. Ainsi disparaîtront, à mesure qu'elles se produisent, les entraves que le courant extérieur oppose à la propagation du courant intérieur. L'expérience a parfaitement confirmé ces prévisions théoriques.

Une autre modification, due à l'ingénieur électricien Varley, vient en aide à ces émissions inverses. A chacune des extrémités du câble sous-marin, est un condensateur à grande surface, une sorte d'énorme bouteille de Leyde qui se charge avec l'électricité développée dans l'armature du câble. Toutes les fois que le courant est interrompu dans le fil télégraphique, ce condensateur lance dans l'armature de l'électricité contraire pour neutraliser celle qui peut y persister encore.

Ces quelques détails, si sommaires qu'ils soient, montrent déjà à quelles minutieuses précautions est assujettie la fidèle transmission d'un signal à travers un fil métallique submergé. Ce qui est relativement très simple dans l'air devient d'une difficulté extrême dans l'eau ; et il a fallu les ressources de la science électrique la plus avancée pour surmonter les obstacles à mesure qu'ils se présentaient dans la pratique. Ainsi, la pile, qui semble le moteur obligé de tout système télégraphique basé sur l'électricité, présente des inconvénients quand il s'agit de distances très considérables. Le courant qu'elle engendre a été reconnu trop lent. On lui préfère, comme deux fois et demie plus rapide, un courant d'induction, provoqué dans un fil soit par le voisinage d'un aimant, soit par le voisinage d'un courant voltaïque, ainsi que nous l'expliquerons bientôt. On fait donc fonctionner les télégraphes sous-marins sans l'intervention de la pile. Le moteur est alors la machine de Clarke, qui fournit un courant d'induction au moyen d'une bobine en fer doux qui tourne avec rapidité devant un fort aimant. Nous reviendrons, au moment opportun, sur cette remarquable machine, puisant de l'électricité dans une source de magnétisme.

Enfin, la pratique a démontré que, pour éviter autant que possible le courant perturbateur de l'armature du câble, il convient de ne lancer qu'un courant très faible dans le fil télégraphique. C'est tout le contraire de ce qu'enseignaient les premières prévisions. Lorsqu'il fallut faire fonctionner le câble de 1858 et faire franchir aux signaux une distance directe de trois mille kilomètres, ou bien de près de quatre mille en tenant compte des inégalités du sol sous-marin, on crut indispensable l'emploi d'une pile énorme; et c'est peut-être la puissance exagérée du courant émis qui fut cause de l'échec de l'entreprise. On est bien revenu maintenant de cette idée en apparence si naturelle, l'idée de proportionner l'intensité du courant à la distance parcourue. Pour transmettre une dépêche des rives de l'Europe aux rives de l'Amérique la moindre des piles suffit. Un dé à coudre, ou mieux encore une amorce de fusil à percussion, voilà la pile avec laquelle il a été possible de télégraphier entre l'Irlande et Terre-Neuve. Cette amorce, réduite à son enveloppe de cuivre, reçoit une gouttelette d'eau acidulée, dans laquelle on plonge un fil de zinc. Avec ce minuscule couple voltaïque, l'immense transatlantique a pu régulièrement fonctionner.

Si une parcelle de zinc et un godet de cuivre à peine suffisant pour contenir une larme, développent l'électricité nécessaire au câble sous-marin, on conçoit que l'exquise sensibilité de l'appareil récepteur doit largement venir en aide à la faiblesse du courant employé. Ici sont impossibles l'électro-aimant et son armature. Le poids de cette dernière, si minime qu'il soit, la résistance qu'éprouve l'extrémité écrivante quand elle trace des points et des lignes sur la bande de papier déroulée, sont des obstacles que ne surmonterait pas la délicate puissance mise en œuvre. Il faut recourir à un appareil incomparablement plus sensible, formé d'une légère aiguille aimantée mobile autour d'un pivot vertical; de sorte que les perfectionnements les plus avancés de la télégraphie électrique nous ramènent au point de départ conçu par Ampère, c'est-à-dire à la boussole que dévie le courant ainsi qu'Œrstedt l'observa le premier. La voie des inventions télégraphiques, qui nous paraissait au début une ligne droite plongeant sans fin dans les régions de l'inconnu, devient ainsi une courbe fermée, dont les deux extrémités se rejoignent, mais enrichies de nombreux documents nouveaux.

Parmi ces documents, le premier en importance est le galvanomètre, dont les circuits répétés autour de l'aiguille multiplient l'action déviatrice du courant. Mais celui-ci est tellement faible que son influence multipliée déplace à peine l'aiguille de quelques degrés soit à droite, soit à gauche de la position spontanée d'équilibre. Pour multiplier et rendre très sensibles ces légers déplacements, le physicien anglais Thomson a imaginé de disposer sur la pointe nord de l'aiguille un tout petit miroir métallique qui reçoit un pinceau de lumière émané d'une lampe fixe. Réfléchi par le miroir, ce pinceau lumineux se projette sur un écran placé à quelque distance, et y traduit, avec telle amplification que l'on veut, les moindres oscillations de l'aiguille, au moyen d'un éclair visible tantôt à droite tantôt à gauche du plan du méridien magnétique, suivant la marche du courant dans le fil du galvanomètre. On est convenu de donner à un éclair à droite la signification d'un point dans l'alphabet Morse ; et à un éclair à gauche, la signification d'un trait. La combinaison de ces deux genres d'éclairs, en nombre variant de un à quatre est donc apte à représenter les divers caractères alphabétiques comme le font les traits et les points pour les télégraphes terrestres. L'employé chargé de recevoir la dépêche est dans une chambre profondément obscure, en face de l'écran où il suit d'un regard attentif les éclairs de lumière qui se succèdent soit à droite soit à gauche. L'appareil que nous venons de décrire est seul en usage pour la télégraphie sous-marine. Il porte le nom de son inventeur et se nomme le galvanomètre Thomson.

Revenons maintenant au câble transatlantique. Celui de 1858 comprenait un faisceau de sept fils conducteurs en cuivre, recouverts chacun d'une couche de gutta-percha et protégés en commun par une enveloppe de fil de coton où entrait un mélange de poix, de goudron, d'huile et de suif. Dix-huit faisceaux de fil de fer, chacun de seize brins tordus ensemble, composaient l'armature. Mis bout à bout tous ces fils de fer, auraient composé une longueur supérieure d'un tiers à la distance qui nous sépare de la lune. On présume que sous la traction énorme exercée par le poids même du câble au moment de la pose, les fils de cuivre

s'étaient étirés en menus filaments ou même rompus en laissant
des traces métalliques sur leur gaine de gutta-percha. Ces traces
cuivreuses, ces filaments pendant quelques jours avaient suffi à la
transmission des dépêches ; puis l'intensité du courant émis les
avait usés peu à peu jusqu'à rupture complète du circuit.

Sept ans après, en 1865, fut construit un nouveau câble de
4760 kilomètres de longueur et pesant 4600 tonnes. Il comprenait, comme le premier, sept fils télégraphiques en cuivre. Pour
armature, on fit emploi de dix fils de fer de 2 millimètres et
demi de diamètre, et recouverts d'une gaine en fil goudronné,
qui les protégeait contre l'oxydation. Tout compris, le diamètre
du câble était de 27 millimètres, et le poids de 982 kilogrammes
par kilomètre. En outre, pour les deux extrémités de la ligne,
exposées à l'agitation des vagues et aux frictions contre les rochers
du rivage, on avait préparé 50 kilomètres de câble *côtier*, mesurant 56 millimètres de diamètre et pesant par kilomètre
10700 kilogrammes. Enfin, il fut jugé prudent de ne pas diviser,
comme on l'avait fait la première fois, le câble en deux parties
que deux navires auraient transportées, pour les souder au milieu
de l'Atlantique, et de ce point les dérouler l'un vers l'Europe et
l'autre vers l'Amérique. Il était préférable qu'un seul vaisseau
transportât le tout. Mais où était le vaisseau apte à recevoir pareille charge ? Déjà en 1858, seulement pour la moitié d'un câble
deux fois moins lourd que celui-ci, les constructions navales les
plus puissantes, tant de la marine anglaise que de la marine américaine, avaient tout juste suffi ; *l'Agamemnon* et *le Niagara*
n'avaient pu chacun recevoir dans leur cale que la moitié de l'é-
norme fardeau, et maintenant on désirait un navire qui transportât en entier un câble de poids double.

Or, en ce moment, flottait, inutile, sur les eaux de la Tamise le
colosse des mers nommé d'abord le *Léviathan* à cause de ses
monstrueuses dimensions. On l'appela plus tard le *Great-Eastern*,
le Grand-Oriental. Il avait été construit pour transporter d'Angleterre en Australie, en moins de cinq semaines et sans relâcher
nulle part pour renouveler les provisions de houille de ses machines, trois mille émigrants et un millier d'hommes d'équipage.
Sa longueur mesurait 209 mètres, le double de la dimension
donnée jusqu'ici aux plus grands navires à vapeur ; sa largeur
était de 25 mètres. Il avait pour propulseurs à la fois des roues

à aubes et une hélice. Les roues, de dix-huit mètres environ de diamètre, étaient mues par quatre machines à vapeur, d'une puissance totale de 1000 chevaux; l'hélice de son côté, large d'un peu plus de sept mètres, était desservie par quatre autres machines à vapeurs représentant l'effort de 1600 chevaux. Enfin, une énorme voilure, soutenue par six mâts, complétait ces moyens de progression. Mais ce qui donne le plus aisément une idée du navire, c'est la flottille destinée au service de l'embarquement et du débarquement. En guise de vulgaires canots, le colosse portait, appendus à ses flancs, deux bateaux à vapeurs de 30 mètres de long, et, en outre une vingtaine de grandes embarcations, pourvues de mâts et de voiles. C'est dans les cales de ce géant, assez spacieuses pour donner place à une population de quatre mille personnes, que fut enroulé le câble transatlantique, prodigieuse charge en harmonie avec le prodigieux navire.

Au milieu de péripéties capables de lasser enfin la persévérance la plus obstinée, les deux tiers du voyage étaient faits lorsque le câble se rompit sous son poids dans des eaux profondes de 4000 mètres à peu près. Vainement on essaya de retirer de ces abîmes l'extrémité rompue, vainement les grappins la saisirent à plusieurs reprises : les chaînes employées cassaient toujours avant que le câble reparut à la surface. Il fallut revenir en Angleterre sans autre résultat que quelques faits d'expérience bien chèrement acquis. Ainsi se termina la campagne de 1865.

Tant de mécomptes, tant de millions engloutis dans les eaux, n'épuisèrent pas l'espoir des ingénieurs et l'audace des actionnaires. Un nouveau câble fut construit, conforme au précédent mais plus léger et plus flexible ; on prépara avec un soin spécial un appareil de relèvement pour draguer à quatre mille mètres de profondeur et retrouver le câble perdu ; et en 1866 le Great-Eastern reprit sa course vers l'Amérique. Le trajet dura une quinzaine de jours. Pendant toute la traversée, le nombreux personnel du navire ne cessa d'être en communication électrique avec la terre au moyen du câble qui se déroulait sans accident et descendait au fond de la mer. L'Europe était alors le théâtre de graves événements : l'Italie luttait pour son indépendance contre l'Autriche. La portion déroulée du fil télégraphique apportait les nouvelles des champs de bataille, et un journal imprimé à bord pour la distraction des passagers, les faisait paraître chaque soir dans ses colonnes, émaillées de quelques plaisanteries au gros sel fournies par les rhétoriciens de l'équipage. La pose cette fois eut un plein succès, et pour mettre le comble à la bonne fortune si tardive, le Great-Eastern parvint à retrouver et à relever le câble de l'année précédente. Un tronçon tenu tout prêt lui fut soudé, et l'Irlande et Terre-Neuve se trouvèrent ainsi reliées par deux câbles télégraphiques qui depuis n'ont cessé de fonctionner.

Une des premières dépêches échangées a été celle-ci, venue de New-York : « L'énergie et le génie de l'homme conduits par la Providence divine, ont réuni les deux continents. Puisse cet instrument servir à assurer le bonheur de toutes les nations et les droits de tous les peuples. » Ce qui frappe surtout dans cette dépêche magistrale, c'est son premier mot, l'énergie. Le lecteur sait, en effet, maintenant, ce qu'il a fallu d'énergie morale, de volonté tenace, d'indomptable persévérance, pour conduire à bien la grandiose entreprise du câble transatlantique. Terminons donc ce chapitre comme nous l'avons commencé en glorifiant avec Horace l'homme ferme dans ses résolutions

Justum ac tenacem propositi virum.

CHAPITRE LXXIII

FARADAY

Trois phases sont à distinguer dans les progrès de nos connaissances relatives à l'électricité. En premier lieu, les antiques observations sur les propriétés de l'ambre conduisent péniblement à la machine électrique, vénérable appareil relégué aujourd'hui à l'arrière-plan, où l'accompagne le glorieux souvenir des services théoriques rendus. C'est une reine vieillie, déchue du pouvoir, mais toujours respectée et entourée de prestige. Pour la seconde phase, la pile lui succède, plus docile entre les mains de l'homme, et démocratisant en quelque sorte l'électricité, c'est-à-dire l'introduisant dans l'atelier comme serviteur à nos ordres. Ce que la science, l'industrie, les relations humaines, puissants facteurs de la civilisation, ont déjà retiré de l'invention de Volta, n'égale peut-être pas ce que l'avenir de la pile nous réserve encore. La troisième phase prend naissance avec l'électricité d'induction, rivalisant pour le côté pratique des choses avec l'électricité de la pile, et plus apte que cette dernière à nous renseigner peut-être un jour sur le problème si obscur de la constitution de la matière. La découverte en est due au physicien anglais Faraday.

S'il était nécessaire de montrer avec quel dédain le génie délaisse grandeurs et fortune pour venir s'incarner dans les humbles, l'illustre savant d'Angleterre nous en fournirait un admirable exemple. Faraday était le fils d'un ouvrier forgeron, dont l'état maladif aggravait la misère. Le pauvre atelier chômait souvent, et la poignante nécessité assiégeait le malade et sa famille. Quand la santé et le travail revenaient, l'enfant, barbouillé de poussière de houille, tirait la chaîne du soufflet de son père, contemplant d'un regard méditatif les étincelles qui jaillissaient du fer rougi,

battu sur l'enclume. Ce déshérité, qui n'avait pas toujours la ra-
tion de pain nécessaire à l'appétit du jeune âge, devait un jour,
par l'éclat de ses talents, s'élever au niveau des grands de la terre,
ne devant rien qu'à lui-même, à son amour du travail, à son courage, à sa persévérance.

A treize ans, sachant lire, écrire et un peu calculer, il fut mis
apprenti relieur. Un petit livre lui tomba entre les mains, destiné à faire en son esprit une impression profonde. C'était un traité
populaire de chimie écrit en un langage fort simple. Le petit relieur en dévorait les pages. Il y trouvait l'explication de certains
faits dont il avait été témoin attentif devant la forge paternelle :
languettes de flamme bleue s'élançant du monceau de charbon
embrasé, étincelles remplissant le sombre atelier des magnifi-
cences d'un feu d'artifice, frémissement aigu du fer rouge plongé
dans l'eau. L'oxygène, la combustion, l'oxydation lui ouvraient un
champ de merveilles, rendues plus frappantes par ses souvenirs
de forge. Mais les souvenirs ne suffirent bientôt plus pour suivre
utilement tout ce que disait le livre. L'enfant se fit chimiste. Peu
à peu, il s'outilla, aujourd'hui d'un bout de tube en verre, première richesse du laboratoire, demain d'une fiole à panse ronde,
un autre jour d'un grand verre à boire servant de cloche, d'une
jatte profonde faisant office de cuve. Quelques drogues, où s'ab-
sorbaient religieusement les modestes économies de la semaine,
complétaient l'arsenal. Alors, avec une incomparable sûreté de
main, une dextérité dans les expérimentations qui devait un jour
devenir sans rivale, l'élève, sans maître aucun, sans guide, sans
conseiller autre que le livre, répétait de point en point tout ce
que celui-ci disait. Tous les loisirs de la reliure étaient consacrés
à cette éducation solitaire, qui dura huit ans.

Faraday avait donc dépassé la vingtaine, quand il fut admis
aux savantes leçons de Davy. Quelqu'un le recommanda au célèbre
chimiste. « Que faire de ce jeune homme, répondit Davy, qu'en
faire ? Le mettre à laver les capsules et les verres. S'il est bon à
quelque chose, il fera la besogne avec empressement ; s'il refuse,
c'est qu'il n'est bon à rien. »

Le jeune homme ne refusa pas, et se trouva très honoré d'avoir
à laver la vaisselle scientifique d'un si grand maître. Frappé de
son zèle, de sa candeur d'âme, de sa simplicité de cœur, Davy ne
put s'empêcher de lui dire : « Réfléchissez bien avant d'aban-

donner la reliure, et le commerce; réfléchissez bien. Je vous en
avertis : la science est une maîtresse exigeante, rude et peu généreuse. » Faraday persista, et jamais pareil maître n'eut à ses
ordres pareil préparateur.

L'aide à son tour, de découverte en découverte, parvint à la
célébrité. Ses travaux étaient d'une telle importance, que le gouvernement crut de son devoir de les récompenser par une pension ; mais la proposition en fut faite avec une gaucherie d'insis-
tance qui froissa la délicatesse du savant. Faraday refusa. Quelque temps après, le ministre lui renouvela la proposition par un
intermédiaire. Comment pourrais-je accepter, répondit Faraday :
il faudrait d'abord que le ministre me fît des excuses; et suis-je
en droit de les exiger? Les excuses furent faites, et le savant
accepta. Plus tard il reçut de la reine la jouissance du château
de Hampton-Court. Par ses brillantes découvertes, le fils du
pauvre forgeron, l'ex-laveur de vaisselle chimique, avait acquis
estime assez haute pour exiger les excuses d'un ministre mala-
droit et habiter une royale demeure. La prophétie de Davy ne
s'était qu'à moitié réalisée. Si la science avait été comme toujours une maîtresse exigeante, du moins pour Faraday, elle
s'était montrée généreuse.

La théorie d'Ampère sur le magnétisme est le point de départ
de la nouvelle voie ouverte à la science électrique par le génie de
Faraday. Puisqu'un courant développe le magnétisme dans un
barreau de fer, puisqu'un aimant est assimilable à un solénoïde,
c'est-à-dire à une série de courants circulaires et parallèles, qui
se manifestent sous la seule influence d'un fil spiral en rapport
avec une pile; réciproquement, le barreau aimanté doit déve-
velopper un courant dans une spire métallique soumise simplement à son influence. L'électricité conduit au magnétisme. Par
cette réciprocité que la logique conçoit entre la cause et l'effet, le
magnétisme doit conduire à l'électricité. Guidé par cette idée
mère, Faraday fut conduit aux magnifiques expérimentations que
nous allons décrire en leurs points essentiels.

Sur une bobine en bois A (fig. 112) s'enroulent côte à côte
deux fils de cuivre enveloppés de soie, condition indispensable
pour qu'il n'y ait pas de communication électrique entre eux.
Leur longueur est considérable, d'une centaine de mètres, par
exemple, ou même davantage. L'un est, par ses deux extrémités,

en communication permanente avec un galvanomètre G ; l'autre
B est en rapport avec les deux pôles d'une pile non représentée
dans la figure. Le courant qui le parcourt peut être établi ou

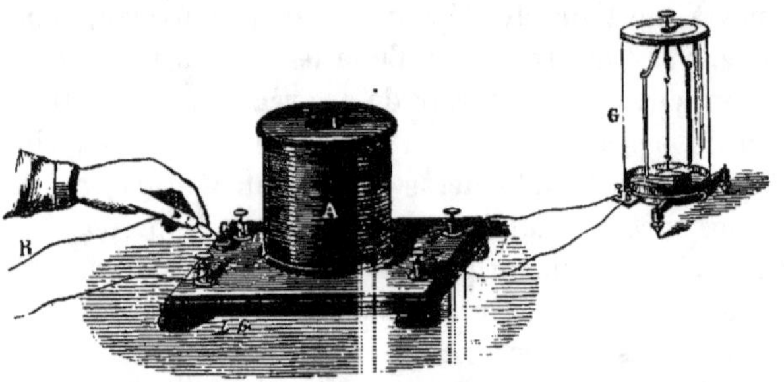

Fig. 112.

interrompu au moyen du godet à mercure C. Le premier est le
fil *induit*, le second est le fil *inducteur*.

L'aiguille du galvanomètre étant au repos dans la direction du
méridien magnétique, on plonge l'extrémité du fil B dans le godet
à mercure. Aussitôt le courant de la pile circule dans le fil inducteur de la bobine, et, dans le même instant, l'aiguille du galvanomètre est déviée, mais après quelques oscillations, elle
revient à sa position d'équilibre. Donc sous l'influence du courant qui parcourt le fil inducteur, il se développe instantanément
un courant dans le fil induit. En d'autres termes, par sa seule
influence, sans communication électrique aucune, le *courant
inducteur* fait naître un *courant induit* dans le fil voisin. Mais
ce courant induit est de très courte durée, car l'aiguille, vivement
chassée au moment où la communication du fil inducteur avec la
pile a été établie, revient à sa position d'équilibre, et reste au
repos tant que se continue le passage du courant inducteur. En
outre, d'après le sens de déviation de l'aiguille, on reconnaît que
le courant induit circulait dans son fil suivant une direction
inverse de celle du courant inducteur.

Quand l'aiguille du galvanomètre est retombée au repos, on
interrompt la communication en C. Le courant inducteur cesse,
et, à l'instant même, l'aiguille éprouve une nouvelle déviation
inverse de la première, puis reprend sa position d'équilibre.

Voilà donc un second courant induit, de très courte durée comme le premier, mais cette fois-ci circulant dans le même sens que le courant inducteur, dont l'arrêt subit a provoqué son apparition.

Si la communication avec la pile est rétablie, puis supprimée, les mêmes faits se reproduisent. L'aiguille accuse un courant induit de sens inverse au moment où le courant inducteur commence, et un courant induit de même sens au moment où le courant inducteur finit. Donc : un courant qui commence développe dans un fil voisin un courant induit de très courte durée et *inverse*, c'est-à-dire d'une direction contraire à celle du courant inducteur ; un courant qui finit développe dans un fil voisin un courant induit de très courte durée et *direct*, c'est-à-dire de même sens que le courant inducteur.

Au lieu d'enrouler le fil inducteur et le fil induit côte à côte sur la même bobine, nous les enroulons à part sur des bobines

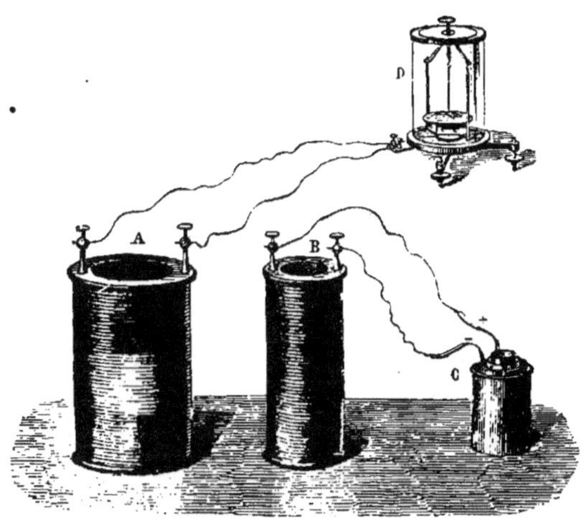

Fig. 113.

différentes, ainsi que le représente la figure 113. Le premier A est en communication permanente avec un galvanomètre, le second B est en communication permanente avec une pile. Si nous plongeons la bobine inductrice B dans la bobine induite A, nous reproduirons la première expérience avec de légères modifications de détail : au lieu de s'accompagner dans un enroulement commun, le fil induit enveloppera le fil inducteur ; mais il est aisé de prévoir que l'influence de ce dernier se traduira par les mêmes résultats. En effet, à l'instant même où la bobine B est plongée dans la bobine A, l'aiguille du galvanomètre est déviée et accuse un courant induit inverse ; puis elle revient au repos. A l'instant où la bobine inductrice est retirée, l'aiguille est déviée une seconde fois en indiquant un courant induit direct.

La bobine inductrice employée dans cette expérience, n'est autre qu'un solénoïde à tours nombreux et superposés. Un solénoïde développe donc un courant induit inverse au moment où son influence commence, et un courant induit direct au moment où son influence finit.

La théorie d'Ampère assimile un aimant à un solénoïde. Si cette théorie est fondée, un barreau aimanté doit pouvoir remplacer la bobine inductrice ou le solénoïde de la précédente expérience. Les résultats confirment admirablement ces prévisions. A l'instant où l'on plonge un barreau aimanté AB dans une bobine

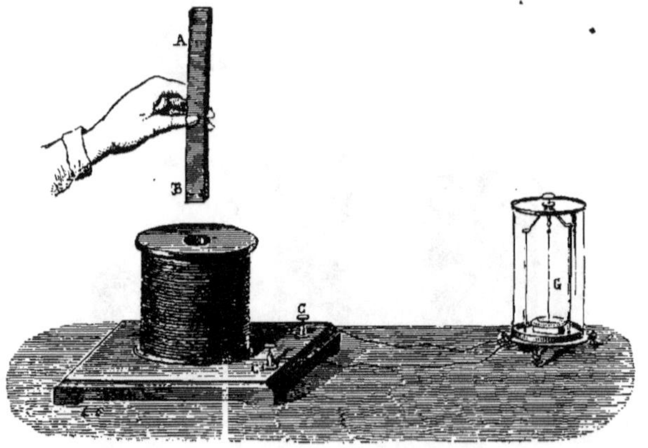

Fig. 114.

à un seul fil (fig. 114), et à l'instant où ce barreau est retiré, le galvanomètre indique un courant induit. D'ailleurs ce courant est inverse dans le premier cas, et direct dans le second, par rapport au courant du solénoïde théorique auquel le barreau est assimilé. De cette expérience primordiale, il résulte que, si l'électricité est une source de magnétisme, réciproquement, le magnétisme peut devenir une source d'électricité.

L'aimantation et la désaimantation alternatives d'un barreau de fer doux peuvent pareillement donner naissance à un courant induit. Soit, en effet, la bobine B (fig. 115) contenant un cylindre

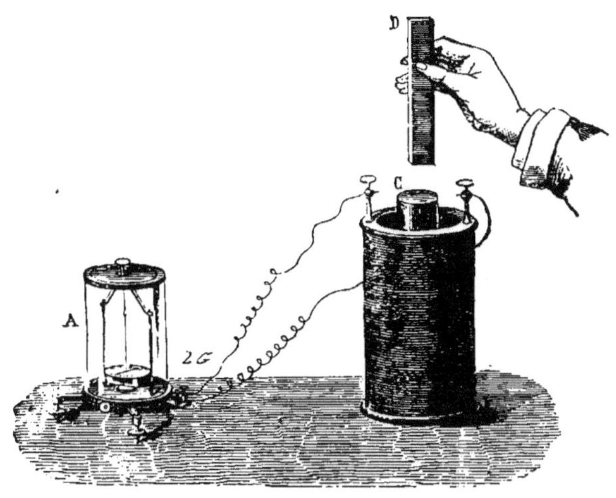

Fig. 115.

de fer doux C. On approche ou on éloigne de ce cylindre un barreau aimanté D. Quand le barreau se rapproche, le fer doux s'aimante et la bobine est dans le même cas que si l'on plongeait un aimant dans son intérieur. Un courant induit, inverse de celui du solénoïde théorique, dont le fer aimanté fait fonction, doit donc se développer dans le fil de la bobine. Lorsque l'aimant s'éloigne, le cylindre de fer se désaimante, et la bobine est dans le même cas que si l'on retirait un aimant de sa cavité. Un courant induit direct doit donc apparaître. L'expérience est en tout conforme à ces conclusions. Le galvanomètre accuse un courant induit inverse à l'instant où l'aimant s'approche, et un courant induit direct à l'instant où l'aimant s'éloigne.

Ce résultat amène à l'emploi du fer doux pour augmenter l'intensité des courants induits. La bobine inductrice I reçoit dans sa cavité un cylindre de fer doux C (fig. 116). Lorsque le courant de

la pile P passe, le fer s'aimante par l'action de la bobine inductrice à la manière d'un électro-aimant; et les courants qui le
parcourent, en tant que solénoïde, sont de même sens que celui

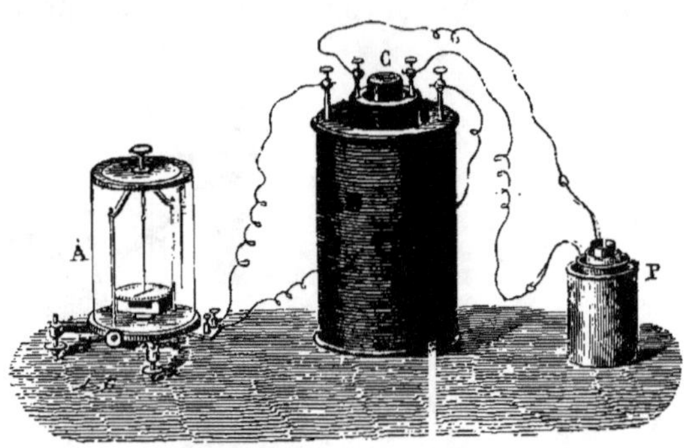

Fig. 116.

de la pile. La bobine B est ainsi soumise à une double influence
dont les effets s'ajoutent : influence du courant inducteur de la
bobine I, influence du barreau aimanté C. Le courant induit acquiert de la sorte une plus grande intensité. Lorsque la communication avec la pile est interrompue la double influence se reproduit encore, car le barreau se désaimante en même temps que
finit le courant inducteur.

Suivant les vues d'Ampère, la terre est magnétiquement assimilable à un solénoïde dirigé parallèlement à l'aiguille d'inclinaison, et dont les courants circuleraient de l'est à l'ouest. C'est
sous l'influence de ce solénoïde terrestre que se dirigent et
s'orientent les solénoïdes, à la manière des aimants. Il est alors
tout rationnel d'admettre que, sous l'influence de la terre, des
courants induits peuvent apparaître dans des spirales cylindriques
convenablement disposées.

CC' est une de ces spirales (fig. 117). Elle est en rapport avec un
galvanomètre très sensible A. On l'oriente dans la direction de
l'aiguille d'inclinaison, position la plus favorable pour lui faire
éprouver l'influence du solénoïde terrestre; puis, d'un mouvement brusque, on met fin à cette influence en disposant la spirale
perpendiculairement à sa première direction. Eh bien, dans le

passage rapide de l'une de ces positions à l'autre, le cylindre spiral fait dévier l'aiguille du galvanomètre. Il est donc parcouru par des courants induits au moment où commence l'action de la terre, et au moment où elle finit.

Les courants d'induction se distinguent par un double caractère

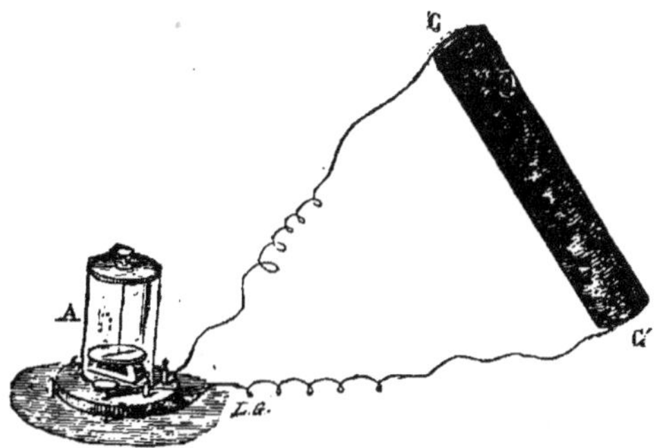

Fig. 117.

de ceux que la pile provoque dans le fil interpolaire. D'abord, ils n'ont qu'une très courte durée, car l'aiguille du galvanomètre, vivement chassée à l'instant du passage du courant induit, revient au repos après quelques oscillations, et y persiste tant que se maintient le même état des choses, c'est-à-dire tant qu'un nouveau courant induit n'est pas développé par la reprise ou la cessation du courant inducteur.

En second lieu, les courants d'induction sont remarquables par leur puissance physiologique, et d'une manière générale par leur aptitude à se propager dans les conducteurs résistants..Si, par exemple, les fils de la bobine B (fig. 116), au lieu de se rendre à un galvanomètre, sont terminés par des poignées métalliques que l'on saisit avec les mains préalablement mouillées avec de l'eau acidulée, on éprouve, chaque fois que la communication avec le couple voltaïque est rétablie ou interrompue, une forte secousse, comme n'en donnerait par une pile composée de nombreux éléments. Durée momentanée, intensité considérable, même dans des conducteurs très résistants, tels sont donc les caractères généraux des courants induits.

CHAPITRE LXXIV

MACHINE DE CLARKE

Une idée toute nouvelle, riche d'avenir, venait prendre rang parmi les vérités de la science, grâce aux curieuses recherches de Faraday : c'est la possibilité d'obtenir un courant électrique au moyen de l'influence d'un barreau aimanté. Les constructeurs bientôt imaginèrent diverses combinaisons pour produire d'une façon continue ce que l'inventeur obtenait par intermittences en plongeant le barreau aimanté dans la cavité d'une bobine, puis en le retirant tour à tour, ainsi que nous venons de l'expliquer. Le plus connu des appareils aptes à mettre en pratique l'idée mère du savant anglais est la machine de Clarke.

Cette machine donne naissance à des courants induits par l'alternative de l'aimantation et de la désaimantation du fer doux. Elle est basée sur les faits qui se produisent quand on emploie l'appareil de la figure 115 page 481. Seulement, dans la machine de Clarke, l'aimant est immobile, et c'est le barreau de fer doux, avec son enveloppe de fil recouvert de soie, qui se déplace pour s'aimanter et se désaimanter tour à tour.

Un puissant aimant B (fig. 118) est fixé à un support en bois. Devant les pôles de cet aimant se meut, au moyen d'une roue D, armée d'une manivelle, une double bobine C dont l'axe est occupé de part et d'autre par un cylindre de fer doux. Une traverse antérieure en fer relie les deux cylindres. Lorsque les deux bobines sont placées, comme le représente la figure, en face des pôles de l'aimant, le fer doux s'aimante, et le fil est parcouru par un courant induit, qui cesse à l'instant.

Mais entraînées par la rotation de la roue, les bobines se mettent dans une position perpendiculaire à la première, c'est-à-dire en face de l'intervalle qui sépare les deux branches de l'aimant. Alors également éloigné des deux pôles, qui exercent sur lui des influences contraires, le fer doux se désaimante, et

Fig. 118.

un nouveau courant induit se développe, de sens inverse du premier. La moitié de la révolution accomplie, la double bobine se trouve encore en face des pôles, d'où résultent l'aimantation et un courant induit; puis elle vient en face de l'intervalle des deux branches, ce qui amène la désaimantation et le courant induit correspondant.

En somme, pour une révolution complète, par deux fois le fer doux s'aimante quand les bobines sont en face des pôles, et par deux fois il se désaimante quand les bobines sont en face de l'intervalle des branches de l'aimant. Ces alternatives d'aimantation et de désaimantation, que l'on peut rendre aussi rapides qu'on le désire, en communiquant à la roue D une vitesse convenable, produisent des courants induits dans les fils de la double bobine.

La traverse de fer doux reliant les deux cylindres de fer doux porte un axe métallique que recouvré une enveloppe de buis ou d'ivoire, matière isolante. Sur cette enveloppe d'ivoire sont fixées deux demi-viroles en laiton, séparées l'une de l'autre par une étroite fente longitudinale. Les fils des bobines se réunissent par un bout et viennent se mettre en rapport avec l'une des demi-viroles, les deux autres bouts, également réunis, communiquent avec l'axe métallique, et finalement avec la deuxième demi-virole par l'intermédiaire d'une petite tige de laiton traversant l'ivoire. Les deux demi-viroles sont donc les pôles de l'appareil : A chacune d'elles se rendent les bouts homologues des deux bobines. Deux ressorts en acier x et y, s'appliquant tantôt sur l'une, tantôt sur l'autre des demi-viroles, à mesure que l'axe tourne, conduisent le courant dans des bandes métalliques fixées sur une pièce en bois E. De ces bandes, le courant se propage dans le conducteur mis en rapport avec elles.

Le courant induit développé par l'action d'un aimant est apte à produire tous les effets que l'on obtient avec la pile. Si l'on met un voltamètre F (fig. 118) en rapport avec l'appareil de Clarke, et que l'on fasse tourner la roue D, de l'hydrogène apparaît dans une éprouvette, de l'oxygène dans l'autre, avec la proportion de deux volumes du premier gaz pour un volume du second, absolument comme lorsqu'on décompose l'eau au moyen de la pile.

L'intervention du courant induit, tantôt direct et tantôt inverse dans la double bobine, changerait, si des dispositions n'étaient prises, l'ordre électrique des éprouvettes, tour à tour positives et négatives, de manière que dans chacune il se dégagerait, non le l'hydrogène pur, de l'oxygène pur, mais un mélange des deux gaz. Au moyen de la double virole, qui change l'ordre des communications quand change la direction du courant dans les bobines, le conducteur extérieur est parcouru par un courant de sens invariable, et chaque éprouvette ne reçoit plus qu'un seul gaz.

Pour les effets physiologiques, on emploie des bobines à fil très long et fin. A la place des conducteurs qui se rendent au voltamètre dans la figure 118, on met deux fils de cuivre terminés par des poignées métalliques P et P' (fig. 119), que l'on saisit avec les mains mouillées d'eau acidulée. On éprouve alors dans les bras, aux articulations surtout, un engourdissement continu. Les secousses deviennent violentes quand on interrompt par intervalles rapides le passage du courant à travers le corps, ce que l'on obtient en faisant toucher et en séparant tour à tour les deux poignées.

Du reste, un troisième ressort v (fig. 119), ajouté aux deux premiers x et y, permet la dérivation du courant sans cette manœuvre des poignées. A cet effet, chaque demi-virole se con-

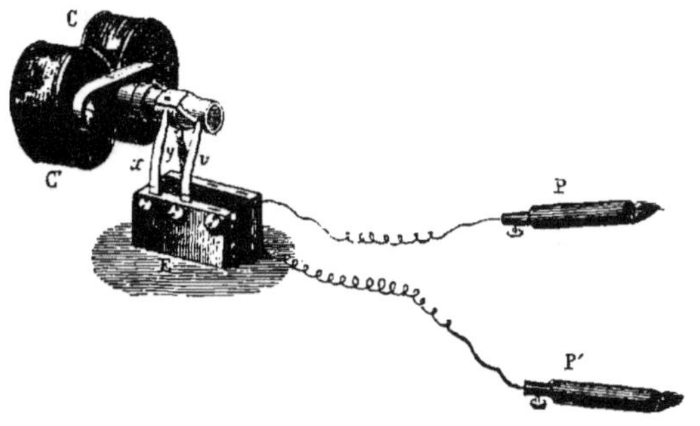

Fig. 119.

tinue par un prolongement incrusté dans l'ivoire. Quand la rotation amène au contact de v le prolongement d'une demi-virole, le courant s'établit entre les ressorts x et v, qui présentent moins de résistance que le corps de l'opérateur. Mais quand v touche simplement l'ivoire, le courant n'a d'autre voie que x et y et, par suite, le corps de l'opérateur. Au moyen de ces reprises

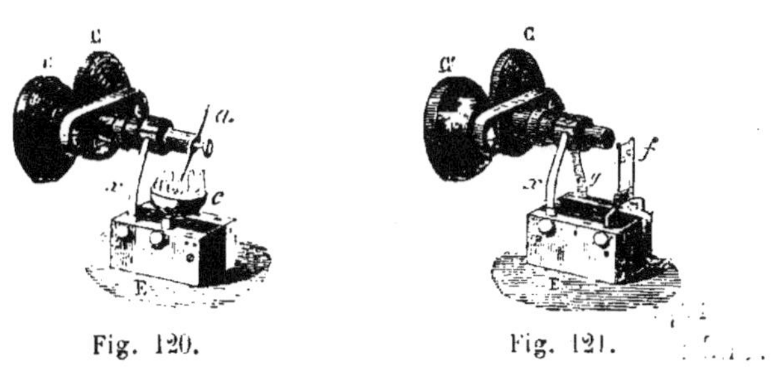

Fig. 120.   Fig. 121.

et de ces interruptions du passage du courant à travers le corps, la commotion gagne beaucoup en intensité.

Les effets calorifiques et les effets lumineux exigent des bobines à fil gros et court. Pour obtenir des étincelles, on met du mercure dans une petite capsule métallique *c* (fig. 120), disposée à côté du ressort *x* alors unique. La partie centrale et métallique de l'axe de la double bobine, partie en rapport avec deux bouts homologues et réunis des fils, constitue l'un des pôles de l'appareil. L'autre est formé par la virole sur laquelle s'appuie le ressort *x*. Le premier pôle ou l'axe porte une aiguille métallique *a*, qui, entraînée par la rotation, vient de sa pointe effleurer le mercure. Chaque fois que l'effleurement a lieu, une étincelle éclate entre la pointe et la surface mercurielle.

Si l'on verse sur le mercure une mince couche d'alcool ou d'éther, l'étincelle en détermine l'inflammation. Enfin pour faire rougir un fil métallique court et fin, on le dispose entre les deux branches du support F (fig. 121).

Lorsqu'on range en série un certain nombre d'éléments voltaïques, on augmente la résistance de la pile au passage du courant, mais en compensation on affaiblit la tendance des électricités contraires à se combiner à travers la pile elle-même. De la sorte, le courant est rendu plus apte à surmonter la résistance opposée par le circuit extérieur, parce que cette dernière est une fraction moindre de la résistance totale. On peut de même disposer en série un certain nombre d'appareils qui donnent des courants d'induction sous l'influence d'un aimant. Il suffit de relier le fil induit de chaque bobine avec le fil qui précède et celui qui suit, de manière que les courants instantanés, produits à la fois, parcourent l'ensemble du circuit dans le même sens. Le courant obtenu au moyen de cette association, pourra vaincre une plus grande résistance extérieure, et sera capable d'effets qu'on n'aurait pas obtenus avec un seul.

C'est sur ce principe qu'est construite la machine magnéto-électrique de la compagnie l'*Alliance*. — Des aimants en fer à cheval, pouvant soulever chacun un poids de 60 à 70 kilogrammes, sont disposés en 8 rangées sur un bâti en fonte (fig. 122). La figure reproduit 40 aimants, mais on peut en employer un plus grand nombre. Huit barres transversales les maintiennent invariablement en place. Leurs branches convergent vers un arbre tournant, et leurs pôles alternent de nom d'un bout à l'autre de la série. L'arbre porte 4 disques en bronze (fig. 123) qui se meuvent entre deux séries circulaires et consécutives d'aimants. Sur

le contour de chaque disque sont fixées 16 bobines a, b, c, d, etc,
dont l'axe est occupé par un cylindre de fer doux, parallèle à l'arbre de la machine. Quand l'arbre tourne, chacun des 16 cylindres

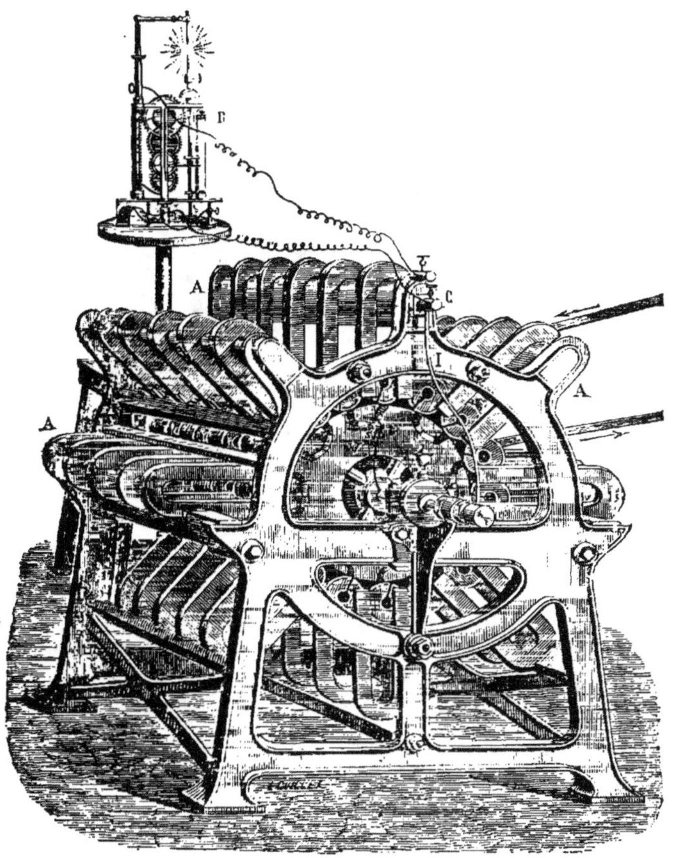

Fig. 122.

de fer doux vient alternativement se mettre en face de l'un des 16
pôles des aimants et de l'un des 16 intervalles qui séparent les
pôles voisins et de nom contraire. La même alternative se reproduit pour les deux extrémités du cylindre.

Dans le premier cas, le barreau s'aimante, parce que les pôles des aimants sur une même file longitudinale alternent de nom, comme ils alternent dans une file circulaire. Le barreau influencé à ses deux extrémités par des pôles de nom contraire, s'aimante donc. Dans le second cas, il se désaimante, parce que chacune de ses extrémités est en regard de l'intervalle séparant deux pôles

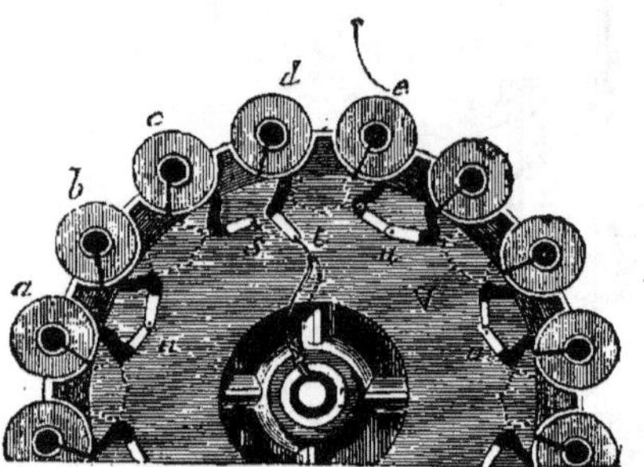

Fig. 123.

de nom contraire. De cette périodicité d'aimantation, et de désaimantation, qui revient par 32 fois pour un tour de l'arbre, résulte dans chaque bobine d'un même disque un courant induit; et comme ces bobines communiquent entre elles, l'effet total est un courant de plus forte tension, comme celui d'une pile dont les éléments sont multipliés et disposés en série. Chacun des quatre disques donnant un courant pareil, de leur ensemble résulte un effet quadruple.

Les appareils électro-magnétiques pour fonctionner n'exigent que du mouvement. Ils dépensent du travail mécanique, et donnent en échange de l'électricité, qui devient à notre volonté travail chimique, chaleur, lumière. Ce sont de la sorte les sources d'électricité les plus économiques lorsqu'on a de la force mécanique à sa disposition. L'Angleterre les emploie dans les grands ateliers de galvanoplastie; mais c'est principalement comme producteurs de lumière, pour les signaux des navires et l'éclairage des phares qu'ils acquièrent de l'importance. Pour donner une puissante lumière, l'arbre qui porte les disques à bobines doit faire de 300 à 400 tours par minute, ce que l'on obtient avec une machine à vapeur de la force de 3 chevaux.

Les premières machines magnéto-électriques ont été installées par la compagnie l'*Alliance* au cap de la Hève, pour guider les navires à leur approche du Havre. Une machine à 6 disques produit, sans le concours de réflecteurs ou de lentilles, une lumière équivalant à celle de 200 lampes carcel. Si la lumière est concentrée par la lentille du phare, l'effet est celui de 5000 lampes.

Deux machines à 6 disques accouplées donnent un jet lumineux qu'on obtiendrait avec 10 000 lampes carcel, et, par un temps clair, s'aperçoit à 64 kilomètres de distance. Par une brume très épaisse, la proximité du Havre se reconnaît à la nappe lumineuse qui règne au dessus de l'horizon du phare.

CHAPITRE LXXV

MACHINE DE RUHMKORFF

Nous venons de voir l'induction par un aimant conduire à la machine de Clarke, et de celle-ci à la machine magnéto-électrique qui, du haut d'un phare, déverse sur la mer des torrents de lumière. L'induction au moyen d'un courant fourni par la pile n'est pas moins riche en applications. Elle nous a donné la machine de Ruhmkorff, la plus puissante source électrique dont la science et l'industrie puissent encore disposer. Un courant inducteur fourni par une pile agit sur un fil induit de très grande longueur; un faisceau de fils de fer doux ajoute son action à celle du

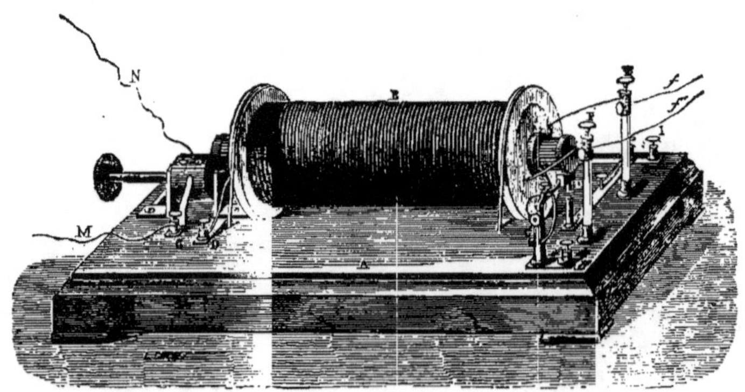

Fig. 124.

courant inducteur, ainsi que nous l'avons expliqué dans notre exposé des principes de l'induction.

Entrons dans quelques détails sur la construction de ce remarquable appareil. Le faisceau de fil de fer est enveloppé d'un cylindre de carton (fig. 124). Sur ce cylindre s'enroule le fil inducteur, de 2 millimètres de diamètre et d'une quarantaine de mètres de longueur. Ses extrémités sortent à travers deux plaques de verre, terminant de part et d'autre la bobine, et viennent se fixer aux deux colonnes métalliques C et D. Au dessus du fil inducteur s'enroule le fil induit. Son diamètre est de 1/4 de millimètre; sa longueur atteint jusqu'à 10 et même 30 kilomètres ; il fait sur la bobine, avec la première longueur, de 25 000 à 30 000 tours. Dans les machines les plus puissantes sorties des ateliers de M. Ruhmkorff, le fil induit a 1/10 de millimètre de diamètre et mesure jusqu'à 100 kilomètres de longueur. Les extrémités de ce fil traversent la plaque de verre de droite et viennent se relier à deux boutons métalliques F, E, que supportent 2 colonnes de verre. Ces deux boutons sont les pôles de l'appareil. C'est là que se fixent les fils conducteurs ou rhéophores $f\ f'$, amenant le courant en tel point que veut l'expérimentateur.

L'énorme puissance de cet appareil rend insuffisante l'enveloppe de soie. Pour bien isoler les divers tours, les deux fils sont enveloppés de coton enduit de gomme-laque. En outre, les couches successives des fils sont séparées l'une de l'autre par un enduit de poix résine. Avec cette disposition, les divers tours de spire se trouvent comme noyés dans la matière isolante.

La bobine est complétée par un *commutateur* et un *interrupteur*. Le commutateur a pour effet d'établir ou d'interrompre à volonté la communication avec la pile sans toucher à l'appareil, car il serait très dangereux de laisser fonctionner la bobine pendant que l'on prépare une expérience. Un attouchement en un moment d'oubli pourrait avoir de graves conséquences. De grandes précautions sont donc nécessaires avec ce foudroyant engin ; et il faut n'oublier jamais d'interrompre le courant inducteur. Reprise, interruption, changement de sens, tout s'obtient en tournant comme il convient le bouton du commutateur.

Sur un cylindre en ivoire sont fixées deux demi-viroles en laiton A et A' (fig. 125), laissant une bande d'ivoire libre. L'axe métallique *ab* est interrompu au milieu. La demi-virole A communique avec la partie postérieure de cet axe au moyen d'un pivot métallique plongeant dans l'épaisseur du cylindre ; la demi-virole A' communique de la même manière avec la partie antérieure de

l'axe. Deux ressorts en acier se relient de droite et de gauche à
une colonne métallique C, et touchent tantôt l'ivoire, tantôt les
demi-viroles du cylindre.

La pile est mise en rapport avec la colonne C et sa pareille de
l'autre côté. Si le bouton V est tourné de manière que les ressorts touchent l'ivoire, le courant est interrompu. S'il est tourné

Fig. 125.

de façon que les ressorts touchent les demi-viroles métalliques,
le courant passe et se propage à travers les supports du cylindre,
qui aboutissent aux colonnes D et B, d'où part le fil inducteur.
Vient-on enfin à renverser l'ordre de contact des demi-viroles, le
sens du courant est interverti.

Revenons maintenant à la figure 124. Le commutateur étant
tourné comme il convient, le courant de la pile qui arrive par le
fil M, traverse le ressort, la demi-virole en contact avec lui, le
support de droite, une bande de cuivre appliquée sur la table de
l'appareil, et arrive ainsi au fil inducteur D. Il sort de la bobine
du côté opposé et arrive à la colonne C. De là, il se propage par
le marteau D, et par une bande de cuivre fixée sur la table, bande
qui se continue derrière l'appareil. Finalement cette bande le
conduit au support de gauche du commutateur, à la demi-virole
correspondante, au second ressort, et au fil N en communication
avec ce dernier.

Pour que le courant induit incessamment se reproduise, il faut
que le courant inducteur soit soumis à des alternatives rapides
de reprises et d'interruptions, car, le lecteur se le rappelle sans
doute, le courant induit ne se manifeste qu'au moment où cesse
et au moment où reprend le passage du courant inducteur. Ce

passage et ce non-passage alternatifs du courant de la pile à travers le fil inducteur, sont obtenus au moyen de l'*interrupteur*, dont on voit les détails à la droite de la figure 124.

La bande de cuivre porte un cylindre vertical appelé l'*enclume*. Un *marteau* D en fer doux est mobile à charnière sur la colonne C. Par son propre poids, il vient s'appuyer sur l'enclume. Alors le circuit est fermé, et le courant de la pile passe. Mais sous l'influence de ce courant, le faisceau de fils de fer, dont la tête fait saillie hors de la bobine, s'aimante et attire le marteau de fer doux. Celui-ci se relève donc et vient s'appliquer contre le faisceau. A l'instant, le courant cesse de passer parce que le circuit se trouve interrompu. Le non-passage du courant amène la désaimantation du faisceau de fils de fer, et le marteau retombe par son propre poids. Le circuit est rétabli, le courant passe, et les mêmes faits recommencent. Par ces allées et venues rapides entre l'enclume et la tête du faisceau, le marteau ferme ainsi le circuit inducteur et l'interrompt tour à tour. Une vis qui permet de rapprocher plus ou moins l'enclume, règle la rapidité des oscillations du marteau.

Si les rhéophores *f, f'* (fig. 124) sont terminés par des poignées que l'on saisit à pleines mains, une médiocre bobine de Ruhmkorff, communiquant avec un ou deux éléments de Bunsen, donne des commotions insupportables. Si la bobine est forte, les commotions sont foudroyantes, et il serait plus que téméraire de s'y exposer. Telle de ces machines rivalise de puissance brutale avec la foudre. Pour obtenir des étincelles, on fixe aux pôles deux gros fils de cuivre dont on met les extrémités libres en regard. Avec un fil induit de 100 kilomètres de longueur, les étincelles éclatent à un demi-mètre de distance. Leur fracas est comparable à celui d'une décharge continue d'armes à feu. Une seule serait mortelle. Elles percent des blocs de verre d'un décimètre d'épaisseur, fondent les métaux et les terres les plus réfractaires, décomposent des substances gazeuses, y compris le gaz carbonique, que rien encore n'avait pu réduire en ses éléments, si ce n'est l'action chimique éveillée dans la matière verte des plantes par les rayons du soleil. On obtient des effets lumineux admirables, en faisant éclater l'étincelle entre les deux boules de l'appareil dit l'œuf électrique, dans lequel on a fait le vide, après y avoir introduit quelques gouttes d'un liquide volatil, alcool, éther, huile de naphte, essence de térébenthine. Une large nappe s'étend d'un bout à l'autre, divisée en couches transversales alternativement brillantes et sombres et dans une continuelle agitation.

Citons maintenant quelques-unes des applications qu'a reçues ce puissant appareil électrique. Et d'abord, l'inflammation des mines. Habituellement, pour mettre feu à un fourneau de mine, on fait usage d'un tube en toile bourré de poudre, ou *saucisson*, qui se termine à la surface du sol, où il est en rapport avec une traînée de poudre. Une lanière d'amadou, dont la longueur est déterminée de manière que l'explosion n'ait lieu qu'après un temps convenable, enflamme cette traînée. Cette méthode présente de graves inconvénients, surtout quand plusieurs fourneaux doivent agir à la fois. Le moment de l'explosion est incertain, et il peut se faire que l'un des fourneaux n'ait pas encore pris feu quand les mineurs reviennent sur les lieux.

D'ailleurs à cette raison de sécurité vient s'en adjoindre une autre, concernant la meilleure utilisation des forces explosibles dépensées. Pour produire le plus grand effet possible, les divers fourneaux doivent éclater à la fois. L'explosion précipitée d'un fourneau occasionne des ruptures de rochers qui peuvent empêcher les autres fourneaux d'agir efficacement en offrant des fuites aux gaz développés. Il faut donc que, pour l'ensemble des fourneaux, l'explosion soit simultanée, afin que leurs puissances respectives agissent en un effort commun. C'est ce que l'on obtient au moyen de l'étincelle électrique.

L'idée de communiquer le feu à de grandes distances par l'électricité date déjà de loin. Franklin enflammait de l'alcool à travers la largeur d'une rivière à l'aide d'une bouteille de Leyde. En 1851, quand fut établi le câble télégraphique sous-marin entre Calais et Douvres, 240 couples voltaïques mettaient le feu à une pièce de canon située de l'autre côté de la Manche. Aujourd'hui pour enflammer les mines *monstres,* qui doivent soulever des montagnes entières pour ainsi dire, on a recours à la bobine de Ruhmkorff.

Nous citerons comme exemple, la mine tirée en 1857 pour les travaux des ports de Marseille. La charge totale de poudre, répartie en huit fourneaux, était de 26 000 kilogrammes. L'inflammation fut instantanée. La foule accourue pour assister au spectacle de cette grandiose explosion, n'entendit qu'une seule détonation. La montagne, un moment soulevée, s'affaissa sur elle-même, tandis que roulait sur ses pentes une cascade de blocs de toutes formes et de toutes dimensions. On évalue à 100 000 mètres cubes le masse soulevée. Les grandes mines ne lancent pas des éclats de rochers à distance, comme le font les mines ordinaires. L'expansion des gaz, agissant à de grandes profondeurs et contenue par l'énorme résistance des masses superposées, disloque en tous sens la roche sans projeter dans l'espace des fragments dangereux. Tout se borne à une sorte de tremblement de terre, dont l'étendue circonscrite ne peut inspirer aucune appréhension.

L'étincelle d'induction n'a qu'un pouvoir calorifique très faible ; elle peut jaillir à travers la poudre sans l'enflammer. Cette difficulté disparaît au moyen de la fusée de Stateham. Les deux fils de cuivre f, f' (fig. 126) recouverts d'une couche isolante de gutta-percha, sont tordus ensemble ; et leurs extrémités, dénudées de l'enveloppe isolante, sont recourbées et mises en présence l'une de l'autre à une petite distance. On dispose ces extrémités dans un bout de tube de gutta-percha vulcanisé, c'est-à-dire imprégné de soufre et ayant longtemps servi d'enveloppe à un fil de cuivre. Par son contact prolongé avec ce métal, la face interne se trouve ainsi enduite d'une mince couche de sulfure de cuivre. Enfin, on ouvre latéralement le bout de tube, on garnit les extrémités des fils de fulminate de mercure, on bourre les cavités du tube de poudre, et l'on plonge le tout dans le fourneau de mine, les deux bouts f, et f' communiquant avec la machine de Ruhmkorff. L'étincelle d'induction, par l'intermédiaire du sulfure de cuivre, met feu au fulminate et à la poudre.

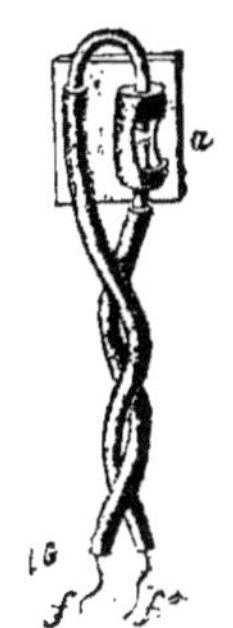

Fig. 126.

Pour faire communiquer tous les fourneaux avec l'appareil d'induction sans affaiblir l'étincelle par des dérivations nombreuses, on emploie la disposition suivante. De l'un des pôles de l'appareil part un fil qui se distribue dans les divers fourneaux, tandis que l'autre pôle est en rapport, au moyen d'une languette d'acier, avec le contour d'une épaisse roue de gutta-percha qu'un ressort d'horlogerie peut faire rapidement tourner.

Le contour de cette roue porte de distance en distance des plaques de cuivre munies chacune d'un anneau métallique où vient s'attacher le second fil d'un fourneau. Si la roue tourne, le courant s'élance dans la plaque touchée par la languette d'acier et se propage dans le fil correspondant à cette plaque. Il suffit donc de retirer le cliquet qui maîtrise le ressort d'horlogerie pour que la roue, en tournant avec rapidité, fasse arriver la totalité de l'étincelle dans les divers fourneaux, non à la fois rigoureusement, mais dans un temps très court qui équivaut à l'instantanéité.

Une autre belle application de la bobine de Ruhmkorff concerne le moteur Lenoir, dont nous allons exposer le principe. On sait que l'étincelle électrique est apte à communiquer brusquement l'inflammation à une masse de gaz explosifs. Le pistolet de Volta et l'eudiomètre des chimistes en sont des exemples connus de tous. Or, la haute température développée par cette soudaine combustion amène, dans les produits formés, une expansion considérable, que l'on peut utiliser comme puissance mécanique. Imaginons un cylindre horizontal fermé à ses deux extrémités, et dans lequel peut se mouvoir un piston armé d'une tige. Supposons qu'un mélange explosif arrive dans ce corps de pompe, tantôt à droite, tantôt à gauche du piston, pendant que les produits de l'explosion précédente s'écoulent librement dans l'atmosphère du côté opposé. Admettons enfin qu'au moyen de fils conducteurs convenablement disposés, l'étincelle électrique éclate au sein du mélange explosif, alternativement à droite et à gauche du piston.

Si l'explosion a lieu à droite, le piston est chassé à gauche par la force expansive que développe la chaleur de combustion. Dans ce mouvement, les produits de l'explosion précédente ne peuvent l'entraver si un orifice ouvert en temps opportun leur permet de s'écouler dans l'air. Le piston étant arrivé à la fin de sa course, cet orifice se ferme, et un second situé du même côté amène du mélange explosif. En même temps, du côté opposé, une issue s'ouvre pour laisser échapper les produits de l'explosion de droite. Alors une étincelle éclate à gauche, et le piston est refoulé vers la droite. Par cette alternative d'explosions dans une enceinte close, et d'écoulement libre des produits du côté opposé, le piston est animé d'un mouvement de va et vient que, par l'intermédiaire d'une tige et d'une bielle, on transforme en mouvement révolutif continu, absolument comme dans les machines à vapeur.

Le mélange explosif employé dans le moteur Lenoir se compose de 1/10 de gaz d'éclairage et de 9/10 d'air atmosphérique. Deux tiroirs, analogues à ceux des machines à vapeur, sont disposés l'un à droite, l'autre à gauche du corps de pompe. Ils sont mis en mouvement par des excentriques fixés sur l'arbre du volant. L'un règle l'introduction du mélange gazeux, qui se fait dans le corps de pompe lui-même au moyen de deux orifices, aspirant le premier de l'air puisé dans l'atmosphère, le second du gaz d'éclairage amené par un canal. Ces orifices sont calibrés de manière que le mélange s'effectue dans les proportions voulues. L'autre tiroir règle l'issue des gaz dont l'effet est produit.

L'étincelle électrique qui provoque l'inflammation jaillit à travers le mélange entre le piston et l'une ou l'autre des bases du cylindre alternativement. Le piston est donc en communication permanente avec l'un des pôles de la source électrique. Quant à l'autre pôle, un commutateur, que meut la machine elle-même, le met en rapport avec la base antérieure ou la base postérieure du corps de pompe en temps opportun. Pour un moteur de la puissance de deux chevaux, on emploie deux éléments de Bunsen et la bobine de Ruhmkorff.

Le moteur à mélange explosif enflammé par l'étincelle d'induction n'est pas sans doute appelé à rivaliser de puissance avec les machines à vapeur, dont le travail mécanique est, pour ainsi dire, sans limites; mais il n'est pas moins susceptible d'importantes applications, là surtout où doit s'exercer l'industrie individuelle. C'est par excellence le moteur de famille, sans fourneau massif avec sa monumentale cheminée, sans provisions encombrantes de houille, sans chaudière avec ses dangers d'explosion, sans appareils de sûreté soumis à une surveillance de tous les instants, sans chauffeur qui règle la combustion pour atteindre un résultat, enfin sans les nombreux inconvénients qu'entraîne la machine à vapeur. Il est d'une installation facile et demande peu de place. On peut l'établir à tel étage que l'on veut, le transporter d'un atelier dans un autre, et le faire fonctionner immédiatement, sans frais ni retard de construction. Il suffit d'avoir à sa portée un canal amenant du gaz d'éclairage.

Avec la machine à vapeur, il faut, sans produire du travail, allumer, puis laisser éteindre le fourneau, ce qui entraîne en pure perte une double dépense de temps et de combustible. Le moteur à gaz est toujours prêt à marcher, dépensant lorsqu'il travaille, ne dépensant plus rien lorsqu'il s'arrête. On évalue sa dépense à 1 mètre cube de gaz par heure et par cheval, soit 20 centimes, au prix du gaz à Paris. Dans les mêmes conditions, une machine à vapeur dépenserait pour 20 centimes de houille. Mais si l'on tient compte des frais accessoires, le moteur à gaz réalise une notable économie.

Le mélange explosif, dans les proportions que nous venons de dire, ne produit ni choc ni secousse. Rigoureusement parlant, il n'y a pas d'explosion. La force d'expansion, équivalant environ à 6 atmosphères, n'est pas plus brusque que celle de la vapeur d'eau de même puissance se précipitant dans le corps de pompe. Le gaz d'éclairage peut être remplacé par des vapeurs combustibles, comme celles des huiles de houille ou de schiste. Pour empêcher le corps de pompe de s'échauffer, un courant d'eau froide circule continuellement autour de lui dans une double enveloppe. Une fois le moteur en train, la chaleur acquise par cette eau suffit pour volatiliser ces huiles et obtenir les vapeurs combustibles.

CHAPITRE LXXVI

LA CHAMBRE OBSCURE

L'obscurité n'a pas d'existence propre, elle ne forme pas un voile réel nous dérobant la vue des objets ; là où règne l'obscurité, il n'y a rien en plus, mais il y a la lumière en moins. Les ténèbres, la nuit, ne proviennent pas d'une cause spéciale se dissipant aux clartés du jour de même qu'un brouillard se dissipe aux rayons du soleil ; elles proviennent uniquement de l'absence de la lumière, comme le froid résulte de l'absence plus ou moins complète de la chaleur. Les ténèbres ne peuvent être palpables, comme on le dit quelquefois par un abus de langage ; elles ne peuvent être épaisses, car ces qualifications, prises dans leur véritable sens, font allusion à une substance matérielle produisant l'obscurité, substance qui n'existe réellement pas. Les ténèbres sont la négation de la lumière, et c'est tout.

Voir, ce n'est pas précisément diriger nos regards vers les objets vus, c'est recevoir dans nos yeux la lumière envoyée par ces objets. Dans la vision, rien ne s'échappe de nous ; tout vient de la chose vue. En prenant les mots dans leur acception naturelle, nous ne lançons pas nos regards vers l'objet considéré ; c'est l'objet lui-même qui lance vers nous sa lumière, ainsi qu'un corps chaud nous envoie de la chaleur et un corps sonore du son. Tout corps, pour être visible, doit émettre de la lumière, doit être lumineux, de même que tout corps pour impressionner l'ouïe, doit envoyer des ondulations sonores. Si le corps n'envoie pas de la lumière, il est obscur, et par cela même invisible ; s'il n'envoie pas des ondes sonores, il est silencieux et sans effet aucun sur l'oreille. L'obscurité est par rapport à la lumière ce que le silence est par rapport au son. L'un et l'autre sont des non existences, des négations. L'antiquité n'avait qu'une idée fort vague de ce principe élémentaire ; renversant les rapports entre l'organe de la vision et les objets vus, elle attribuait à l'œil la cause de la visibilité. Le langage, fidèle écho des conceptions populaires, conserve encore aujourd'hui, dans une foule de locutions, cette première erreur.

La lumière est ce qui rend les objets sensibles à la vue. Elle se propage en ligne droite. C'est ce que prouve le fait, familier à tous, du rayon de soleil qui, pénétrant dans l'obscurité d'une chambre, par un trou des volets, trace une bande rectiligne, rendue visible par l'illumination des corpuscules de poussière en suspension dans l'air. On peut encore disposer entre l'œil et un objet lumineux un certain nombre d'écrans opaques percés d'ouvertures. L'objet n'est aperçu qu'autant que toutes ces ouvertures sont alignées sur une même droite joignant l'œil à l'objet.

Toute direction rectiligne suivant laquelle la lumière se propage prend le nom de *rayon lumineux*. Les lignes droites, en nombre indéfini, que l'on peut mener des divers points d'une source lumineuse, à travers l'étendue environnante, sont autant de rayons lumineux. Un ensemble de rayons constituant un filet très mince de lumière se nomme *pinceau lumineux*, et *faisceau* quand il a des proportions sensibles.

En face d'une fenêtre close par des volets, supposons des objets vivement éclairés par le soleil, arbres, habitations, passants. Si les volets sont percés d'un orifice quelconque, la lumière vient peindre l'image renversée de ces objets sur le mur opposé de l'appartement obscur. Si la lumière arrive obliquement de bas en haut, c'est sur le plafond que les images se forment. Tel est le fait que l'on a si souvent occasion d'observer dans une chambre obscure, dont les volets laissent passer un filet de lumière par quelque trou.

La formation de ces images est la conséquence de la propagation rectiligne de la lumière. Ne supposons d'abord au dehors qu'un point lumineux, de teinte rouge, par exemple ; et, pour préciser les idées, donnons au trou du volet la forme triangulaire. La lumière émise en ligne droite par le point dans la direction du trou du volet, pénètre dans la chambre obscure en formant un faisceau dont la forme est moulée sur celle de l'orifice qui lui donne passage, c'est à dire que ce faisceau est une pyramide triangulaire. Si le mur ou l'écran où doit se former l'image est parallèle au volet, le faisceau illumine de lumière rouge un espace triangulaire semblable au triangle de l'orifice, car cet espace et cet orifice sont des sections de la même pyramide triangulaire par des plans parallèles. Dans le cas de non parallélisme, il y aurait une déformation sur laquelle il est inutile d'insister. Éclairée par de la lumière rouge, l'image triangulaire peinte sur l'écran réfléchit cette lumière en tous sens, et de la sorte est visible d'un point quelconque de la salle, comme si réellement cette partie était teintée de rouge.

Ce que nous venons de dire d'un point lumineux doit se répéter de tout autre, n'importe sa coloration. Chacun d'eux produit sur le mur une image triangulaire de la même couleur ; chacun d'eux est le sommet d'un faisceau de lumière qui s'engage dans le trou du volet, et vient peindre sur le mur, avec la coloration qui lui est propre, une image semblable à l'orifice du volet.

Remarquons, en outre, que les différents faisceaux se croisent à l'orifice d'entrée dans la chambre obscure, et que de la sorte la disposition relative des images doit être inverse de celle des points lumineux correspondants. Un point inférieur produit son image dans le haut de l'écran ; un point supérieur la produit dans le bas ; un point de droite envoie son faisceau de lumière à gauche ; un point de gauche le dirige à droite.

Au lieu de points isolés, sans rapport entre eux, considérons maintenant les différents points composant un objet éclairé, et situé en face du volet. Si nous voulons déterminer l'arrangement que prendront sur le mur de la chambre obscure les images triangulaires qui correspondent à chacun des points de son contour, il faut supposer un faisceau de lumière dont le sommet se déplace suivant les bords de cet objet. Comme le faisceau tourne dans l'orifice du volet, son extrémité épanouie en triangle décrit sur l'écran une silhouette semblable à l'objet, mais dans une position renversée.

De plus, cette image manque de netteté, parce que chaque point de l'objet s'y traduit par un espace triangulaire plus ou moins étendu, suivant la distance de l'écran au volet, suivant aussi l'ampleur de l'orifice. Ces triangles empiètent l'un sur l'autre, se superposent en partie, et jettent ainsi de la confusion dans l'image qui résulte de leur ensemble. Les choses se passent de la même manière que si un stylet très effilé à une extrémité, élargi à l'autre en triangle, décrivait de sa pointe le contour d'un dessin en tournant autour d'un point de son axe. Il est visible que le bout terminé en facette triangulaire décrirait un dessin semblable, mais grossier et diffus.

Le contour de l'objet lumineux ne prend pas seul part à la formation de l'image sur le mur de la chambre obscure : tous les autres points fournissent leur faisceau de lumière. De là résulte l'image complète de l'objet, plus ou moins diffuse, toujours renversée, et colorée comme l'objet lui-même.

Si le stylet que nous venons de supposer, au lieu d'être configuré en pyramide allongée, avait la même finesse aux deux extrémités, enfin se réduisait à une aiguille très déliée, on voit aisément que le dessin décrit par l'un des bouts serait reproduit par l'autre bout avec une netteté parfaite, car à chaque point du modèle correspondrait un point, un seul, de la copie. Pareillement, l'image peinte sur le mur de la chambre est d'autant plus nette que l'orifice du volet est plus étroit, parce que le faisceau lumineux, plus délié, donne, pour représenter un point de l'objet, une étendue superficielle moindre.

Quelle que soit la forme de l'ouverture, l'image peinte sur le mur d'un appartement obscur reproduit la forme de l'objet lumineux placé en face. Or le couvert d'un arbre constitue une sorte de chambre obscure. L'écran est le sol, où se projette l'ombre; l'orifice est tel ou tel autre des innombrables interstices que les feuilles laissent entre elles; enfin l'objet lumineux est le soleil. Chaque interstice du feuillage donnerait naissance à une image exacte de soleil, à une image ronde, n'importe sa propre configuration, si l'écran se présentait perpendiculaire à la direction du soleil; mais comme le plus souvent le sol se présente sous une incidence oblique, l'image est déformée et se traduit par un ovale ou ellipse, qui est la section du cône lumineux par un plan oblique à l'axe. Telle est la cause des taches brillantes de forme ovale dans l'ombre des arbres. Chacune d'elles est l'image du soleil déformée par l'obliquité de l'écran qui la reçoit. Ces taches changent d'aspect pendant une éclipse solaire : elles prennent la forme d'un croissant, c'est à dire qu'elles reproduisent la partie du soleil non éclipsée.

Les faits que nous venons d'exposer, images renversées sur le

mur d'une chambre close, taches lumineuses de forme ovale se-
mées ça et là dans l'ombre que projette sur le sol le feuillage
d'un arbre, se présentent d'eux mêmes à l'observateur sans artifice spécial; ils ont donc de tout temps attiré l'attention, et néanmoins leur cause est restée inconnue jusqu'à une époque assez
récente. Le représentant le plus élevé de la science antique, Aris-
tote, donnait de ces images une interprétation bizarre, bien propre à démontrer à quelles étranges erreurs le fait le plus simple,
le plus vulgaire, peut conduire même un homme de génie. Il disait que la lumière garde en elle une ressemblance de l'objet lumineux, et qu'elle manifeste cette ressemblance après avoir
franchi un obstacle qui la gêne. Mieux eut valu ne rien dire et regarder la chose comme inexplicable. C'est ce que l'on fit jusqu'à
Kepler, l'illustre fondateur de l'astronomie moderne. Alors fut
donnée pour la première fois l'explication si rationnelle, si simple, des images formées par des faisceaux rectilignes de lumière
émanés de divers points de l'objet et se croisant à l'orifice de l'appartement obscur.

En 1560, un savant napolitain, Jean-Baptiste Porta, imagina la
chambre obscure, c'est-à-dire l'appareil propre à donner des
images d'après les principes que nous venons d'exposer. Ce nom
de chambre obscure indique à lui seul un ordre de faits analogues
à ceux qui se passent dans l'obscurité d'une chambre close où

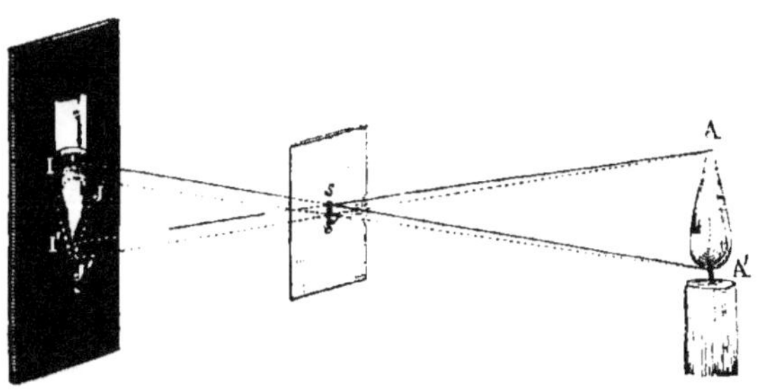

Fig. 17.

pénètre un faisceau de lumière par quelque trou des volets. L'appareil est, en effet, une simple boîte en bois dont la face antérieure est percée d'un étroit orifice *ss'* (fig. 127). Un objet lumineux,
une bougie allumée, par exemple, peint son image sur la face

opposée. Cette face est en verre dépoli, de manière qu'en se plaçant derrière la boîte on peut voir l'image par transparence. Le
sommet A de la flamme fournit le faisceau I'A'J, la base A' fournit
le faisceau IA'J ; et comme à l'orifice, ces faisceaux se croisent,
dans l'image le sommet de la flamme est en bas, et la base est en
haut ; enfin, l'image est renversée.

La netteté de l'image exige que l'orifice de la chambre
soit très petit afin que le faisceau de lumière émis par chaque
point de l'objet lumineux se réduise à un simple filet autant que
possible. Mais alors un autre inconvénient se présente : l'image,
formée par une trop faible qualité de lumière, manque de visibilité. Veut-on agrandir l'ouverture pour donner accès à plus de
lumière, l'image gagne en éclat, mais elle devient diffuse. Sans
une disposition spéciale, une qualité de l'image est ainsi accompagnée d'un défaut correspondant. Avec une large ouverture,
l'image est bien visible, mais sans netteté ; avec une ouverture
étroite, l'image est nette, mais pèche par sa faible visibilité.

Par l'emploi d'un verre lenticulaire, Porta mit fin à ce cercle
vicieux. Un tel verre ou lentille a la propriété de rassembler en
un point les rayons lumineux composant un faisceau. Ainsi tous

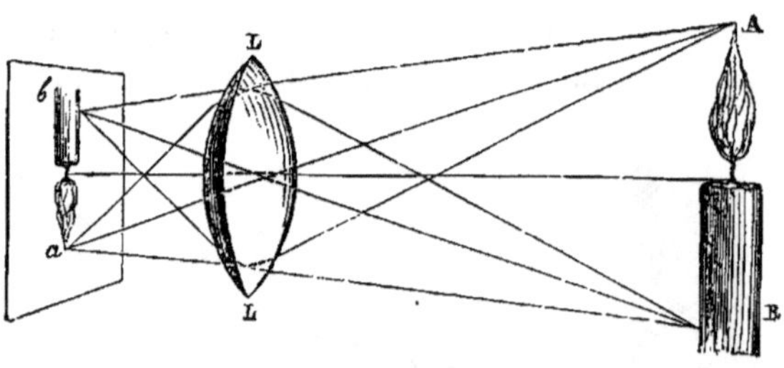

Fig. 128.

les rayons issus du point A (fig. 128) et arrivant à la surface de la
lentille, au lieu de continuer leur propagation en ligne droite,
changent de direction lorsqu'ils pénètrent dans le verre et
lorsqu'ils en sortent, et finissent par se rencontrer de nouveau en
un certain point a, où se produit ainsi une image très nette et
très vive. Pareille chose se répète pour tous les points de l'objet
A B. Porta s'avisa donc de pratiquer à la partie antérieure de la
chambre obscure un orifice d'ampleur suffisante pour recevoir la

quantité de lumière nécessaire à l'éclat de l'image; ensuite, dans cet orifice, il plaça une lentille qui, de chaque point de l'objet, recevant sur sa large surface un abondant faisceau de lumière, et rassemblant de nouveau tout le faisceau en un point, donnait à l'image netteté parfaite.

Dans la construction de son bel appareil, le physicien de Naples n'avait fait en somme qu'imiter la structure fondamentale de l'œil, autant qu'il est possible à l'industrie humaine d'imiter l'œuvre de la nature. L'œil, en effet, est assimilable à la chambre obscure de Porta, armée d'un verre lenticulaire. La lentille de l'œil est ce qu'on nomme le *cristallin*, noyau de substance solide et transparente, à faces courbes, qui reçoit les rayons lumineux en assez grande abondance pour l'éclat de l'image, et rassemble chaque faisceau en un seul point, comme l'exige la netteté. La chambre obcure est le globe oculaire. L'écran est une couche nerveuse, la *rétine*. Pour constater la formation des images sur cet écran, il suffit de prendre un œil de bœuf récemment abattu, de racler la partie postérieure avec la lame d'un canif jusqu'à la rendre translucide, et de la présenter ensuite à une bougie allumée. Une image de la bougie, plus petite que l'objet et renversée, apparaît avec une admirable netteté sur la partie postérieure du globe oculaire, absolument comme sur la partie en verre dépoli de la chambre obscure de Porta.

CHAPITRE LXXVII

Porta fut émerveillé de son invention, ne montrant qu'à un petit nombre d'amis les splendides images de sa chambre obscure, dont il garda longtemps le secret avec un soin jaloux. L'admiration du savant napolitain devant les résultats de son œuvre n'était pas déplacée : chacun de nous est frappé de surprise s'il voit pour la première fois l'image que la lentille projette sur la plaque de verre dépoli. Quelle pureté dans les teintes, quelle précision dans le dessin, quelle exquise fidélité dans les moindres détails! La nature est moins belle avec ses proportions supérieures à celle de l'image. Aucune palette ne fournirait de coloration aussi fine et de nuances aussi douces, aucun pinceau ne donnerait ressemblance aussi parfaite. Quel artiste incomparable que la lumière! Mais sa superbe peinture est un vain fantôme, une apparition illusoire, dont l'écran ne conserve aucune trace dès qu'il est soustrait à l'action de la lentille. L'image, simple effet de la convergence des rayons lumineux, s'évanouit à l'instant dès que ces rayons cessent d'arriver, ou même de se croiser à la rigoureuse distance de la plaque chargée de les recevoir et de la réfléchir.

Bien des fois, sans doute, l'inventeur de la chambre obscure se demanda s'il ne serait pas possible de fixer sur l'écran la peinture fugitive, et de convertir en une réalité permanente l'image temporaire ; tous ses souhaits durent reculer devant l'amer regret de l'impuissance. Porta légua donc à l'avenir son appareil sans le moindre soupçon qu'il fût jamais au pouvoir de l'homme d'en rendre les images durables. Si difficile, impossible même que parut le problème, il fut repris, une paire de siècles

plus tard, lorsque les progrès de la chimie commencèrent à
fournir les matériaux nécessaires. Pour obliger la lumière à
dessiner elle-même d'une façon permanente l'effigie qu'elle
donne par l'intermédiaire d'une lentille, que faut-il en effet? Il
faut une substance altérable par les rayons lumineux et changeant
plus ou moins de teinte suivant qu'elle est plus ou moins éclairée.
La chimie nous renseigne sur les composés qui possèdent, à des
degrés divers, pareille propriété ; elle nous signale en particulier
la chlorure d'argent comme éminemment apte à changer de coloration sous l'influence de la lumière. Arrêtons-nous un
moment sur ce composé, très facile à obtenir, et d'ailleurs le
premier en date dans les tentatives faites pour rendre durables
les images de Porta.

Dissolvons une pièce d'argent dans de l'acide azotique, la vulgaire eau forte. La liqueur sera une dissolution d'azotate d'argent
et d'azotate de cuivre. Ce dernier provient de l'alliage de la pièce.
Nous n'en tiendrons compte, car il ne remplit aucun rôle et n'apporte aucune entrave dans les opérations qui vont suivre. Si nous
versons une dissolution de sel marin, chlorure de sodium, dans
la liqueur d'argent, il se forme aussitôt, par échange, d'épais
flocons d'une matière blanche, ayant l'aspect de fromage frais.
Cette matière n'est autre que du chlorure d'argent. Elle est d'un
blanc pur, rivalisant avec celui du lait coagulé. Prenons-en un
caillot que nous exposerons aux rayons directs du soleil. Nous
verrons le chlorure, tout humide encore, perdre avec rapidité sa
coloration blanche, devenir d'un gris violacé, et enfin acquérir la
teinte foncée de l'ardoise, lorsque l'action de la lumière a été
suffisamment prolongée. L'altération de couleur est d'une promptitude frappante : à peine la matière est-elle exposée au soleil,
que son blanc de lait se ternit et tourne au violacé. Elle n'a lieu
d'ailleurs que sous l'influence de la lumière. Protégé de l'illumination en un point au moyen d'un écran opaque superposé, et
soumis aux rayons du soleil en un autre, le chlorure d'argent se
conserve blanc dans le premier et noircit dans le second.

En utilisant cette propriété, la difficulté n'est pas grande
d'obtenir sur papier un dessin œuvre de la lumière. Il s'agit,
d'abord, d'imprégner de chlorure d'argent la feuille de papier ; et
comme ce composé est insoluble dans l'eau, on a recours au moyen
que voici. La feuille est en premier lieu plongée dans la dissolution

d'azotate d'argent ; et au sortir de ce bain, elle est finalement plongée dans de l'eau salée. Bien imbibée de la première dissolution, elle trouve dans la seconde le chlorure de sodium, qui, par échange des éléments avec l'azotate, produit du chlorure d'argent. Dans toute son épaisseur et d'une manière égale, le papier se trouve ainsi imprégné du composé sensible à l'action de la lumière.

Soit maintenant à obtenir la silhouette d'un objet, celle par exemple d'une feuille d'arbre. Cette feuille est appliquée sur le papier, encore frais, et maintenue en place au moyen d'une lame de verre superposée. Toutes ces manipulations doivent se faire dans un appartement très faiblement éclairé, ou bien à la simple lueur d'une bougie, afin que le papier impressionnable ne noircisse pas avant le moment voulu. Les choses ainsi disposées, on expose le tout aux rayons directs du soleil, la plaque de verre en dessus. Partout où la lumière lui arrive sans obstacles, le papier chloruré devient rapidement d'un noir d'ardoise ; mais sous la feuille, écran opaque, il se conserve blanc. En outre, comme toutes les parties de cette feuille n'arrêtent pas également bien la lumière, les unes, plus épaisses, formant obstacle infranchissable, les autres, d'épaisseur moindre, étant plus ou moins translucides, la silhouette laissée blanche sous l'abri de la feuille, reproduit en traits clairs les principales nervures. On a ainsi en blanc sur un fond noir, avec quelques détails de nervations, l'image de la feuille ; mais si fugace, qu'on ne peut la laisser à la lumière, même diffuse sans la voir disparaître en noircissant comme l'a déjà fait le reste du papier. Du dessin primitif, il ne reste bientôt qu'un chiffon de papier également noirci. La lumière, en continuant son action sur les parties un moment protégées, efface son croquis.

A lui seul, cet exemple suffit pour nous montrer, dans son extrême simplicité, comment un rayon de soleil peut faire office du crayon du dessinateur. Et d'ailleurs il ne faut pas croire qu'il soit nécessaire de recourir aux savants produits de la chimie, pour être témoin de changements de teinte dûs à l'action de la lumière ; la puissance de cet agent se manifeste dans une foule de cas du vulgaire domaine. Qui ne sait, par exemple, que la coloration d'un fruit, pêche, poire, pomme, abricot, varie avec l'intensité de la lumière reçue. La face exposée la majeure partie du

jour aux rayons du soleil est vivement colorée; la face opposée
reste pâle. Sur nous-mêmes l'influence solaire n'est pas moins frappante. Le teint bruni du campagnard, ses bras nus tannés par une
vive lumière, et ceux du citadin qui n'abandonne guère le demi-
jour de son habitation, diffèrent autant que les deux faces d'une
pêche. Un artifice des plus simples permettrait donc de faire tracer
par le soleil, tant sur la peau de l'homme que sur celle du fruit,
tel dessin que nous voudrions. Deux faits vont nous en instruire.

La Bruyère nous parle du curieux de fruits, amateur passionné des prunes, mais d'une seule espèce, la sienne. — Il vous
mène à l'arbre, dit-il, cueille artistement cette prune exquise ; il
l'ouvre, vous en donne une moitié et prend l'autre. Quelle chair !
fait l'homme aux pruniers, goûtez-vous cela? cela est-il divin?
Voilà ce que vous ne trouverez pas ailleurs.— Et là dessus ses
narines s'enflent; il cache avec peine sa joie et sa vanité par
quelques dehors de modestie. — O l'homme divin, en effet,
homme qu'on ne peut jamais assez louer et admirer! homme
dont il sera parlé dans plusieurs siècles! Que je voie sa taille et
son visage pendant qu'il vit; que j'observe les traits et la conte-
nance d'un homme qui, seul entre les mortels, possède une telle
prune !

Quelques amateurs de poires et de pêches sont allés plus loin
que l'original de La Bruyère dans ce culte idolâtre du fruit préféré.
Avant d'être livrées aux profanes, les productions du verger recevaient les initiales du propriétaire, afin qu'il fut bien su de tous,
à la ronde, quel était l'homme, l'homme fortuné, qui seul entre
les mortels possédait telle poire. Jusqu'à grosseur parfaite,
chaque fruit était mis à l'abri de la lumière dans une enveloppe
de papier, afin que la coloration fût partout d'un pâle uniforme.
L'enveloppe était alors rejetée, et le fruit, mis à découvert, était
prêt pour l'inscription. A cet effet, le patient amateur collait sur
la face de la poire en regard du soleil, les initiales de son nom,
découpées dans une feuille de papier. Sous le couvert des lettres,
la peau du fruit gardait sa teinte pâle; en dehors, elle prenait
la vive coloration de la maturité; de sorte que, le moment de la
récolte venu, et les initiales de papier enlevées, se détachaient,
sur un fond rougeâtre, de gros caractères pâles disant au monde
le nom glorieux de celui qui seul, dans son jardin, possédait ces
cuisse-madame, et ces bon-chrétien.

De la peau de la poire passons à la peau de l'homme. Les Orientaux racontent que deux Juifs vinrent un jour à Constantinople dans l'espoir, sinon de faire fortune, chose difficile, même pour des Juifs, mais du moins de vivre grassement de la sottise des autres, métier d'ordinaire assez lucratif. Pour préparer leur future industrie, l'un d'eux dit à l'autre : je vais me coucher ici, loin des regards indiscrets, et sur ma poitrine nue, bien exposée au soleil, tu tiendras ta main appliquée, toujours à la même place. Il se coucha donc au soleil, se découvrit la poitrine et le collègue appliqua sa main sur la partie désignée. Tout le jour, avec une patience comme peuvent en avoir deux fripons combinant une affaire, ils demeurèrent ainsi immobiles sous les ardeurs d'un soleil brûlant. Le lendemain, on recommença, la main étant posée exactement au même endroit que la veille, e t l'on continua de la sorte pendant plusieurs semaines jusqu'à plein succès de l'opération.

Les deux fils de Jacob se mirent alors à fréquenter les mosquées en renom, édifiant tout bon musulman par leurs dehors de piété. Prosternations du côté de la Mecque, versets du Coran marmotés, ablutions, invocations à Allah et à son saint Prophète, annonçaient à tous, deux fervents néophytes désireux d'abandonner Moïse pour Mahomet. Mais la conversion de deux Juifs à l'Islam n'était pas, dans Constantinople, événement assez grave pour faire impression profonde et attirer sur les convertis les largesses des Croyants. Le miracle intervint, exploitation infaillible. Peu à peu celui qui s'était tenu couché au soleil annonça à la foule que le prophète lui avait apparu en songe pour lui ordonner de se rendre à Constantinople et d'y embrasser la Foi qui sauve, car le ciel reposait en lui, humble serviteur, certaines vues providentielles qu'expliquerait l'avenir. Et pour preuve de la mission inspirée, le Prophète avait touché la poitrine du Juif, en y laissant la divine empreinte de sa main.

L'affaire fit du bruit et vint aux oreilles des Ulémas, qui mandèrent notre homme. En pleine mosquée, devant la foule des croyants et ses chefs spirituels, le juif renouvela son récit; il raconta en détail le songe, l'apparition céleste, l'attouchement, la marque laissée par la main de Mahomet. Puis, l'auditoire bien préparé, d'un geste d'inspiré il mit à nu sa poitrine, et chacun put voir sur la peau brune du fils d'Israël l'image d'une main se détachant très nette en une teinte pâle. Qui pouvait désormais douter? N'était-ce pas là le signe certain de la mission du nouveau converti? Ne voyait-on pas de ses yeux, de ses propres yeux, la marque laissée par la divine main! Miracle! s'écriait la foule, déjà prosternée aux pieds du juif; Dieu seul est Dieu, et Mahomet est son Prophète!

Les Ulémas furent plus réservés : ils savaient mieux ce que c'est qu'un miracle, les façonnant parfois eux-mêmes. Ils crurent d'abord à une supercherie, fin tatouage, ou peinture artificielle de la peau. La poitrine du néophyte fut donc scrupuleusement examinée. Ce n'était pas un tatouage. Ce n'était pas non plus une coloration appliquée, car l'éponge mouillée, le savon, le frottement, restaient sans effet sur l'image. L'empreinte de la main n'avait rien de particulier que la pâleur de la peau, partout ailleurs d'un brun foncé. A moins de passer eux-mêmes pour des infidèles, les Ulémas durent se déclarer convaincus. Pour l'édification de tous, le miracle fut donc reconnu de bon aloi, et le rusé juif vécut dans l'oisiveté et l'abondance, comme doit le faire tout saint personnage marqué du sceau de Mahomet. Le collègue en friponnerie participa à la bonne fortune, comme il avait participé à la patiente insolation.

Est-il nécessaire d'expliquer au lecteur le secret de l'affaire? Sous l'action longuement prolongée des rayons du soleil, la poitrine du juif, naturellement pâle, tant que les vêtements l'avaient protégée, était devenue brune, mais en conservant la pâleur primitive dans la partie défendue par la main appliquée du collaborateur. Ainsi s'était formée l'image de la main, comme s'étaient inscrites sur la peau du fruit les initiales de l'amateur de poires. Le seul travail de la lumière avait fait tous les frais du miracle.

Ce changement de teinte qu'elle provoque dans l'épiderme des êtres vivants, la lumière l'accomplit avec une rapidité bien plus grande et une intensité de teinte bien plus forte sur certains composés chimiques parmi lesquels nous venons de citer le chlorure d'argent, comme l'un des plus faciles à obtenir et l'un des plus sensibles. Le physicien Charles, dont nous avons raconté l'invention de l'aérostat à hydrogène, est le premier qui ait utilisé le chlorure d'argent pour faire de la lumière un dessinateur. Aux curieux accourus dans son cabinet, il montrait un spectacle étrange : le soleil chargé de faire en quelques ins-

tants un portrait. L'un des assistants se plaçait de profil aux
rayons directs du soleil, et l'ombre de sa tête était reçue sur
une feuille de papier imprégnée de chlorure d'argent. Dans
ces conditions se reproduisait exactement ce que nous avons
dit au sujet de la feuille d'arbre dont on se propose d'obtenir le croquis. La partie du papier placée dans l'ombre restait
blanche, la partie illuminée par le soleil noircissait rapidement;
et les spectateurs voyaient, avec une extrême surprise, apparaître en quelques instants sur un fond noirâtre la silhouette
pâle de la personne expérimentée. On se passait de main en
main le curieux profil dont le soleil était l'artiste; on admirait
la géométrique ressemblance du sujet et de la copie, tandis
qu'un autre spectacle se produisait, non moins étrange que le
premier. La silhouette blanche allait se rembrunissant de plus
en plus quoique tenue dans le demi-jour d'un appartement; peu
à peu elle prenait la teinte obscure du reste du papier et finissait par disparaître, passagère vision, sous les regards de ses
admirateurs.

D'autres fois, le physicien Charles employait la chambre obscure de Porta. Il recevait l'image donnée par la lentille sur un
écran formé d'une feuille de papier rendu sensible au moyen du
chlorure d'argent. Sur ce papier, l'image laissait une trace, les
parties les plus éclairées devenant noires, les parties obscures
restant blanches, et le reste prenait une teinte plus ou moins
foncée suivant le degré de l'illumination. Le dessin obtenu reproduisait ainsi le modèle avec une distribution inverse du clair
et de l'obscur. Il était du reste aussi éphémère que la silhouette
donnée par la seule projection de l'ombre sur le papier sensible, car celui-ci ne tardait pas à noircir uniformément sans
garder la moindre trace de l'impression première. Les essais du
célèbre physicien étaient par conséquent de simples récréations
qui pouvaient un moment intéresser les curieux, mais nullement
aptes à donner des résultats utiles, dont la première condition
est d'être durables. Cela se passait vers 1780.

Une vingtaine d'années plus tard, au commencement de ce
siècle, la patience du physicien industriel Wodgwood et la profonde science du chimiste Humphry Davy n'obtenaient pas plus
de succès en Angleterre.

La substition de l'azotate d'argent au chlorure ne faisait que rendre l'opération plus lente sans donner à l'image obtenue la stabilité, qui semblait devoir rester indéfiniment l'objet de vaines poursuites, tant le problème était ardu.

Les choses en étaient là quand parurent, d'abord étrangers l'un à l'autre, les deux fondateurs de la photographie, Niepce et Daguerre. Le premier était un ancien sous-lieutenant au *régiment de Limousin*. Il vivait retiré dans sa maison de campagne aux environs de Châlons-sur-Saône, où pendant dix années il s'adonna patiemment à la fixation des images de Porta. Il réunissait toutes les conditions du succès : le goût des recherches, le loisir, la fortune, les connaissances scientifiques; et cependant son nom s'éclipse devant celui de Daguerre, bien moins favorisé. Daguerre était peintre. Il s'était acquis une grande réputation par ses décorations théâtrales, d'un magique effet. On lui devait l'invention du *Diorama*, spectacle merveilleux où, sur d'immenses toiles, d'une exécution parfaite, étaient peintes de grandioses scènes de la nature. Un système particulier d'éclairage, modifié à l'insu des spectateurs, faisait succéder une scène à une autre par des transitions insensibles, source d'émouvantes surprises. Daguerre était donc artiste, et comme tel à peu près étranger aux connaissances scientifiques. Sur les planches du théâtre qu'il avait décoré de ses pinceaux, il ne dédaignait pas de paraître inconnu du public, et de se mê ler aux groupes chorégraphiques, heureux d'attirer les applaudissements de la salle sur la vigueur de ses jarrets et la grâce de ses pirouettes. Le peintre aux grands effets était un danseur émérite. Les plaisanteries d'atelier ne lui étaient pas moins familières : s'il entrait dans quelque salon d'artiste, il aimait à le faire la tête en bas et marchant sur les mains à la façon d'un saltimbanque. Tel était le personnage à qui le sort réservait la solution d'un problème regardé par la science, sinon comme impossible, du moins comme hérissé des difficultés les plus épineuses. Peut-être fut-il heureux pour Daguerre d'ignorer contre quels obstacles il avait à lutter : insoucieux de l'impossible, il plongea dans la nuit de l'inconnu avec cette audace que la fortune se complaît parfois à récompenser.

Dans le cours de ses recherches, le peintre eut connaissance d'un rival, de Niepce, qui l'avait devancé dans l'art de rendre stables les images de la chambre obscure de Porta. Il s'aboucha avec lui et un traité fut conclu entre les deux pour mettre en commun les résultats de leurs travaux. L'association se fit en 1829. Niepce révéla à Daguerre son procédé, basé sur l'altération qu'éprouve le bitume de Judée sous l'influence prolongée de la lumière. Une mince lame d'argent plaquée sur cuivre était couverte de bitume de Judée dissous dans de l'essence de lavande, puis exposée pendant une dizaine d'heures à l'image fournie par une lentille dans une chambre noire. Il se produisait ainsi un dessin dont les clairs étaient formés par le bitume altéré, et les ombres par les parties du métal mises à nu par une immersion dans de l'essence de lavande, qui dissolvait le bitume non altéré.

Tout en admirant les résultats obtenus par son collègue, Daguerre espéra trouver mieux que ce procédé si lent, où la plaque sensible subissait pendant un jour entier l'action de la lumière. En effet, dix ans plus tard, entre les mains du peintre, la plaque d'argent de Niepce devenait d'une exquise sensibilité pour recevoir l'impression lumineuse. Le progrès, progrès immense, consistait à remplacer le bitume de Judée par l'iodure d'argent. En outre, le dessin, imperceptible encore après l'opération de la chambre obscure, se révélait, avec une perfection infinie de détails, par l'exposition de la plaque aux vapeurs du mercure. Un lavage dans une dissolution d'hyposulfite de soude enlevait l'iodure encore sensible à l'action de la lumière et rendait le dessin obtenu désormais inaltérable.

Le 10 août 1839, dans une séance publique de l'Académie des sciences, la voix magistrale d'Arago faisait connaître la merveilleuse invention de Daguerre. Sur une table, au milieu de la docte assemblée, étaient exposés de nombreux dessins sur plaque métallique, obtenus par l'action de la lumière au moyen de l'appareil de Porta qui prit en cette occasion le nom de Daguerréotype. Hélas! l'un des associés manquait à ce triomphe : Niepce était mort subitement en 1833. Son fils Isidore le représentait. Abandon fut fait de tous les privilèges de l'inventeur, et la Chambre des députés vota, comme récompense nationale, une pension annuelle et viagère de 6 000 francs pour Daguerre, et une autre de 4 000 pour Isidore Niepce.

CHAPITRE LXXVIII

PHOTOGRAPHIE

Retracer la filiation d'idées qui conduisit Daguerre à son invention n'est pas au pouvoir du narrateur en l'absence de documents laissés par l'inventeur lui-même : l'esprit de l'homme peut arriver à un même but par les voies les plus diverses et fréquemment très détournées. Voici néanmoins ce que la logique nous montre comme réunissant le plus de probabilités. Le peintre du Diorama était en possession de la plaque d'argent proposée par Niepce. Il s'agissait de substituer au bitume de Judée, matière trop lentement altérable par l'action de la lumière, une substance beaucoup plus sensible. Le chlorure d'argent venait immédiatement à l'esprit, mais les vaines tentatives de Charles, de Davy et de Wodgwood, disaient assez à Daguerre que la solution du problème n'était pas là. Un élément chimique nouveau venait d'être depuis peu découvert, ayant avec le chlore les analogies les plus étroites; nous voulons parler de l'iode, dont la seule odeur trahit une sorte de parenté avec l'autre métalloïde. Ce que l'on obtient avec le chlorure d'argent, pourquoi ne l'obtiendrait-on pas alors avec l'iodure, composé très voisin? Qui sait même si, dans de pareilles conditions, l'image n'aurait pas une stabilité plus grande? La logique amenait donc Daguerre à recouvrir sa plaque d'argent d'une mince couche d'iodure, ce qu'il obtenait en exposant la lame métallique aux vapeurs de l'iode.

Jusque là les idées avec ordre s'enchaînent, et néanmoins, on ne voit pas Daguerre soumettre immédiatement ses prévisions à l'épreuve; il faut qu'une circonstance fortuite lui montre l'excellence de la voie dans laquelle il vient de s'engager. Une plaque

d'argent iodée gisait sur la table de travail, peut-être abandonnée en un moment de défaillance dans l'espoir de la réussite,
peut-être considérée comme préparation très secondaire, dont
l'essai était remis à un moment perdu. Sur la plaque, par hasard reposait une cuiller à café; et le tout recevait la lumière
diffuse de l'appartement. Grande fut la surprise du peintre
quand retirant la cuiller, il vit qu'elle avait laissé sur la lame
iodurée le dessin de son ombre, net de contour, quoique vague de
teinte. La partie ombrée n'avait pas éprouvé d'altération dans
sa mince couche d'iodure; le reste, recevant sans entrave la lumière diffuse, avait subi un changement notable; et telle était la
cause de la silhouette de la cuiller. L'iodure d'argent était donc
apte à recevoir l'impression de la lumière ainsi que portaient à le
croire ses analogies avec le chlorure.

A partir de ce moment fut abandonné le bitume de Judée; mais
une autre découverte restait à faire, tout aussi importante que
la première. Au sortir de la chambre obscure, où l'image fournie
par la lentille a toujours une intensité lumineuse de médiocre
action, le dessin sur la plaque d'argent iodurée est à peine perceptible; un artifice spécial est indispensable pour le faire nettement apparaître. Les souvenirs de Daguerre lui vinrent ici en
aide. Dans ses longues recherches sur le procédé de Niepce, il
avait observé que le dessin obtenu avec le bitume de Judée acquiert subitement une franche netteté quand on expose la plaque
aux vapeurs de l'huile de pétrole, au lieu de la laver avec de
l'essence de lavande ainsi que le recommandait l'inventeur. Il
devenait donc probable que, par une exposition à des vapeurs
convenablement choisies, il se passerait sur la plaque à iodure
quelque chose de semblable à ce qui se passait sur la plaque au
bitume.

Mais quelles vapeurs adopter? Au semblable, il faut le semblable. Avec le bitume réussissaient les vapeurs du pétrole, substance à peu près de même nature que la première. Avec un
métal, l'argent, rendu sensible par l'intermédiaire de l'iode, on
est conduit à essayer les vapeurs d'un autre métal, et notamment
celles du mercure, les plus faciles à obtenir. Daguerre essaya, et
le résultat dépassa de beaucoup ses espérances. L'image, encore
latente apparut soudainement avec une perfection merveilleuse
qu le frappa de surprise. Et cette image était durable, en ce

sens qu'on pouvait la conserver indéfiniment à la condition expresse de la tenir dans un demi-jour. Les deux points principaux du problème étaient résolus : premièrement, impression de l'image sur une lame sensible, iodure d'argent ; secondement, apparitions et fixations de l'image au moyen d'un agent révélateur, vapeurs de mercure.

Le reste était détail accessoire, mais non négligeable. Exposée à la lumière directe, l'image ne se serait pas évanouie à cause du mercure entrant dans sa formation ; cependant elle aurait beaucoup perdu en netteté parce que la majeure partie de la plaque se trouvant recouverte d'iodure non altéré se serait modifiée sous l'action lumineuse. Il fallait au moyen d'un dissolvant se débarrasser de cette couche d'iodure, dont la sensibilité aurait été désormais nuisible. Les traités de chimie eurent bientôt indiqué à Daguerre l'hyposulfite de soude comme le dissolvant désiré.

Reprenons maintenant avec quelques détails le procédé si ingénieux du père de la photographie. Une lame d'argent ou de plaqué, étant bien polie, est exposée aux émanations de l'iode jusqu'à ce qu'elle prenne une couleur jaune d'or. Elle est alors exposée à l'image de la chambre obscure pendant un temps plus ou moins long, selon l'intensité de la lumière. Dans ces conditions, les parties de l'argent ioduré vivement éclairées éprouvent une modification à laquelle ne sont pas soumises celles qui sont dans l'ombre ; et les parties moins éclairées donnent des demi-teintes, plus ou moins accusées selon la vivacité de la lumière. L'explication de ce qui se passe est des plus simples. La plaque d'argent est recouverte d'une couche d'iodure dont l'épaisseur atteint au plus un millionième de millimètre, et tellement adhérente au métal qu'un frottement assez vif ne suffit pas pour l'enlever. Exposée à l'irradiation de la chambre obscure, cette couche se modifie partout où la lumière la frappe, se décompose en partie et passe à l'état de sous-iodure d'argent. Ce nouveau composé n'adhère plus au métal, et peut disparaître par le plus léger frottement. En sortant de la chambre obscure, une plaque daguerrienne est donc recouverte en partie d'iodure d'argent très adhérent, et en partie de sous-iodure sans adhérence.

Malgré cette modification, l'image n'est pas encore perceptible ; elle n'apparaît que lorsqu'on expose la surface métallique impressionnée aux vapeurs du mercure. Ce métal se fixe uniquement à la surface de l'argent qui est recouverte de sous-iodure, et forme un amalgame dont l'aspect produit l'effet des teintes blanches. Les parties très adhérentes à l'iodure, ne sont pas attaquées par les vapeurs mercurielles, et constituent les ombres. De cette manière, les clairs correspondent aux parties qui ont été frappées par la lumière, et les ombres aux parties qui ne l'ont pas été.

Cependant, l'image n'a pas encore atteint le degré de perfection voulu, car la présence de l'argent ioduré qui n'a pas été attaqué lui donne un aspect défectueux, qu'une action ultérieure de la lumière ne ferait qu'accentuer davantage ; mais dès qu'elle est lavée avec une dissolution d'hyposulfite de soude, ce défaut disparaît. L'hyposulfite de soude a la propriété de dissoudre et d'enlever l'iodure qui n'a pas été impressionné par la lumière. Dès lors, le métal, mis à nu, forme les ombres, et les parties impressionnées que l'hyposulfite n'attaque pas, se trouvent recouvertes d'une infinité de globules de mercure qui leur donnent un aspect blanc et mat tout à le fois ; de là résultent les clairs. Ainsi l'iodure d'argent est la substance impressionnable par la lumière ; la vapeur de mercure décèle l'image latente ; l'hyposulfite de soude la perfectionne et la fixe.

Le procédé, tel que nous venons de l'exposer sommairement, est assez long, en ce sens que l'exposition dans la chambre obscure dure plusieurs minutes. D'autre part, les images, quoique parfaites, laissent beaucoup à désirer sous le rapport de la vivacité. Célérité plus grande et vigueur de ton dans l'image, ont été obtenues par les moyens suivants :

La plaque iodurée est exposée pendant quelques secondes aux vapeurs du brome, du chlore, ou de divers composés renfermant soit l'un, soit l'autre de ces deux éléments. Il se produit ainsi, sans doute, quelques traces de chlorure ou de bromure d'argent. Toujours est-il qu'après cette exposition aux émanations bromées ou chlorées, la plaque iodurée est rendue bien plus impressionnable. La durée de l'exposition à la chambre obscure est ainsi considérablement abrégée.

Voilà pour la célérité, voici pour l'éclat : L'image fixée par le procédé primitif de Daguerre est sombre et désagréablement miroitante. Pour lui donner de la vivacité, on a imaginé d'immerger l'épreuve déjà terminée dans une dissolution d'hyposulfite de

soude à laquelle on ajoute du chlorure d'or. Grâce à cette inno-
vation, les épreuves daguerriennes, débarrassées de ce miroitage
fatiguant qui les déparaît, acquièrent une vigueur, une netteté
et une solidité irréprochables. Si l'on compare deux épreuves obtenues, l'une par l'ancien procédé, l'autre par le nouveau, la
première, d'un ton gris bleuâtre, paraît avoir été exécutée sous
un ciel brumeux; la seconde, par la chaleur de ses teintes, semble avoir été faite sous un beau ciel du midi.

Notons bien que tous ces perfectionnements, qui ont laissé si
en arrière les premières épreuves daguerriennes, n'ont apporté
aucun changement fondamental au procédé primitif. On n'a jamais pu remplacer l'argent par un autre métal, l'iodure d'argent
par une autre substance impressionnable, l'hyposulfite de soude
par un autre réactif propre à fixer l'image, les vapeurs de mercure par d'autres vapeurs aptes à révéler cette image. Les quatre
éléments du procédé de Daguerre ont été améliorés; jamais changés. Du premier coup, le perspicace inventeur avait fixé les bases
de la photographie sur métal.

Vers 1840, un amateur anglais, Fox Talbot, obtenait le premier des épreuves photographiques sur papier. Sa publication
suivit de près celle de Daguerre, mais tandis que cette dernière
obtint en très peu de temps des résultats merveilleux, l'autre resta
presque oubliée pendant dix ans. Cette différence paraîtrait
étrange, si Talbot avait imité l'abnégation de Daguerre, en faisant
connaître tous les détails de ses procédés; mais il n'en fut pas
ainsi : le public trouvant alors devant lui deux voies ouvertes,
l'une, celle de la photographie sur métal, claire et droite; l'autre,
celle de la photographie sur papier, un peu obscure et tortueuse,
préféra se lancer dans la première.

Cependant, la photographie sur papier a de tels avantages sur
la daguerréotypie, qu'aujourd'hui les épreuves sur métal sont
abandonnées et ne conservent leur intérêt qu'au point de vue historique. Elle a pour elle la simplicité des manipulations, la facilité de reproduire les épreuves en nombre illimité, enfin la part
qu'elle fait à l'art. Tout est mécanique dans le daguerréotype; l'o-
pérateur le plus habile se trouve renfermé dans un cercle qu'il
ne peut élargir ni rompre; tandis qu'un habile photographe sur
papier se sent artiste par le goût dont il fait preuve en choisis-
sant parmi les nombreuses ressources dont il dispose. On ne peut

pas comparer une épreuve daguerrienne avec un dessin à la main, mais une belle épreuve faite par un photographe exercé pourrait passer pour l'œuvre d'un peintre.

Il en est de la photographie sur papier comme du daguerréotype : les procédés imaginés par leurs inventeurs n'ont encore éprouvé aucun changement fondamental, mais les modifications qu'on y a successivement introduites, ont été des perfectionnements d'une grande portée.

Les matières impressionnables dont dispose le photographe sont l'iodure, le bromure et le chlorure d'argent. Les agents qu'on pourrait appeler agents révélateurs, et qui jouent le même rôle que le mercure dans le daguerréotype, sont l'acide gallique et l'acide pyro-gallique. Enfin les substances destinées à fixer l'image sont le bromure de potassium et l'hyposulfite de soude.

Si dans le daguerréotype on se préoccupe de la nature et de la qualité du métal, dans la photographie sur papier, on se préoccupe de la nature et de la qualité du papier, d'autant plus qu'il en faut de deux sortes : l'une pour l'image négative, l'autre pour l'image positive. On appelle négative l'image dont les teintes sont en raison inverse des intensités lumineuses de l'objet lui-même, de sorte que les ombres de l'objet correspondent aux clairs de l'image, et réciproquement. On donne le nom de positive à l'image qui reproduit l'objet avec ses teintes naturelles. Toute opération photographique se compose donc nécessairement de deux actes, dont le premier donne l'épreuve négative, et le second l'épreuve positive.

Les papiers qui servent à ces deux opérations n'étant pas rendus impressionnables par les mêmes réactifs, et subissant d'ailleurs des traitements différents, ne sauraient être de la même qualité. Celui qu'on destine à l'épreuve négative doit être perméable à la lumière et par conséquent très mince; celui de l'épreuve positive doit être, au contraire, d'une certaine épaisseur. Il est nécessaire que tous les deux possèdent une grande finesse et une parfaite égalité de grain; enfin leur pâte doit être homogène et leur texture serrée afin qu'ils ne s'étendent ni ne se désagrègent lors des diverses immersions qu'ils auront à subir.

Le papier convenablement choisi, voici comment on procède pour préparer celui qui est destiné à l'épreuve négative. On étend une feuille de ce papier sur une dissolution de 1 partie d'azotate

d'argent et de 30 parties d'eau distillée, en évitant de mouiller la
face supérieure. Puis on enlève la feuille et on la fait égoutter
dès qu'elle commence à prendre une teinte légèrement bleuâtre.
On la dispose alors sur une plaque horizontale, la partie mouillée
en dessus; et une fois sèche, on la plonge pendant deux à trois
minutes dans un bain de 25 parties d'iodure de potassium,
de 1 partie de bromure de potassium, et de 260 parties d'eau
distillée. Par double échange, aux dépens de l'azotate d'argent,
se forment alors dans la trame du papier les composés impressionnables, savoir : l'iodure et le bromure d'argent. On lave ensuite la
feuille à grande eau et on la laisse de nouveau sécher.

Ainsi préparé, le papier peut être conservé pendant des mois à
l'abri de la lumière sans perdre sa sensibilité primitive. Avant de
l'exposer à l'action de la chambre obscure, il faut en mouiller la
surface avec une liqueur composée de 64 parties d'eau, 11 d'acide
acétique cristallisable et 6 d'azotate d'argent. A cet effet, on recouvre de ce liquide une glace polie, et on y dépose le papier négatif, le côté préparé en dessous. Après une ou deux minutes, on
le recouvre d'un papier à dessiner humide, sur lequel on pose une
glace.

La surface impressionnable du papier négatif appliquée sur un
verre, peut, à travers celle-ci, recevoir l'action de la lumière. On
transporte donc la feuille disposée comme il vient d'être dit, dans
la chambre obscure, pour l'y laisser de 10 à 20 secondes si le soleil est clair, ou plus longtemps si le ciel est couvert. On retire
l'épreuve pour l'étendre sur une glace, le côté impressionné en
dessus, et pour la laver avec une petite quantité d'une dissolution
contenant 8 parties d'acide gallique et 100 parties d'eau distillée.
Dès ce moment, l'image apparaît avec une teinte d'un beau roux,
qui se fonce peu à peu jusqu'au noir le plus intense. On place alors
rapidement la glace dans une cuvette, et on la recouvre d'une dissolution de 5 parties de bromure de potassium et de 200 parties
d'eau distillée. Après 15 à 20 secondes d'immersion, on lave à
grande eau et on sèche. Toutes ces opérations, moins celle de la
dernière dessiccation, doivent être faites à la lueur d'une faible
lampe.

L'épreuve négative n'est vraiment terminée qu'autant qu'on a
rendu le papier plus translucide en l'imbibant de cire fondue. A
cet effet, on le saupoudre avec de la raclure de cire vierge, et on

le recouvre de plusieurs feuilles de papier, que l'on presse avec un fer à repasser assez chaud pour fondre la cire.

La préparation du papier positif est beaucoup plus simple. On étend la feuille à la surface d'un bain de chlorure de sodium, composé de 30 parties de sel marin et de 100 parties d'eau. Après 3 à 4 minutes de contact, on l'enlève et on la presse avec du papier buvard jusqu'à ce qu'elle n'accuse plus aucune trace d'humidité. On la place ensuite sur une dissolution de 1 partie d'azotate d'argent et de 10 parties d'eau. Ainsi se forme, à la surface du papier et dans son épaisseur, la substance impressionnable, le chlorure d'argent. Au bout de 4 à 6 minutes, on fait égoutter la feuille, et on l'étend sur un plan horizontal pour qu'elle sèche. Comme le papier ainsi préparé est très sensible à la lumière, il faut opérer à la lueur d'une faible lampe, et pratiquer le séchage dans l'obscurité la plus profonde.

Pour se servir de ce papier, on lui superpose le papier négatif, l'image tournée de son côté, en les maintenant l'un contre l'autre entre deux lames de verre. Alors on expose le tout au soleil, en ayant soin de présenter à la lumière le verre qui recouvre le papier négatif. L'exposition dure de 15 à 25 minutes, ou un peu moins si la lumière est intense. Du reste, on peut se ménager un moyen de reconnaître le moment où l'opération est terminée, en laissant déborder un peu le papier positif. Lorsque la partie qui déborde aura pris la couleur vert olive clair, après avoir successivement passé par le rose, le lilas, le violet, le noir intense et le vert olive foncé, on arrêtera l'action de la lumière. On transportera les glaces dans l'obscurité, et on immergera dans l'eau l'épreuve positive pendant 10 à 20 minutes, pour la plonger après dans une dissolution d'hyposulfite de soude composée de 1 partie de sel pour 8 parties d'eau. La dissolution doit contenir en outre quelques cristaux d'azotate d'argent. Ce dernier bain dissoudra le chlorure encore impressionnable à la lumière, fixera l'image et la perfectionnera.

Tels sont les principaux moyens photographiques proposés par Fox Talbot, et successivement modifiés par plusieurs photographes. Ce procédé n'a pas encore amené des résultats entièrement satisfaisants : les images positives obtenues au moyen de l'épreuve négative sur papier sont toujours plus ou moins vagues et confuses.

La cause principale des imperfections des épreuves ainsi obtenues est inhérente à la texture du papier ; aussi Niepce de Saint-Victor, neveu du collaborateur de Daguerre, rendit-il à la photographie un grand service lorsque, en 1841, il proposa de substituer le verre au papier pour la production des épreuves négatives. Le verre ne joue ici d'autre rôle que de prêter sa surface plane et sa transparence à une couche d'albumine qui, associée à des réactifs, tient lieu du papier négatif.

Pour albuminiser un verre, on fait dissoudre dans du blanc d'œuf une petite quantité d'iodure de potassium, et l'on bat le tout en neige. Abandonné à lui-même, ce mélange s'éclaircit et redevient liquide. On l'étend alors en mince couche sur une lame de verre, et l'on fait sécher. Pour sensibiliser la couche albumineuse, développer l'image et la fixer, on procède du reste comme avec le papier.

L'albumine, substituée au papier pour l'épreuve négative, présente deux avantages. Le premier, c'est de conserver sa sensibilité pendant des mois entiers, tandis que le papier s'altère après un certain laps de temps. Le second, c'est la netteté admirable de ses dessins. Le verre albuminé est incomparable pour la reproduction de la nature morte ; néanmoins, à cause de sa faible sensibilité, il ne peut avantageusement servir pour les portraits et les scènes animées, qui exigent une très courte exposition à la chambre obscure.

Un peintre photographe, Legray, proposa vaguement de substituer la collodion à l'albumine ; et en 1851, un photographe anglais, Archer, fit définitivement connaître la méthode d'un habituel usage aujourd'hui, méthode qui permet d'obtenir avec le collodion des épreuves négatives très rapides, aussi belles et aussi précises que celles à l'albumine. Voici la marche à suivre :

Préparation du collodion. — On introduit peu à peu 5 parties de coton cardé dans un mélange formé de 100 parties d'azotate de potasse en poudre et de 150 parties d'acide sulfurique à 66°. Au bout de huit minutes, on enlève le coton, on le lave à grande eau pour le débarrasser entièrement de l'acide et du sel, et enfin on le fait sécher au soleil ou à l'air, mais jamais auprès du feu, car le coton ainsi préparé est une substance très explosive, connu sous le nom de coton-poudre. On introduit dans un flacon 2 parties de ce coton-poudre, 100 parties d'éther à 66° aréométriques et 50 parties d'alcool à 36°. On ajoute 1 partie d'iodure de potassium et 1/2 partie de bromure. Le coton-poudre se dissout, et l'on obtient un liquide gommeux qui n'est autre chose que le collodion photographique.

Application du collodion sur la glace. — On saisit la lame de verre par un angle, on y verse le collodion, et l'on incline convenablement. Lorsque toute la superficie est collodionnée, on renverse l'excédant du collodion dans un flacon. On doit avoir soin de balancer la lame de verre dans un sens puis dans l'autre pour faire disparaître les rides de l'enduit gommeux.

Sensibilisation de la glace. — Pendant deux minutes environ, et jusqu'à ce que l'aspect huileux du collodion ait disparu, on immerge la glace dans un bain composé de 6 parties d'azotate d'argent et 100 parties d'eau. Il importe que la face collodionnée soit en dessous.

Exposition dans la chambre noire. — La glace, après sa sortie du bain d'argent, est exposée au foyer de la lentille de la chambre obscure, et on l'y laisse pendant un temps qu'il est difficile de déterminer, car sa durée dépend de l'état de l'atmosphère. L'habitude seule peut servir de guide.

Préparation du liquide révélateur. — Ce liquide doit être préparé avant de collodionner, et jamais en grande quantité, car il se décompose promptement. Il est composé de 100 parties d'eau, 6 parties d'acide acétique cristallisable et de 4 parties d'acide pyro-gallique. Si cette solution ne communiquait pas à l'épreuve une vigueur suffisante, on la mélangerait à parties égales, avec une dissolution composée de 4 parties d'azotate d'argent pour 100 parties d'eau. Le mélange ne doit être fait qu'au moment de s'en servir.

Développement de l'image. — On tient la glace de la main gauche, et on la recouvre de la préparation ci dessus, dont on verse l'excès dans un verre à bec, pour le répandre de nouveau sur la glace; et ainsi de suite jusqu'à ce que l'image soit bien développée. L'opération terminée, on lave l'épreuve à l'eau.

Préparation de la liqueur fixatrice. — Cette liqueur n'est qu'une dissolution d'hyposulfite de soude dans des proportions qui varient selon qu'elle doit servir à fixer des épreuves bien venues et qu'on veut rendre transparentes, ou bien qu'elle est réservée pour des épreuves un peu faibles, auxquelles il convient de conserver l'opacité. Dans le premier cas, 100 parties d'eau doivent contenir en dissolution 40 parties d'hyposulfite; dans le second cas, 4 parties suffisent.

Fixation de l'épreuve. — Lorsqu'on fixe au moyen de l'hyposulfite à 40 pour 100, on laisse agir le liquide jusqu'à ce que la couche soit devenue transparente. Si l'on craint que le cliché se détériore lors du tirage des épreuves positives, on peut, pendant qu'il est encore humide, le recouvrir avec une solution aqueuse de gomme arabique à 10 pour 100. Quand on emploie comme liquide fixateur l'hyposulfite à 4 pour 100, il faut prolonger le séjour de la solution sur l'épreuve pendant une dizaine de minutes, afin que l'image soit solidement fixée.

Le procédé au collodion donne un cliché bien préférable à tous ceux que l'on obtient soit avec le papier soit avec le verre albuminé. Pour obtenir les épreuves positives, on emploie le papier positif préparé suivant la méthode de Fox Talbot, et on opère comme il a été dit ci dessus.

Terminons en donnant la théorie des procédés que nous venons d'exposer; et d'abord, examinons les faits qui se rapportent à l'épreuve négative, obtenue sur papier, sur albumine ou sur collodion, n'importe. Lorsqu'il est exposé au foyer de la chambre obscure, le cliché est déjà pénétré ou enduit d'iodure et de bromure, d'azotate et d'acétate d'argent. Tous ces composés sont altérables à la lumière, et, sous l'influence de cet agent, ils passent à l'état de sous sels. Peut-être une certaine quantité d'oxyde d'argent, et même d'argent, devient libre dès que l'acide gallique ou l'acide pyro-gallique se trouve en contact avec tous ces produits. La décomposition de quelques-uns d'entre eux fait encore de plus grands progrès, car l'oxyde d'argent et l'acide gallique mutuellement se décomposent et donnent des combinaisons très colorées. Le bromure de potassium ou l'hyposulfite de soude, qui servent à fixer l'image, enlèvent tout ce qui est encore impressionnable; et dès lors, les parties blanches, correspondant aux ombres de l'objet, et les parties noires, correspondant aux clairs, se trouvent à l'abri de toute altération ultérieure. Il ne reste plus sur le cliché que de l'argent combiné avec de la matière organique, et dans un état de parfaite inaltérabilité.

Ce qui se passe sur le papier positif est encore plus simple. Ce papier, au moment où il va servir, se trouve imprégné de chlorure ou d'iodure d'argent, substances très sensibles à l'action de la lumière. L'épreuve négative lui est superposée. Celle-ci livre passage à la lumière dans ses parties claires; elle l'arrête plus ou moins dans ses parties obscures. Le papier positif noircit donc aux points où la lumière lui parvient, et ne change pas aux points pour lesquels la lumière est interceptée. Ainsi est reproduit un dessin ayant exactement les clairs et les ombres du modèle, dont l'ordre est renversé dans le dessin négatif. L'hyposulfite de soude, en enlevant ensuite toute la portion de chlorure ou d'iodure non encore décomposée, arrête l'action ultérieure de la lumière, et fixe définitivement l'image.

FIN

TABLE DES MATIÈRES

FIN DE LA TABLE DES MATIÈRES.

PARIS. — IMPRIMERIE ÉMILE MARTINET, RUE MIGNON, 2.

A LA MÊME LIBRAIRIE

VOYAGE AU CAMBODGE

L'ARCHITECTURE KHMER

Par **L. DELAPORTE**
Lieutenant de vaisseau
Officier de la Légion d'honneur et de l'Instruction publique
Chef de la mission d'exploration des monuments khmer
Organisateur du musée khmer
Membre de la mission d'exploration au Mékong et dans l'Indo-Chine

Ouvrage orné de 175 gravures et d'une carte
Dont 125 dessins originaux de l'auteur et 50 reproductions de photographies ou
dessins de l'auteur.

UN BEAU VOLUME GRAND IN-8 JÉSUS
Titre imprimé en deux couleurs. — Couverture dessinée par l'auteur.

Prix broché : 20 fr.

Richement relié, tranche dorée avec des fers spéciaux............ 28 fr.
100 exemplaires numérotés sur beau papier vélin, broché......... 40 fr.

LA MYTHOLOGIE DANS L'ART ANCIEN ET MODERNE

Par René MÉNARD

Suivie d'un appendice
SUR LES ORIGINES DE LA MYTHOLOGIE
Par **EUGÉNE VÉRON**

OUVRAGE ORNÉ DE 823 GRAVURES DONT 32 HORS TEXTE
Un magnifique volume gr. in-8 jésus, avec titre et couverture imprimés en rouge et noir

PRIX : Broché...... .... 25 fr.

Richement relié, tranches dorées, avec des fers spéciaux............ 32 fr.
Reliure d'amateur, demi-chagrin, avec coins, tr. ébarbée, tête dorée. 35 fr.
Maroquin plein, tr. dorée... 45 fr.

Edition sur papier de Hollande.
Il reste quelques exemplaires tirés à part sur papier de Hollande.
PRIX : broché........ 50 fr. | Reliure d'amateur... 70 fr.

HISTOIRE GÉNÉRALE DU COSTUME CIVIL, RELIGIEUX ET MILITAIRE

Du IVe au XIIe siècle

Par R. JACQUEMIN

OUVRAGE ILLUSTRÉ DE 48 PLANCHES HORS TEXTE
Coloriées, dessinées et gravées par l'auteur.

Un volume gr. in-4 raisin, br. 30 fr. | Rel. demi-chagrin, fers spéc., en plus 10 fr.

SAINT-NICOLAS

JOURNAL ILLUSTRÉ POUR GARÇONS ET FILLES
Paraissant tous les jeudis, à partir du 1er janvier 1880.

Prix : un numéro........ » 35 c.

Abonnements pour Paris et les départements, un an.............. 18 fr.
Etats de l'union postale, un an............................. 20 fr.

PARIS. — IMPRIMERIE EMILE MARTINET, RUE MIGNON, 2.

www.ingramcontent.com/pod-product-compliance
Lightning Source LLC
LaVergne TN
LVHW021938170726
843501LV00001BA/189